Einstieg in die Hochschulmathematik

Jürgen Wagner

Einstieg in die Hochschulmathematik

Verständlich erklärt vom Abiturniveau aus

Jürgen Wagner
Dresden
Deutschland

ISBN 978-3-662-47512-6 ISBN 978-3-662-47513-3 (eBook)
DOI 10.1007/978-3-662-47513-3

Die Deutsche Nationalbibliothek verzeichnet diese Publikation in der Deutschen Nationalbibliografie; detaillierte bibliografische Daten sind im Internet über http://dnb.d-nb.de abrufbar.

Springer Spektrum

Planung: Margit Maly

Gedruckt auf säurefreiem und chlorfrei gebleichtem Papier

Springer-Verlag GmbH Berlin Heidelberg ist Teil der Fachverlagsgruppe Springer Science+Business Media (www.springer.com)

Meine Eltern haben mich zum selbstständigen Denken erzogen, mein Bruder brachte mir den Unterschied zwischen wesentlich und unwesentlich bei, mein Mathematiklehrer Lehmann ließ mich die Schönheit der Mathematik entdecken und meine Frau gab mir die Zuversicht zum Gelingen dieses Buches.
Deshalb bin ich den in der Reihenfolge ihres hilfreichen Wirkens Genannten zu besonderem Dank verpflichtet und widme ihnen sowie unseren Kindern dieses Buch.
Mein Dank gilt ebenfalls dem Springer-Verlag für die freundliche und kompetente Unterstützung bei der Überarbeitung des Entwurfs und der Layout-Gestaltung.

Dresden, Mai 2015
Jürgen Wagner

Vorwort für Studierende

Lang ist der Weg durch Lehren,
kurz und wirksam durch Beispiele.
Lucius Annaeus Seneca

Welches Ziel verfolgt dieses Buch?

Die Zielgruppe für dieses Buch sind Studierende der Mathematik, der Natur- und Technikwissenschaften sowie der Informatik. Es soll helfen, die häufig auftretenden Schwierigkeiten im Verständnis der Lehrveranstaltungen Mathematik an einer Hochschule am Anfang des Studiums sowie beim später erfolgenden Einstieg in ausgewählte zentrale Themen der Fachausbildung zu verringern.

Wie werden die Absichten umgesetzt?

In den Lehrveranstaltungen Mathematik an einer Hochschule sowie in der Fachliteratur dieser Disziplin ist es üblich, deduktiv vorzugehen und die zu einer Definition hinführenden Überlegungen und Absichten meist nicht zu erwähnen. Für einen Studierenden scheint es so, als ob die Definitionen „vom Himmel fallen" und es bleibt ihr bzw. ihm nichts weiter übrig, als die eingeführte Begrifflichkeit zunächst zur Kenntnis zu nehmen und darauf zu hoffen, dass aus den danach erarbeiteten Sätzen, Bemerkungen und Anwendungen rückwirkend der Sinn der Begriffsbildung erschlossen werden kann.

Die Erkenntnisgewinnung in diesem Buch erfolgt dagegen überwiegend induktiv, indem Gesetzmäßigkeiten an Sonderfällen oder Beispielen erarbeitet und anschließend verallgemeinert werden. Wir orientieren uns am ersten Satz des folgenden Zitats von Albert Einstein, die begriffliche Präzisierung und theoretische Fundierung überlassen wir der Fachausbildung: „Wenn wir an etwas arbeiten, dann steigen wir vom hohen logischen Roß herunter und schnüffeln am Boden mit der Nase herum. Danach verwischen wir unsere Spuren wieder, um die Gottähnlichkeit zu erhöhen."

Die von uns gewählte Vorgehensweise ist in den Naturwissenschaften etabliert und dort dadurch legitimiert, dass sie zu einer konsistenten Theorie führen muss, die sich in unterschiedlichen Anwendungen sowie bei der Hypothesenbildung bewährt. Wir sind der Meinung, dass auch in der Mathematikausbildung in der Phase der Ersterarbeitung neuer Inhalte der Einsatz der induktive Methode berechtigt ist, weil damit das Erwerben von Verständnis sowie das Entstehen von Erfolgserlebnissen wesentlich gefördert werden können.

Zur Realisierung der intendierten Ziele wird folgendermaßen vorgegangen:

- Es wird an die in der Schule gelernten mathematischen Inhalte direkt angeknüpft, indem Begriffserweiterungen benannt und neue Begriffe mit solchen Hintergrundinformationen eingeführt werden, dass sie einsichtig sind.
- Zur Erhöhung der Verständlichkeit werden Verfahren und Begriffe an typischen Beispielen verdeutlicht und durch viele Abbildungen illustriert.
- Im Text werden unterschiedliche gebräuchliche Notationsformen vorgestellt und differierende Begriffsbildungen in unterschiedlichen Fachrichtungen oder Kontexten thematisiert, um Verständnisschwierigkeiten zu reduzieren und Quellen von Missverständnissen zu beseitigen.
- Um den zentralen Gedankengang nicht zu zerstören, werden auf eine vollständige Theoriebildung sowie die exakte theoretische Fundierung verzichtet. Beweise werden sparsam an den Stellen eingesetzt, die eine zentrale Herangehensweise einer mathematischen Teildisziplin verdeutlichen.

Was soll dieses Buch nicht leisten?

Nicht intendiert sind Wiederholungen des Schulstoffs, da diesbezügliche Lücken mithilfe von Schulbüchern und allgemeinen Nachschlagewerken eigenständig geschlossen werden können und müssen. Außerdem soll dieses Buch nicht die Lehrveranstaltungen der Hochschule ersetzen, sondern parallel zu diesen genutzt werden und entsprechend der genannten Zielsetzung helfen, häufig beobachtbare Verständnisschwierigkeiten zu reduzieren.

Wie ist das Buch aufgebaut?

Die inhaltliche Schwerpunktsetzung zu diesem Buch ergibt sich aus dem erheblichen Unterschied zwischen den im Mathematikunterricht der Schule erworbenen Kompetenzen und den in vielen Fachbüchern und Vorlesungsskripten vorausgesetzten fachlichen und methodischen Kenntnissen. Auch Studentenforen verschiedener Fachrichtungen zeigen deutlich, wo besonders Studienanfängern „der Schuh drückt".

Das vorliegende Buch gliedert sich in vier Kapitel. Die ersten beiden Kapitel haben den Charakter der Bereitstellung von Werkzeugen, mit denen in unterschiedlichen Kontexten gearbeitet wird, während in den folgenden beiden Kapiteln Inhalte der Schulmathematik schrittweise erweitert werden bis ein Niveau erreicht ist, auf dem an einer Hochschule weitergearbeitet werden kann.

Das **erste Kapitel** erweitert den Zahlbegriff, indem die aus der Schule bekannten Zahlenmengen um die komplexen Zahlen ergänzt werden. Den Zugang bildet das Gleichungslösen, um analog zu den in der Schule thematisierten Zahlbereichserweiterungen vorzugehen. Der Schwerpunkt liegt auf den unterschiedlichen Darstellungsformen komplexer Zahlen sowie auf der Berechnung komplexer Wurzeln und Logarithmen.

Im **zweiten Kapitel** werden Matrizen und ihre Determinanten thematisiert. Den Ausgangspunkt bilden das Gauß'sche Eliminationsverfahren und das Gauß-Jordan-Verfahren zur Lösung von linearen Gleichungssystemen, die aus der Schule bekannt sind.

Im **dritten Kapitel** werden die Vorkenntnisse aus der Analysis in anderer Weise als in der Schulmathematik zusammenfassend strukturiert und erheblich erweitert. Dabei stehen der Gedanke der Linearisierung sowie der Begriff Differenzial im Mittelpunkt der Betrachtungen. Die von uns favorisierte Betrachtungsweise der Analysis weist Bezüge zu den historischen Wurzeln der Infinitesimalrechnung auf, besitzt eine hohe Anschaulichkeit und ist in verschiedene Richtungen der modernen Mathematik erweiterbar.

Das **vierte Kapitel** zum Thema Vektoren ist das mit Abstand umfangreichste in diesem Buch. Das ist dadurch bedingt, dass Vektoren in unterschiedlichen Disziplinen benutzt werden und dies in sehr unterschiedlicher Weise erfolgt. Deshalb werden verschiedene Aspekte dieses Begriffs betrachtet und voneinander abgegrenzt, um Missverständnisse zu vermeiden. Wir knüpfen auch hier an die Vorkenntnisse aus der Schule zur Verwendung von Vektoren in der klassischen Physik und der euklidischen Geometrie an.

Wie kann mit dem Buch gearbeitet werden?

Die einzelnen Abschnitte des Buches wurden unter Beachtung fachlicher Erfordernisse so konzipiert, dass sie weitgehend unabhängig voneinander sind. Dies soll das gezielte Nachschlagen eines interessierenden Inhaltes ermöglichen.

Die im Text enthaltenen Hervorhebungen mit wesentlichen Inhalten und Zusammenfassungen dienen der Orientierung und Schwerpunktsetzung, außerdem bieten sie den Nutzern mit knappem Zeitbudget eine Überprüfungsmöglichkeit, ob das Auslassen von Textpassagen möglich ist.

Wenn das Studium des vorliegenden Buches zum Verständnis von Mathematik beiträgt und das Gehirn der Studierenden aus diesem Grund Glückshormone ausschüttet, dann ist sein Zweck erfüllt.

Dresden, Mai 2015 Jürgen Wagner

Vorwort für Dozenten

Alles auf einmal tun tu wollen,
zerstört alles auf einmal.
Georg Christoph Lichtenberg

Dieses Buch soll den systematischen Wissenserwerb auf dem fachwissenschaftlich notwendigen Abstraktionsgrad der Lehrveranstaltungen Mathematik an Hochschulen unterstützen. Der Versuch, dabei die induktive Methode sowie die genetische Begriffsbildung in der Phase der Erstvermittlung mathematischer Inhalte auch an einer Hochschule einzusetzen, ist ambitioniert. Er ist durch die Hypothese motiviert, dass durch dieses didaktische Vorgehen eine größere Anzahl von Studierenden als bisher zu Verständnis und Erfolgserlebnissen gelangen können.

Der Autor ist der Ansicht, dass besonders für Studienanfänger die übliche Algebraisierung der gesamten Mathematik eine extreme Herausforderung darstellt, da sie nach der Mathematikausbildung an einer allgemeinbildenden Schule weder über den dafür erforderlichen Abstraktionsgrad verfügen noch die Feinheiten der mathematischen Fachsprache und Notationsformen beherrschen können.

Insbesondere durch folgende Maßnahmen wird versucht, die Lehrveranstaltungen der Hochschule zu flankieren, um den Studierenden das Verständnis zu erleichtern:

- Beim **Bilden eines Begriffs** werden unterschiedliche Aspekte des Begriffsinhalts und des Begriffsumfangs schrittweise eingeführt und es erfolgt ein Perspektivwechsel durch Thematisierung der unterschiedlichen Verwendung des Begriffs in verschiedenen Disziplinen. Mit der Definition eines Begriffs wird sparsam umgegangen, wenn diese mit schwer zu erfassenden Bedingungen verbunden ist oder wenn sie die komplizierte Verknüpfung mehrerer anderer abstrakter Fachbegriffe erfordert. Am Beispiel von Definitionen des Skalarprodukts im Abschnitt „Vektoren als Elemente eines Vektorraums“ wird den Studierenden exemplarisch gezeigt, wie eine Verknüpfung mit mehreren anderen abstrakten Fachbegriffen zweckmäßig analysiert werden kann.
- Vor dem **Aufstellen von Behauptungen** werden in der Regel Hypothesen durch Verallgemeinerungen von Spezialfällen gebildet.

- Das **Begründen von Behauptungen** erfolgt häufig argumentativ unter Einbeziehung von Plausibilitätsbetrachtungen statt in formeller Notation. In diesen Fällen wird auf den exakten Beweis in der Fachdisziplin hingewiesen. Im Abschnitt „Vektoren als Elemente eines Vektorraums" werden einige Sätze bewiesen, um die typische Vorgehensweise beim Führen algebraischer Beweise zu illustrieren.

Damit die neu erarbeiteten Inhalte in einen an der jeweiligen Hochschule bevorzugten theoretischen Rahmen eingebettet werden können, sind im Text zusätzliche vertiefende Bemerkungen angeführt.

Folgende Inhalte des Buches sind für die Studierenden nach dem erfolgreichen Abschluss der Schulausbildung neu und so aufbereitet, dass sie an deren Vorkenntnisse anknüpfen:

- Im **ersten Kapitel** sind die Einführung der Zahlenmenge der komplexen Zahlen und das Rechnen mit diesen Zahlen neue Inhalte. Die Schwerpunktsetzung dieses Kapitels orientiert sich an Anwendungen.
- Das **zweite Kapitel** erweitert die Vorkenntnisse der Studierenden hinsichtlich unterschiedlicher Formen der Indexnotation, der Verwendung des Summensymbols und der Einstein'schen Summenkonvention sowie der Berechnung der Determinante einer Matrix mithilfe des Levi-Civita-Symbols und der Leibniz-Formel.
- Im **dritten Kapitel** werden an neuen Inhalten mehrstellige Funktionen, partielle Ableitungen, Richtungsableitungen und kovariante Ableitungen sowie der Satz von Taylor behandelt.
  Im Mittelpunkt der Betrachtungen stehen der Gedanke der Linearisierung sowie der Begriff Differenzial, der sowohl in der Differenzial- als auch der Integralrechnung als zentraler Terminus benutzt wird, da er einen einheitlichen Zugang zur modernen Analysis, Differenzialgeometrie und Topologie bietet.
  Bei Erfordernis können an der Hochschule Betrachtungen zur Fréchet- und Gâteaux-Ableitung für normierte Räume oder zur Cartan-Ableitung für Differenzialformen direkt angeschlossen werden. Beim Satz von Taylor erfolgen im Buch keine Restgliedbetrachtungen, deshalb wird auch auf die Landau-Symbole verzichtet.
  Mit der Berechnung des Gradienten eines Skalarfeldes wird ein grundlegender Inhalt der Vektoranalysis betrachtet. Die Berechnung von Vektorfeldern und Mehrfachanwendungen des Nabla-Operators bauen auf diesem Inhalt auf, doch sie werden in die Fachausbildung an der Hochschule verlagert.
- Die Erweiterung der Vorkenntnisse der Studierenden zu Vektoren im **vierten Kapitel** bezieht sich insbesondere auf die Unterscheidung zwischen kontravarianten und kovarianten Vektorkoordinaten, die Betrachtung von Vektoren in nichtaffinen Koordinatensystemen, tensorielle Produkte von Vektoren, Koordinatentransformationen sowie auf Vektoren als Tensoren und als Elemente eines Vektorraums. Die Behandlung dualer Vektoren in den Abschnitten „Verwendung affiner Koordinaten" und „Vektoren als Elemente eines Vektorraums" erfolgt auf unterschiedlichen Abstraktionsebenen und vor dem Hintergrund der Anwendungsorientierung bzw. der mathematischen Theoriebildung.

Im vierten Kapitel soll der Boden geebnet werden für vielfältige Anwendungen besonders in der Algebra, Physik, Geodäsie und Informatik.

Es wäre wünschenswert, auch in der Mathematikausbildung der Hochschule in der Phase der Ersterarbeitung neuer Inhalte die induktive Methode sowie eine genetische Begriffsbildung an geeigneten Stellen einzusetzen und erst danach zu einer deduktiven Theorie sowie zur Betrachtung künstlich konstruierter außergewöhnlicher Sonderfälle überzugehen. Der Autor vertritt die Position von Walther Lietzmann, der zu dieser Thematik ausführte: „... man soll sich... hüten, solche pathologischen Dinge als das Normale hinzunehmen. Gewiß kommen zuweilen auch Kälber mit zwei Köpfen vor... aber darum wird es dem Zoologen nicht einfallen, nun erst den allgemeinen Begriff Kalb mit n Köpfen zu bilden und dann so nebenbei als einen ganz speziellen Fall $n = 1$, die Kälber mit einem Kopf, zu behandeln."

Der Autor hofft, die Dozenten für Mathematik an einer Hochschule bei der didaktischen Konzeption ihrer Lehrveranstaltungen unterstützen zu können und ihnen ein hilfreiches Angebot an vertiefenden Studien für ihre Studentinnen und Studenten zu unterbreiten.

Dresden, Mai 2015 Jürgen Wagner

Inhaltsverzeichnis

Abbildungsverzeichnis

Komplexe Zahlen 1

1.1 Zahlenmengen

Unsere ersten Begegnungen mit Zahlen fanden gewiss bereits vor dem Mathematikunterricht statt, da fast alle Kinder gern zählen und sich darüber freuen, dass dies bei unterschiedlichen Objekten immer in der gleichen Weise möglich ist. Das Erfassen der Menge $\mathbb{N}$ der **natürlichen Zahlen** erfolgt dabei intuitiv. Leopold Kronecker scheint Recht zu haben mit seinem Ausspruch: „Die natürlichen Zahlen hat uns der liebe Gott gegeben, alles andere ist Menschenwerk."

In der Schule haben wir gelernt, natürliche Zahlen zu vergleichen und mit ihnen zu rechnen. Eventuell unternahmen wir interessante Entdeckungsreisen in die Welt der natürlichen Zahlen, indem wir einige Besonderheiten der Primzahlen, figurierten Zahlen, vollkommenen Zahlen, befreundeten Zahlen oder geselligen Zahlen kennenlernten.

Die mathematische Beschreibung von Teilungsvorgängen, Temperaturänderungen usw. führte uns auf anschauliche Weise über die Menge $\mathbb{Q}^+$ der **gebrochenen Zahlen** und die Menge $\mathbb{Z}$ der **ganzen Zahlen** zur Menge $\mathbb{Q}$ der **rationalen Zahlen**. Dabei nahmen wir als Selbstverständlichkeit zur Kenntnis, dass die Regeln für das Vergleichen und Rechnen mit natürlichen Zahlen (Assoziativ- und Kommutativgesetz für die Addition und Multiplikation, Distributivgesetz) auf die anderen Zahlenmengen übertragen wurden. Das fehlerfreie Anwenden dieser Regeln beim Rechnen mit Brüchen und vorzeichenbehafteten Zahlen fiel uns anfangs schwer genug. Merkwürdig war, dass sich beim Lösen linearer Gleichungen, die außer der Unbekannten x nur natürliche Zahlen $a, b, c \in \mathbb{N}$ enthielten, Ergebnisse aus anderen Zahlenmengen ergaben:

J. Wagner, *Einstieg in die Hochschulmathematik*, DOI 10.1007/978-3-662-47513-3_1

Wenn $a, b, c \in \mathbb{N}$, dann ist die Lösung x der Gleichung	
$x = a + b$	eine natürliche Zahl
$a \cdot x = b$	eine gebrochene Zahl
$x + a = b$	eine ganze Zahl
$a \cdot x + b = c$	eine rationale Zahl

Bis zu dem skizzierten Kenntnisstand scheinen die Eigenschaften der Zahlen mit dem „gesunden Menschenverstand" im Einklang zu sein, wenn da nicht doch einige „Besonderheiten" wären:

- Die scheinbar leicht erfassbaren natürlichen Zahlen werden unverständlich, wenn wir in Gedanken zu immer größeren Zahlen übergehen. Bereits Kinder fragen, ob das Zählen immer weitergeht oder irgendwo aufhört. Auch der Nachweis, dass die Menge der geraden natürlichen Zahlen dieselbe Mächtigkeit besitzt wie die gesamte Menge der natürlichen Zahlen, überfordert unser Vorstellungsvermögen (ein analoger Sachverhalt wird in **Hilberts Hotel** in eine lehrreiche Geschichte verpackt, eine Recherche zu dieser Problematik wird ausdrücklich empfohlen).
- Bei der Berechnung von Summen aus unendlich vielen Summanden natürlicher, gebrochener oder ganzer Zahlen lauern merkwürdige Fallstricke. Wir geben zur Illustration zwei Beispiele an.

Beispiel 1.1

$$\begin{array}{lcr|l} S & = & 1 + 2 + 4 + 8 + 16 + \ldots & (1) \\ 2 \cdot S & = & 2 + 4 + 8 + 16 + \ldots & (2) \end{array}$$

$$(2) - (1): \quad S = -1 \text{ ... unsinniges Ergebnis!}$$

Beispiel 1.2

$$\left.\begin{aligned} S &= 1 - 1 + 1 - 1 + 1 - 1 \pm \ldots \\ &= (1-1) + (1-1) + (1-1) + \ldots = 0 + 0 + 0 + \ldots = 0 \\ S &= 1 - 1 + 1 - 1 + 1 - 1 \pm \ldots \\ &= 1 + (-1+1) + (-1+1) + \ldots = 1 + 0 + 0 + \ldots = 1 \end{aligned}\right\} \text{Widerspruch!}$$

Die Beseitigung der aufgeführten Probleme gelingt, wenn der Wert S einer **unendlichen Reihe** $a_1 + a_2 + a_3 + \ldots$ als Grenzwert der Folge der Partialsummen $(s_n) = s_1, s_2, \ldots, s_n$ mit $s_1 = a_1; s_2 = a_1 + a_2; \ldots; s_n = a_1 + a_2 + a_3 + \ldots + a_n$ aufgefasst wird, d. h.

$$S = a_1 + a_2 + a_3 + \ldots = \lim_{n \to \infty} s_n.$$

Wir verdeutlichen diese Aussage für die beiden angegebenen Beispiele.

In **Beispiel 1.1** handelt es sich um eine geometrische Reihe, für deren Partialsummen allgemein gilt:

$$s_1 = a_1,$$
$$s_2 = a_1 + a_2 = a_1 + q \cdot a_1,$$
$$\vdots$$
$$s_n = a_1 + a_2 + a_3 + \ldots + a_n = a_1 + q \cdot a_1 + q^2 \cdot a_1 + \ldots + q^{n-1} \cdot a_1.$$

Mit diesen endlichen Partialsummen darf so gerechnet werden, wie in Beispiel 1.1 angedeutet:

$$\begin{array}{lcl|l} s_n & = & a_1 + q \cdot a_1 + q^2 \cdot a_1 + \ldots + q^{n-1} \cdot a_1 & (1) \\ q \cdot s_n & = & \qquad q \cdot a_1 + q^2 \cdot a_1 + \ldots + q^{n-1} \cdot a_1 + q^n \cdot a_1 & (2) \\ \hline \end{array}$$

$$(2) - (1):\; q \cdot s_n - s_n = q^n \cdot a_1 - a_1$$
$$s_n = \frac{a_1 \cdot (q^n - 1)}{q - 1} = \frac{a_1 \cdot (1 - q^n)}{1 - q} \quad \text{für } q \neq 1$$

Einer **unendlichen geometrischen Reihe** kann offensichtlich nur dann ein Wert S zugeordnet werden, wenn $|q| < 1$ gilt, da in diesem Fall q^n für große n gegen null geht und der Grenzwert der Folge der Partialsummen existiert:

$$S = a_1 + q \cdot a_1 + q^2 \cdot a_1 + \ldots + q^{n-1} \cdot a_1 + \ldots = \lim_{n \to \infty} s_n$$
$$= \lim_{n \to \infty} \frac{a_1 \cdot (1 - q^n)}{1 - q} = \frac{a_1}{1 - q} \quad \text{für } |q| < 1.$$

In Beispiel 1 gelten speziell $a_1 = 1$ und $q = 2$, damit ergibt sich für S ein **uneigentlicher Grenzwert**: $S = a_1 + a_2 + a_3 + \ldots = \lim_{n \to \infty} s_n = \lim_{n \to \infty} \frac{1 \cdot (2^n - 1)}{2 - 1} = \lim_{n \to \infty} (2^n - 1) = \infty$.

Das unsinnige Ergebnis in Beispiel 1.1 ergab sich, weil wir versucht haben, den unbestimmten Ausdruck $\infty - \infty$ auszuwerten. Die „elegante Abkürzung“ des Rechenwegs war unzulässig und damit nicht zielführend.

In **Beispiel 1.2** gilt:

$$s_1 = 1,$$
$$s_2 = 1 - 1 = 0,$$
$$s_3 = 1 - 1 + 1 = 1,$$
$$\vdots$$

Die Folge der Partialsummen (s_n) konvergiert nicht, deshalb kann der Summe $1 - 1 + 1 - 1 + 1 - 1 \pm \ldots$ kein Wert zugeordnet werden.

In Abschn. 3.1 zeigen wir ausgehend vom antiken Paradoxon „Wettlauf zwischen Achill und einer Schildkröte“, dass auch Summen aus unendlich vielen Summanden gebrochener Zahlen zu unerwarteten Ergebnissen führen können.

In der Schulmathematik wird der Begriff **Zahlenbereiche** verwendet. Damit werden manchmal die Zahlenmengen bezeichnet, zuweilen aber die strukturierten Zahlenmengen mit den in diesen definierten Rechenoperationen und Rechengesetzen. In der Mathematik werden die strukturierten Zahlenmengen mit den Begriffen für algebraische Strukturen bezeichnet (z. B. kommutativer Halbring der natürlichen Zahlen, Körper der reellen Zahlen), da aus ihnen hervorgeht, welche Eigenschaften die in den Zahlenmengen definierten Operationen Addition und Multiplikation besitzen.

Das Lösen nichtlinearer Gleichungen bildet das Motiv zur Einführung weiterer Zahlenmengen. Es ist erstaunlich, dass beim Lösen der Gleichung

$$x^2 = a \quad (a \in \mathbb{N})$$

die Unbekannte x meist keine rationale Zahl ist. Unser „gesunder Menschenverstand" will nicht akzeptieren, dass es zwischen den dicht liegenden gebrochenen Zahlen noch beliebig viele Lücken gibt, die mit so „merkwürdigen" **irrationalen Zahlen** wie $\sqrt{2}$, $\sqrt{3}$, $\sqrt{5}$ usw. besetzt sind. Deshalb ist es kaum verwunderlich, dass anfangs viele Schüler eine irrationale Zahl irrtümlich mit ihrem rationalen Näherungswert gleichsetzen. Erschwerend für das Verständnis kommt die ungewohnte funktionale Schreibweise für irrationale Zahlen wie $\sqrt{2}$ oder sqrt(2) hinzu. Vertraut werden uns die irrationalen Zahlen insbesondere durch

- ihre Interpretation als Streckenlängen bei Berechnungen mit dem Satz des Pythagoras und dem Kosinussatz,
- Darstellungen in Form von Kettenbrüchen,
- Bezüge zum Goldenen Schnitt und zur Fibonacci-Folge.

Durch Hinzufügen der irrationalen Zahlen zu den rationalen Zahlen erhalten wir die Menge $\mathbb{R}$ der **reellen Zahlen**.

Mit unserem Ergebnis aus Beispiel 1.1 können wir periodische Dezimalbrüche in gemeine Brüche umwandeln, z. B.:

$$\begin{aligned}
1{,}3\overline{9}\ldots &= 1 + \frac{3}{10} + \frac{9}{100} + \frac{9}{1000} + \frac{9}{10000} + \ldots \\
&= 1 + \frac{3}{10} + \frac{9}{100} \cdot \left(1 + \frac{1}{10} + \frac{1}{100} + \ldots\right) \\
&= 1 + \frac{3}{10} + \frac{9}{100} \cdot \frac{1}{1 - \frac{1}{10}} = 1 + \frac{3}{10} + \frac{9}{100} \cdot \frac{10}{9} = 1 + \frac{4}{10} = 1{,}4
\end{aligned}$$

Werden allerdings Zahlen wie $1{,}3\overline{9}\ldots$ und $1{,}4$ als unterschiedliche Zahlen aufgefasst, dann gelangen wir durch Differenzbildung zur Menge der **hyperreellen Zahlen**, die Grundlage für die Entwicklung der **Nichtstandardanalysis** sind.

Vor dem Hintergrund des Lösens von Gleichungen erscheint es naheliegend, dass eine weitere Zahlenmenge definiert wird, in der Gleichungen der Form $z^2 = a \quad (a \in \mathbb{R})$ uneingeschränkt lösbar sind. Die einfachste quadratische Gleichung, welche im Bereich der reellen Zahlen keine Lösung hat, lautet

$$z^2 = -1.$$

Wir gehen davon aus, dass diese Gleichung zwei Lösungen besitzt. Diese Lösungen werden als **imaginäre Zahlen** i und (−i) bezeichnet (imaginär wird im Sinne von „bildhaft", „nur in der Vorstellung existierend", „unreal" gebraucht).

Führen wir für $z_1 = \mathrm{i}$ und $z_2 = -\,\mathrm{i}$ die Proben durch, dann ergibt sich

$$(z_1)^2 = \mathrm{i}^2 = -1,$$
$$(z_2)^2 = (-\mathrm{i})^2 = (-\mathrm{i}) \cdot (-\mathrm{i}) = \mathrm{i}^2 = -1.$$

Definition 1.1
Die imaginäre Zahl i ist definiert durch die Beziehung

$$\mathrm{i}^2 = -1. \tag{1.1}$$

Bemerkung Obwohl die imaginäre Zahl i außerhalb unseres Anschauungsvermögens liegt, können wir uns ein derartiges mathematisches Objekt durchaus denken. Da es gelingt, dieses Gebilde unserer Vorstellung konsistent (widerspruchsfrei) in die Mathematik einzubinden, besitzt es die gleiche Existenzberechtigung wie andere Objekte, die wir uns – vermeintlich – besser veranschaulichen können. An dieser Stelle zeigt sich nicht nur, dass zum Betreiben von Mathematik Fantasie und eine ruhige Gelassenheit erforderlich sind, sondern es wird das **Wesen der Mathematik** berührt: Die Mathematik beschäftigt sich mit dem Denkbaren, das sich widerspruchsfrei zu einer Gesamtheit zusammensetzen lässt. Wenn uns die betrachteten Strukturen oder Objekte zudem anschaulich oder ästhetisch erscheinen, dann ist dies für uns erfreulich, doch notwendig ist es nicht. In seinem Verzicht auf Anschaulichkeit besitzt das mathematische Denken Bezüge zum künstlerischen Denken und ist wie dieses ohne Kreativität nicht möglich. Aus mathematischer Sicht ist es auch unerheblich, ob die mathematischen Objekte zurzeit in Anwendungskontexten nutzbar sind oder nicht, es genügt völlig, wenn sie widerspruchsfrei in das Gebäude der Mathematik eingefügt werden können. Aus Anwendersicht sind natürlich die mathematischen Objekte von besonderem Interesse, welche die Modellierung von Realsituationen unterstützen oder zur Theoriebildung in der Wissenschaft des Anwenders nützlich sind.

Die Definition der imaginären Zahl i erfolgte in einer Form, welche die geforderte Widerspruchsfreiheit sichert. In älteren Büchern befindet sich manchmal die Festlegung $\mathrm{i} = \sqrt{-1}$. Diese Beziehung ist nicht als Definition der imaginären Zahl i geeignet, da sie nicht konsistent ist:

$$\left.\begin{array}{l} \mathrm{i} = \sqrt{-1} \Rightarrow \mathrm{i}^2 = \left(\sqrt{-1}\right)^2 = \left((-1)^{\frac{1}{2}}\right)^2 = (-1)^1 = -1 \\ \mathrm{i} = \sqrt{-1} \Rightarrow \mathrm{i}^2 = \sqrt{-1} \cdot \sqrt{-1} = \sqrt{(-1) \cdot (-1)} = \sqrt{1} = 1 \end{array}\right\} \text{Widerspruch!}$$

Gehen wir zu allgemeinen quadratischen Gleichungen über, die in der Menge der reellen Zahlen keine Lösung besitzen, dann erhalten wir mit (1.1) Lösungen in einer anderen Zahlenmenge, welche die imaginäre Zahl i enthält, z. B.:

$$(z-2)^2+5=0$$
$$(z-2)^2=-5$$
$$\left(\frac{z-2}{\sqrt{5}}\right)^2=-1$$

$$\text{Fall 1: } \frac{z_1-2}{\sqrt{5}}=\mathrm{i} \Rightarrow z_1=2+\sqrt{5}\cdot\mathrm{i}$$
$$\text{Fall 2: } \frac{z_2-2}{\sqrt{5}}=-\mathrm{i} \Rightarrow z_2=2-\sqrt{5}\cdot\mathrm{i}$$

Wir führen die Proben durch, indem wir (1.1) berücksichtigen und ansonsten so rechnen wie mit reellen Zahlen:

$$\begin{aligned}
&(z_1-2)^2+5=(2+\sqrt{5}\cdot\mathrm{i}-2)^2+5=(\sqrt{5}\cdot\mathrm{i})\cdot(\sqrt{5}\cdot\mathrm{i})+5\\
&=5\cdot\mathrm{i}^2+5=5\cdot(-1)+5=0,\\
&(z_2-2)^2+5=(2-\sqrt{5}\cdot\mathrm{i}-2)^2+5=(-\sqrt{5}\cdot\mathrm{i})\cdot(-\sqrt{5}\cdot\mathrm{i})+5\\
&=5\cdot\mathrm{i}^2+5=5\cdot(-1)+5=0.
\end{aligned}$$

Durch Verallgemeinerung der Lösungen analoger Gleichungen werden wir in Abschn. 1.2 die Zahlenmenge $\mathbb{C}$ der **komplexen Zahlen** definieren.

Die Motivation zur Einführung unterschiedlicher Zahlenmengen bestand für uns bisher in der Lösbarkeit von Gleichungen der Form

$$a_n\cdot x^n+\ldots+a_1\cdot x+a_0=0 \quad (a_i\in\mathbb{Z};\, n\in\mathbb{N}). \tag{1.2}$$

Mit den komplexen Zahlen scheint bezüglich der Zahlenmengen ein Abschluss erreicht zu sein.

Diese Vermutung erweist sich als Trugschluss, da auch Zahlen existieren, die sich nicht als Lösung der Gleichung (1.2) darstellen lassen. Diese Tatsache führt zu folgender begrifflicher Unterscheidung:

- Eine komplexe Zahl, welche eine Lösung der Gl. (1.2) ist, wird **algebraische Zahl** genannt,
- eine komplexe Zahl, welche nicht als Lösung der Gl. (1.2) darstellbar ist, wird als **transzendente Zahl** bezeichnet (oder als transzendent-irrationale Zahl, um sie von den algebraisch-irrationalen Zahlen abzugrenzen).

Da Transzendenzbeweise kompliziert sind, müssen wir in der Schule zur Kenntnis nehmen, dass sogar „mehr" transzendente Zahlen als algebraische Zahlen existieren und dass es unter ihnen neben Beispielen wie $\sin(1)$, $\log_{10}(2)$, $2^{\sqrt{2}}$ auch folgende prominente Vertreter gibt:

- Euler'sche Zahl $e \approx 2{,}718281828459045\ldots$
- Kreiszahl $\pi \approx 3{,}141592653589793\ldots$

Besonders die Transzendenz der Kreiszahl π wirkt irritierend, da sie als Verhältnis von Umfang und Durchmesser eines beliebigen Kreises „so harmlos daherkommt" und näherungsweise experimentell bestimmt werden kann.

Die transzendenten Zahlen werden in die Menge $\mathbb{C}$ der komplexen Zahlen eingefügt (analog werden transzendente Zahlen ohne imaginären Anteil in die Menge $\mathbb{R}$ der reellen Zahlen eingeordnet).

Bemerkung Im Dezimalsystem angegebene Näherungswerte transzendenter Zahlen weisen keinerlei Muster auf. Es ist bemerkenswert, dass es andere Darstellungen gibt, die ästhetisch ansprechende Regelmäßigkeiten sichtbar werden lassen. Für Terme mit der Kreiszahl und der Euler'schen Zahl geben wir einige Beispiele an:

$$\frac{\pi}{4} = 1 - \frac{1}{3} + \frac{1}{5} - \frac{1}{7} + - \ldots$$

$$\frac{2}{\pi} = \sqrt{\frac{1}{2}} \cdot \sqrt{\frac{1}{2} + \frac{1}{2} \cdot \sqrt{\frac{1}{2}}} \cdot \sqrt{\frac{1}{2} + \frac{1}{2} \cdot \sqrt{\frac{1}{2} + \frac{1}{2} \cdot \sqrt{\frac{1}{2}}}} \cdot \ldots$$

$$\frac{4}{\pi} = \frac{1 \cdot 3}{2 \cdot 4} \cdot \frac{3 \cdot 5}{4 \cdot 6} \cdot \frac{5 \cdot 7}{6 \cdot 8} \cdot \ldots$$

$$\frac{\pi^2}{6} = \frac{1}{1^2} + \frac{1}{2^2} + \frac{1}{3^2} + \frac{1}{4^2} + \ldots$$

$$\frac{\pi^3}{32} = \frac{1}{1^3} - \frac{1}{3^3} + \frac{1}{5^3} - \frac{1}{7^3} \pm \ldots$$

$$\frac{\pi^4}{96} = \frac{1}{1^4} + \frac{1}{2^4} + \frac{1}{3^4} + \frac{1}{4^4} + \ldots$$

$$\pi = 1 + \cfrac{1^2}{6 + \cfrac{3^2}{6 + \cfrac{5^2}{6 + \cfrac{7^2}{\ldots}}}}$$

$$\frac{4}{\pi} = 1 + \cfrac{1^2}{2 + \cfrac{3^2}{2 + \cfrac{5^2}{2 + \cfrac{7^2}{\ldots}}}} = 1 + \cfrac{1^2}{3 + \cfrac{2^2}{5 + \cfrac{3^2}{7 + \cfrac{4^2}{\ldots}}}}$$

$$e = \frac{1}{0!} + \frac{1}{1!} + \frac{1}{2!} + \frac{1}{3!} + \ldots = 1 + 1 + \frac{1}{2} + \frac{1}{6} + \frac{1}{24} + \ldots$$

$$e = 2 + \cfrac{1}{1 + \cfrac{1}{2 + \cfrac{2}{3 + \cfrac{3}{4 + \cfrac{4}{\ldots}}}}}$$

$$\frac{1}{\mathrm{e}-1} = 0 + \cfrac{1}{1+\cfrac{2}{2+\cfrac{3}{3+\cfrac{4}{4+\cfrac{5}{\cdots}}}}}$$

$$\mathrm{e} = \lim_{n\to\infty}\left(1+\frac{1}{n}\right)^n (n \in \mathbb{N})$$

In einer der Darstellungen für die Euler'sche Zahl e haben wir die **Fakultät-Schreibweise** verwendet:

$$n! = n \cdot (n-1) \cdot \ldots \cdot 1 \text{ mit } 0! = 1! = 1. \tag{1.3}$$

Die in der Geschichte der Mathematik aufgetretenen Akzeptanzprobleme bezüglich irrationaler und komplexer Zahlen sind aus heutiger Sicht unbegründet, da auch die vermeintlich „einfacher zu verstehenden" natürlichen, gebrochenen und rationalen Zahlen einige „Merkwürdigkeiten" aufweisen.

Zusammenfassung

Zahlenmenge der	Beispiele	In der Zahlenmenge uneingeschränkt lösbare Gleichung
natürlichen Zahlen $\mathbb{N}$	$0; 1; 2; \ldots$	$x = a + b\ (a, b \in \mathbb{N})$
gebrochenen Zahlen $\mathbb{Q}^+$	$\frac{7}{3}; 2,5\overline{71}\ldots$	$a \cdot x = b\ (a, b \in \mathbb{N})$
ganzen Zahlen $\mathbb{Z}$	$-5; 0; +3$	$x + a = b\ (a, b \in \mathbb{N})$
rationalen Zahlen $\mathbb{Q}$	$-\frac{9}{4}; +\frac{1}{2}; 7{,}2$	$a \cdot x + b = c\ (a, b, c \in \mathbb{N})$
reellen Zahlen $\mathbb{R}$	$-5; \sqrt{8}; -\frac{\pi}{2};$ $\ln 2; \cos(-5{,}1)$	$x^n = a\ (n \in \mathbb{N}; a \in \mathbb{Q}^+)$
komplexen Zahlen $\mathbb{C}$	$\mathrm{i}; -\pi; \sqrt[3]{7}; 3 - 2 \cdot \mathrm{i}$	$x^n = a\ (n \in \mathbb{N}; a \in \mathbb{R})$

Teilmengenbeziehungen: $\mathbb{N} \subset \mathbb{Z} \subset \mathbb{Q} \subset \mathbb{R} \subset \mathbb{C}$ sowie $\mathbb{N} \subset \mathbb{Q}^+ \subset \mathbb{Q} \subset \mathbb{R} \subset \mathbb{C}$

irrationale Zahlen
- algebraisch-irrationale Zahlen wie $\sqrt{2}; \sqrt[3]{1+\sqrt{5}}$
- transzendent-irrationale Zahlen wie $\sin 2; \pi; \mathrm{e}$

Algebraisch-irrationale Zahlen sind Lösungen einer algebraischen Gleichung $a_n \cdot x^n + \ldots + a_1 \cdot x + a_0 = 0\ (a_i \in \mathbb{Z}; n \in \mathbb{N})$, transzendent-irrationale Zahlen sind nicht als Lösung einer algebraischen Gleichung darstellbar.

Algebraische Zahlen sind komplexe Zahlen, die als Lösung einer algebraischen Gleichung darstellbar sind.

Wir beenden diesen Abschnitt mit dem Hinweis, dass die Zahlenmengen mit der Konstruktion der komplexen Zahlen nicht abgeschlossen sind. Von diesen ausgehend werden Quaternionen, Oktonionen und Sedenionen konstruiert und in unterschiedlichen Kontexten genutzt, z. B. in der Computergrafik, Stringtheorie, Zahlentheorie, synthetischen Geometrie.

1.2 Darstellungsformen für komplexe Zahlen

Nach den Betrachtungen aus Abschn. 1.1 ist die folgende Definition nachvollziehbar:

Definition 1.2
Eine **komplexe Zahl** z ist ein Ausdruck der Form $z = a + b \cdot \mathrm{i}$ mit $a, b \in \mathbb{R}$ und $\mathrm{i}^2 = -1$, $a = \mathrm{Re}\,(z)$ ist der **Realteil** der komplexen Zahl, $b = \mathrm{Im}\,(z)$ der **Imaginärteil**.

Die **Zahlenmenge der komplexen Zahlen** wird mit $\mathbb{C}$ bezeichnet. Die Darstellung einer komplexen Zahl in der Form $z = a + b \cdot \mathrm{i}$ wird **algebraische Darstellung** (oder kartesische Form) genannt. Ist der Realteil einer komplexen Zahl null, dann wird sie auch als **imaginäre Zahl** bezeichnet.

Für komplexe Zahlen existiert **keine Ordnungsrelation**, doch eine Addition und eine Multiplikation können derart definiert werden, dass mit ihnen unter Berücksichtigung von $\mathrm{i}^2 = -1$ so gerechnet werden kann wie mit reellen Zahlen:

Addition

$$z_1 + z_2 = (a_1 + b_1 \cdot \mathrm{i}) + (a_2 + b_2 \cdot \mathrm{i}) = (a_1 + a_2) + (b_1 + b_2) \cdot \mathrm{i} \qquad (1.4)$$

Multiplikation

$$\begin{aligned} z_1 \cdot z_2 &= (a_1 + b_1 \cdot \mathrm{i}) \cdot (a_2 + b_2 \cdot \mathrm{i}) \\ &= a_1 \cdot a_2 + a_1 \cdot b_2 \cdot \mathrm{i} + a_2 \cdot b_1 \cdot \mathrm{i} + b_1 \cdot b_2 \cdot \mathrm{i}^2 \qquad \Big|\, \mathrm{i}^2 = -1 \\ z_1 \cdot z_2 &= (a_1 \cdot a_2 - b_1 \cdot b_2) + (a_1 \cdot b_2 + a_2 \cdot b_1) \cdot \mathrm{i} \qquad (1.5) \end{aligned}$$

In Abschn. 1.1 haben wir für die Gleichung $(z - 2)^2 + 5 = 0$ die Lösungen $z_1 = 2 + \sqrt{5} \cdot \mathrm{i}$ und $z_2 = 2 - \sqrt{5} \cdot \mathrm{i}$ ermittelt. Diese beiden Lösungen besitzen den gleichen Realteil und entgegengesetzten Imaginärteil. Derartige komplexe Zahlen werden als zueinander konjugiert (im Sinn von „miteinander verbunden") bezeichnet. Allgemein gilt:

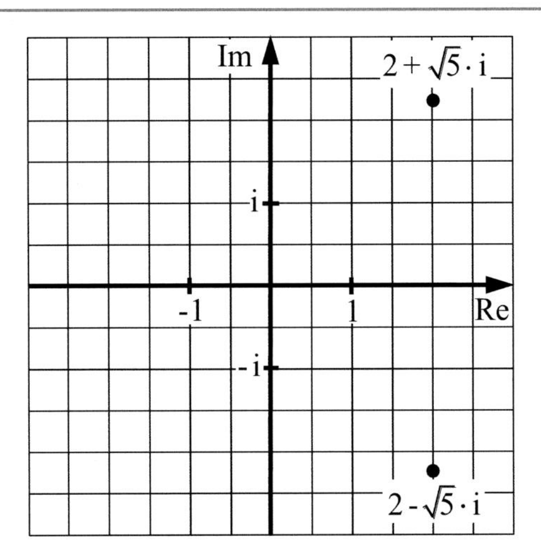

Abb. 1.1 Komplexe Zahlen in algebraischer Darstellung in der Gauß'schen Zahlenebene

Zu jeder komplexen Zahl $z = a + b \cdot \mathrm{i}$ existiert eine **konjugiert komplexe Zahl**

$$\overline{z} = a - b \cdot \mathrm{i} \tag{1.6}$$

Komplexe Zahlen werden in der **Gauß'schen Zahlenebene** veranschaulicht. In Abb. 1.1 haben wir die ermittelten Lösungen der Gleichung $(z-2)^2 + 5 = 0$ in die Gauß'sche Zahlenebene eingetragen.

Da die imaginäre Zahl i in der Gauß'schen Zahlenebene die Einheit der Ordinate darstellt, wird i auch als **imaginäre Einheit** bezeichnet.

Die bisher betrachtete Darstellung komplexer Zahlen in der Gauß'schen Zahlenebene ist analog zur Darstellung von Punkten in einem kartesischen Koordinatensystem.

In Anwendungskontexten ist zuweilen die in Abb. 1.2 veranschaulichte **trigonometrische Darstellung** komplexer Zahlen zweckmäßig, die analog zu Polarkoordinaten ist (s. Abschn. 4.2.3).

$$\text{Wir erhalten } z = a + b \cdot \mathrm{i} = r \cdot (\cos\varphi + \mathrm{i} \cdot \sin\varphi) \tag{1.7}$$

Wegen $z \cdot \overline{z} = (a + b \cdot \mathrm{i}) \cdot (a - b \cdot \mathrm{i}) = a^2 - b^2 \cdot \mathrm{i}^2 = a^2 + b^2$ gilt:

$$r = \sqrt{a^2 + b^2} = \sqrt{z \cdot \overline{z}} = |z| = |\overline{z}| \text{ ... } \textbf{Betrag} \text{ der komplexen Zahlz.} \tag{1.8}$$

$\varphi = \arg(z)$ ist das **Argument** bzw. die **Phase** der komplexen Zahl z.

Das Argument wird als **Hauptwert** bezeichnet, wenn $-\pi < \varphi \leq \pi$ gilt.

Unter Beachtung des Vorzeichens von a und b kann φ mithilfe der Funktionen $\arctan \frac{b}{a}$ oder $\arccos \frac{a}{r}$ bestimmt werden.

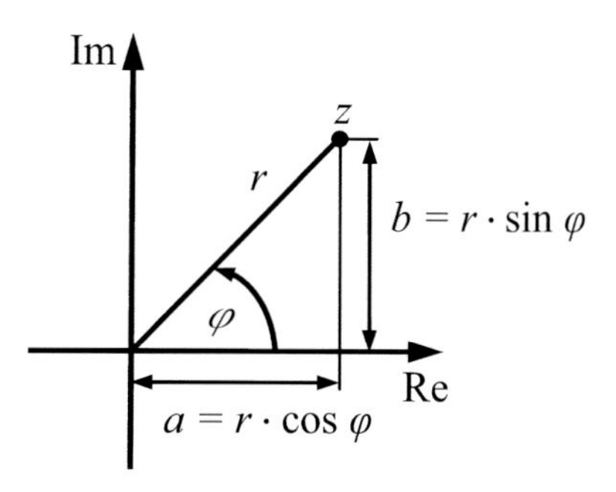

Abb. 1.2 Komplexe Zahlen in trigonometrischer Darstellung

Aus $r = \sqrt{a^2 + b^2} = \sqrt{r^2 \cdot \cos^2\varphi + r^2 \cdot \sin^2\varphi} = r \cdot \sqrt{\cos^2\varphi + \sin^2\varphi}$ ergibt sich:

$$\sin^2\alpha + \cos^2\alpha = 1 \ldots \text{„}\textbf{trigonometrischer Pythagoras}\text{“}. \tag{1.9}$$

Wegen der Periodizität der Sinus- und Kosinusfunktion können wir (1.7) verallgemeinern. Wir erhalten die Schreibweise einer komplexen Zahl in algebraischer und in **trigonometrischer Darstellung**:

$$\begin{aligned} z_k &= a + b \cdot \mathrm{i} = |z_0| \cdot (\cos(\varphi + 2 \cdot k \cdot \pi) + \mathrm{i} \cdot \sin(\varphi + 2 \cdot k \cdot \pi)) \\ &\quad k = 0, \pm 1, \pm 2, \ldots \\ &\quad |z_0| = |z_1| = \ldots = |z| = \sqrt{a^2 + b^2} = \sqrt{z \cdot \bar{z}} \end{aligned} \tag{1.10}$$

Bemerkung In (1.10) stellen $\ldots, z_{-2}, z_{-1}, z_0, z_1, z_2, \ldots$ die gleiche komplexe Zahl z dar, wie $\frac{1}{2}, \frac{2}{4}, \frac{3}{6}, \ldots$ die gleiche gebrochene Zahl $\frac{1}{2}$ angeben. Beim Radizieren komplexer Zahlen werden wir aus Darstellung (1.10) unterschiedliche Lösungen gewinnen.

In Abschn. 3.1 wird erläutert, dass viele Funktionen durch Potenzfunktionen approximiert werden können. Für die in (1.7) vorkommenden trigonometrischen Funktionen gilt:

$$\sin\varphi = \varphi - \frac{\varphi^3}{3!} + \frac{\varphi^5}{5!} - \frac{\varphi^7}{7!} + - \ldots \tag{1.11}$$

$$\cos\varphi = 1 - \frac{\varphi^2}{2!} + \frac{\varphi^4}{4!} - \frac{\varphi^6}{6!} + - \ldots \tag{1.12}$$

In den Beziehungen (1.11) und (1.12) wird die Fakultät-Schreibweise (1.3) verwendet.

Einsetzen von (1.11) und (1.12) in (1.7) ergibt:

$$\begin{aligned} z &= a + b \cdot \mathrm{i} = r \cdot (\cos\varphi + \mathrm{i} \cdot \sin\varphi) \\ &= r \cdot \left(1 - \frac{\varphi^2}{2!} + \frac{\varphi^4}{4!} - \frac{\varphi^6}{6!} + - \ldots + \mathrm{i} \cdot \varphi - \mathrm{i} \cdot \frac{\varphi^3}{3!} + \mathrm{i} \cdot \frac{\varphi^5}{5!} - \mathrm{i} \cdot \frac{\varphi^7}{7!} + - \ldots\right). \end{aligned}$$

Unter bestimmten Voraussetzungen, die hier vorliegen, dürfen die Summanden in unendlichen Reihen vertauscht werden. Mit $i^2 = -1, i^3 = -i, i^4 = 1, i^5 = i$ usw. ergibt sich:

$$z = r \cdot \left(1 + i \cdot \varphi + \frac{(i \cdot \varphi)^2}{2!} + \frac{(i \cdot \varphi)^3}{3!} + \frac{(i \cdot \varphi)^4}{4!} + \frac{(i \cdot \varphi)^5}{5!} + \ldots\right).$$

Der Term in der letzten Zeile stellt die Approximation der Exponentialfunktion $e^{i \cdot \varphi}$ dar, deshalb gilt:

$$z = a + b \cdot i = r \cdot (\cos\varphi + i \cdot \sin\varphi) = r \cdot e^{i \cdot \varphi}. \tag{1.13}$$

Unter Nutzung der Periodizität der Sinus- und Kosinusfunktion ergibt sich aus (1.13) die **Exponentialdarstellung** einer komplexen Zahl zu

$$\begin{aligned} z_k &= a + b \cdot i = |z_0| \cdot (\cos(\varphi + 2 \cdot k \cdot \pi) + i \cdot \sin(\varphi + 2 \cdot k \cdot \pi)) = |z_0| \cdot e^{i \cdot (\varphi + 2 \cdot k \cdot \pi)} \\ & k = 0, \pm 1, \pm 2, \ldots \\ & |z_0| = |z_1| = \ldots = |z| = \sqrt{a^2 + b^2} = \sqrt{z \cdot \bar{z}} \end{aligned} \tag{1.14}$$

Für $\varphi = \pi$ erhalten wir aus (1.13):

$$\begin{aligned} r \cdot (\cos\pi + i \cdot \sin\pi) &= r \cdot e^{i \cdot \pi} \\ e^{i \cdot \pi} &= -1 + i \cdot 0 \\ e^{i \cdot \pi} + 1 &= 0 \end{aligned} \tag{1.15}$$

Die Beziehung (1.15), welche die wohl prominentesten Vertreter transzendenter Zahlen mit den neutralen Elementen der Addition und Multiplikation sowie der imaginären Einheit verknüpft, wird als **schönste Formel der Mathematik** bezeichnet.

Bemerkung Der von uns gewählte Zugang zu komplexen Zahlen über das Lösen von algebraischen Gleichungen führt zum **Fundamentalsatz der Algebra**:

Die Gleichung $a_n \cdot z^n + \ldots + a_1 \cdot z + a_0 = 0$ vom Grad *n* mit $n \in \mathbb{N}, n \geq 1$ und komplexen Koeffizienten $a_k \in \mathbb{C}$ besitzt genau *n* komplexe Lösungen $z \in \mathbb{C}$, wenn die Vielfachheit der Lösungen mitgezählt wird.

Beispiel: Die Gleichung vierten Grades

$z^4 + 2 \cdot z^3 - 10 \cdot z^2 - 16 \cdot z + 40 = 0$ besitzt vier Lösungen, die wir nach dem Faktorisieren dieser Gleichung zu

$(z - 2)^2 \cdot (z + 3 - i) \cdot (z + 3 + i) = 0$ ablesen können:

$$z_1 = z_2 = 2;\ z_3 = -3 + i;\ z_4 = -3 - i.$$

In der Literatur wird das „Lösen der Gleichung" $a_n \cdot z^n + \ldots + a_1 \cdot z + a_0 = 0$ zuweilen durch „Bestimmen der Nullstellen des Polynoms" $P(z) = a_n \cdot z^n + \ldots + a_1 \cdot z + a_0$ ausgedrückt.

Die Konstruktion der Zahlenmenge der komplexen Zahlen in der Mathematik erfolgt unabhängig von den Problemen des Gleichungslösens (bzw. der Bestimmung der Nullstellen von Polynomen) auf höherer Abstraktionsstufe als von uns in diesem Abschnitt vorgestellt. Dabei werden mathematische Objekte gebildet, und es werden für diese Objekte eine Addition und eine Multiplikation definiert. Auf diese Weise ergeben sich unterschiedliche Modelle für komplexe Zahlen, z. B.:

- Es werden geordnete reelle Zahlenpaare (a, b) betrachtet, für die eine Addition und eine Multiplikation definiert werden durch:
  $(a, b) + (c, d) = (a + c, b + d)$ bzw.
  $(a, b) \cdot (c, d) = (a \cdot c - b \cdot d, a \cdot d + b \cdot c)$.
  Damit wird abgesichert, dass $(0,1) \cdot (0,1) = (-1,0)$ gilt.
  Der Bezug zur algebraischen Form der komplexen Zahlen ergibt sich durch
  $z = (a, b) = (a, 0) + (0, b) = a \cdot (1,0) + b \cdot (0,1) =: a + b \cdot \mathrm{i}$.
  Diese Form der Konstruktion des Zahlbereichs erfolgt in Analogie zur Konstruktion der gebrochenen und der ganzen Zahlen mithilfe von Zahlenpaaren aus natürlichen Zahlen sowie Definitionen von speziellen Rechenregeln für diese Zahlenpaare.
- Es werden Matrizen der Form $\begin{pmatrix} a & -b \\ b & a \end{pmatrix}$ betrachtet, für welche die üblichen Regeln der Addition und Multiplikation von Matrizen gelten.
  Dann ergibt sich mit $Z = \begin{pmatrix} a & -b \\ b & a \end{pmatrix} = a \cdot \begin{pmatrix} 1 & 0 \\ 0 & 1 \end{pmatrix} + b \cdot \begin{pmatrix} 0 & -1 \\ 1 & 0 \end{pmatrix} = a \cdot E + b \cdot I$
  ebenfalls ein Modell der komplexen Zahlen, insbesondere gilt $I^2 = -E$.
  In diesem Modell werden reelle Zahlen durch $a \cdot E = a \cdot \begin{pmatrix} 1 & 0 \\ 0 & 1 \end{pmatrix} = \begin{pmatrix} a & 0 \\ 0 & a \end{pmatrix}$
  modelliert.

1.3 Rechenregeln für komplexe Zahlen

Wir geben einige Rechenregeln für komplexe Zahlen an, die sich mithilfe der Darstellungen komplexer Zahlen in algebraischer, trigonometrischer und exponentieller Form sowie den Regeln für die Addition und Multiplikation begründen lassen.

Kontextbezogen wird jeweils eine geeignete Darstellungsform ausgewählt. Häufig ist es zweckmäßig, die trigonometrische Darstellung aus der Exponentialdarstellung zu entwickeln.

Wir verwenden für die Herleitungen der Beziehungen folgende Gleichungen:

$$z = a + b \cdot \mathrm{i} = |z| \cdot (\cos\varphi + \mathrm{i} \cdot \sin\varphi) = |z| \cdot \mathrm{e}^{\mathrm{i}\cdot\varphi},$$

$$\begin{aligned}\overline{z} &= a - b \cdot \mathrm{i} = |z| \cdot (\cos\varphi - \mathrm{i} \cdot \sin\varphi) = |z| \cdot (\cos(-\varphi) + \mathrm{i} \cdot \sin(-\varphi)) \\ &= |z| \cdot \mathrm{e}^{\mathrm{i}\cdot(-\varphi)} = |z| \cdot \mathrm{e}^{-\mathrm{i}\cdot\varphi},\end{aligned}$$

$$|z| = |\overline{z}| = \sqrt{z \cdot \overline{z}} = \sqrt{a^2 + b^2},$$

$$y = c + d \cdot \mathrm{i} = |y| \cdot (\cos\chi + \mathrm{i} \cdot \sin\chi) = |y| \cdot \mathrm{e}^{\mathrm{i}\cdot\chi},$$
$$\overline{y} = c - d \cdot \mathrm{i} = |y| \cdot (\cos\chi - \mathrm{i} \cdot \sin\chi) = |y| \cdot \mathrm{e}^{-\mathrm{i}\cdot\chi},$$
$$|y| = |\overline{y}| = \sqrt{y \cdot \overline{y}} = \sqrt{c^2 + d^2}.$$

Konjugieren und Bilden des Betrages (Nachweise durch Einsetzen der algebraischen Darstellungen für die komplexen Zahlen):

$$\overline{z + y} = \overline{z} + \overline{y},$$
$$\overline{z \cdot y} = \overline{z} \cdot \overline{y},$$
$$\overline{\left(\frac{z}{y}\right)} = \frac{\overline{z}}{\overline{y}},$$
$$|z \cdot y| = |z| \cdot |y|$$
$$\left|\frac{z}{y}\right| = \frac{|z|}{|y|}.$$

Bestimmen von Real- und Imaginärteil einer komplexen Zahl:

$$z + \overline{z} = 2 \cdot \mathrm{Re}(z) \Rightarrow \mathrm{Re}(z) = \frac{z + \overline{z}}{2},$$
$$z - \overline{z} = 2 \cdot \mathrm{Im}(z) \cdot \mathrm{i} \Rightarrow \mathrm{Im}(z) = \frac{z - \overline{z}}{2 \cdot \mathrm{i}} = \frac{z - \overline{z}}{2 \cdot \mathrm{i}} \cdot \frac{\mathrm{i}}{\mathrm{i}} = \frac{z \cdot \mathrm{i} - \overline{z} \cdot \mathrm{i}}{-2} = \frac{\overline{z} \cdot \mathrm{i} - z \cdot \mathrm{i}}{2}.$$

Dividieren zweier komplexer Zahlen:

$$\frac{z}{y} = \frac{a + b \cdot \mathrm{i}}{c + d \cdot \mathrm{i}} = \frac{a + b \cdot \mathrm{i}}{c + d \cdot \mathrm{i}} \cdot \frac{c - d \cdot \mathrm{i}}{c - d \cdot \mathrm{i}} = \frac{(a \cdot c + b \cdot d) + \mathrm{i} \cdot (b \cdot c - a \cdot d)}{c^2 + d^2},$$
$$\frac{z}{y} = \frac{|z| \cdot \mathrm{e}^{\mathrm{i}\cdot\varphi}}{|y| \cdot \mathrm{e}^{\mathrm{i}\cdot\chi}} = \frac{|z|}{|y|} \cdot \mathrm{e}^{\mathrm{i}\cdot(\varphi - \chi)} = \frac{|z|}{|y|} \cdot (\cos(\varphi - \chi) + \mathrm{i} \cdot \sin(\varphi - \chi)).$$

Potenzieren und Radizieren einer komplexen Zahl:

Die in der Darstellung (1.14) gegebene Zahl wird potenziert:

$$x_k = (z_k)^n = (a + b \cdot \mathrm{i})^n = |z_0|^n \cdot (\cos(\varphi + 2 \cdot k \cdot \pi) + \mathrm{i} \cdot \sin(\varphi + 2 \cdot k \cdot \pi))^n = |z_0|^n \cdot (\mathrm{e}^{\mathrm{i}\cdot(\varphi + 2\cdot k\cdot\pi)})^n.$$

Wir können die Exponentialdarstellung umformen:

$$x_k = (z_k)^n = |z_0|^n \cdot \mathrm{e}^{\mathrm{i}\cdot(\varphi + 2\cdot k\cdot\pi)\cdot n}.$$

Die trigonometrische Darstellung ergibt sich aus der Exponentialdarstellung:

$$x_k = (z_k)^n = |z_0|^n \cdot (\cos((\varphi + 2 \cdot k \cdot \pi) \cdot n) + \mathrm{i} \cdot \sin((\varphi + 2 \cdot k \cdot \pi) \cdot n))$$
$$k = 0, \pm 1, \pm 2, \ldots \quad (1.16)$$
$$|z_0| = |z_1| = \ldots = |z| = \sqrt{a^2 + b^2} = \sqrt{z \cdot \overline{z}}$$

Für $k = 0$ ergibt sich:

$$|z_0|^n \cdot (\cos\varphi + \mathrm{i}\cdot\sin\varphi)^n = |z_0|^n \cdot (\cos(\varphi\cdot n) + \mathrm{i}\cdot\sin(\varphi\cdot n))$$
$$(\cos\varphi + \mathrm{i}\cdot\sin\varphi)^n = \cos(\varphi\cdot n) + \mathrm{i}\cdot\sin(\varphi\cdot n) \;\ldots\; \textbf{Formel von Moivre} \tag{1.17}$$

Für $n = \frac{p}{q}$ ergeben sich aus (1.16) die **Wurzeln** einer komplexen Zahl:

$$\begin{aligned} x_k &= (z_k)^{\frac{p}{q}} = |z_0|^{\frac{p}{q}} \cdot \left(\cos\frac{(\varphi + 2\cdot k\cdot\pi)\cdot p}{q} + \mathrm{i}\cdot\sin\frac{(\varphi + 2\cdot k\cdot\pi)\cdot p}{q}\right) \\ & k = 0, \pm 1, \pm 2, \ldots \\ & |z_0| = |z_1| = \ldots = |z| = \sqrt{a^2+b^2} = \sqrt{z\cdot\overline{z}} \end{aligned} \tag{1.18}$$

Logarithmieren einer komplexen Zahl:

Die in der Darstellung (1.14) gegebene Zahl wird logarithmiert:

$$\begin{aligned} x_k &= \ln(z_k) = \ln(a + b\cdot\mathrm{i}) = \ln\left(|z_0|\cdot \mathrm{e}^{\mathrm{i}\cdot(\varphi+2\cdot k\cdot\pi)}\right) \\ x_k &= \ln(z_k) = \ln(a + b\cdot\mathrm{i}) = \ln|z_0| + \mathrm{i}\cdot(\varphi + 2\cdot k\cdot\pi) \\ & k = 0, \pm 1, \pm 2, \ldots \\ & |z_0| = |z_1| = \ldots = |z| = \sqrt{a^2+b^2} = \sqrt{z\cdot\overline{z}} \end{aligned} \tag{1.19}$$

Wir verdeutlichen die Rechenregeln an einigen Beispielen.

Beispiel 1.3

Herleitung von Additionstheoremen

Aus dem Produkt zweier komplexer Zahlen ergeben sich **Additionstheoreme für die Summe zweier Winkel**:

$$\begin{aligned} \mathrm{e}^{\mathrm{i}\cdot\alpha}\cdot\mathrm{e}^{\mathrm{i}\cdot\beta} &= (\cos\alpha + \mathrm{i}\cdot\sin\alpha)\cdot(\cos\beta + \mathrm{i}\cdot\sin\beta) \\ \mathrm{e}^{\mathrm{i}\cdot(\alpha+\beta)} &= (\cos\alpha\cdot\cos\beta - \sin\alpha\cdot\sin\beta) + \mathrm{i}\cdot(\sin\alpha\cdot\cos\beta + \cos\alpha\cdot\sin\beta) \\ \cos(\alpha+\beta) + \mathrm{i}\cdot\sin(\alpha+\beta) &= (\cos\alpha\cdot\cos\beta - \sin\alpha\cdot\sin\beta) \\ &\quad + \mathrm{i}\cdot(\sin\alpha\cdot\cos\beta + \cos\alpha\cdot\sin\beta) \end{aligned}$$

Ein Vergleich der Real- und Imaginärteile ergibt:

$$\begin{aligned} \cos(\alpha+\beta) &= \cos\alpha\cdot\cos\beta - \sin\alpha\cdot\sin\beta, \\ \sin(\alpha+\beta) &= \sin\alpha\cdot\cos\beta + \cos\alpha\cdot\sin\beta. \end{aligned}$$

Aus dem Quotienten zweier komplexer Zahlen ergeben sich **Additionstheoreme für die Differenz zweier Winkel**:

$$\begin{aligned} \frac{\mathrm{e}^{\mathrm{i}\cdot\alpha}}{\mathrm{e}^{\mathrm{i}\cdot\beta}} &= \frac{\cos\alpha + \mathrm{i}\cdot\sin\alpha}{\cos\beta + \mathrm{i}\cdot\sin\beta} \\ \mathrm{e}^{\mathrm{i}\cdot(\alpha-\beta)} &= \frac{\cos\alpha + \mathrm{i}\cdot\sin\alpha}{\cos\beta + \mathrm{i}\cdot\sin\beta}\cdot\frac{\cos\beta - \mathrm{i}\cdot\sin\beta}{\cos\beta - \mathrm{i}\cdot\sin\beta} \end{aligned}$$

$$\cos(\alpha-\beta)+\mathrm{i}\cdot\sin(\alpha-\beta) = \frac{(\cos\alpha\cdot\cos\beta+\sin\alpha\cdot\sin\beta)+\mathrm{i}\cdot(\sin\alpha\cdot\cos\beta-\cos\alpha\cdot\sin\beta)}{\cos^2\beta+\sin^2\beta}$$

$$\cos^2\beta+\sin^2\beta=1$$

$$\cos(\alpha-\beta)+\mathrm{i}\cdot\sin(\alpha-\beta)=(\cos\alpha\cdot\cos\beta+\sin\alpha\cdot\sin\beta) + \mathrm{i}\cdot(\sin\alpha\cdot\cos\beta-\cos\alpha\cdot\sin\beta)$$

Ein Vergleich der Real- und Imaginärteile ergibt:

$$\cos(\alpha-\beta)=\cos\alpha\cdot\cos\beta+\sin\alpha\cdot\sin\beta,$$
$$\sin(\alpha-\beta)=\sin\alpha\cdot\cos\beta-\cos\alpha\cdot\sin\beta.$$

Die Formel von Moivre ergibt für $n=2$ **Additionstheoreme für den doppelten Winkel**:

$$(\cos\varphi+\mathrm{i}\cdot\sin\varphi)^2=\cos(2\cdot\varphi)+\mathrm{i}\cdot\sin(2\cdot\varphi)$$
$$\cos^2\varphi+2\cdot\sin\varphi\cdot\cos\varphi\cdot\mathrm{i}+\mathrm{i}^2\cdot\sin^2\varphi=\cos(2\cdot\varphi)+\mathrm{i}\cdot\sin(2\cdot\varphi)$$
$$(\cos^2\varphi-\sin^2\varphi)+(2\cdot\sin\varphi\cdot\cos\varphi)\cdot\mathrm{i}=\cos(2\cdot\varphi)+\mathrm{i}\cdot\sin(2\cdot\varphi)$$

Ein Vergleich der Real- und Imaginärteile ergibt:

$$\cos(2\cdot\varphi)=\cos^2\varphi-\sin^2\varphi,$$
$$\sin(2\cdot\varphi)=2\cdot\sin\varphi\cdot\cos\varphi.$$

Analog ergeben sich aus der Formel von Moivre für $n=3$ **Additionstheoreme für den dreifachen Winkel**:

$$(\cos\varphi+\mathrm{i}\cdot\sin\varphi)^3=\cos(3\cdot\varphi)+\mathrm{i}\cdot\sin(3\cdot\varphi)$$
$$\cos^3\varphi+3\cdot\cos^2\varphi\cdot\sin\varphi\cdot\mathrm{i}+3\cdot\cos\varphi\cdot\sin^2\varphi\cdot\mathrm{i}^2+\sin^3\varphi\cdot\mathrm{i}^3 = \cos(3\cdot\varphi)+\mathrm{i}\cdot\sin(3\cdot\varphi)$$
$$(\cos^3\varphi-3\cdot\cos\varphi\cdot\sin^2\varphi)+(3\cdot\cos^2\varphi\cdot\sin\varphi-\sin^3\varphi)\cdot\mathrm{i} = \cos(3\cdot\varphi)+\mathrm{i}\cdot\sin(3\cdot\varphi)$$

Ein Vergleich der Real- und Imaginärteile ergibt:

$$\begin{aligned}\cos(3\cdot\varphi)&=\cos^3\varphi-3\cdot\cos\varphi\cdot\sin^2\varphi\\&=\cos^3\varphi-3\cdot\cos\varphi\cdot(1-\cos^2\varphi)\\&=4\cdot\cos^3\varphi-3\cdot\cos\varphi,\\ \sin(3\cdot\varphi)&=3\cdot\cos^2\varphi\cdot\sin\varphi-\sin^3\varphi\\&=3\cdot(1-\sin^2\varphi)\cdot\sin\varphi-\sin^3\varphi\\&=3\cdot\sin\varphi-4\cdot\sin^3\varphi.\end{aligned}$$

Die elementargeometrische Herleitung der Additionstheoreme ist in der Regel aufwendiger als die Herleitung mithilfe komplexer Zahlen.

Beispiel 1.4

Berechnung von Wurzeln

Zuerst lösen wir eine Gleichung der Form $x^n = 1 (n \in \mathbb{N}, n \geq 1; x \in \mathbb{C})$. Diese Lösungen können in der Form $x = 1^{\frac{1}{n}}$ geschrieben werden, sie werden als **Einheitswurzeln** bezeichnet.

Die komplexe Zahl 1 in der zu lösenden Gleichung schreiben wir in der Form:

$$\begin{aligned} z &= 1 + 0 \cdot \mathrm{i} \Rightarrow |z| = \sqrt{1^2 + 0^2} = 1; \varphi = 0 \\ z_k &= 1 \cdot (\cos(0 + 2 \cdot k \cdot \pi) + \mathrm{i} \cdot \sin(0 + 2 \cdot k \cdot \pi)) \\ &= \cos(2 \cdot k \cdot \pi) + \mathrm{i} \cdot \sin(2 \cdot k \cdot \pi) \\ &\quad k = 0, \pm 1, \pm 2, \ldots \\ &\quad |z_0| = |z_1| = \ldots = |z| = 1 \end{aligned}$$

Damit ergeben sich aus (1.18) die Einheitswurzeln durch Einsetzen von $z_k = 1$, $|z_0| = 1$, $\varphi = 0$ und $\frac{p}{q} = \frac{1}{n}$:

$$\begin{aligned} x_k &= (1)^{\frac{1}{n}} = 1^{\frac{1}{n}} \cdot \left(\cos \frac{(0 + 2 \cdot k \cdot \pi) \cdot 1}{n} + \mathrm{i} \cdot \sin \frac{(0 + 2 \cdot k \cdot \pi) \cdot 1}{n} \right) \\ x_k &= 1^{\frac{1}{n}} = \cos\left(\frac{2 \cdot k \cdot \pi}{n}\right) + \mathrm{i} \cdot \sin\left(\frac{2 \cdot k \cdot \pi}{n}\right) \quad \text{mit } k = 0, \pm 1, \pm 2, \ldots \end{aligned}$$

Wir betrachten ein konkretes Beispiel für die Berechnung einer Einheitswurzel.

Lösen der Gleichung $x^6 = 1$

Die Lösungen in allgemeiner Form ergeben sich durch Einsetzen von $n = 6$ in die letzte Gleichung:

$$x_k = 1^{\frac{1}{6}} = \cos\left(\frac{2 \cdot k \cdot \pi}{6}\right) + \mathrm{i} \cdot \sin\left(\frac{2 \cdot k \cdot \pi}{6}\right) \quad \text{mit } k = 0, \pm 1, \pm 2, \ldots$$

Wir erhalten die gesuchten speziellen Lösungen durch Wertzuweisung an den Parameter k:

$$\begin{aligned} x_0 &= \cos(0) + \mathrm{i} \cdot \sin(0) = 1, \\ x_1 &= \cos\left(\frac{2 \cdot 1 \cdot \pi}{6}\right) + \mathrm{i} \cdot \sin\left(\frac{2 \cdot 1 \cdot \pi}{6}\right) \\ &= \cos\left(\frac{\pi}{3}\right) + \mathrm{i} \cdot \sin\left(\frac{\pi}{3}\right) = \frac{1}{2} + \mathrm{i} \cdot \frac{\sqrt{3}}{2}, \\ x_2 &= \cos\left(\frac{2 \cdot 2 \cdot \pi}{6}\right) + \mathrm{i} \cdot \sin\left(\frac{2 \cdot 2 \cdot \pi}{6}\right) \\ &= \cos\left(\frac{2 \cdot \pi}{3}\right) + \mathrm{i} \cdot \sin\left(\frac{2 \cdot \pi}{3}\right) = -\frac{1}{2} + \mathrm{i} \cdot \frac{\sqrt{3}}{2}, \end{aligned}$$

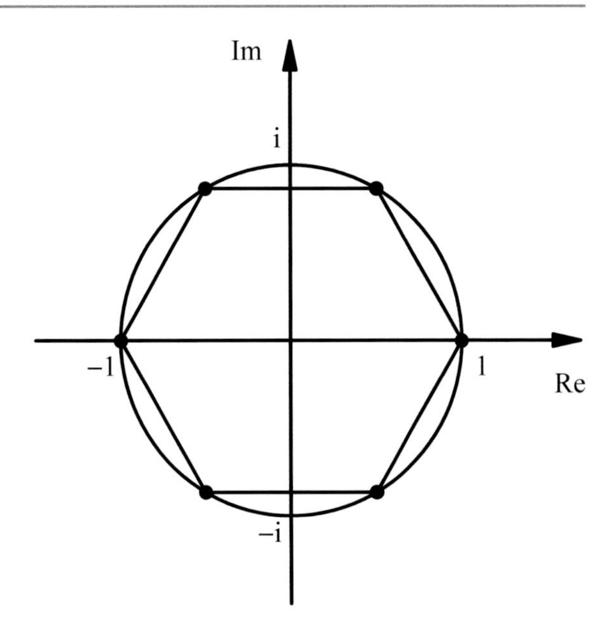

Abb. 1.3 Lösungen der Gleichung $x^6 = 1$ in der Gauß'schen Zahlenebene

$$
\begin{aligned}
x_3 &= \cos\left(\frac{2\cdot 3\cdot \pi}{6}\right) + \mathrm{i}\cdot \sin\left(\frac{2\cdot 3\cdot \pi}{6}\right) = \cos(\pi) + \mathrm{i}\cdot\sin(\pi) = -1,\\
x_4 &= \cos\left(\frac{2\cdot 4\cdot \pi}{6}\right) + \mathrm{i}\cdot \sin\left(\frac{2\cdot 4\cdot \pi}{6}\right)\\
&= \cos\left(\frac{4\cdot \pi}{3}\right) + \mathrm{i}\cdot \sin\left(\frac{4\cdot \pi}{3}\right) = -\frac{1}{2} - \mathrm{i}\cdot\frac{\sqrt{3}}{2},\\
x_5 &= \cos\left(\frac{2\cdot 5\cdot \pi}{6}\right) + \mathrm{i}\cdot \sin\left(\frac{2\cdot 5\cdot \pi}{6}\right)\\
&= \cos\left(\frac{5\cdot \pi}{3}\right) + \mathrm{i}\cdot \sin\left(\frac{5\cdot \pi}{3}\right) = \frac{1}{2} - \mathrm{i}\cdot\frac{\sqrt{3}}{2}.
\end{aligned}
$$

Weitere Lösungen existieren nicht, da $x_6 = \cos\left(\frac{2\cdot 6\cdot\pi}{6}\right) + \mathrm{i}\cdot\sin\left(\frac{2\cdot 6\cdot\pi}{6}\right) = \cos(0) + \mathrm{i}\cdot\sin(0) = x_0$ usw.

In Abb. 1.3 veranschaulichen wir die ermittelten Einheitswurzeln in der Gauß'schen Zahlenebene.

Lösen der Gleichung $x^3 = -8$
Die komplexe Zahl (-8) schreiben wir in der Form:

$$
\begin{aligned}
z &= -8 + 0\cdot \mathrm{i} \Rightarrow |z| = \sqrt{(-8)^2 + 0^2} = 8;\ \varphi = \pi\\
z_k &= 8\cdot(\cos(\pi + 2\cdot k\cdot \pi) + \mathrm{i}\cdot\sin(\pi + 2\cdot k\cdot\pi))\\
&\quad k = 0, \pm 1, \pm 2, \ldots\\
&\quad |z_0| = |z_1| = \ldots = |z| = 8
\end{aligned}
$$

Wir erhalten die Lösungen in allgemeiner Form durch Einsetzen von $z_k = -8$, $|z_0| = 8$ und $\frac{p}{q} = \frac{1}{3}$ in die Beziehung (1.18):

$$x_k = (-8)^{\frac{1}{3}} = 8^{\frac{1}{3}} \cdot \left(\cos \frac{(\pi + 2 \cdot k \cdot \pi) \cdot 1}{3} + \mathrm{i} \cdot \sin \frac{(\pi + 2 \cdot k \cdot \pi) \cdot 1}{3}\right)$$
$$k = 0, \pm 1, \pm 2, \ldots$$

$$x_k = (-8)^{\frac{1}{3}} = 2 \cdot \left(\cos\left(\frac{\pi + 2 \cdot k \cdot \pi}{3}\right) + \mathrm{i} \cdot \sin\left(\frac{\pi + 2 \cdot k \cdot \pi}{3}\right)\right)$$
$$k = 0, \pm 1, \pm 2, \ldots$$

Die gesuchten speziellen Lösungen ergeben sich durch Wertzuweisung an den Parameter k:

$$x_0 = 2 \cdot \left(\cos\left(\frac{\pi}{3}\right) + \mathrm{i} \cdot \sin\left(\frac{\pi}{3}\right)\right) = 2 \cdot \left(\frac{1}{2} + \mathrm{i} \cdot \frac{\sqrt{3}}{2}\right) = 1 + \mathrm{i} \cdot \sqrt{3},$$

$$x_1 = 2 \cdot \left(\cos\left(\frac{\pi + 2 \cdot 1 \cdot \pi}{3}\right) + \mathrm{i} \cdot \sin\left(\frac{\pi + 2 \cdot 1 \cdot \pi}{3}\right)\right)$$
$$= 2 \cdot (\cos(\pi) + \mathrm{i} \cdot \sin(\pi)) = -2,$$

$$x_2 = 2 \cdot \left(\cos\left(\frac{\pi + 2 \cdot 2 \cdot \pi}{3}\right) + \mathrm{i} \cdot \sin\left(\frac{\pi + 2 \cdot 2 \cdot \pi}{3}\right)\right)$$
$$= 2 \cdot \left(\cos\left(\frac{5 \cdot \pi}{3}\right) + \mathrm{i} \cdot \sin\left(\frac{5 \cdot \pi}{3}\right)\right) = 1 - \mathrm{i} \cdot \sqrt{3}.$$

Weitere Lösungen existieren nicht, da

$$x_3 = 2 \cdot \left(\cos\left(\frac{7 \cdot \pi}{3}\right) + \mathrm{i} \cdot \sin\left(\frac{7 \cdot \pi}{3}\right)\right) = 2 \cdot \left(\cos\left(\frac{\pi}{3}\right) + \mathrm{i} \cdot \sin\left(\frac{\pi}{3}\right)\right) = x_0 \text{ usw.}$$

In Abb. 1.4 veranschaulichen wir die ermittelten Lösungen in der Gauß'schen Zahlenebene.

Im Bereich der reellen Zahlen ist die dritte Wurzel aus (-8) nicht definiert, obwohl eine „Probe“ mit (-2) aufgehen würde. Dieses merkwürdig erscheinende „Verbot“ hat folgenden Grund:

Die sinnvolle Forderung, dass die Bedeutung der Wurzelschreibweise als Potenz mit gebrochenem Exponenten in der Form $\sqrt[n]{a^m} = a^{\frac{m}{n}}$ sowie die Potenzgesetze gelten sollen, erfordert den Ausschluss von negativen Radikanden in der Zahlenmenge der reellen Zahlen, da ansonsten Widersprüche entstehen, z. B.:

$$-2 = \sqrt[3]{-8} = (-8)^{\frac{1}{3}} = (-8)^{\frac{2}{6}} = \sqrt[6]{(-8)^2}$$
$$= \sqrt[6]{64} = \sqrt[6]{2^6} = 2^{\frac{6}{6}} = 2^1 = 2 \ldots \text{Widerspruch!}$$

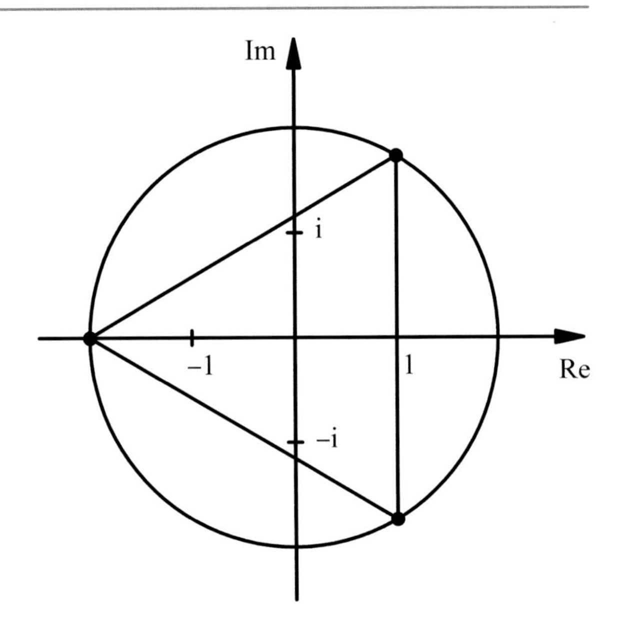

Abb. 1.4 Lösungen der Gleichung $x^3 = -8$ in der Gauß'schen Zahlenebene

Beispiel 1.5

Berechnung von Logarithmen

Berechnung von $\ln(-1)$
Die komplexe Zahl (-1) schreiben wir in der Form:

$$z = -1 + 0 \cdot \mathrm{i} \Rightarrow |z| = \sqrt{(-1)^2 + 0^2} = 1; \varphi = \pi$$

$$z_k = 1 \cdot \mathrm{e}^{\mathrm{i} \cdot (\pi + 2 \cdot k \cdot \pi)}$$

$$k = 0, \pm 1, \pm 2, \ldots$$

$$|z_0| = |z_1| = \ldots = |z| = 1$$

Wir erhalten die Lösungen in allgemeiner Form durch Einsetzen von $z_k = -1$, $|z_0| = 1$ und $\varphi = \pi$ in die Beziehung (1.19):

$$x_k = \ln(-1) = \ln(1) + \mathrm{i} \cdot (\pi + 2 \cdot k \cdot \pi) = \mathrm{i} \cdot (\pi + 2 \cdot k \cdot \pi) \text{ mit } k = 0, \pm 1, \pm 2, \ldots$$

Die gesuchten speziellen Lösungen ergeben sich durch Wertzuweisung an den Parameter k:

$$x_0 = \mathrm{i} \cdot \pi \ldots \text{Hauptwert},$$
$$x_1 = \mathrm{i} \cdot 3 \cdot \pi,$$
$$x_2 = \mathrm{i} \cdot 5 \cdot \pi,$$
$$\vdots$$

Berechnung von ln (i)
Die komplexe Zahl i schreiben wir in der Form:

$$z = 0 + 1 \cdot \mathrm{i} \Rightarrow |z| = \sqrt{0^2 + 1^2} = 1;\ \varphi = \frac{\pi}{2}$$
$$z_k = 1 \cdot e^{\mathrm{i}\cdot\left(\frac{\pi}{2} + 2\cdot k\cdot\pi\right)}$$
$$k = 0, \pm 1, \pm 2, \ldots$$
$$|z_0| = |z_1| = \ldots = |z| = 1$$

Wir erhalten die Lösungen in allgemeiner Form durch Einsetzen von $z_k = \mathrm{i}$, $|z_0| = 1$ und $\varphi = \frac{\pi}{2}$ in die Beziehung (1.19):

$$x_k = \ln(\mathrm{i}) = \ln(1) + \mathrm{i}\cdot\left(\frac{\pi}{2} + 2\cdot k\cdot\pi\right) = \mathrm{i}\cdot\left(\frac{\pi}{2} + 2\cdot k\cdot\pi\right) \text{ mit } k = 0, \pm 1, \pm 2, \ldots$$

Die gesuchten speziellen Lösungen ergeben sich durch Wertzuweisung an den Parameter k:

$$x_0 = \mathrm{i}\cdot\frac{\pi}{2} \ldots \text{Hauptwert},$$
$$x_1 = \mathrm{i}\cdot\frac{5\cdot\pi}{2},$$
$$x_2 = \mathrm{i}\cdot\frac{9\cdot\pi}{2},$$
$$\vdots$$

Berechnung von ln (3–4 · i)
Die komplexe Zahl $3 - 4\cdot\mathrm{i}$ schreiben wir mithilfe von Näherungswerten in der Form:

$$z = 3 - 4\cdot\mathrm{i} \Rightarrow |z| = \sqrt{3^2 + (-4)^2} = 5;\ \tan\varphi = \frac{-4}{3} \Rightarrow \varphi \approx -0{,}927$$
$$z_k \approx 5\cdot e^{\mathrm{i}\cdot(-0{,}927 + 2\cdot k\cdot\pi)}$$
$$k = 0, \pm 1, \pm 2, \ldots$$
$$|z_0| = |z_1| = \ldots = |z| = 5$$

Wir erhalten Näherungswerte für die Lösungen in allgemeiner Form durch Einsetzen von $z_k = 3 - 4\cdot\mathrm{i}$, $|z_0| = 5$ und $\varphi \approx -0{,}927$ in die Beziehung (1.19):

$$\begin{aligned} x_k &= \ln(3 - 4\cdot\mathrm{i}) \approx \ln(5) + \mathrm{i}\cdot(-0{,}927 + 2\cdot k\cdot\pi) \\ &\approx 1{,}609 + \mathrm{i}\cdot(-0{,}927 + 2\cdot k\cdot\pi) \text{ mit } k = 0, \pm 1, \pm 2, \ldots \end{aligned}$$

Die gesuchten speziellen Lösungen ergeben sich durch Wertzuweisung an den Parameter k:

$$
\begin{aligned}
x_0 &\approx 1{,}609 - \mathrm{i} \cdot 0{,}927 \ldots \text{ Hauptwert},\\
x_1 &\approx 1{,}609 + \mathrm{i} \cdot 5{,}356,\\
x_2 &\approx 1{,}609 + \mathrm{i} \cdot 11{,}639,\\
&\vdots
\end{aligned}
$$

Zusammenfassung

Darstellung komplexer Zahlen (algebraisch, trigonometrisch und exponentiell):

$$z_k = a + b \cdot \mathrm{i} = |z_0| \cdot (\cos(\varphi + 2 \cdot k \cdot \pi) + \mathrm{i} \cdot \sin(\varphi + 2 \cdot k \cdot \pi)) = |z_0| \cdot \mathrm{e}^{\mathrm{i} \cdot (\varphi + 2 \cdot k \cdot \pi)}$$

$$
\begin{aligned}
&a, b \in \mathbb{R}\\
&\mathrm{i}^2 = -1\\
&k = 0, \pm 1, \pm 2, \ldots\\
&|z_0| = |z_1| = \ldots = |z| = \sqrt{a^2 + b^2} = \sqrt{z \cdot \overline{z}}
\end{aligned}
$$

Rechenregeln:	
Konjugieren	$\overline{z + y} = \overline{z} + \overline{y}$ $\overline{z \cdot y} = \overline{z} \cdot \overline{y}$ $\overline{\left(\frac{z}{y}\right)} = \frac{\overline{z}}{\overline{y}}$
Bilden des Betrages	$\lvert z \cdot y \rvert = \lvert z \rvert \cdot \lvert y \rvert$ $\left\lvert \frac{z}{y} \right\rvert = \frac{\lvert z \rvert}{\lvert y \rvert}$
Bestimmen des Real- und Imaginärteils	$a = \mathrm{Re}(z) = \frac{z + \overline{z}}{2}$ $b = \mathrm{Im}(z) = \frac{\overline{z} \cdot \mathrm{i} - z \cdot \mathrm{i}}{2}$
Addieren und Subtrahieren	$z_1 \pm z_2$ $= (a_1 + b_1 \cdot \mathrm{i}) \pm (a_2 + b_2 \cdot \mathrm{i})$ $= (a_1 \pm a_2) + (b_1 \pm b_2) \cdot \mathrm{i}$
Multiplizieren	$z_1 \cdot z_2 = (a_1 + b_1 \cdot \mathrm{i}) \cdot (a_2 + b_2 \cdot \mathrm{i}) =$ $(a_1 \cdot a_2 - b_1 \cdot b_2) + (a_1 \cdot b_2 + a_2 \cdot b_1) \cdot \mathrm{i}$
Dividieren	$\frac{z}{y} = \frac{a + b \cdot \mathrm{i}}{c + d \cdot \mathrm{i}} = \frac{(a \cdot c + b \cdot d) + \mathrm{i} \cdot (b \cdot c - a \cdot d)}{c^2 + d^2}$ $\frac{z}{y} = \frac{\lvert z \rvert \cdot \mathrm{e}^{\mathrm{i} \cdot \varphi}}{\lvert y \rvert \cdot \mathrm{e}^{\mathrm{i} \cdot \chi}} = \frac{\lvert z \rvert}{\lvert y \rvert} \cdot (\cos(\varphi - \chi) + \mathrm{i} \cdot \sin(\varphi - \chi))$

Potenzieren und Radizieren	$(z_k)^n = \lvert z_0 \rvert^n \cdot \left(e^{i\cdot(\varphi+2\cdot k\cdot\pi)}\right)^n = \lvert z_0 \rvert^n \cdot e^{i\cdot(\varphi+2\cdot k\cdot\pi)\cdot n}$ $(z_k)^n = \lvert z_0 \rvert^n \cdot (\cos((\varphi + 2\cdot k\cdot\pi)\cdot n)$ $+ i \cdot \sin((\varphi + 2\cdot k\cdot\pi)\cdot n))$ $(\cos\varphi + i\cdot\sin\varphi)^n = \cos(\varphi\cdot n) + i\cdot\sin(\varphi\cdot n)$ … Formel von Moivre $(z_k)^{\frac{p}{q}} = \lvert z_0 \rvert^{\frac{p}{q}} \cdot$ $\left(\cos\frac{(\varphi + 2\cdot k\cdot\pi)\cdot p}{q} + i\cdot\sin\frac{(\varphi + 2\cdot k\cdot\pi)\cdot p}{q}\right)$
Logarithmieren	$\ln(z_k) = \ln\left(\lvert z_0 \rvert \cdot e^{i\cdot(\varphi+2\cdot k\cdot\pi)}\right)$ $= \ln\lvert z_0 \rvert + i\cdot(\varphi + 2\cdot k\cdot\pi)$

2 Matrizen

Matrizen sind vielfältig genutzte Objekte in unterschiedlichen Teilbereichen der Mathematik und in verschiedenen Anwendungskontexten, z. B. können mit ihnen folgende Aufgabenstellungen sehr effektiv bearbeitet bzw. modelliert werden:

- Koordinatentransformationen,
- Bewegungen von Punktmengen,
- mehrdimensionale Zufallsvariable,
- lineare Gleichungssysteme.

Aus folgenden Gründen führen wir in Abschn. 2.1 Matrizen als Hilfsmittel beim Lösen linearer Gleichungssysteme ein:

- Wir knüpfen unmittelbar an die Schulmathematik an, die zumindest das Gauß'sche Eliminationsverfahren zur Lösung linearer Gleichungssysteme thematisiert hat.
- Mit der geringfügigen Erweiterung des Gauß'schen Eliminationsverfahrens zum Gauß-Jordan-Verfahren lernen wir eine Rechenvorschrift kennen, die sich sowohl zur Lösung linearer Gleichungssysteme als auch zur Bestimmung der häufig benötigten Inversen einer Matrix eignet.
- Wir können die Zweckmäßigkeit der (ansonsten schwer verständlichen) Definition der Matrizenmultiplikation erkennen, wenn wir die Lösung eines linearen Gleichungssystems auf die Umformung einer Matrizengleichung zurückführen.

Nach der Einführung von Matrizen verallgemeinern wir diesen Begriff, und wir stellen die Rechenregeln für Matrizen zusammen. In Abschn. 2.3 werden wir uns detaillierter mit der Determinante einer Matrix beschäftigen.

J. Wagner, *Einstieg in die Hochschulmathematik*, DOI 10.1007/978-3-662-47513-3_2

2.1 Gauß-Jordan-Verfahren zur Lösung von linearen Gleichungssystemen

Viele Anwendungskontexte wie die Ermittlung der

- Bestandteile von Mischungen,
- Stoffumsätze bei chemischen Reaktionen,
- Stromstärken und Widerstände in Stromkreisen,
- zu- und abfließenden Verkehrsströme in Städten,
- Schnittmengen zwischen Geraden und Ebenen

können jeweils durch Aufstellen und Lösen mehrerer Bestimmungsgleichungen mit mehreren Unbekannten mathematisch modelliert werden. Dabei ergeben sich in der Regel bei Verwendung linearer Gleichungen, in denen keine Potenzen oder Produkte von unbekannten Variablen vorkommen, bereits hinreichend genaue Ergebnisse.

Aus der Schulmathematik ist uns bekannt, welche Umformungen für derartige lineare Gleichungssysteme (LGS) zulässig sind und wie diese LGS mithilfe des Gauß'schen Eliminationsverfahrens gelöst werden.

Zulässige Operationen für die Umformung von Linearen Gleichungssystemen (LGS)

- Multiplikation einer Gleichung mit einem Faktor ungleich null,
- Addition oder Subtraktion von Vielfachen von Gleichungen,
- Vertauschen der Reihenfolge von Gleichungen.

Das **Gauß'sche Eliminationsverfahren** besteht aus folgenden Teilschritten, die mithilfe der für LGS zulässigen Operationen ausgeführt werden:

- Vorwärtselimination: Umformen des LGS in Stufen- oder Dreiecksform,
- Isolieren einer unbekannten Variablen,
- Rücksubstitution (Rückwärtseinsetzen): Bestimmung aller anderen unbekannten Variablen von unten nach oben.

Wir verdeutlichen das Gauß'sche Eliminationsverfahren an Beispiel 2.1.

Beispiel 2.1

Realisierung der Vorwärtselimination:

$$\begin{array}{rcrcrcr|ll}
2\cdot x & - & y & + & z & = & -4 & \cdot(-5)\downarrow & \cdot(-3)\downarrow \\
5\cdot x & - & 2\cdot y & + & 4\cdot z & = & 2 & \cdot 2 & \\
3\cdot x & - & y & + & 2\cdot z & = & 3 & & \cdot 2 \\
\hline
\end{array}$$

Im ersten Umformungsschritt werden folgende Operationen ausgeführt:

zeile1_neu: = zeile1_alt,
zeile2_neu: = (– 5)*zeile1_alt + 2*zeile2_alt,
zeile3_neu: = (– 3)*zeile1_alt + 2*zeile3_alt.

Mit dem Ergebnis des ersten Umformungsschrittes verfahren wir analog:

$$\begin{array}{rcl|l} 2 \cdot x - y + z &=& -4 & \\ y + 3 \cdot z &=& 24 & \cdot 1 \downarrow \\ y + z &=& 18 & \cdot (-1) \\ \hline \end{array}$$

$$\begin{array}{rcl|l} 2 \cdot x - y + z &=& -4 & (1) \\ y + 3 \cdot z &=& 24 & (2) \\ 2 \cdot z &=& 6 & (3) \\ \hline \end{array}$$

Isolation einer Variablen:

$$(3) \Rightarrow z = \frac{6}{2} = 3.$$

Rücksubstitution von unten nach oben:

$$(2) \Rightarrow y = 24 - 3 \cdot z = 24 - 3 \cdot 3 = 15,$$
$$(1) \Rightarrow x = \frac{1}{2} \cdot (-4 + y - z) = \frac{1}{2} \cdot (-4 + 15 - 3) = 4.$$

Eine Probe an allen drei Gleichungen des LGS bestätigt die Korrektheit der Lösung.

Das Gauß'sche Eliminationsverfahren kann zum **Gauß-Jordan-Verfahren** erweitert werden, indem die durch das Gauß'sche Eliminationsverfahren erzeugte Stufen- oder Dreiecksform des LGS durch Rückwärtselimination (Umformung des LGS „von unten nach oben" mithilfe der gleichen Operationen wie bei der Vorwärtselimination) in eine reduzierte Stufenform (*row reduced form*) bzw. normierte Diagonalform gebracht wird, aus der sich die Lösung direkt ablesen lässt.

Das **Gauß-Jordan-Verfahren** besteht aus folgenden Teilschritten, die mithilfe der für LGS zulässigen Operationen ausgeführt werden:

- Vorwärtselimination: Umformen des LGS in Stufen- oder Dreiecksform,
- Rückwärtselimination: Umformen der Stufen- oder Dreiecksform des LGS „von unten nach oben" in eine reduzierte Stufenform oder in eine normierte Diagonalform.

Beispiel 2.2

Wir zeigen die Anwendung des Gauß-Jordan-Verfahrens an Beispiel 2.1:

$$\begin{array}{rcl|l} 2\cdot x - y + z &=& -4 & \\ y + 3\cdot z &=& 24 & \\ 2\cdot z &=& 6 & \cdot 0{,}5 \\ \hline \end{array}$$

$$\begin{array}{rcl|l} 2\cdot x - y + z &=& -4 & \qquad\qquad\qquad \cdot 1 \\ y + 3\cdot z &=& 24 & \qquad \cdot 1 \\ z &=& 3 & \cdot(-3)\uparrow \cdot(-1)\uparrow \\ \hline \end{array}$$

$$\begin{array}{rcl|l} 2\cdot x - y &=& -7 & \cdot 1 \\ y &=& 15 & \cdot 1 \uparrow \\ z &=& 3 & \\ \hline \end{array}$$

$$\begin{array}{rcl|l} 2\cdot x &=& 8 & \cdot 0{,}5 \\ y &=& 15 & \qquad \text{Diagonalform} \\ z &=& 3 & \\ \hline \end{array}$$

$$\begin{array}{rcl|l} x &=& 4 & \\ y &=& 15 & \quad \text{normierte Diagonalform} \\ z &=& 3 & \\ \hline \end{array}$$

Es zeigt sich, dass nur mit den Zahlen gerechnet wird, die Variablen haben wir nur als „unnötigen Ballast“ mitgeschleppt. Um den Aufwand zu reduzieren, gehen wir in zwei Schritten vor:

- Wir trennen die Strukturelemente des LGS, indem wir sie in unterschiedliche rechteckige Schemata einordnen, die jeweils als **Matrix** bezeichnet werden. In Beispiel 2.1 unterscheiden wir folgende Matrizen:

  $\begin{pmatrix} 2 & -1 & 1 \\ 5 & -2 & 4 \\ 3 & -1 & 2 \end{pmatrix}$ … Koeffizientenmatrix,

  $\begin{pmatrix} -4 \\ 2 \\ 3 \end{pmatrix}$ … einspaltige Matrix („Spaltenmatrix“) der Absolutglieder des LGS,

$$\begin{pmatrix} 2 & -1 & 1 & -4 \\ 5 & -2 & 4 & 2 \\ 3 & -1 & 2 & 3 \end{pmatrix} \ldots \text{erweiterte Koeffizientenmatrix,}$$

$$\begin{pmatrix} x \\ y \\ z \end{pmatrix} \ldots \text{einspaltige Matrix („Spaltenmatrix") der Variablen.}$$

- Wir verwenden für unsere Umformungen die erweiterte Koeffizientenmatrix (der senkrechte Strich ist nur eine Orientierungshilfe).

Das Beispiel 2.1 nimmt dabei folgende Form an:

$$\left(\begin{array}{ccc|c} 2 & -1 & 1 & -4 \\ 5 & -2 & 4 & 2 \\ 3 & -1 & 2 & 3 \end{array}\right) \begin{array}{ll} \cdot(-5)\downarrow & \cdot(-3)\downarrow \\ \cdot 2 & \\ & \cdot 2 \end{array}$$

$$\left(\begin{array}{ccc|c} 2 & -1 & 1 & -4 \\ 0 & 1 & 3 & 24 \\ 0 & 1 & 1 & 18 \end{array}\right) \begin{array}{l} \\ \cdot 1 \downarrow \\ \cdot(-1) \end{array}$$

$$\left(\begin{array}{ccc|c} 2 & -1 & 1 & -4 \\ 0 & 1 & 3 & 24 \\ 0 & 0 & 2 & 6 \end{array}\right) \begin{array}{l} \\ \\ \cdot 0{,}5 \end{array}$$

$$\left(\begin{array}{ccc|c} 2 & -1 & 1 & -4 \\ 0 & 1 & 3 & 24 \\ 0 & 0 & 1 & 3 \end{array}\right) \begin{array}{ll} & \cdot 1 \\ \cdot 1 & \\ \cdot(-3)\uparrow & \cdot(-1)\uparrow \end{array}$$

$$\left(\begin{array}{ccc|c} 2 & -1 & 0 & -7 \\ 0 & 1 & 0 & 15 \\ 0 & 0 & 1 & 3 \end{array}\right) \begin{array}{l} \cdot 1 \\ \cdot 1 \uparrow \\ \\ \end{array}$$

$$\left(\begin{array}{ccc|c} 2 & 0 & 0 & 8 \\ 0 & 1 & 0 & 15 \\ 0 & 0 & 1 & 3 \end{array}\right) \begin{array}{l} \cdot 0{,}5 \\ \\ \\ \end{array}$$

$$\left(\begin{array}{ccc|c} 1 & 0 & 0 & 4 \\ 0 & 1 & 0 & 15 \\ 0 & 0 & 1 & 3 \end{array}\right) \Rightarrow \begin{array}{rcl} 1 \cdot x & & = 4 \\ & 1 \cdot y & = 15 \\ & & 1 \cdot z = 3 \end{array}$$

Das Gauß-Jordan-Verfahren wird an weiteren Beispielen demonstriert.

Beispiel 2.3

Unlösbares LGS

$$\left(\begin{array}{ccc|c} 2 & -1 & 2 & -4 \\ 5 & -2 & 4 & 2 \\ 3 & -1 & 2 & 3 \end{array}\right) \begin{array}{l} \cdot(-5) \downarrow \cdot(-3) \downarrow \\ \cdot 2 \\ \qquad\qquad \cdot 2 \end{array}$$

$$\left(\begin{array}{ccc|c} 2 & -1 & 2 & -4 \\ 0 & 1 & -2 & 24 \\ 0 & 1 & -2 & 18 \end{array}\right) \begin{array}{l} \\ \cdot 1 \downarrow \\ \cdot(-1) \end{array}$$

$$\left(\begin{array}{ccc|c} 2 & -1 & 2 & -4 \\ 0 & 1 & -2 & 24 \\ 0 & 0 & 0 & 6 \end{array}\right)$$

In der letzten Zeile ist der Widerspruch bereits ersichtlich, da $0 \cdot x + 0 \cdot y + 0 \cdot z \neq 6$. Deshalb kann das Verfahren hier abgebrochen werden.

Beispiel 2.4

Mehrdeutig lösbares LGS

$$\left(\begin{array}{ccc|c} 2 & -1 & 1 & -4 \\ 5 & -2 & 4 & 2 \\ 10 & -4 & 8 & 4 \end{array}\right) \begin{array}{l} \cdot(-5) \downarrow \quad \cdot(-5) \downarrow \\ \cdot 2 \\ \qquad\qquad \cdot 1 \end{array}$$

$$\left(\begin{array}{ccc|c} 2 & -1 & 1 & -4 \\ 0 & 1 & 3 & 24 \\ 0 & 1 & 3 & 24 \end{array}\right) \begin{array}{l} \\ \cdot 1 \downarrow \\ \cdot(-1) \end{array}$$

$$\left(\begin{array}{ccc|c} 2 & -1 & 1 & -4 \\ 0 & 1 & 3 & 24 \\ 0 & 0 & 0 & 0 \end{array}\right) \begin{array}{l} \cdot 1 \\ \cdot 1 \uparrow \\ \end{array}$$

$$\left(\begin{array}{ccc|c} 2 & 0 & 4 & 20 \\ 0 & 1 & 3 & 24 \\ 0 & 0 & 0 & 0 \end{array}\right) \begin{array}{l} \cdot 0{,}5 \\ \\ \end{array}$$

$$\left(\begin{array}{ccc|c} 1 & 0 & 2 & 10 \\ 0 & 1 & 3 & 24 \\ 0 & 0 & 0 & 0 \end{array}\right) \text{reduzierte Stufenform}$$

$$\begin{array}{r} x \quad +2\cdot z = 10 \\ y +3\cdot z = 24 \end{array} \Rightarrow \begin{pmatrix} x \\ y \\ z \end{pmatrix} = \begin{pmatrix} 10-2\cdot t \\ 24-3\cdot t \\ t \end{pmatrix} = \begin{pmatrix} 10 \\ 24 \\ 0 \end{pmatrix} + t\cdot \begin{pmatrix} -2 \\ -3 \\ 1 \end{pmatrix}$$

Beispiel 2.5

Mehrere LGS mit gleicher Koeffizientenmatrix

Sollen mehrere LGS mit gleicher Koeffizientenmatrix wie z. B.

$$\text{LGS1: } \begin{array}{rcl} 2\cdot x_1 - y_1 + z_1 &=& -4 \\ 5\cdot x_1 - 2\cdot y_1 + 4\cdot z_1 &=& 2 \\ 3\cdot x_1 - y_1 + 2\cdot z_1 &=& 3 \end{array} \quad \text{und LGS2: } \begin{array}{rcl} 2\cdot x_2 - y_2 + z_2 &=& 2 \\ 5\cdot x_2 - 2\cdot y_2 + 4\cdot z_2 &=& -7 \\ 3\cdot x_2 - y_2 + 2\cdot z_2 &=& 1 \end{array}$$

gelöst werden, dann kann dies mit dem Gauß-Jordan-Verfahren simultan realisiert werden:

$$\left(\begin{array}{ccc|cc} 2 & -1 & 1 & -4 & 2 \\ 5 & -2 & 4 & 2 & -7 \\ 3 & -1 & 2 & 3 & 1 \end{array}\right) \begin{array}{ll} \cdot(-5)\downarrow & \cdot(-3)\downarrow \\ \cdot 2 & \\ & \cdot 2 \end{array}$$

$$\left(\begin{array}{ccc|cc} 2 & -1 & 1 & -4 & 2 \\ 0 & 1 & 3 & 24 & -24 \\ 0 & 1 & 1 & 18 & -4 \end{array}\right) \begin{array}{l} \\ \cdot 1 \\ \cdot(-1)\downarrow \end{array}$$

$$\left(\begin{array}{ccc|cc} 2 & -1 & 1 & -4 & 2 \\ 0 & 1 & 3 & 24 & -24 \\ 0 & 0 & 2 & 6 & -20 \end{array}\right) \begin{array}{l} \\ \\ \cdot 0{,}5 \end{array}$$

$$\left(\begin{array}{ccc|cc} 2 & -1 & 1 & -4 & 2 \\ 0 & 1 & 3 & 24 & -24 \\ 0 & 0 & 1 & 3 & -10 \end{array}\right) \begin{array}{ll} & \cdot 1 \\ \cdot 1 & \\ \cdot(-3)\uparrow & \cdot(-1)\uparrow \end{array}$$

$$\left(\begin{array}{ccc|cc} 2 & -1 & 0 & -7 & 12 \\ 0 & 1 & 0 & 15 & 6 \\ 0 & 0 & 1 & 3 & -10 \end{array}\right) \begin{array}{l} \cdot 1 \\ \cdot 1\uparrow \\ \end{array}$$

$$\left(\begin{array}{ccc|cc} 2 & 0 & 0 & 8 & 18 \\ 0 & 1 & 0 & 15 & 6 \\ 0 & 0 & 1 & 3 & -10 \end{array}\right) \cdot 0{,}5$$

$$\left(\begin{array}{ccc|cc} 1 & 0 & 0 & 4 & 9 \\ 0 & 1 & 0 & 15 & 6 \\ 0 & 0 & 1 & 3 & -10 \end{array}\right)$$

Ergebnisse: $x_1 = 4$; $y_1 = 15$; $z_1 = 3$ bzw. $x_2 = 9$; $y_2 = 6$; $z_2 = -10$.

In Abschn. 2.2 werden wir die Matrizenmultiplikation so definieren, dass ein **LGS als Matrizengleichung darstellbar** ist. Für das Beispiel 2.1 soll gelten:

Das LGS

$$\begin{array}{|l|} \hline 2 \cdot x - y + z = -4 \\ 5 \cdot x - 2 \cdot y + 4 \cdot z = 2 \\ 3 \cdot x - y + 2 \cdot z = 3 \\ \hline \end{array}$$

soll mithilfe der Koeffizientenmatrix $A = \begin{pmatrix} 2 & -1 & 1 \\ 5 & -2 & 4 \\ 3 & -1 & 2 \end{pmatrix}$, der Spaltenmatrix der Absolutglieder $C = \begin{pmatrix} -4 \\ 2 \\ 3 \end{pmatrix}$ und der Spaltenmatrix der Variablen $X = \begin{pmatrix} x \\ y \\ z \end{pmatrix}$ als Matrizengleichung darstellbar sein:

$$A \cdot X = C$$

$$\begin{pmatrix} 2 & -1 & 1 \\ 5 & -2 & 4 \\ 3 & -1 & 2 \end{pmatrix} \cdot \begin{pmatrix} x \\ y \\ z \end{pmatrix} = \begin{pmatrix} -4 \\ 2 \\ 3 \end{pmatrix}$$

Damit das LGS wieder entsteht, muss für die linke Seite der Matrizengleichung gelten:

$$\begin{pmatrix} 2 & -1 & 1 \\ 5 & -2 & 4 \\ 3 & -1 & 2 \end{pmatrix} \cdot \begin{pmatrix} x \\ y \\ z \end{pmatrix} = \begin{pmatrix} 2 \cdot x - 1 \cdot y + 1 \cdot z \\ 5 \cdot x - 2 \cdot y + 4 \cdot z \\ 3 \cdot x - 1 \cdot y + 2 \cdot z \end{pmatrix}.$$

Wir erkennen, wie jede Zeile der Matrix A mit der Spaltenmatrix X zu verknüpfen ist.

Dieses Zwischenergebnis werden wir in Abschn. 2.2 verallgemeinern, und wir werden das Gauß-Jordan-Verfahren nutzen, um die Inverse einer Matrix zu ermitteln.

2.2 Rechenoperationen mit Matrizen

Wir haben in Abschn. 2.1 aus den Strukturelementen eines Linearen Gleichungssystems (LGS) unterschiedliche Matrizen gebildet.

Allgemein ist eine **Matrix** eine Anordnung von $m \cdot n$ mathematischen Objekten in einem rechteckigen Schema mit m Zeilen und n Spalten. Die Strukturelemente einer Matrix werden als **Elemente** bezeichnet. Wir haben bereits Zahlen und Variable als Elemente verwendet, doch dabei kann es sich auch um andere mathematische Objekte wie Vektoren, Polynome, Funktionsterme, Differenzialquotienten oder Matrizen handeln.

Eine Matrix wird häufig mit einem Großbuchstaben symbolisiert, ihre Elemente mit dem gleichen Buchstaben (als Klein- oder Großbuchstabe) sowie einem Zeilen- und einem Spaltenindex. Dabei wird immer zuerst der Zeilen- und danach der Spaltenindex benannt. Wenn die Darstellung der Indizes keine eigenständige Bedeutung besitzt, dann dürfen die Indizes in beliebiger Weise in Hoch- oder Tiefstellung (Superskript bzw. Subskript) geschrieben werden.

Schreibweisen für eine $\boldsymbol{m \times n}$**-Matrix**, d. h. eine Matrix vom **Typ** (m, n) mit $i = 1, \ldots, m$ und $k = 1, \ldots, n$:

$$\begin{aligned}
A = (A_{ik}) &= \begin{pmatrix} A_{11} & \ldots & A_{1n} \\ \vdots & \ddots & \vdots \\ A_{m1} & \ldots & A_{mn} \end{pmatrix}, \\
A = (A^i{}_k) &= \begin{pmatrix} A^1{}_1 & \ldots & A^1{}_n \\ \vdots & \ddots & \vdots \\ A^m{}_1 & \ldots & A^m{}_n \end{pmatrix}, \\
A = (A_i{}^k) &= \begin{pmatrix} A_1{}^1 & \ldots & A_1{}^n \\ \vdots & \ddots & \vdots \\ A_m{}^1 & \ldots & A_m{}^n \end{pmatrix}, \\
A = (A^{ik}) &= \begin{pmatrix} A^{11} & \ldots & A^{1n} \\ \vdots & \ddots & \vdots \\ A^{m1} & \ldots & A^{mn} \end{pmatrix}.
\end{aligned} \tag{2.1}$$

$A = (a_{ik}) = (a^i{}_k) = (a_i{}^k) = (a^{ik})$ analog.

Besteht eine Matrix aus genau einer Zeile $\begin{pmatrix} a_{i1} & \dots & a_{in} \end{pmatrix}$ bzw. aus genau einer Spalte $\begin{pmatrix} a_{1k} \\ \vdots \\ a_{mk} \end{pmatrix}$, dann wird sie als **Zeilen- bzw. Spaltenmatrix** bezeichnet.

Die Matrix A im Beispiel besteht aus m Zeilenmatrizen bzw. n Spaltenmatrizen.

Bemerkung In der Literatur werden Zeilen- bzw. Spaltenmatrizen häufig als **Zeilen- bzw. Spaltenvektoren** bezeichnet. Dies ist nach mathematischem Begriffsverständnis zulässig, da die Menge der Matrizen mit den für Matrizen definierten Rechenoperationen einen Vektorraum bildet und es sich deshalb bei Matrizen um Vektoren handelt, außerdem gibt es eine Analogie zwischen der Multiplikation von Matrizen und dem Skalarprodukt von Vektoren (s. Abschn. 4.4). Da in der Physik ein anderer Vektorbegriff als in der Mathematik existiert, muss in Abhängigkeit vom Kontext entschieden werden, ob die Vermischung der Begrifflichkeiten für Vektoren und Matrizen sinnvoll oder eher eine Quelle von Missverständnissen ist. Wir gehen in Kap. 4 ausführlich auf die unterschiedliche Verwendung des Vektorbegriffs in der Mathematik und Physik ein.

Durch Vertauschen von Zeilen und Spalten einer Matrix A vom Typ $(m, \ n)$ entsteht eine Matrix vom Typ $(n, \ m)$, die als **Transponierte** A^T zur Matrix A bezeichnet wird. Wir erarbeiten die Beziehungen zwischen den Elementen einer Matrix und denen der dazu transponierten Matrix anhand von Beispielen.

Beispiel 2.6

$$A = \begin{pmatrix} A_{11} & A_{12} & A_{13} \\ A_{21} & A_{22} & A_{23} \end{pmatrix} = (A_{pq}) = \begin{pmatrix} 1 & 2 & 3 \\ 4 & 5 & 6 \end{pmatrix}$$

$$\Rightarrow A^T = \begin{pmatrix} 1 & 4 \\ 2 & 5 \\ 3 & 6 \end{pmatrix} = \begin{pmatrix} A_{11} & A_{21} \\ A_{12} & A_{22} \\ A_{13} & A_{23} \end{pmatrix}$$

Die Elemente der transponierten Matrix A^T werden wie üblich in Indexdarstellung angegeben, d. h., zuerst wird der Index für die Zeile, dann derjenige für die Spalte genannt:

$$A^T = \begin{pmatrix} 1 & 4 \\ 2 & 5 \\ 3 & 6 \end{pmatrix} = \begin{pmatrix} (A^T)_{11} & (A^T)_{12} \\ (A^T)_{21} & (A^T)_{22} \\ (A^T)_{31} & (A^T)_{32} \end{pmatrix}.$$

Es gelten: $A_{21} = 4 = (A^T)_{12}$ und $(A^T)_{32} = 6 = A_{23}$, d. h. $(A^T)_{pq} = A_{qp}$.

Beispiel 2.7

$$X = \begin{pmatrix} X^{1'}{}_1 & X^{1'}{}_2 & X^{1'}{}_3 \\ X^{2'}{}_1 & X^{2'}{}_2 & X^{2'}{}_3 \\ X^{3'}{}_1 & X^{3'}{}_2 & X^{3'}{}_3 \end{pmatrix} = (X^{i'}{}_i) = \begin{pmatrix} a & b & c \\ d & e & f \\ g & h & i \end{pmatrix}$$

$$\Rightarrow X^T = \begin{pmatrix} a & d & g \\ b & e & h \\ c & f & i \end{pmatrix} = \begin{pmatrix} X^{1'}{}_1 & X^{2'}{}_1 & X^{3'}{}_1 \\ X^{1'}{}_2 & X^{2'}{}_2 & X^{3'}{}_2 \\ X^{1'}{}_3 & X^{2'}{}_3 & X^{3'}{}_3 \end{pmatrix}$$

In der Indexdarstellung der Matrix X^T lassen wir den Charakter der Indizes (gestrichen bzw. ungestrichen) sowie deren Stellung (hoch- bzw. tiefgestellt) unverändert. Die Indizes i' und i durchlaufen die Indexmenge $\{1; 2; 3\}$ unabhängig voneinander: Wenn z. B. $i' = 1$ gilt, dann ist $i \in \{1; 2; 3\}$. Wir geben wieder zuerst den Zeilenindex und danach den Spaltenindex an:

$$X^T = \begin{pmatrix} a & d & g \\ b & e & h \\ c & f & i \end{pmatrix} = \begin{pmatrix} (X^T)_1{}^{1'} & (X^T)_1{}^{2'} & (X^T)_1{}^{3'} \\ (X^T)_2{}^{1'} & (X^T)_2{}^{2'} & (X^T)_2{}^{3'} \\ (X^T)_3{}^{1'} & (X^T)_3{}^{2'} & (X^T)_3{}^{3'} \end{pmatrix} = \left(\left(X^T\right)_i{}^{i'}\right).$$

Es gelten: $(X^T)_1{}^{2'} = d = X^{2'}{}_1$ und $X^{1'}{}_2 = b = (X^T)_2{}^{1'}$, d. h. $(X^T)_i{}^{i'} = X^{i'}{}_i$.

$(X^T)_1{}^{2'}$ beschreibt ein bestimmtes Element der transponierten Matrix,
$(X^T)_i{}^{i'}$ beschreibt ein beliebiges Element der transponierten Matrix,
$((X^T)_i{}^{i'})$ beschreibt die transponierte Matrix.

Beispiel 2.8

$$S = \begin{pmatrix} S^{11} \\ S^{21} \\ S^{31} \end{pmatrix} = (S^{ij}) = \begin{pmatrix} a^1 \\ a^2 \\ a^3 \end{pmatrix}$$

$$\Rightarrow S^T = (a^1\ a^2\ a^3) = (S^{11}\ S^{21}\ S^{31}) =: \left((S^T)^{11}\ (S^T)^{12}\ (S^T)^{13}\right)$$

Es gelten: $(S^T)^{12} = a^2 = S^{21}$ und $S^{31} = a^3 = (S^T)^{13}$, d. h. $(S^T)^{ij} = S^{ji}$.

Beispiel 2.9

$$Z = \begin{pmatrix} c_1 & c_2 & c_3 \end{pmatrix} = \begin{pmatrix} Z^1{}_{1'} & Z^1{}_{2'} & Z^1{}_{3'} \end{pmatrix} = (Z^i{}_{i'})$$

$$\Rightarrow Z^T = \begin{pmatrix} c_1 \\ c_2 \\ c_3 \end{pmatrix} = \begin{pmatrix} Z^1{}_{1'} \\ Z^1{}_{2'} \\ Z^1{}_{3'} \end{pmatrix} =: \begin{pmatrix} (Z^T)_{1'}{}^1 \\ (Z^T)_{2'}{}^1 \\ (Z^T)_{3'}{}^1 \end{pmatrix}$$

Es gelten: $(Z^T)_{2'}{}^1 = c_2 = Z^1{}_{2'}$ und $Z^1{}_{3'} = c_3 = (Z^T)_{3'}{}^1$, d. h. $(Z^T)_{i'}{}^i = Z^i{}_{i'}$.

Zwischen den Elementen der Matrix A und den Elementen der zu A transponierten Matrix A^T bestehen folgende Beziehungen:

$$(A^T)_{pq} = A_{qp};\, (X^T)_i{}^{i'} = X^{i'}{}_i;\, (S^T)^{ij} = S^{ji};\, (Z^T)_{i'}{}^i = Z^i{}_{i'}. \quad (2.2)$$

Die Transponierte einer transponierten Matrix stimmt mit der ursprünglichen Matrix überein: $(A^T)^T = A$.

Außerdem gilt: $E^T = E$.

Die **Addition zweier Matrizen** vom gleichen Typ $(m,\ n)$ erfolgt elementweise:

$$A + B = (a_{ij} + b_{ij})_{i=1,\ldots,m;\ j=1,\ldots,n}.$$

Beispiel: $\begin{pmatrix} 4 & -2 & 3 \\ 1 & 2 & 5 \end{pmatrix} + \begin{pmatrix} -3 & 1 & 6 \\ -4 & 1 & -5 \end{pmatrix} = \begin{pmatrix} 1 & -1 & 9 \\ -3 & 3 & 0 \end{pmatrix}.$

Die **Multiplikation einer Matrix mit einem Skalar** (einer Zahl) erfolgt elementweise:

$$\lambda \cdot A = \lambda \cdot (a_{ij}) = (\lambda \cdot a_{ij}).$$

Beispiel: $2 \cdot \begin{pmatrix} 4 & -2 & 3 \\ 1 & 0 & 5 \end{pmatrix} = \begin{pmatrix} 8 & -4 & 6 \\ 2 & 0 & 10 \end{pmatrix}.$

Es gelten:

$$(\lambda + \mu) \cdot A = \lambda \cdot A + \mu \cdot A,$$
$$1 \cdot A = A,$$
$$0 \cdot A = O.$$

Bemerkung Die Multiplikation einer Matrix mit null ergibt die **Nullmatrix** O, deren Elemente alle gleich null sind. Die Addition einer Matrix A und der Nullmatrix des gleichen Typs verändert die Matrix A nicht, d. h., die Nullmatrix verhält sich bei der Addition neutral.

Symbolisch kennzeichnen wir

- mit dem Zeichen · die Multiplikation einer Matrix mit einem Skalar,
- mit dem Zeichen · die Multiplikation zweier Matrizen.

Der · Gepflogenheit, Multiplikationszeichen wegzulassen, folgen wir nicht, um unterschiedliche Arten von Multiplikationen auch optisch zu unterscheiden, die Lesbarkeit von Termen zu verbessern und Missverständnisse zu vermeiden (insbesondere bei Verwendung von Wortvariablen entsteht ein nahezu undurchschaubarer „Buchstabensalat", wenn Multiplikationszeichen weggelassen werden).

Die **Multiplikation** $A \cdot B$ **zweier Matrizen** A und B wird so definiert, dass sich ein LGS als Matrizengleichung schreiben lässt (s. Abschn. 2.1) und auch mehrere LGS mit gleicher Koeffizientenmatrix in dieser Weise darstellbar sind. Wir verdeutlichen die Zusammenhänge an Beispiel 2.9 aus Abschn. 2.1.

Die beiden LGS

$$\text{LGS1:}\quad \begin{array}{rcl|} 2 \cdot x_1 - y_1 + z_1 &=& -4 \\ 5 \cdot x_1 - 2 \cdot y_1 + 4 \cdot z_1 &=& 2 \\ 3 \cdot x_1 - y_1 + 2 \cdot z_1 &=& 3 \\ \hline \end{array} \quad \text{und}\quad \text{LGS2:}\quad \begin{array}{rcl|} 2 \cdot x_2 - y_2 + z_2 &=& 2 \\ 5 \cdot x_2 - 2 \cdot y_2 + 4 \cdot z_2 &=& -7 \\ 3 \cdot x_2 - y_2 + 2 \cdot z_2 &=& 1 \\ \hline \end{array}$$

können durch folgende Matrizen charakterisiert werden:

$$A = \begin{pmatrix} 2 & -1 & 1 \\ 5 & -2 & 4 \\ 3 & -1 & 2 \end{pmatrix} \quad \text{... Koeffizientenmatrix für LGS1 und LGS2,}$$

$$C_1 = \begin{pmatrix} -4 \\ 2 \\ 3 \end{pmatrix} \text{ und } C_2 = \begin{pmatrix} 2 \\ -7 \\ 1 \end{pmatrix} \quad \text{... Spaltenmatrizen der Absolutglieder für LGS1 und LGS2,}$$

$$X_1 = \begin{pmatrix} x_1 \\ y_1 \\ z_1 \end{pmatrix} \text{ und } X_2 = \begin{pmatrix} x_2 \\ y_2 \\ z_2 \end{pmatrix} \quad \text{... Spaltenmatrizen der Variablen für LGS1 und LGS2.}$$

Wir wollen beide LGS durch eine Matrizengleichung darstellen. Dazu fassen wir die Spaltenmatrizen der Absolutglieder und die Spaltenmatrizen der Variablen zusammen:

$$C = \begin{pmatrix} C_1 & C_2 \\ | & | \end{pmatrix} = \begin{pmatrix} -4 & 2 \\ 2 & -7 \\ 3 & 1 \end{pmatrix},$$

$$B = \begin{pmatrix} X_1 & X_2 \\ | & | \end{pmatrix} = \begin{pmatrix} x_1 & x_2 \\ y_1 & y_2 \\ z_1 & z_2 \end{pmatrix}.$$

Mit den Matrizen A, B und C lassen sich beide LGS durch folgende Matrizengleichung darstellen:

$$A \cdot B = C, \text{ d. h. } A \cdot \begin{pmatrix} X_1 & X_2 \\ | & | \end{pmatrix} = \begin{pmatrix} C_1 & C_2 \\ | & | \end{pmatrix} \text{ bzw.}$$

$$\begin{pmatrix} 2 & -1 & 1 \\ 5 & -2 & 4 \\ 3 & -1 & 2 \end{pmatrix} \cdot \begin{pmatrix} x_1 & x_2 \\ y_1 & y_2 \\ z_1 & z_2 \end{pmatrix} = \begin{pmatrix} -4 & 2 \\ 2 & -7 \\ 3 & 1 \end{pmatrix}.$$

Damit die beiden LGS wieder entstehen, muss für die linke Seite der Matrizengleichung gelten:

$$\begin{pmatrix} 2 & -1 & 1 \\ 5 & -2 & 4 \\ 3 & -1 & 2 \end{pmatrix} \cdot \begin{pmatrix} x_1 & x_2 \\ y_1 & y_2 \\ z_1 & z_2 \end{pmatrix} = \begin{pmatrix} 2 \cdot x_1 - 1 \cdot y_1 + 1 \cdot z_1 & 2 \cdot x_2 - 1 \cdot y_2 + 1 \cdot z_2 \\ 5 \cdot x_1 - 2 \cdot y_1 + 4 \cdot z_1 & 5 \cdot x_2 - 2 \cdot y_2 + 4 \cdot z_2 \\ 3 \cdot x_1 - 1 \cdot y_1 + 2 \cdot z_1 & 3 \cdot x_2 - 1 \cdot y_2 + 2 \cdot z_2 \end{pmatrix}.$$

Die letzte Gleichung verdeutlicht, wie jeweils eine Zeile der Matrix A mit einer Spalte der Matrix B verknüpft wird.

Die Multiplikation der Matrizen A und B ist nur dann durchführbar, wenn es sich um **verkettete Matrizen** handelt, d. h., die Anzahl der Spalten der Matrix A muss gleich der Anzahl der Zeilen der Matrix B sein. Wenn die Matrix A vom Typ (m, n) und die Matrix B vom Typ (n, p) ist, dann hat das Produkt $A \cdot B$ den Typ (m, p).

Für die „händische" Berechnung des Produkts zweier Matrizen ist das **Schema von Falk** nützlich, mit dem z. B. die Multiplikation $\begin{pmatrix} 1 & 2 & 3 \\ 4 & 5 & 6 \end{pmatrix} \cdot \begin{pmatrix} 6 & -1 \\ 3 & 2 \\ 0 & -3 \end{pmatrix}$ in der Form

$$
\begin{array}{c|c}
 & \begin{pmatrix} 6 & -1 \\ 3 & 2 \\ 0 & -3 \end{pmatrix} \\
\hline
\begin{pmatrix} 1 & 2 & 3 \\ 4 & 5 & 6 \end{pmatrix} & \begin{pmatrix} 1\cdot 6+2\cdot 3+3\cdot 0 & 1\cdot(-1)+2\cdot 2+3\cdot(-3) \\ 4\cdot 6+5\cdot 3+6\cdot 0 & 4\cdot(-1)+5\cdot 2+6\cdot(-3) \end{pmatrix}
\end{array}
$$

übersichtlich dargestellt werden kann. Die Elemente der Produktmatrix C, die sich aus $C = A \cdot B$ ergeben, können wir mithilfe der Elemente der Matrizen A und B in allgemeiner Form angeben.

Definition 2.1
Für eine Matrix A mit n Spalten und eine Matrix B mit n Zeilen ergibt sich das Element c_{ij} der Matrix $C = A \cdot B$ aus:

$$c_{ij} = a_{i1} \cdot b_{1j} + \ldots + a_{in} \cdot b_{nj} = \sum_{k=1}^{n} a_{ik} \cdot b_{kj} = \sum_{k} a_{ik} \cdot b_{kj}. \qquad (2.3)$$

Die Summe haben wir mit dem **Summensymbol** geschrieben.

Wegen $\sum_{k=1}^{n} a_{ik} \cdot b_{kj} = \sum_{t=1}^{n} a_{it} \cdot b_{tj} = a_{i1} \cdot b_{1j} + \ldots + a_{in} \cdot b_{nj}$ werden die Indizes k bzw. t als **stumme Indizes** bezeichnet.

Vorteilhaft ist die Verwendung der **Einstein'schen Summenkonvention**, bei der auf das Summensymbol verzichtet und über gleiche obere und untere Indizes summiert wird. Unter Nutzung der Hochstellung von Indizes kann (2.3) z. B. wie folgt geschrieben werden:

$$c^i{}_j = a^i{}_1 \cdot b^1{}_j + \ldots + a^i{}_n \cdot b^n{}_j = \sum_{k=1}^{n} a^i{}_k \cdot b^k{}_j = a^i{}_k \cdot b^k{}_j$$

bzw. (2.4)

$$c_i{}^j = a_i{}^1 \cdot b_1{}^j + \ldots + a_i{}^n \cdot b_n{}^j = \sum_{k=1}^{n} a_i{}^k \cdot b_k{}^j = a_i{}^k \cdot b_k{}^j.$$

Bemerkung In der Literatur wird zuweilen die Einstein'sche Summenkonvention auch für ausschließlich tiefgestellte Indizes verwendet, in diesem Fall wird über gleiche Indizes summiert. Wir bevorzugen die vorgestellte Variante, bei der über gleiche obere und untere Indizes summiert wird, da sie zu besonders übersichtlichen Darstellungen führt und deshalb die Fehleranfälligkeit bei komplizierteren Berechnungen erheblich reduziert (insbesondere bei mehrfach indizierten Größen). Besonders in den Abschn. 4.2 und 4.3 zeigt sich die Zweckmäßigkeit dieser Darstellungsweise.

Wenn die Hoch- bzw. Tiefstellung von Indizes keine inhaltliche Bedeutung besitzt, dann kann sie bezüglich der Einstein'schen Summenkonvention zweckmäßig gewählt werden. **Vorsicht** ist allerdings geboten, wenn die unterschiedliche Stellung von Indizes eine spezielle Bedeutung besitzt wie bei den Komponenten des metrischen Tensors oder den kovarianten bzw. kontravarianten Koordinaten von Vektoren. Diese Besonderheit wird in Abschn. 4.2.2 ausführlich diskutiert.

Die Multiplikation zweier Matrizen weist einige **Besonderheiten** auf:

- Im Allgemeinen ist die Multiplikation zweier Matrizen **nicht kommutativ**, z. B. gilt:

$$\begin{pmatrix} 2 & -3 \\ 5 & 4 \end{pmatrix} \cdot \begin{pmatrix} 1 & -4 \\ -2 & 3 \end{pmatrix} = \begin{pmatrix} 8 & -17 \\ -3 & -8 \end{pmatrix}, \text{ aber } \begin{pmatrix} 1 & -4 \\ -2 & 3 \end{pmatrix} \cdot \begin{pmatrix} 2 & -3 \\ 5 & 4 \end{pmatrix} = \begin{pmatrix} -18 & -19 \\ 11 & 18 \end{pmatrix}.$$

- Am folgenden Beispiel verdeutlichen wir die **Besonderheiten von Spalten- und Zeilenmatrizen bei der Matrizenmultiplikation**:

  Gegeben: $A = \begin{pmatrix} 1 \\ -2 \end{pmatrix}$, $B = \begin{pmatrix} -3 \\ 5 \end{pmatrix}$,

  gesucht: aus den Matrizen A und B bestimmbare Produkte.

  Lösung $A \cdot B$ existiert nicht, da A und B keine verketteten Matrizen sind.

$$A^T \cdot B = \begin{pmatrix} 1 & -2 \end{pmatrix} \cdot \begin{pmatrix} -3 \\ 5 \end{pmatrix} = (1 \cdot (-3) + (-2) \cdot 5) = (-13) \rightarrow -13,$$

$$A \cdot B^T = \begin{pmatrix} 1 \\ -2 \end{pmatrix} \cdot \begin{pmatrix} -3 & 5 \end{pmatrix} = \begin{pmatrix} 1 \cdot (-3) & 1 \cdot 5 \\ (-2) \cdot (-3) & (-2) \cdot 5 \end{pmatrix} = \begin{pmatrix} -3 & 5 \\ 6 & -10 \end{pmatrix}.$$

Ergebnis Das Produkt aus einer Zeilenmatrix mit einer Spaltenmatrix ergibt eine Matrix vom Typ $(1,\ 1)$, der eine Zahl zugeordnet werden kann, wenn die Elemente der miteinander multiplizierten Matrizen ebenfalls Zahlen sind. Der Rechenweg entspricht demjenigen bei der Bildung des **Skalarproduktes** zweier Vektoren (s. Abschn 4.2).

Das Produkt aus einer Spaltenmatrix mit einer Zeilenmatrix ergibt eine Matrix vom Typ $(n,\ n)$. Der Rechenweg entspricht demjenigen bei der Bildung des **tensoriellen bzw. dyadischen Produktes** zweier Vektoren (s. Abschn 4.2).

- Eine weitere Besonderheit der Matrizenmultiplikation besteht darin, dass das Produkt zweier von der Nullmatrix verschiedener Matrizen die Nullmatrix ergeben kann (in diesem Fall sind die beiden Matrizen **Nullteiler**). Auch diesen Sachverhalt zeigen wir an einem Beispiel:

$$\begin{pmatrix} 5 & -1 \\ 5 & -1 \end{pmatrix} \cdot \begin{pmatrix} 1 & 1 \\ 5 & 5 \end{pmatrix} = \begin{pmatrix} 0 & 0 \\ 0 & 0 \end{pmatrix}.$$

Bei der mathematischen Modellierung praktischer Sachverhalte wird darauf geachtet, dass die Anzahl der Bestimmungsgleichungen gleich der Anzahl der unbekannten Variablen ist, damit das zugehörige Gleichungssystem eine Lösung haben kann (um auf die benötigte Anzahl von Gleichungen zu kommen, müssen häufig Nebenbedingungen formuliert werden). In diesen Fällen bildet die Koeffizientenmatrix jeweils eine **quadratische Matrix**, d. h. eine Matrix, bei der die Zeilenanzahl und die Spaltenanzahl übereinstimmen. Wegen der herausragenden Bedeutung quadratischer Matrizen hat sich für diese Matrizen vom Typ (n, n) eine spezielle Begrifflichkeit entwickelt:

- Eine quadratische Matrix aus n Zeilen und n Spalten wird als ***n*-reihige Matrix** oder als **Matrix der Ordnung *n*** bezeichnet.
- Die Elemente a_{ii} einer quadratischen Matrix bilden die **Hauptdiagonale** dieser Matrix.
- Sind alle Elemente oberhalb oder unterhalb der Hauptdiagonale null, dann stellt die quadratische Matrix eine **Dreiecksmatrix** dar; sind alle Elemente oberhalb und unterhalb der Hauptdiagonale null, dann stellt die quadratische Matrix eine **Diagonalmatrix** dar.
- Eine Diagonalmatrix, deren Elemente der Hauptdiagonale alle gleich eins sind, wird als **Einheitsmatrix** E oder E_n bezeichnet.
- Die quadratische Matrix A ist **regulär**, wenn sie eine **Inverse** A^{-1} besitzt, sonst ist sie **singulär**.
- Die quadratische Matrix $(A^T)^{-1} = (A^{-1})^T$ ist die zur regulären Matrix A **kontragrediente** Matrix.
- Die quadratische Matrix A mit reellen Elementen ist

  - **symmetrisch** bzw. **schiefsymmetrisch**, wenn $A = A^T$ bzw. $A = -A^T$ gilt,
  - **orthogonal**, wenn $A^T = A^{-1}$ gilt.

- Die quadratische Matrix A mit komplexen Elementen ist

  - **hermitesch** bzw. **schiefhermitesch**, wenn $A = \overline{A}^T$ bzw. $A = -\overline{A}^T$ gilt,
  - **unitär**, wenn $\overline{A}^T = A^{-1}$ gilt
    (der Querstrich bedeutet: $\overline{A} = (\overline{A_{ik}})$ mit $\overline{A_{ik}}$ konjugiert komplex zu A_{ik}).

- Jeder quadratischen Matrix, deren Elemente Zahlen sind, kann eine Zahl zugeordnet werden, die als Determinante der Matrix bezeichnet wird (die Definition der Determinante thematisieren wir in Abschn. 2.3).

Die Bezeichnung Einheitsmatrix weist darauf hin, dass sich die Matrix E bei der Multiplikation mit einer quadratischen Matrix A neutral verhält und dass sie sich aus dem Produkt einer Matrix mit ihrer Inversen ergibt:

$$\begin{aligned} A \cdot E &= E \cdot A = A, \\ A \cdot A^{-1} &= A^{-1} \cdot A = E. \end{aligned} \tag{2.5}$$

Beispiel: $\begin{pmatrix} 2 & -3 & 1 \\ 5 & 4 & 0 \\ -2 & 1 & 6 \end{pmatrix} \cdot \begin{pmatrix} 1 & 0 & 0 \\ 0 & 1 & 0 \\ 0 & 0 & 1 \end{pmatrix} = \begin{pmatrix} 2 & -3 & 1 \\ 5 & 4 & 0 \\ -2 & 1 & 6 \end{pmatrix}$ und

$$\begin{pmatrix} 1 & 0 & 0 \\ 0 & 1 & 0 \\ 0 & 0 & 1 \end{pmatrix} \cdot \begin{pmatrix} 2 & -3 & 1 \\ 5 & 4 & 0 \\ -2 & 1 & 6 \end{pmatrix} = \begin{pmatrix} 2 & -3 & 1 \\ 5 & 4 & 0 \\ -2 & 1 & 6 \end{pmatrix}.$$

Die allgemeine Darstellung der Elemente der Einheitsmatrix erfolgt in der Form:

$$E = (\delta_{ij}) = (\delta^{ij}) = ({\delta^i}_j) = ({\delta_i}^j) = \left(\delta^i_j\right). \tag{2.6}$$

Wir haben zur Darstellung der Elemente der Einheitsmatrix das Kronecker-Symbol verwendet.

Definition 2.2
Das **Kronecker-Symbol** bzw. **Kronecker-Delta** ist definiert durch:

$$\delta_{ij} = \delta^{ij} = {\delta^i}_j = {\delta_i}^j = \delta^i_j = \begin{cases} 1 \text{ für } i = j, \\ 0 \text{ für } i \neq j. \end{cases} \tag{2.7}$$

In (2.7) haben i und j die Bedeutung von Konstanten. Wir berechnen in Anhang 4.3 Terme, in denen die Indizes Variable darstellen, über die summiert werden kann. Die Beziehung (2.5) ergibt sich aus (2.4) und (2.7) folgendermaßen:

$$B = A \cdot E \Rightarrow {B^i}_j = {A^i}_k \cdot {\delta^k}_j = {A^i}_j \Rightarrow B = A,$$

$$C = E \cdot A \Rightarrow {C^i}_j = {\delta^i}_k \cdot {A^k}_j = {A^i}_j \Rightarrow C = A.$$

Wir haben jeweils den Index, über den summiert wird, mit k bezeichnet.

Unter der Voraussetzung, dass A^{-1} und B^{-1} existieren, gelten folgende **Gesetze** für das Rechnen mit mehreren Matrizen:

Gesetz	Addition	Multiplikation
Assoziativgesetz	$(A+B)+C=A+(B+C)$	$(A\cdot B)\cdot C=A\cdot(B\cdot C)$
Kommutativgesetz	$A+B=B+A$	$A\cdot B\neq B\cdot A$
Rechnen mit dem neutralen Element	$A+O=O+A=A$	$A\cdot E=E\cdot A=A$
Rechnen mit dem inversen Element	$A+(-A)=O$	$A\cdot A^{-1}=A^{-1}\cdot A=E$
Transponieren von Summen und Produkten	$(A+B)^T=A^T+B^T=B^T+A^T$	$(A\cdot B)^T=B^T\cdot A^T$
Invertieren von Summen und Produkten	$-(A+B)=(-A)+(-B)=(-B)+(-A)$	$(A\cdot B)^{-1}=B^{-1}\cdot A^{-1}$
Bilden des Vielfachen von Summen und Produkten	$\lambda\cdot(A+B)=\lambda\cdot A+\lambda\cdot B$	$\lambda\cdot(A\cdot B)=(\lambda\cdot A)\cdot B=A\cdot(\lambda\cdot B)$
Distributivgesetz	$(A+B)\cdot C=A\cdot C+B\cdot C$ $A\cdot(B+C)=A\cdot B+A\cdot C$	

In der Literatur werden einige der Rechenregeln per Definition gefordert (die Auswahl ist nicht einheitlich) und daraus die anderen hergeleitet. Wir demonstrieren das Vorgehen, indem wir die Beziehung $(A\cdot B)^{-1}=B^{-1}\cdot A^{-1}$ aus der Gültigkeit des Assoziativgesetzes sowie aus den Eigenschaften inverser Matrizen und denen der Einheitsmatrix herleiten:

$$\begin{aligned}
(A\cdot B)\cdot\left(B^{-1}\cdot A^{-1}\right) &= A\cdot\left(B\cdot B^{-1}\right)\cdot A^{-1} && |B\cdot B^{-1}=E\\
&= A\cdot E\cdot A^{-1}\\
&= (A\cdot E)\cdot A^{-1} && |A\cdot E=A\\
&= A\cdot A^{-1} && |A\cdot A^{-1}=E\\
(A\cdot B)\cdot\left(B^{-1}\cdot A^{-1}\right) &= E
\end{aligned}$$

Wegen der letzten Beziehung ist $(B^{-1}\cdot A^{-1})$ invers zu $(A\cdot B)$ und umgekehrt. q.e.d.

Nur in besonders einfachen Fällen lässt sich die Inverse M^{-1} einer quadratischen Matrix M erraten und durch den Nachweis der Gültigkeit von $M\cdot M^{-1}=E$ bestätigen. Sind beispielsweise in der quadratischen Matrix M nur die Elemente m_{ii} besetzt und alle anderen Elemente null (d. h., M ist eine Diagonalmatrix), dann gilt für die Inverse dieser Matrix

$$M^{-1} = \begin{pmatrix} m_{11} & 0 & 0 \\ 0 & \ddots & 0 \\ 0 & 0 & m_{nn} \end{pmatrix}^{-1} = \begin{pmatrix} (m_{11})^{-1} & 0 & 0 \\ 0 & \ddots & 0 \\ 0 & 0 & (m_{nn})^{-1} \end{pmatrix}. \tag{2.8}$$

Begründung : $M \cdot M^{-1} = \begin{pmatrix} m_{11} & 0 & 0 \\ 0 & \ddots & 0 \\ 0 & 0 & m_{nn} \end{pmatrix} \cdot \begin{pmatrix} (m_{11})^{-1} & 0 & 0 \\ 0 & \ddots & 0 \\ 0 & 0 & (m_{nn})^{-1} \end{pmatrix}$

$$= \begin{pmatrix} 1 & 0 & 0 \\ 0 & \ddots & 0 \\ 0 & 0 & 1 \end{pmatrix} = E.$$

Beispiel 2.10

Diagonalmatrix mit Elementen aus der Menge der reellen Zahlen

$$R = \begin{pmatrix} 4 & 0 & 0 \\ 0 & -2 & 0 \\ 0 & 0 & \pi \end{pmatrix} \Rightarrow R^{-1} = \begin{pmatrix} 4 & 0 & 0 \\ 0 & -2 & 0 \\ 0 & 0 & \pi \end{pmatrix}^{-1} = \begin{pmatrix} \frac{1}{4} & 0 & 0 \\ 0 & -\frac{1}{2} & 0 \\ 0 & 0 & \frac{1}{\pi} \end{pmatrix}, \text{ da } 4^{-1} = \frac{1}{4} \text{ usw.}$$

Beispiel 2.11

Diagonalmatrix mit Elementen aus der Menge der komplexen Zahlen

$$K = \begin{pmatrix} 3 - 2 \cdot \mathrm{i} & 0 \\ 0 & -1 + 4 \cdot \mathrm{i} \end{pmatrix} \Rightarrow K^{-1} = \begin{pmatrix} 3 - 2 \cdot \mathrm{i} & 0 \\ 0 & -1 + 4 \cdot \mathrm{i} \end{pmatrix}^{-1} = \begin{pmatrix} \frac{3 + 2 \cdot \mathrm{i}}{13} & 0 \\ 0 & \frac{-1 - 4 \cdot \mathrm{i}}{17} \end{pmatrix}$$

$$(3 - 2 \cdot \mathrm{i})^{-1} = \frac{1}{3 - 2 \cdot \mathrm{i}} = \frac{3 + 2 \cdot \mathrm{i}}{(3 - 2 \cdot \mathrm{i}) \cdot (3 + 2 \cdot \mathrm{i})} = \frac{3 + 2 \cdot \mathrm{i}}{3^2 + 2^2} = \frac{3 + 2 \cdot \mathrm{i}}{13}$$

$$(-1 + 4 \cdot \mathrm{i})^{-1} = \frac{1}{-1 + 4 \cdot \mathrm{i}} = \frac{-1 - 4 \cdot \mathrm{i}}{(-1 + 4 \cdot \mathrm{i}) \cdot (-1 - 4 \cdot \mathrm{i})} = \frac{-1 - 4 \cdot \mathrm{i}}{(-1)^2 + 4^2} = \frac{-1 - 4 \cdot \mathrm{i}}{17}$$

Die Inverse einer invertierten Matrix stimmt mit der ursprünglichen Matrix überein: $(A^{-1})^{-1} = A$.

Außerdem gelten folgende Beziehungen:

$$E^{-1} = E,$$
$$(A^T)^{-1} = (A^{-1})^T.$$

Wenn eine beliebige quadratische Matrix eine **Inverse** besitzt, dann kann diese mithilfe des Gauß-Jordan-Verfahrens bestimmt werden. Wir zeigen das Verfahren zunächst anhand einer Aufgabenstellung, die sich an Beispiel 2.9 des Abschn. 2.1 orientiert, bei dem mehrere LGS mit gleicher Koeffizientenmatrix simultan gelöst werden. Die Korrektheit des Verfahrens begründen wir anschließend.

Aufgabe: Es soll die Inverse der Matrix $A = \begin{pmatrix} 2 & -1 & 1 \\ 5 & -2 & 4 \\ 3 & -1 & 2 \end{pmatrix}$ bestimmt werden.

Ansatz: $\left(\begin{array}{ccc|ccc} 2 & -1 & 1 & 1 & 0 & 0 \\ 5 & -2 & 4 & 0 & 1 & 0 \\ 3 & -1 & 2 & 0 & 0 & 1 \end{array}\right)$.

Umformungen:

$$\left(\begin{array}{ccc|ccc} 2 & -1 & 1 & 1 & 0 & 0 \\ 5 & -2 & 4 & 0 & 1 & 0 \\ 3 & -1 & 2 & 0 & 0 & 1 \end{array}\right) \begin{array}{ll} \cdot(-5)\downarrow & \cdot(-3)\downarrow \\ \cdot 2 & \\ & \cdot 2 \end{array}$$

$$\left(\begin{array}{ccc|ccc} 2 & -1 & 1 & 1 & 0 & 0 \\ 0 & 1 & 3 & -5 & 2 & 0 \\ 0 & 1 & 1 & -3 & 0 & 2 \end{array}\right) \begin{array}{l} \\ \cdot 1\downarrow \\ \cdot(-1) \end{array}$$

$$\left(\begin{array}{ccc|ccc} 2 & -1 & 1 & 1 & 0 & 0 \\ 0 & 1 & 3 & -5 & 2 & 0 \\ 0 & 0 & 2 & -2 & 2 & -2 \end{array}\right) \begin{array}{l} \\ \\ \cdot 0{,}5 \end{array}$$

$$\left(\begin{array}{ccc|ccc} 2 & -1 & 1 & 1 & 0 & 0 \\ 0 & 1 & 3 & -5 & 2 & 0 \\ 0 & 0 & 1 & -1 & 1 & -1 \end{array}\right) \begin{array}{ll} & \cdot 1 \\ \cdot 1 & \\ \cdot(-3)\uparrow & \cdot(-1)\uparrow \end{array}$$

$$\left(\begin{array}{ccc|ccc} 2 & -1 & 0 & 2 & -1 & 1 \\ 0 & 1 & 0 & -2 & -1 & 3 \\ 0 & 0 & 1 & -1 & 1 & -1 \end{array}\right) \begin{array}{l} \cdot 1 \\ \cdot 1\uparrow \\ \end{array}$$

$$\left(\begin{array}{ccc|ccc} 2 & 0 & 0 & 0 & -2 & 4 \\ 0 & 1 & 0 & -2 & -1 & 3 \\ 0 & 0 & 1 & -1 & 1 & -1 \end{array}\right) \begin{array}{l} \cdot 0{,}5 \\ \\ \end{array}$$

Ende der Umformungen: $\left(\begin{array}{ccc|ccc} 1 & 0 & 0 & 0 & -1 & 2 \\ 0 & 1 & 0 & -2 & -1 & 3 \\ 0 & 0 & 1 & -1 & 1 & -1 \end{array}\right)$.

Ergebnis : Die Inverse der Matrix $A = \begin{pmatrix} 2 & -1 & 1 \\ 5 & -2 & 4 \\ 3 & -1 & 2 \end{pmatrix}$ lautet

$$A^{-1} = \begin{pmatrix} 0 & -1 & 2 \\ -2 & -1 & 3 \\ -1 & 1 & -1 \end{pmatrix}.$$

Begründung der Korrektheit des Verfahrens:

Der Ansatz für das Gauß-Jordan-Verfahren lautet $(A\,|E\,)$ mit $E = \begin{pmatrix} 1 & 0 & 0 \\ 0 & 1 & 0 \\ 0 & 0 & 1 \end{pmatrix}$.

Dieser Ansatz kann folgendermaßen interpretiert werden:

- Es sollen drei LGS mit gleicher Koeffizientenmatrix A gelöst werden. Die Spaltenmatrizen der Absolutglieder für diese LGS lauten $\begin{pmatrix} 1 \\ 0 \\ 0 \end{pmatrix}$, $\begin{pmatrix} 0 \\ 1 \\ 0 \end{pmatrix}$ und $\begin{pmatrix} 0 \\ 0 \\ 1 \end{pmatrix}$.
- Die drei LGS können als Matrizengleichung geschrieben werden:

  $A \cdot X = E$

  $$A \cdot \begin{pmatrix} X_1 X_2 X_3 \\ | \quad | \quad | \end{pmatrix} = \begin{pmatrix} 1\,0\,0 \\ 0\,1\,0 \\ 0\,0\,1 \end{pmatrix} \text{ bzw. } A \cdot X_1 = \begin{pmatrix} 1 \\ 0 \\ 0 \end{pmatrix}, A \cdot X_2 = \begin{pmatrix} 0 \\ 1 \\ 0 \end{pmatrix}, A \cdot X_3 = \begin{pmatrix} 0 \\ 0 \\ 1 \end{pmatrix}.$$

  Am Ende der Umformungen ergibt sich $(E\,|Z\,)$ mit $E = \begin{pmatrix} 1\,0\,0 \\ 0\,1\,0 \\ 0\,0\,1 \end{pmatrix}$. Dieses Ergebnis kann als Matrizengleichung interpretiert werden:

  $E \cdot X = Z$

  $$E \cdot \begin{pmatrix} X_1 X_2 X_3 \\ | \quad | \quad | \end{pmatrix} = \begin{pmatrix} Z_1 Z_2 Z_3 \\ | \quad | \quad | \end{pmatrix} \text{bzw. } E \cdot X_1 = Z_1,\ E \cdot X_2 = Z_2,\ E \cdot X_3 = Z_3.$$

Wegen $E \cdot X_i = X_i$ und $E \cdot X_i = Z_i$ stimmen die Spaltenmatrizen Z_i mit den Spaltenmatrizen X_i überein, d. h., aus dem Ansatz ergibt sich:

$$A \cdot \begin{pmatrix} X_1 & X_2 & X_3 \\ | & | & | \end{pmatrix} = \begin{pmatrix} 1 & 0 & 0 \\ 0 & 1 & 0 \\ 0 & 0 & 1 \end{pmatrix}$$

$$A \cdot \begin{pmatrix} Z_1 & Z_2 & Z_3 \\ | & | & | \end{pmatrix} = \begin{pmatrix} 1 & 0 & 0 \\ 0 & 1 & 0 \\ 0 & 0 & 1 \end{pmatrix} \text{ d. h. } A \cdot Z = E$$

Aus $A \cdot Z = E$ folgt die Gültigkeit von $Z = A^{-1}$, d. h., die am Ende der Umformungen erhaltene Matrix Z stimmt mit der Inversen A^{-1} der Matrix A überein.

Da der Nachweis für $n \neq 3$ analog geführt werden kann, haben wir die Korrektheit des Verfahrens gezeigt.

Merkregel
Die Inverse A^{-1} der Matrix A ergibt sich mit dem Gauß-Jordan-Verfahren, indem $(A\,|E)$ zu $(E\,|Z) = (E\,|A^{-1})$ umgeformt wird.

Im Abschn. 2.1 haben wir das LGS aus Beispiel 2.1

$$\begin{array}{l|l} 2 \cdot x - y + z = -4 & \\ 5 \cdot x - 2 \cdot y + 4 \cdot z = 2 & \text{als Matrizengleichung} \\ 3 \cdot x - y + 2 \cdot z = 3 & \end{array}$$

$$\begin{pmatrix} 2 & -1 & 1 \\ 5 & -2 & 4 \\ 3 & -1 & 2 \end{pmatrix} \cdot \begin{pmatrix} x \\ y \\ z \end{pmatrix} = \begin{pmatrix} -4 \\ 2 \\ 3 \end{pmatrix} \text{ bzw. } A \cdot X = C \text{ dargestellt.}$$

Die Lösung des LGS ergibt sich durch **Umstellen der zugehörigen Matrizengleichung**, wenn A^{-1} bekannt ist:

$$A \cdot X = C \qquad | \; A^{-1} \cdot$$

$$A^{-1} \cdot A \cdot X = A^{-1} \cdot C \; | \; A^{-1} \cdot A \cdot X = \left(A^{-1} \cdot A\right) \cdot X = E \cdot X = X$$

$$X = A^{-1} \cdot C$$

$$X = \begin{pmatrix} x \\ y \\ z \end{pmatrix} = \begin{pmatrix} 0 & -1 & 2 \\ -2 & -1 & 3 \\ -1 & 1 & -1 \end{pmatrix} \cdot \begin{pmatrix} -4 \\ 2 \\ 3 \end{pmatrix} = \begin{pmatrix} 4 \\ 15 \\ 3 \end{pmatrix}$$

Bemerkung Da die Matrizenmultiplikation wegen $A \cdot B \neq B \cdot A$ nicht kommutativ ist, muss darauf geachtet werden, ob beim Umstellen der Matrizengleichung die inverse Matrix von rechts oder von links zu multiplizieren ist:

$$A \cdot X = C \qquad | \cdot A^{-1}$$
$$A \cdot X \cdot A^{-1} = C \cdot A^{-1}$$

Diese Umformung ist nicht zielführend, da $A \cdot X \cdot A^{-1} \neq X$ und das Produkt $C \cdot A^{-1}$ nicht existiert (die Matrizen C und A^{-1} sind nicht verkettet, da die Matrix C die Spaltenanzahl eins und die Matrix A^{-1} die Zeilenanzahl drei besitzt).

Nicht jede quadratische Matrix hat eine Inverse, z. B. ergibt sich bei dem Versuch, die Inverse der Matrix $M = \begin{pmatrix} 2 & -1 & 2 \\ 5 & -2 & 4 \\ 3 & -1 & 2 \end{pmatrix}$ mithilfe des Gauß-Jordan-Verfahrens zu bestimmen:

$$\left(\begin{array}{ccc|ccc} 2 & -1 & 2 & 1 & 0 & 0 \\ 5 & -2 & 4 & 0 & 1 & 0 \\ 3 & -1 & 2 & 0 & 0 & 1 \end{array}\right) \begin{array}{ll} \cdot(-5) \downarrow & \cdot(-3) \downarrow \\ \cdot 2 & \\ & \cdot 2 \end{array}$$

$$\left(\begin{array}{ccc|ccc} 2 & -1 & 2 & 1 & 0 & 0 \\ 0 & 1 & -2 & -5 & 2 & 0 \\ 0 & 1 & -2 & -3 & 0 & 2 \end{array}\right) \begin{array}{l} \\ \cdot 1 \downarrow \\ \cdot(-1) \end{array}$$

$$\left(\begin{array}{ccc|ccc} 2 & -1 & 2 & 1 & 0 & 0 \\ 0 & 1 & -2 & -5 & 2 & 0 \\ 0 & 0 & 0 & -2 & 2 & -2 \end{array}\right)$$

An dieser Stelle können wir das Verfahren abbrechen, da die letzte Zeile Widersprüche enthält, denn mit $X_1 = \begin{pmatrix} x_1 \\ y_1 \\ z_1 \end{pmatrix}$, $X_2 = \begin{pmatrix} x_2 \\ y_2 \\ z_2 \end{pmatrix}$, $X_3 = \begin{pmatrix} x_3 \\ y_3 \\ z_3 \end{pmatrix}$ ergibt sich:

$$0 \cdot x_1 + 0 \cdot y_1 + 0 \cdot z_1 = -2 \ldots \text{Widerspruch,}$$

$$0 \cdot x_2 + 0 \cdot y_2 + 0 \cdot z_2 = 2 \ldots \text{Widerspruch,}$$

$$0 \cdot x_3 + 0 \cdot y_3 + 0 \cdot z_3 = -2 \ldots \text{Widerspruch.}$$

Ergebnis Die Matrix M besitzt keine Inverse.

Wir bestimmen die Inverse einer Matrix mit zwei Zeilen und zwei Spalten, deren Elemente aus reellen oder komplexen Zahlen bestehen, in allgemeiner Form:

Gegeben: $A = \begin{pmatrix} a_{11} & a_{12} \\ a_{21} & a_{22} \end{pmatrix} = \begin{pmatrix} a & b \\ c & d \end{pmatrix}$,

gesucht: A^{-1}.

Lösung:

$$\left(\begin{array}{cc|cc} a & b & 1 & 0 \\ c & d & 0 & 1 \end{array}\right) \begin{array}{l} \cdot(-c) \downarrow \\ \cdot a \end{array}$$

$$\left(\begin{array}{cc|cc} a & b & 1 & 0 \\ 0 & a \cdot d - b \cdot c & -c & a \end{array}\right) \begin{array}{l} \cdot(a \cdot d - b \cdot c) \\ \cdot(-b) \uparrow \end{array}$$

$$\left(\begin{array}{cc|cc} a \cdot (a \cdot d - b \cdot c) & 0 & a \cdot d & -a \cdot b \\ 0 & a \cdot d - b \cdot c & -c & a \end{array}\right) \cdot a^{-1}$$

$$\left(\begin{array}{cc|cc} a \cdot d - b \cdot c & 0 & d & -b \\ 0 & a \cdot d - b \cdot c & -c & a \end{array}\right) \begin{array}{l} \cdot(a \cdot d - b \cdot c)^{-1} \\ \cdot(a \cdot d - b \cdot c)^{-1} \end{array}$$

$$\left(\begin{array}{cc|cc} 1 & 0 & \dfrac{d}{a \cdot d - b \cdot c} & -\dfrac{b}{a \cdot d - b \cdot c} \\ 0 & 1 & -\dfrac{c}{a \cdot d - b \cdot c} & \dfrac{a}{a \cdot d - b \cdot c} \end{array}\right)$$

Ergebnis:

$$\begin{pmatrix} a & b \\ c & d \end{pmatrix}^{-1} = \begin{pmatrix} \dfrac{d}{a \cdot d - b \cdot c} & -\dfrac{b}{a \cdot d - b \cdot c} \\ -\dfrac{c}{a \cdot d - b \cdot c} & \dfrac{a}{a \cdot d - b \cdot c} \end{pmatrix} = \frac{1}{a \cdot d - b \cdot c} \cdot \begin{pmatrix} d & -b \\ -c & a \end{pmatrix} \tag{2.9}$$

Es zeigt sich, dass die Matrix $\begin{pmatrix} a & b \\ c & d \end{pmatrix}$ nur dann eine Inverse besitzt, wenn $a \cdot d - b \cdot c \neq 0$ gilt.

Nach dem prinzipiellen Verständnis des vorgestellten Verfahrens zur Ermittlung der Inversen einer quadratischen Matrix sollte zur Nutzung von Hilfsmitteln übergegangen werden, denn das Einüben von Kalkülen bringt keinen weiteren Erkenntniszuwachs. Computer-Algebra-Systeme und andere Hilfsmittel verfügen über Kommandos, mit denen die reduzierte Stufenform einer Matrix oder ihre Inverse sehr effektiv ermittelt werden kann.

In Abschn. 2.3 werden wir unter Verwendung von Determinanten eine weitere Möglichkeit kennenlernen, die Inverse einer quadratischen Matrix zu bestimmen.

Die Ermittlung von Inversen ist allerdings nicht unser Motiv zur Thematisierung von Determinanten, da auch bei diesem Lösungsweg der technische Aufwand recht hoch ist. Wir beschäftigen uns mit Determinanten, da sie in unterschiedlichen Kontexten auftauchen, z. B. bei allgemeinen Flächeninhalts- und Volumenberechnungen (s. Anhang 4.6), Koordinatentransformationen (s. Abschn. 4.2), der Lösung von Eigenwertproblemen (s. Abschn. 2.4).

Zusammenfassung

Beziehungen zwischen einer Matrix A und der dazu transponierten Matrix A^T:

$$(A^T)_{pq} = A_{qp};\ (X^T)_i{}^{i'} = X^{i'}{}_i;\ (S^T)^{ij} = S^{ji};\ (Z^T)_{i'}{}^i = Z^i{}_{i'}$$
$$(A^T)^T = A$$

Addition zweier Matrizen vom gleichen Typ (m, n):

$$A + B = (a_{ij})_{i=1,\dots,m;j=1,\dots,n} + (b_{ij})_{i=1,\dots,m;j=1,\dots,n} = (a_{ij} + b_{ij})_{i=1,\dots,m;j=1,\dots,n}$$

Multiplikation einer Matrix mit einem Skalar:

$$\lambda \cdot A = \lambda \cdot (a_{ij}) = (\lambda \cdot a_{ij})$$
$$(\lambda + \mu) \cdot A = \lambda \cdot A + \mu \cdot A$$
$$1 \cdot A = A$$
$$0 \cdot A = O$$

Multiplikation der Matrix A vom Typ (m, n) mit einer dazu verketteten Matrix B vom Typ (n, p) zu einer Matrix $C = A \cdot B$ vom Typ (m, p):

$$c_{ij} = a_{i1} \cdot b_{1j} + \ldots + a_{in} \cdot b_{nj} = \sum_{k=1}^{n} a_{ik} \cdot b_{kj} = \sum_k a_{ik} \cdot b_{kj} = a_{ik} \cdot b^k{}_j$$

Beziehung zwischen einer Matrix A und der dazu inversen Matrix A^{-1}:

$$A \cdot A^{-1} = A^{-1} \cdot A = E \text{ mit } E = (\delta_{ij}) = (\delta^{ij}) = (\delta^i{}_j) = (\delta_i{}^j) = \left(\delta^i_j\right)$$

Regeln für das Rechnen mit der Einheitsmatrix E:

$$A \cdot E = E \cdot A = A$$
$$E = E^{-1} = E^T$$

Regeln für das Invertieren einer Matrix:

$$(A^{-1})^{-1} = A$$
$$(A^T)^{-1} = (A^{-1})^T$$

Gesetze für das Rechnen mit mehreren Matrizen:

Gesetz	Addition	Multiplikation
Assoziativgesetz	$(A+B)+C=A+(B+C)$	$(A\cdot B)\cdot C=A\cdot(B\cdot C)$
Kommutativgesetz	$A+B=B+A$	$A\cdot B\neq B\cdot A$
Rechnen mit dem neutralen Element	$A+O=O+A=A$	$A\cdot E=E\cdot A=A$
Rechnen mit dem inversen Element	$A+(-A)=O$	$A\cdot A^{-1}=A^{-1}\cdot A=E$
Transponieren von Summen und Produkten	$(A+B)^T=A^T+B^T=B^T+A^T$	$(A\cdot B)^T=B^T\cdot A^T$
Invertieren von Summen und Produkten	$-(A+B)=(-A)+(-B)=(-B)+(-A)$	$(A\cdot B)^{-1}=B^{-1}\cdot A^{-1}$
Bilden des Vielfachen von Summen und Produkten	$\lambda\cdot(A+B)=\lambda\cdot A+\lambda\cdot B$	$\lambda\cdot(A\cdot B)=(\lambda\cdot A)\cdot B=A\cdot(\lambda\cdot B)$
Distributivgesetz	$(A+B)\cdot C=A\cdot C+B\cdot C$ $A\cdot(B+C)=A\cdot B+A\cdot C$	

2.3 Determinante einer Matrix

2.3.1 Determinante einer 2- und 3-reihigen Matrix

Wir haben in Abschn. 2.2 nachgewiesen, dass für die Inverse der Matrix $\begin{pmatrix} a & b \\ c & d \end{pmatrix}$, deren Elemente aus reellen oder komplexen Zahlen bestehen, die Beziehung (2.9) gilt:

$$\begin{pmatrix} a & b \\ c & d \end{pmatrix}^{-1} = \frac{1}{a\cdot d - b\cdot c}\cdot\begin{pmatrix} d & -b \\ -c & a \end{pmatrix}.$$

Es ist ersichtlich, dass der Zahl $(a\cdot d - b\cdot c)$ eine besondere Bedeutung zukommt, da sie Auskunft darüber gibt, ob die Matrix $\begin{pmatrix} a & b \\ c & d \end{pmatrix}$ eine Inverse besitzt oder nicht, denn die Inverse existiert nur unter der Bedingung $a\cdot d - b\cdot c \neq 0$. Deshalb wird dieser Zahl ein eigenständiger Begriff zugeordnet.

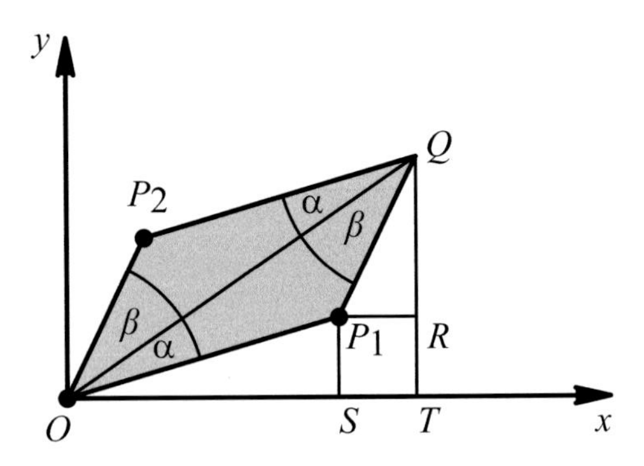

Abb. 2.1 Deutung der Determinante einer 2-reihigen Matrix als Flächeninhalt eines Parallelogramms

Definition 2.3

Die 2-reihige Matrix $A = \begin{pmatrix} a_{11} & a_{12} \\ a_{21} & a_{22} \end{pmatrix}$, deren Elemente aus reellen oder komplexen Zahlen bestehen, besitzt die **Determinante**

$$\det A = \det \begin{pmatrix} a_{11} & a_{12} \\ a_{21} & a_{22} \end{pmatrix} = \begin{vmatrix} a_{11} & a_{12} \\ a_{21} & a_{22} \end{vmatrix} = a_{11} \cdot a_{22} - a_{12} \cdot a_{21} \tag{2.10}$$

Um die Definition der Determinante einer 2-reihigen Matrix A interpretieren zu können, verwenden wir eine **häufig benutzte Vorgehensweise**, indem wir die Elemente der Spaltenmatrizen der zugehörigen quadratischen Matrix als Koordinaten von Punkten auffassen:

$$\det A = \det \begin{pmatrix} a_{11} & a_{12} \\ a_{21} & a_{22} \end{pmatrix} = \det \begin{pmatrix} P_1 & P_2 \\ | & | \end{pmatrix} = a_{11} \cdot a_{22} - a_{12} \cdot a_{21}.$$

In Abb. 2.1 haben wir die beiden Punkte mit den Koordinaten $P_1(a_{11}\,|a_{21})$ bzw. $P_2(a_{12}\,|a_{22})$ in ein kartesisches Koordinatensystem eingetragen und mithilfe der Strecken zwischen diesen Punkten und dem Ursprung durch Parallelverschiebung ein Parallelogramm gebildet.

Wir berechnen den Flächeninhalt dieses Parallelogramms durch Verdopplung des Flächeninhalts des Dreiecks OP_1Q (die Kongruenz und damit Flächengleichheit der Dreiecke OP_1Q und OQP_2 ergibt sich aus der gemeinsamen Seite $\overline{OQ}$ und den in die Abb. 2.1 eingezeichneten kongruenten Wechselwinkelpaaren an geschnittenen Parallelen nach dem Kongruenzsatz WSW):

$$\begin{aligned} A_{\Box OP_1QP_2} &= 2 \cdot A_{\triangle OP_1Q} = 2 \cdot \left(A_{\triangle OTQ} - A_{\triangle OSP_1} - A_{\Box STRP_1} - A_{\triangle P_1RQ}\right) \\ &= 2 \cdot \left(\frac{(a_{11}+a_{12}) \cdot (a_{21}+a_{22})}{2} - \frac{a_{11} \cdot a_{21}}{2} - a_{12} \cdot a_{21} - \frac{a_{12} \cdot a_{22}}{2}\right) \\ A_{\Box OP_1QP_2} &= a_{11} \cdot a_{22} - a_{12} \cdot a_{21} \end{aligned}$$

Interpretation der Determinante einer 2-reihigen Matrix Der absolute Betrag der Determinante einer 2-reihigen Matrix kann interpretiert werden als Flächeninhalt des Parallelogramms, das von den Vektoren aufgespannt wird, die aus den Spaltenmatrizen der Matrix gebildet werden.

Bemerkung Im Ergebnis unserer Betrachtung verwenden wir den absoluten Betrag der Determinante, um einen negativen Flächeninhalt zu vermeiden (dieser würde sich z. B. durch Vertauschen der Punkte P_1 und P_2 ergeben). Außerdem beschreiben wir das Parallelogramm mithilfe des Vektorbegriffs, um eine knappe Formulierung zu erhalten.

Mit dem in Abschn. 4.1.2 thematisierten Vektorprodukt (Kreuzprodukt) gelangen wir zum gleichen Ergebnis:

Aus den Ortsvektoren $\vec{a} = \begin{pmatrix} a_{11} \\ a_{21} \\ 0 \end{pmatrix}$ und $\vec{b} = \begin{pmatrix} a_{12} \\ a_{22} \\ 0 \end{pmatrix}$ der Punkte P_1

und P_2 ergibt sich das Vektorprodukt $\vec{a} \times \vec{b} = \begin{pmatrix} 0 \\ 0 \\ a_{11} \cdot a_{22} - a_{21} \cdot a_{12} \end{pmatrix}$,

dessen Betrag wir in Abschn. 4.1.2 als Flächeninhalt eines Parallelogramms interpretieren.

Eine Analogiebetrachtung führt zum Term der Determinante einer 3-reihigen Matrix.

	Grundlage für die Definition der Determinante einer	
	2-reihigen Matrix	3-reihigen Matrix
Raum	Ebene	Anschauungsraum
Anzahl von Punkten im Raum	2	3
Von den Ortsvektoren der Punkte aufgespanntes mathematisches Objekt	Parallelogramm	Spat
Betrachtete Größe des mathematischen Objekts	Flächeninhalt	Volumen

Um einen Term für die Determinante einer 3-reihigen Matrix zu erhalten, fassen wir die Elemente der Spaltenmatrizen der zugehörigen quadratischen Matrix wieder als Koordinaten von Punkten auf:

$$\det A = \det \begin{pmatrix} a_{11} & a_{12} & a_{13} \\ a_{21} & a_{22} & a_{23} \\ a_{31} & a_{32} & a_{33} \end{pmatrix} = \det \begin{pmatrix} P_1 & P_2 & P_3 \\ | & | & | \end{pmatrix}.$$

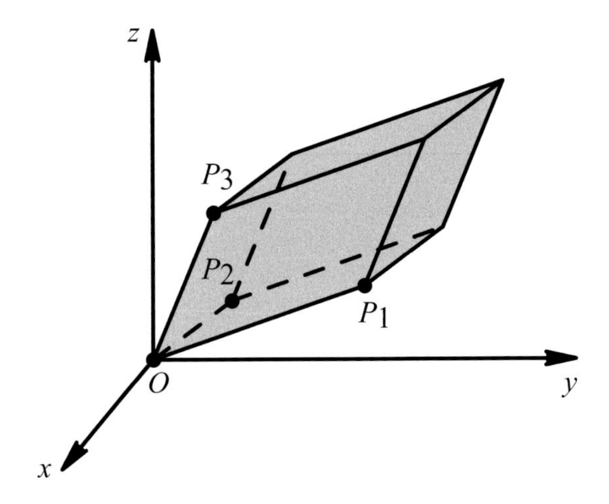

Abb. 2.2 Deutung der Determinante einer 3-reihigen Matrix als Volumen eines Spats

Die drei Punkte mit den Koordinaten $P_1(a_{11}\,|a_{21}\,|a_{31})$, $P_2(a_{12}\,|a_{22}\,|a_{32})$ bzw. $P_3(a_{13}\,|a_{23}\,|a_{33})$ tragen wir in Abb. 2.2 in ein kartesisches Koordinatensystem ein, und wir bilden mithilfe der Strecken zwischen diesen Punkten und dem Ursprung durch Parallelverschiebung einen Spat.

Die elementargeometrische Bestimmung des Volumens des Spats dürfte für eine allgemeine Lage der Punkte P_1, P_2 und P_3 recht aufwendig sein. Deshalb greifen wir auf das Ergebnis des Abschn. 4.1.3 zu, dass sich das Volumen des Spats aus dem Spatprodukt der Ortsvektoren der Punkte P_1, P_2 und P_3 ergibt. Mit der Koordinatendarstellung dieser Ortsvektoren $\vec{a} = \overrightarrow{OP_1} = \begin{pmatrix} a_{11} \\ a_{21} \\ a_{31} \end{pmatrix}$, $\vec{b} = \overrightarrow{OP_2} = \begin{pmatrix} a_{12} \\ a_{22} \\ a_{32} \end{pmatrix}$ und $\vec{c} = \overrightarrow{OP_3} = \begin{pmatrix} a_{13} \\ a_{23} \\ a_{33} \end{pmatrix}$ bestimmen wir das im Spatprodukt vorkommende Vektor- bzw. Skalarprodukt mit (4.32) bzw. (4.26).

Wir erhalten:

$$V = \left(\vec{a} \times \vec{b}\right) \cdot \vec{c} = a_{11} \cdot a_{22} \cdot a_{33} - a_{11} \cdot a_{32} \cdot a_{23} + a_{21} \cdot a_{32} \cdot a_{13} \\ - a_{21} \cdot a_{12} \cdot a_{33} + a_{31} \cdot a_{12} \cdot a_{23} - a_{31} \cdot a_{22} \cdot a_{13}.$$

Nun steht der Definition der Determinante einer 3-reihigen Matrix nichts mehr entgegen.

Definition 2.4

Die 3-reihige Matrix $A = \begin{pmatrix} a_{11} & a_{12} & a_{13} \\ a_{21} & a_{22} & a_{23} \\ a_{31} & a_{32} & a_{33} \end{pmatrix}$, deren Elemente aus reellen oder komplexen Zahlen bestehen, besitzt die **Determinante**

$$\det A = \det \begin{pmatrix} a_{11} & a_{12} & a_{13} \\ a_{21} & a_{22} & a_{23} \\ a_{31} & a_{32} & a_{33} \end{pmatrix} = \begin{vmatrix} a_{11} & a_{12} & a_{13} \\ a_{21} & a_{22} & a_{23} \\ a_{31} & a_{32} & a_{33} \end{vmatrix} = \tag{2.11}$$
$$= a_{11} \cdot a_{22} \cdot a_{33} - a_{11} \cdot a_{32} \cdot a_{23} + a_{21} \cdot a_{32} \cdot a_{13}$$
$$- a_{21} \cdot a_{12} \cdot a_{33} + a_{31} \cdot a_{12} \cdot a_{23} - a_{31} \cdot a_{22} \cdot a_{13}.$$

Es existieren Merkregeln für (2.11), insbesondere die **Regel von Sarrus**. Wir führen diese hier nicht auf, da sie nur für Determinanten 3-reihiger Matrizen gilt und wir der Meinung sind, dass nach dem Grundverständnis für die Berechnung von Determinanten zu Hilfsmitteln gegriffen werden sollte.

Um von den Definitionen für Determinanten 2- und 3-reihiger Matrizen zu einer zweckmäßigen Definition für die Determinante einer N-reihigen Matrix zu gelangen, bieten sich unterschiedliche Ansätze an.

2.3.2 Definition der Determinante einer *N*-reihigen Matrix durch Rekursion

Wir rechnen nach, dass sich die Determinante einer 3-reihigen Matrix auf die Definition der Determinante einer 2-reihigen Matrix zurückführen lässt. Dazu gehen wir von (2.11) aus, und wir verwenden (2.10):

$$\det \begin{pmatrix} a_{11} & a_{12} & a_{13} \\ a_{21} & a_{22} & a_{23} \\ a_{31} & a_{32} & a_{33} \end{pmatrix} =$$
$$= a_{11} \cdot \det \begin{pmatrix} a_{22} & a_{23} \\ a_{32} & a_{33} \end{pmatrix} - a_{12} \cdot \det \begin{pmatrix} a_{21} & a_{23} \\ a_{31} & a_{33} \end{pmatrix} + a_{13} \cdot \det \begin{pmatrix} a_{21} & a_{22} \\ a_{31} & a_{32} \end{pmatrix}$$
$$= -a_{21} \cdot \det \begin{pmatrix} a_{12} & a_{13} \\ a_{32} & a_{33} \end{pmatrix} + a_{22} \cdot \det \begin{pmatrix} a_{11} & a_{13} \\ a_{31} & a_{33} \end{pmatrix} - a_{23} \cdot \det \begin{pmatrix} a_{11} & a_{12} \\ a_{31} & a_{32} \end{pmatrix}$$
$$= a_{31} \cdot \det \begin{pmatrix} a_{12} & a_{13} \\ a_{22} & a_{23} \end{pmatrix} - a_{32} \cdot \det \begin{pmatrix} a_{11} & a_{13} \\ a_{21} & a_{23} \end{pmatrix} + a_{33} \cdot \det \begin{pmatrix} a_{11} & a_{12} \\ a_{21} & a_{22} \end{pmatrix}$$
$$= a_{11} \cdot \det \begin{pmatrix} a_{22} & a_{23} \\ a_{32} & a_{33} \end{pmatrix} - a_{21} \cdot \det \begin{pmatrix} a_{12} & a_{13} \\ a_{32} & a_{33} \end{pmatrix} + a_{31} \cdot \det \begin{pmatrix} a_{12} & a_{13} \\ a_{22} & a_{23} \end{pmatrix}$$
$$= -a_{12} \cdot \det \begin{pmatrix} a_{21} & a_{23} \\ a_{31} & a_{33} \end{pmatrix} + a_{22} \cdot \det \begin{pmatrix} a_{11} & a_{13} \\ a_{31} & a_{33} \end{pmatrix} - a_{32} \cdot \det \begin{pmatrix} a_{11} & a_{13} \\ a_{21} & a_{23} \end{pmatrix}$$
$$= a_{13} \cdot \det \begin{pmatrix} a_{21} & a_{22} \\ a_{31} & a_{32} \end{pmatrix} - a_{23} \cdot \det \begin{pmatrix} a_{11} & a_{12} \\ a_{31} & a_{32} \end{pmatrix} + a_{33} \cdot \det \begin{pmatrix} a_{11} & a_{12} \\ a_{21} & a_{22} \end{pmatrix}$$

Die ersten drei Darstellungen sind **Entwicklungen** nach den Zeilen, die letzten drei sind Entwicklungen nach den Spalten.

Die Vorzeichen der vorkommenden Produkte wechseln nach dem Schema

$\begin{pmatrix} + & - & + \\ - & + & - \\ + & - & + \end{pmatrix}$, d. h., dem Element a_{ij} wird das Vorzeichen $(-1)^{i+j}$ zugeordnet.

Die im Term zur Berechnung der Determinante vorkommenden Produkte bestehen jeweils aus einem Element a_{ij} der Matrix und der zugehörigen **Unterdeterminante** (oder Minor) U_{ij}, die dadurch entsteht, dass in der ursprünglichen Determinante die Zeile und die Spalte gestrichen werden, in der das Element a_{ij} steht (d. h., gestrichen werden die Zeile *i* und die Spalte *j*).

Das Produkt aus dem Vorzeichenterm und der zugehörigen Unterdeterminante wird als **Cofaktor** (oder Adjunkte) $C_{ij} = (-1)^{i+j} \cdot U_{ij}$ bezeichnet.

Beispiel 2.12

Für die Matrix $M = \begin{pmatrix} 3 & -4 & 2 \\ -5 & 2 & -8 \\ 2 & 6 & -3 \end{pmatrix}$ gehören zum Element $m_{12} = -4$ die Unterdeterminante $U_{12} = \det \begin{pmatrix} \times & - & \times & \times \\ -5 & & \times & -8 \\ 2 & & \times & -3 \end{pmatrix} = \det \begin{pmatrix} -5 & -8 \\ 2 & -3 \end{pmatrix} = (-5) \cdot (-3) - (-8) \cdot 2 = 31$ und der Cofaktor $C_{12} = (-1)^{1+2} \cdot U_{12} = -\det \begin{pmatrix} -5 & -8 \\ 2 & -3 \end{pmatrix} = -31.$

Mit diesen Begriffen kann die Entwicklung der gegebenen Determinante nach Zeile 1 bzw. Spalte 1 geschrieben werden als:

$$\det \begin{pmatrix} a_{11} & a_{12} & a_{13} \\ a_{21} & a_{22} & a_{23} \\ a_{31} & a_{32} & a_{33} \end{pmatrix} = a_{11} \cdot (-1)^{1+1} \cdot U_{11} + a_{12} \cdot (-1)^{1+2} \cdot U_{12} + a_{13} \cdot (-1)^{1+3} \cdot U_{13}$$

$$= a_{11} \cdot C_{11} + a_{12} \cdot C_{12} + a_{13} \cdot C_{13} = \sum_{k=1}^{3} a_{1k} \cdot C_{1k}$$

bzw.

$$\det \begin{pmatrix} a_{11} & a_{12} & a_{13} \\ a_{21} & a_{22} & a_{23} \\ a_{31} & a_{32} & a_{33} \end{pmatrix} = a_{11} \cdot (-1)^{1+1} \cdot U_{11} + a_{21} \cdot (-1)^{2+1} \cdot U_{21} + a_{31} \cdot (-1)^{3+1} \cdot U_{31}$$

$$= a_{11} \cdot C_{11} + a_{21} \cdot C_{21} + a_{31} \cdot C_{31} = \sum_{k=1}^{3} a_{k1} \cdot C_{k1}$$

Unsere Ergebnisse lassen sich für die Entwicklung der Determinante nach anderen Zeilen und Spalten sowie für Determinanten N-reihiger Matrizen verallgemeinern:

$$\det A = \det(a_{ij}) = \sum_{k=1}^{N} a_{zk} \cdot C_{zk} = \sum_{k=1}^{N} a_{ks} \cdot C_{ks} \tag{2.12}$$

Eine nochmalige Verallgemeinerung ergibt die **Definition der Determinante** nach dem **Entwicklungssatz von Laplace**:

$$\sum_{k=1}^{N} a_{uk} \cdot C_{vk} = \sum_{k=1}^{N} a_{ku} \cdot C_{kv} = \begin{cases} \det(a_{ij}) \text{ für } u = v, \\ 0 \quad \text{ für } u \neq v. \end{cases} \tag{2.13}$$

Beispiel 2.13

Zur Berechnung der Determinante der Matrix $\begin{pmatrix} 0 & 1 & 4 & 2 \\ 1 & -2 & 0 & 0 \\ 1 & 1 & -1 & 3 \\ 7 & 0 & 2 & 1 \end{pmatrix}$ ist es zweckmäßig, eine Entwicklung nach Zeile 2 zu verwenden, da diese die meisten Nullen enthält:

$$\begin{vmatrix} 0 & 1 & 4 & 2 \\ 1 & -2 & 0 & 0 \\ 1 & 1 & -1 & 3 \\ 7 & 0 & 2 & 1 \end{vmatrix} = 1 \cdot (-1)^{2+1} \begin{vmatrix} 1 & 4 & 2 \\ 1 & -1 & 3 \\ 0 & 2 & 1 \end{vmatrix} + (-2) \cdot (-1)^{2+2} \begin{vmatrix} 0 & 4 & 2 \\ 1 & -1 & 3 \\ 7 & 2 & 1 \end{vmatrix} + 0 + 0.$$

Die Entwicklung der verbleibenden Determinanten ersparen wir uns.

Bilden wir die **Matrix der Cofaktoren und transponieren diese**, dann ergibt sich die **Adjungierte** adj(A) der Matrix A, mit der sich der Entwicklungssatz von Laplace umschreiben lässt:

$$\begin{pmatrix} a_{11} & a_{12} & \dots & a_{1N} \\ a_{21} & a_{22} & \dots & a_{2N} \\ \vdots & \vdots & \ddots & \vdots \\ a_{N1} & a_{N2} & \dots & a_{NN} \end{pmatrix} \cdot \begin{pmatrix} C_{11} & C_{21} & \dots & C_{N1} \\ C_{12} & C_{22} & \dots & C_{N2} \\ \vdots & \vdots & \ddots & \vdots \\ C_{1N} & C_{2N} & \dots & C_{NN} \end{pmatrix} = \begin{pmatrix} |A| & 0 & \dots & 0 \\ 0 & |A| & \dots & 0 \\ \vdots & \vdots & \ddots & \vdots \\ 0 & 0 & \dots & |A| \end{pmatrix}$$

$$A \cdot \text{adj}(A) = |A| \cdot E$$

Wenn $\det(A) = |A| \neq 0$ ist, d. h., wenn A eine reguläre quadratische Matrix ist, dann gilt

$$A \cdot \frac{\operatorname{adj}(A)}{|A|} = E = (\delta_{ik}) \Rightarrow \frac{\operatorname{adj}(A)}{|A|} = A^{-1} \tag{2.14}$$

Damit haben wir neben der Anwendung des Gauß-Jordan-Verfahrens eine weitere Möglichkeit gefunden, die **Inverse** A^{-1} einer Matrix A zu berechnen.

Wir erhalten ein einzelnes Element der inversen Matrix durch:

$$(A^{-1})_{pq} = \frac{(\operatorname{adj}(A))_{pq}}{\det(A)} = \frac{C_{qp}}{\det(A)} = \frac{(-1)^{q+p} \cdot U_{qp}}{\det(A)}$$

$U_{qp} \ldots$ Unterdeterminante zum Element A_{qp} von A

Um Verwechslungen der Begriffe Adjunkte und Adjungierte zu vermeiden, sollte statt Adjunkte der Terminus Cofaktor benutzt werden, wie wir dies auch getan haben.

Beispiel 2.14

Gegeben: $M = (M_{pq}) = \begin{pmatrix} -2 & 1 & -1 \\ 2 & 0 & -1 \\ -3 & 1 & 2 \end{pmatrix}$,

gesucht: $\det(M)$, $(M^{-1})_{12}$, $(M^{-1})_{31}$, M^{-1}.

Lösung:

$$\det(M) = (-1) \cdot 2 \cdot \begin{vmatrix} 1 & -1 \\ 1 & 2 \end{vmatrix} + (-1) \cdot (-1) \cdot \begin{vmatrix} -2 & 1 \\ -3 & 1 \end{vmatrix} = (-2) \cdot 3 + 1 = -5,$$

$$(M^{-1})_{12} = \frac{(-1)^{2+1} \cdot U_{21}}{\det(M)} = \frac{-1}{-5} \cdot \begin{vmatrix} 1 & -1 \\ 1 & 2 \end{vmatrix} = \frac{-1}{-5} \cdot 3 = \frac{3}{5},$$

$$(M^{-1})_{31} = \frac{(-1)^{1+3} \cdot U_{13}}{\det(M)} = \frac{1}{-5} \cdot \begin{vmatrix} 2 & 0 \\ -3 & 1 \end{vmatrix} = \frac{1}{-5} \cdot 2 = -\frac{2}{5},$$

$$M^{-1} = ((M^{-1})_{pq}) = \begin{pmatrix} -1/5 & 3/5 & 1/5 \\ 1/5 & 7/5 & 4/5 \\ -2/5 & 1/5 & 2/5 \end{pmatrix}.$$

2.3.3 Definition der Determinante einer N-reihigen Matrix als Summe von Produkten

Die Berechnung der Determinante einer quadratischen Matrix, deren Elemente Zahlen sind, führt auf eine Summe von Produkten mit unterschiedlichen Vorzeichen. Jedes dieser Produkte enthält aus jeder Zeile und aus jeder Spalte genau ein Element. Das korrekte Vorzeichen liefert das kontravariante Epsilon-Symbol.

Definition 2.5
Das **kontravariante Epsilon-Symbol (kontravariante Levi-Civita-Symbol)** ist durch Zahlenzuweisung definiert:

$$\varepsilon^{i_1 \dots i_N} = \begin{cases} 1 & \text{, wenn } (i_1, \dots, i_N) \text{ eine gerade Permutation von } (1, \dots, N) \text{ ist,} \\ -1 & \text{, wenn } (i_1, \dots, i_N) \text{ eine ungerade Permutation von } (1, \dots, N) \text{ ist,} \\ 0 & \text{sonst.} \end{cases} \tag{2.15}$$

Bemerkung In der Literatur wird (2.15) zuweilen mit kovarianten (tiefgestellten) Indizes geschrieben. Dies ist nur dann korrekt, wenn die aus den Spaltenmatrizen der Matrix A gebildeten Vektoren als Koordinatenvektoren bezüglich einer Orthonormalbasis aufgefasst werden können, d. h., wenn die Basisvektoren paarweise orthogonal zueinander verlaufen und alle den Betrag eins besitzen (dies ist z. B. bei kartesischen Koordinatensystemen der Fall). In Anhang 4.3 gehen wir auf das kovariante Epsilon-Symbol und entsprechende Transformationen ein.

$(i_1, \dots, i_N)$ ist eine gerade bzw. ungerade Permutation von $(1, \dots, N)$, wenn eine geradzahlige bzw. ungeradzahlige Anzahl von Vertauschungen von $(1, \dots, N)$ nach $(i_1, \dots, i_N)$ führt. So ist beispielsweise $(3, 1, 2)$ eine gerade Permutation von $(1,2,3)$, da wegen $(1,\ 2,\ 3) \to (3,\ 2,\ 1) \to (3,\ 1,\ 2)$ bzw. $(1,2,3) \to (1,3,2) \to (3,1,2)$ zwei Vertauschungen von $(1,\ 2,\ 3)$ nach $(3,\ 1,\ 2)$ führen.

Für Anwendungen werden folgende Beziehungen, die unmittelbar aus der Definition des kontravarianten Epsilon-Symbols folgen, häufig genutzt:

$$\varepsilon^{1 \dots N} = 1 \tag{2.16}$$

$\varepsilon^{i_1 \dots i_N}$ ist genau dann null, wenn mindestens zwei Indizes übereinstimmen.

$$\text{Für } N = 2 \text{ gilt: } \varepsilon^{12} = 1; \varepsilon^{21} = -1; \text{ sonst } \varepsilon^{ij} = 0, \text{ d. h. } \varepsilon^{11} = \varepsilon^{22} = 0. \tag{2.17}$$

$$\text{Für } N = 3 \text{ gilt: } \varepsilon^{123} = \varepsilon^{231} = \varepsilon^{312} = 1; \ \varepsilon^{132} = \varepsilon^{213} = \varepsilon^{321} = -1; \text{ sonst } \varepsilon^{ijk} = 0. \tag{2.18}$$

Mithilfe des kontravarianten Epsilon-Symbols kann die Determinante einer N-reihigen quadratischen Matrix definiert werden. Wir verwenden für die Elemente der Matrix die Schreibweise mit hoch- und tiefgestellten Indizes, um die Einstein'sche Summenkonvention nutzen zu können.

Definition 2.6

Determinante einer N-reihigen quadratischen Matrix $A = \begin{pmatrix} A^1{}_1 & \cdots & A^1{}_N \\ \vdots & \ddots & \vdots \\ A^N{}_1 & \cdots & A^N{}_N \end{pmatrix}$:

$$\det A = \varepsilon^{j_1 \dots j_N} \cdot A^1{}_{j_1} \cdot \ldots \cdot A^N{}_{j_N} \tag{2.19}$$

$$\varepsilon^{i_1 \dots i_N} \cdot \det A = \varepsilon^{j_1 \dots j_N} \cdot A^{i_1}{}_{j_1} \cdot \ldots \cdot A^{i_N}{}_{j_N} \tag{2.20}$$

Die Darstellung (2.19) gibt die **Leibniz-Formel** wieder.

Wir verdeutlichen die Beziehung (2.19) für $N = 3$:

$$\det A = \varepsilon^{j_1 j_2 j_3} \cdot A^1{}_{j_1} \cdot A^2{}_{j_2} \cdot A^3{}_{j_3}$$

$$\begin{aligned}\det A = &\left(\varepsilon^{123} \cdot A^1{}_1 \cdot A^2{}_2 \cdot A^3{}_3 + \varepsilon^{231} \cdot A^1{}_2 \cdot A^2{}_3 \cdot A^3{}_1 + \varepsilon^{312} \cdot A^1{}_3 \cdot A^2{}_1 \cdot A^3{}_2\right) + \\ &+ \left(\varepsilon^{132} \cdot A^1{}_1 \cdot A^2{}_3 \cdot A^3{}_2 + \varepsilon^{213} \cdot A^1{}_2 \cdot A^2{}_1 \cdot A^3{}_3 + \varepsilon^{321} \cdot A^1{}_3 \cdot A^2{}_2 \cdot A^3{}_1\right)\\ \det A = &\left(A^1{}_1 \cdot A^2{}_2 \cdot A^3{}_3 + A^1{}_2 \cdot A^2{}_3 \cdot A^3{}_1 + A^1{}_3 \cdot A^2{}_1 \cdot A^3{}_2\right) + \\ &- \left(A^1{}_1 \cdot A^2{}_3 \cdot A^3{}_2 + A^1{}_2 \cdot A^2{}_1 \cdot A^3{}_3 + A^1{}_3 \cdot A^2{}_2 \cdot A^3{}_1\right)\end{aligned}$$

Wir haben die Produkte mit mehreren Elementen aus einer Spalte nicht mit aufgeführt, da in diesen Fällen $\varepsilon^{j_1 j_2 j_3}$ jeweils null ergibt.

Wir verdeutlichen die Beziehung (2.20) für $N = 2$:

$$\varepsilon^{i_1 i_2} \cdot \det A = \varepsilon^{j_1 j_2} \cdot A^{i_1}{}_{j_1} \cdot A^{i_2}{}_{j_2}$$

$$\begin{aligned}\text{Fall 1: } \varepsilon^{12} \cdot \det A &= \varepsilon^{12} \cdot A^1{}_1 \cdot A^2{}_2 + \varepsilon^{21} \cdot A^1{}_2 \cdot A^2{}_1 \\ 1 \cdot \det A &= 1 \cdot A^1{}_1 \cdot A^2{}_2 - 1 \cdot A^1{}_2 \cdot A^2{}_1\end{aligned}$$

$$\begin{aligned}\text{Fall 2: } \varepsilon^{21} \cdot \det A &= \varepsilon^{12} \cdot A^2{}_1 \cdot A^1{}_2 + \varepsilon^{21} \cdot A^2{}_2 \cdot A^1{}_1 \\ -1 \cdot \det A &= 1 \cdot A^2{}_1 \cdot A^1{}_2 - 1 \cdot A^2{}_2 \cdot A^1{}_1\end{aligned}$$

$$\begin{aligned}\text{Fall 3: } \varepsilon^{11} \cdot \det A &= \varepsilon^{12} \cdot A^1{}_1 \cdot A^1{}_2 + \varepsilon^{21} \cdot A^1{}_2 \cdot A^1{}_1 \\ 0 \cdot \det A &= 1 \cdot A^1{}_1 \cdot A^1{}_2 - 1 \cdot A^1{}_2 \cdot A^1{}_1 = 0\end{aligned}$$

$$\begin{aligned}\text{Fall 4: } \varepsilon^{22} \cdot \det A &= \varepsilon^{12} \cdot A^2{}_1 \cdot A^2{}_2 + \varepsilon^{21} \cdot A^2{}_2 \cdot A^2{}_1 \\ 0 \cdot \det A &= 1 \cdot A^2{}_1 \cdot A^2{}_2 - 1 \cdot A^2{}_2 \cdot A^2{}_1 = 0\end{aligned}$$

Fall 3 und Fall 4 sind trivial und nicht zielführend, sie wurden lediglich mit aufgeführt, um die Vollständigkeit zu wahren.

2.3.4 Rechenregeln für Determinanten

Die Zeilen und die Spalten einer Determinante dürfen vertauscht werden (**„Stürzen" der Determinante**), z. B. $\begin{vmatrix} a_{11} & a_{12} \\ a_{21} & a_{22} \end{vmatrix} = \begin{vmatrix} a_{11} & a_{21} \\ a_{12} & a_{22} \end{vmatrix}$.

Die Regel für das Stürzen einer Determinante beruht darauf, dass eine Determinante nach einer Zeile oder nach einer Spalte entwickelt werden kann.

Eine andere Schreibweise dieser Regel lautet: $\det(A) = \det(A^T)$.

Beim **Vertauschen von zwei Zeilen oder Spalten** ändert sich das Vorzeichen der Determinante, z. B. $\begin{vmatrix} a_{11} & a_{12} \\ a_{21} & a_{22} \end{vmatrix} = -\begin{vmatrix} a_{21} & a_{22} \\ a_{11} & a_{12} \end{vmatrix}$.

Die **Multiplikation mit einem Faktor** λ erfolgt, indem jedes Element einer beliebigen Zeile oder Spalte mit λ multipliziert wird, z. B.

$$\lambda \cdot \begin{vmatrix} a_{11} & a_{12} \\ a_{21} & a_{22} \end{vmatrix} = \begin{vmatrix} \lambda \cdot a_{11} & \lambda \cdot a_{12} \\ a_{21} & a_{22} \end{vmatrix} = \begin{vmatrix} a_{11} & \lambda \cdot a_{12} \\ a_{21} & \lambda \cdot a_{22} \end{vmatrix}.$$

Achtung: Bei Matrizen wird jedes Element mit dem Faktor multipliziert.

Sind die **Elemente von zwei Zeilen oder Spalten proportional zueinander**, dann ist der Wert der Determinante null, z. B.

$$\begin{vmatrix} a_{11} & a_{12} & \lambda \cdot a_{12} \\ a_{21} & a_{22} & \lambda \cdot a_{22} \\ a_{31} & a_{32} & \lambda \cdot a_{32} \end{vmatrix} = 0 \text{ (}\lambda\text{ kann auch die Werte 0 oder 1 haben).}$$

Eine Determinante darf **gerändert** werden, z. B. $\begin{vmatrix} a_{11} & a_{12} \\ a_{21} & a_{22} \end{vmatrix} = \begin{vmatrix} 1 & r_1 & r_2 \\ 0 & a_{11} & a_{12} \\ 0 & a_{21} & a_{22} \end{vmatrix}$ $(r_1, r_2 \in \mathbb{R})$.

Für die **Determinante eines Matrizenprodukts** gilt:

$$\det(A \bullet B) = \det(A) \cdot \det(B) = \det(A) \cdot \det(B^T) = \det(A \bullet B^T).$$

Aus dieser Regel ergibt sich für die Determinante des Produkts der zueinander inversen Matrizen A und A^{-1} eine interessante Beziehung:

$$\begin{aligned} &A \bullet A^{-1} = E \\ &\det A \cdot \det A^{-1} = \det E \qquad |\det E = 1 \\ &\det A \cdot \det A^{-1} = 1 \end{aligned} \tag{2.21}$$

Differentiation einer Determinante: Sind die Elemente der Determinante Funktionen derselben unabhängigen Variablen, dann kann die Determinante folgendermaßen nach dieser Variablen differenziert werden:

$$\frac{\mathrm{d}}{\mathrm{d}x}\begin{vmatrix} a_{11} & a_{12} & a_{13} \\ a_{21} & a_{22} & a_{23} \\ a_{31} & a_{32} & a_{33} \end{vmatrix} = \begin{vmatrix} a_{11}' & a_{12}' & a_{13}' \\ a_{21} & a_{22} & a_{23} \\ a_{31} & a_{32} & a_{33} \end{vmatrix} + \begin{vmatrix} a_{11} & a_{12} & a_{13} \\ a_{21}' & a_{22}' & a_{23}' \\ a_{31} & a_{32} & a_{33} \end{vmatrix} + \begin{vmatrix} a_{11} & a_{12} & a_{13} \\ a_{21} & a_{22} & a_{23} \\ a_{31}' & a_{32}' & a_{33}' \end{vmatrix}.$$

Zusammenfassung

Definition der Determinante einer 2-reihigen Matrix:

$$\det A = \det\begin{pmatrix} a_{11} & a_{12} \\ a_{21} & a_{22} \end{pmatrix} = \begin{vmatrix} a_{11} & a_{12} \\ a_{21} & a_{22} \end{vmatrix} = a_{11}\cdot a_{22} - a_{12}\cdot a_{21}$$

Definition der Determinante einer 3-reihigen Matrix:

$$\det A = \det\begin{pmatrix} a_{11} & a_{12} & a_{13} \\ a_{21} & a_{22} & a_{23} \\ a_{31} & a_{32} & a_{33} \end{pmatrix} = \begin{vmatrix} a_{11} & a_{12} & a_{13} \\ a_{21} & a_{22} & a_{23} \\ a_{31} & a_{32} & a_{33} \end{vmatrix} =$$

$$= a_{11}\cdot a_{22}\cdot a_{33} - a_{11}\cdot a_{32}\cdot a_{23} + a_{21}\cdot a_{32}\cdot a_{13} - a_{21}\cdot a_{12}\cdot a_{33} + a_{31}\cdot a_{12}\cdot a_{23} - a_{31}\cdot a_{22}\cdot a_{13}$$

Definitionen der Determinante einer N-reihigen Matrix:

$$\det A = \varepsilon^{j_1\ldots j_N}\cdot A^1{}_{j_1}\cdot\ldots\cdot A^N{}_{j_N}$$

$$\varepsilon^{i_1\ldots i_N}\cdot\det A = \varepsilon^{j_1\ldots j_N}\cdot A^{i_1}{}_{j_1}\cdot\ldots\cdot A^{i_N}{}_{j_N}$$

Rechenregeln für Determinanten:

Stürzen einer Determinante: $\det(A) = \det(A^T)$

Vertauschen von zwei Zeilen oder Spalten: $\begin{vmatrix} a_{11} & a_{12} \\ a_{21} & a_{22} \end{vmatrix} = -\begin{vmatrix} a_{21} & a_{22} \\ a_{11} & a_{12} \end{vmatrix}$

Multiplikation mit einem Faktor λ: $\lambda\cdot\begin{vmatrix} a_{11} & a_{12} \\ a_{21} & a_{22} \end{vmatrix} = \begin{vmatrix} \lambda\cdot a_{11} & \lambda\cdot a_{12} \\ a_{21} & a_{22} \end{vmatrix} = \begin{vmatrix} a_{11} & \lambda\cdot a_{12} \\ a_{21} & \lambda\cdot a_{22} \end{vmatrix}$

Proportionale Zeilen oder Spalten: $\begin{vmatrix} a_{11} & \lambda\cdot a_{11} \\ a_{21} & \lambda\cdot a_{21} \end{vmatrix} = 0$ (λ darf auch 0 oder 1 sein)

Rändern einer Determinante: $\begin{vmatrix} a_{11} & a_{12} \\ a_{21} & a_{22} \end{vmatrix} = \begin{vmatrix} 1 & r_1 & r_2 \\ 0 & a_{11} & a_{12} \\ 0 & a_{21} & a_{22} \end{vmatrix}$ $(r_1, r_2 \in \mathbb{R})$

Determinante eines Matrizenprodukts: $\det(A \cdot B) = \det(A) \cdot \det(B)$

Differenzieren einer Determinante:

$$\frac{\mathrm{d}}{\mathrm{d}x} \begin{vmatrix} a_{11} & a_{12} & a_{13} \\ a_{21} & a_{22} & a_{23} \\ a_{31} & a_{32} & a_{33} \end{vmatrix} = \begin{vmatrix} a_{11}' & a_{12}' & a_{13}' \\ a_{21} & a_{22} & a_{23} \\ a_{31} & a_{32} & a_{33} \end{vmatrix} + \begin{vmatrix} a_{11} & a_{12} & a_{13} \\ a_{21}' & a_{22}' & a_{23}' \\ a_{31} & a_{32} & a_{33} \end{vmatrix} + \begin{vmatrix} a_{11} & a_{12} & a_{13} \\ a_{21} & a_{22} & a_{23} \\ a_{31}' & a_{32}' & a_{33}' \end{vmatrix}$$

2.4 Eigenwerte und Eigenvektoren einer Matrix

In unterschiedlichen Kontexten ist der Spezialfall von Interesse, bei dem das Produkt aus einer Matrix und einer mit dieser verketteten Spaltenmatrix ein Vielfaches der Spaltenmatrix ergibt. Wenn wir die Matrix mit A und die mit ihr verkettete Spaltenmatrix wie üblich als Vektor $\vec{v}$ bezeichnen, dann lässt sich dieser Spezialfall darstellen als

$$A \cdot \vec{v} = \lambda \cdot \vec{v} \tag{2.22}$$

Die Gl. (2.22) wird **Eigenwertproblem** genannt, die Lösungen λ_i werden als **Eigenwerte** bezeichnet, die zu den Eigenwerten gehörenden Vektoren $\vec{v_i} \neq \vec{0}$ als **Eigenvektoren**.

Durch Umformung von (2.22) erhalten wir

$$A \cdot \vec{v} = \lambda \cdot E \cdot \vec{v}$$

$$(A - \lambda \cdot E) \cdot \vec{v} = \vec{0} \tag{2.23}$$

Wenn die Matrix $(A - \lambda \cdot E)$ invertierbar wäre, dann würde sich die triviale Lösung $\vec{v} = \vec{0}$ für den Eigenvektor ergeben, die wir ausgeschlossen haben. Die Matrix $(A - \lambda \cdot E)$ darf also nicht invertierbar sein. Deshalb muss ihre Determinante den Wert null ergeben:

$$\det(A - \lambda \cdot E) = 0 \tag{2.24}$$

Der Term $\det(A - \lambda \cdot E)$ wird als **charakteristisches Polynom** bezeichnet. Die Lösung der Gl. (2.24) liefert die Eigenwerte λ_i der Matrix A. Zu jedem dieser Eigenwerte existieren mehrere Eigenvektoren $\vec{v_i} \neq \vec{0}$, denn aus (2.22) ergibt sich:

Wenn $\vec{v_i} \neq \vec{0}$ ein Eigenvektor zum Eigenwert λ_i ist, d. h., wenn $A \cdot \vec{v_i} = \lambda_i \cdot \vec{v_i}$ gilt, dann ist wegen $A \cdot k_i \cdot \vec{v_i} = \lambda_i \cdot k_i \cdot \vec{v_i}$ $(k_i \in \mathbb{R}, k_i \neq 0)$ auch $k_i \cdot \vec{v_i} \neq \vec{0}$ ein Eigenvektor zu diesem Eigenwert λ_i.

Beispiel 2.15

$$\textbf{Gegeben}: A = \begin{pmatrix} 2 & -3 & 1 \\ 3 & 1 & 3 \\ -5 & 2 & -4 \end{pmatrix},$$

gesucht: Eigenwerte λ_i der Matrix A, zu den Eigenwerten λ_i gehörende Eigenvektoren $\overrightarrow{v_i} = \begin{pmatrix} x_i \\ y_i \\ z_i \end{pmatrix}$.

Lösung:

$$\text{Ansatz für Eigenwerte: } 0 = \begin{vmatrix} 2-\lambda & -3 & 1 \\ 3 & 1-\lambda & 3 \\ -5 & 2 & -4-\lambda \end{vmatrix},$$

$0 = -\lambda^3 - \lambda^2 + 2 \cdot \lambda$ mit $-\lambda^3 - \lambda^2 + 2 \cdot \lambda \ldots$ charakteristisches Polynom.

Eigenwerte der Matrix A: $\lambda_1 = -2$; $\lambda_2 = 0$; $\lambda_3 = 1$.

Die Eigenvektoren $\overrightarrow{v_1} = \begin{pmatrix} x_1 \\ y_1 \\ z_1 \end{pmatrix}$ zum Eigenwert $\lambda_1 = -2$ können mit dem Ansatz

$$A \cdot \overrightarrow{v_1} = \lambda_1 \cdot \overrightarrow{v_1} \Rightarrow \begin{array}{rrrl|} 2 \cdot x_1 & -3 \cdot y_1 & +z_1 & = -2 \cdot x_1 \\ 3 \cdot x_1 & +y_1 & +3 \cdot z_1 & = -2 \cdot y_1 \\ -5 \cdot x_1 & +2 \cdot y_1 & -4 \cdot z_1 & = -2 \cdot z_1 \\ \hline \end{array}$$

bestimmt werden. Dieses lineare Gleichungssystem lösen wir zu Übungszwecken von Hand:

$$\begin{array}{rrrl|l} 4 \cdot x_1 & -3 \cdot y_1 & +z_1 & = 0 & \cdot(-1) \downarrow \cdot 5 \downarrow \\ x_1 & +y_1 & +z_1 & = 0 & \cdot 4 \\ -5 \cdot x_1 & +2 \cdot y_1 & -2 \cdot z_1 & = 0 & \qquad \cdot 4 \\ \hline \end{array}$$

$$\begin{array}{rrrl|l} 4 \cdot x_1 & -3 \cdot y_1 & +z_1 & = 0 & \\ & 7 \cdot y_1 & +3 \cdot z_1 & = 0 & \cdot 1 \downarrow \\ & -7 \cdot y_1 & -3 \cdot z_1 & = 0 & \cdot 1 \\ \hline \end{array}$$

$$\begin{array}{rrrl|l} 4 \cdot x_1 & -3 \cdot y_1 & +z_1 & = 0 & (1) \\ & 7 \cdot y_1 & +3 \cdot z_1 & = 0 & (2) \\ & & 0 & = 0 & (3) \\ \hline \end{array}$$

$$(2) \Rightarrow y_1 = -\frac{3}{7} \cdot z_1$$

$$(1) \Rightarrow x_1 = \frac{1}{4} \cdot \left(-\frac{9}{7} \cdot z_1 - z_1 \right) = -\frac{4}{7} \cdot z_1$$

$$\overrightarrow{v_1} = \begin{pmatrix} x_1 \\ y_1 \\ z_1 \end{pmatrix} = \begin{pmatrix} -4/7 \\ -3/7 \\ 1 \end{pmatrix} \cdot z_1$$

Wir erhalten eine Darstellung in ganzzahligen Koordinaten mithilfe der Substitution $z_1 = -7 \cdot k_1$:

$$\overrightarrow{v_1} = \begin{pmatrix} 4 \\ 3 \\ -7 \end{pmatrix} \cdot k_1.$$

Die Bestimmung der anderen Eigenvektoren erfolgt analog, es ergibt sich:

Zum Eigenwert λ_2 gehören die Eigenvektoren $\overrightarrow{v_2} = \begin{pmatrix} 10 \\ 3 \\ -11 \end{pmatrix} \cdot k_2$,

zum Eigenwert λ_3 gehören die Eigenvektoren $\overrightarrow{v_3} = \begin{pmatrix} 1 \\ 0 \\ -1 \end{pmatrix} \cdot k_3$.

Beispiel 2.16

Bei einer linearen Abbildung, d. h. einer Abbildung mit der Abbildungsvorschrift $\overrightarrow{x'} = A \cdot \overrightarrow{x}$, sind die vom Ursprung verschiedenen Punkte besonders interessant, für deren Ortsvektoren $\overrightarrow{x}$ die Beziehung $A \cdot \overrightarrow{x} = \lambda \cdot \overrightarrow{x}$ gilt. Dieses Eigenwertproblem betrachten wir für eine spezielle Scherung in Richtung der x-Achse, die durch die Abbildungsmatrix $A_{s_x} = \begin{pmatrix} 1 & 1 \\ 0 & 1 \end{pmatrix}$ vermittelt wird.

Gegeben: $\begin{pmatrix} 1 & 1 \\ 0 & 1 \end{pmatrix}$ ... Abbildungsmatrix,

gesucht: Eigenwerte, Eigenvektoren, Fixpunkte.
Lösung:
Ansatz Eigenwertproblem:

$$\begin{pmatrix} 1 & 1 \\ 0 & 1 \end{pmatrix} \cdot \overrightarrow{x} = \lambda \cdot \overrightarrow{x}.$$

Berechnung der Eigenwerte λ_i mithilfe des charakteristischen Polynoms:

$$0 = \det(A - \lambda \cdot E) = \det \begin{pmatrix} 1-\lambda & 1 \\ 0 & 1-\lambda \end{pmatrix} = (1-\lambda)^2$$

$$\lambda = 1$$

Bestimmung der Eigenvektoren $\overrightarrow{x_i}$ aus den Eigenwerten λ_i:
Es gibt nur einen Eigenwert $\lambda = 1$, die zugehörigen Eigenvektoren bezeichnen wir mit $\begin{pmatrix} x \\ y \end{pmatrix}$.
Durch Einsetzen in den Ansatz für das Eigenwertproblem erhalten wir

$$\begin{pmatrix} 1 & 1 \\ 0 & 1 \end{pmatrix} \cdot \begin{pmatrix} x \\ y \end{pmatrix} = 1 \cdot \begin{pmatrix} x \\ y \end{pmatrix} \text{ bzw. } \begin{array}{rl|} x + y &= x \\ y &= y \\ \hline \end{array}$$

mit den Eigenvektoren als Lösung: $\begin{pmatrix} x \\ 0 \end{pmatrix}$ $(x \in \mathbb{R})$.
Fixpunkte:
Die Eigenvektoren sind die Ortsvektoren von Fixpunkten. Deshalb sind die Punkte auf der x-Achse die Fixpunkte.

$$\text{Probe: } \begin{pmatrix} 1 & 1 \\ 0 & 1 \end{pmatrix} \cdot \begin{pmatrix} x \\ 0 \end{pmatrix} = \begin{pmatrix} x \\ 0 \end{pmatrix}.$$

Die betrachtete Scherung weist zusätzlich die Besonderheit auf, dass jeder Punkt auf einer Geraden, die parallel zur x-Achse verläuft, auf einen anderen Punkt dieser Geraden abgebildet wird (diese Punkte sind i. A. keine Fixpunkte, doch sie liegen auf einer **Fixgeraden**). Nachweis dieser Aussage:
$\overrightarrow{x} = \begin{pmatrix} x \\ y \end{pmatrix} + s \cdot \begin{pmatrix} 1 \\ 0 \end{pmatrix} = \begin{pmatrix} x + s \\ y \end{pmatrix} (s \in \mathbb{R}) \ldots$ Gerade g, die parallel zur x-Achse verläuft,
$\begin{pmatrix} 1 & 1 \\ 0 & 1 \end{pmatrix} \cdot \begin{pmatrix} x + s \\ y \end{pmatrix} = \begin{pmatrix} (x + y) + s \\ y \end{pmatrix} \in g \ldots$ die Bildpunkte liegen auf g.
Fixpunkte ergeben sich nur für $y = 0$, d. h. für Punkte der x-Achse.

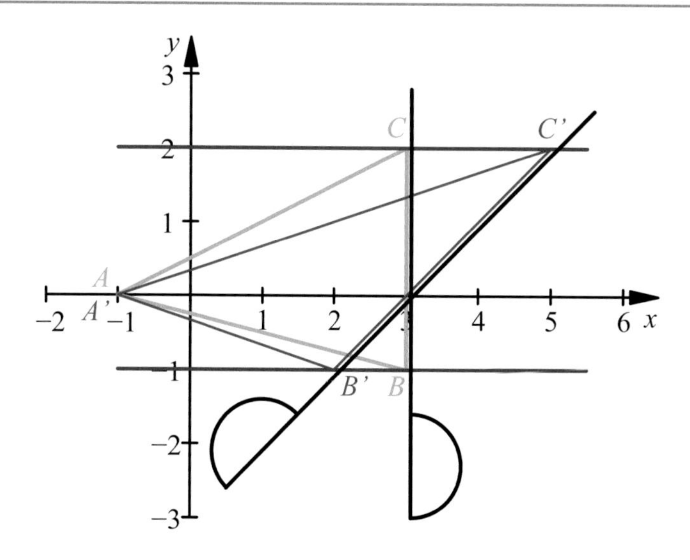

Abb. 2.3 Scherung des Dreiecks ABC

In Abb. 2.3 verdeutlichen wir den Sachverhalt anhand der Scherung des Dreiecks ABC mit $A(-1\,|0)$, $B(3\,|-1)$ und $C(3\,|2)$.

Die Koordinaten der Bildpunkte können auf unterschiedliche Weise berechnet werden:

- einzeln, z. B. $\overrightarrow{x_{A'}} = \begin{pmatrix} 1 & 1 \\ 0 & 1 \end{pmatrix} \cdot \overrightarrow{x_A} = \begin{pmatrix} 1 & 1 \\ 0 & 1 \end{pmatrix} \cdot \begin{pmatrix} -1 \\ 0 \end{pmatrix} = \begin{pmatrix} -1 \\ 0 \end{pmatrix}$,
- in einem Schritt, indem die Eigenschaften der Matrizenmultiplikation genutzt werden
$\begin{pmatrix} 1 & 1 \\ 0 & 1 \end{pmatrix} \cdot \begin{pmatrix} -1 & 3 & 3 \\ 0 & -1 & 2 \end{pmatrix} = \begin{pmatrix} -1 & 2 & 5 \\ 0 & -1 & 2 \end{pmatrix}$.

Es ergibt sich: $A'(-1\,|0)$, $B'(2\,|-1)$ und $C'(5\,|2)$.

Wir haben in Abb. 2.3 auch die beiden Fixgeraden mit den Gleichungen $y = -1$ bzw. $y = 2$ sowie eine für diese Abbildung namengebende „Schere“ eingezeichnet.

3 Analysis ein- und mehrstelliger Funktionen

In diesem Kapitel werden wir die in der Schule erworbenen Kenntnisse zur Analysis unter einem veränderten Gesichtspunkt betrachten und erweitern. Die Schulmathematik orientiert sich an der **Standardanalysis**, welche in der Differenzialrechnung vom Grenzwert von Folgen über den Grenzwert von Funktionen zum Differenzialquotienten und von da zu den Ableitungsregeln führt. Diese Vorgehensweise hat sich eingebürgert, da sie nahe an der mathematischen Theoriebildung des 18. und 19. Jahrhunderts liegt, doch sie besitzt einige Besonderheiten, die Verständnisschwierigkeiten hervorrufen können:

- Die Zulässigkeit des Übergangs von diskreten Folgengliedern zu den in der Regel kontinuierlichen Funktionswerten bleibt verborgen.
- Die Notwendigkeit der Betrachtung aller Folgen mit einem bestimmten Grenzwert zur Bildung des Begriffs „Grenzwert einer Funktion an einer Stelle" ist schwer fassbar.
- Die Betrachtung von Differenzialquotienten erfolgt unvermittelt, ohne dass sich der Sinn dieser Vorgehensweise erschließt.
- Das von den Mathematikern selbst auferlegte „Verbot" des Rechnens mit Differenzialen ist unverständlich.
- Beim Umkehren des Differenzierens durch Integrieren wirkt das Auftauchen eines Differenzials unter dem Integralzeichen unverständlich und erschwert das Verständnis des Substituierens erheblich.

Aus diesen potenziellen Schwierigkeiten im Verständnis grundlegender Begriffe und Konzepte leitet sich unser Motiv für eine modifizierte Vorgehensweise ab. Wir orientieren uns an der anschaulichen historischen Begriffsbildung, die für das große Teilgebiet „Differenzialrechnung" der Mathematik namensgebend war. Insbesondere werden wir

- mit **Differenzialen** im Sinne von infinitesimalen („unendlich kleinen") Differenzen rechnen, wie dies Physiker und Techniker sehr erfolgreich seit Jahrhunderten praktizieren – und auch Mathematiker, wenn sie beim Integrieren substituieren

J. Wagner, *Einstieg in die Hochschulmathematik*, DOI 10.1007/978-3-662-47513-3_3

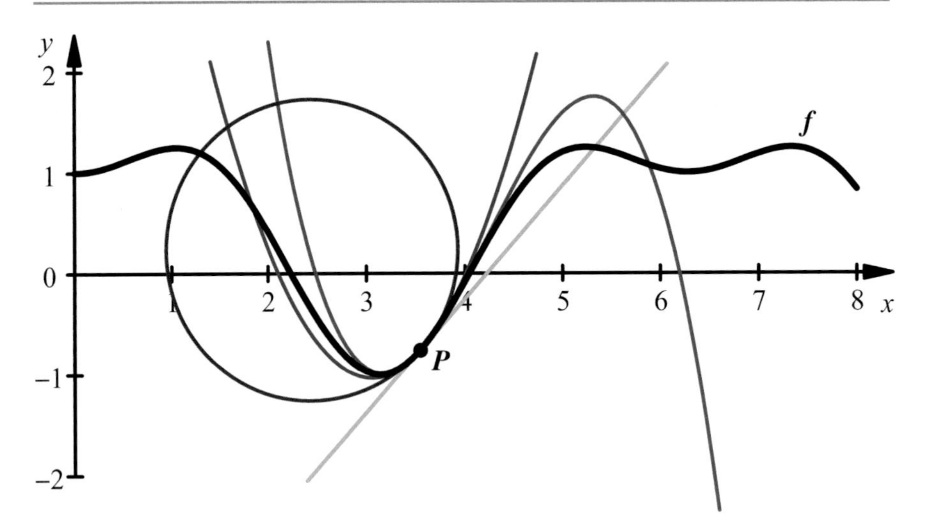

Abb. 3.1 Approximationen der Funktion f in der Umgebung des Punktes P

und dabei das Differenzial unter dem Integralzeichen „umschreiben" oder Differenzialgleichungen lösen (dort wird gewöhnlich das Rechnen mit Differenzialen hinter dem schönen Begriff „Separation der Variablen" versteckt),

- das Berechnen eines Grenzwertes gleichrangig zum Vernachlässigen höherer Potenzen von infinitesimalen Differenzen betrachten,
- das Integral als Summe von Differenzialen auffassen.

Mit unserer Vorgehensweise betrachten wir die Differenzial- und Integralrechnung einschließlich des Lösens von Differenzialgleichungen in einheitlicher Weise. Dabei nähern wir uns den Ansätzen und der Begrifflichkeit der modernen **Nichtstandardanalysis** und der Topologie. Die theoretische Fundierung und damit Absicherung unserer Betrachtungen überlassen wir den Experten der modernen Mathematik (auch die Schulmathematik führt den Beweis für die Korrektheit der Standardanalysis nicht).

Zunächst beschäftigen wir uns mit der Analysis einstelliger Funktionen (Funktionen mit einer unabhängigen Variablen), um die Verallgemeinerung zur Analysis mehrstelliger Funktionen (Funktionen mit mehreren unabhängigen Variablen) vorzubereiten.

3.1 Analysis einstelliger Funktionen

Es erweist sich oft als zweckmäßig, komplizierte Funktionen in der Umgebung einer interessierenden Stelle durch einfachere zu ersetzen. Für diesen als **Approximation** bezeichneten Vorgang gibt es mehrere Möglichkeiten. In Abb. 3.1 zeigen wir einige

Approximationen der Funktion f mit der Gleichung

$$f(x) = \sin^2 x + \cos x$$

an der Stelle 3,55. Dazu haben wir den Graphen der Funktion f (in Schwarz mit großer Strichstärke), den Punkt $P(3{,}55 \mid f(3{,}55))$ und die Approximationen durch eine Gerade (in Grün), quadratische Parabel (in Blau), kubische Parabel (in Rot) und einen Kreis (in Sepia) dargestellt.

Wir erkennen, dass der Graph der Funktion f in der Umgebung des Punktes P durch unterschiedliche Kurven gut angenähert werden kann und dass die Abweichungen zum Graphen der Funktion f mit wachsender Entfernung vom Punkt P zunehmen. In Abhängigkeit vom Kontext oder von den gestellten Anforderungen bezüglich der Genauigkeit wird eine zweckmäßige Approximation ausgewählt. In Anwendungssituationen

- spielt die Approximation durch einen Kreis bei der Betrachtung des Krümmungsverhaltens eines Graphen oder einer Kurve eine Rolle,
- ist in den meisten Fällen die Approximation eines Graphen oder einer Kurve durch eine Gerade bereits ausreichend genau; lediglich wenn auch sehr feine Änderungen der Funktionswerte in der Umgebung der interessierenden Stelle betrachtet werden müssen, werden zusätzlich zu den linearen auch quadratische oder kubische Terme in den Approximationsgleichungen berücksichtigt (wir werden am Ende dieses Abschnitts angeben, wie dies realisiert werden kann).

In der reinen Mathematik werden auch „pathologische“ Funktionen untersucht, um die Gültigkeitsgrenzen von Begriffen auszuloten und die mathematische Theorie weiterzuentwickeln. Diese Betrachtungen sind notwendig, um der Mathematik ein sicheres Fundament zu geben und haben nichts zu tun mit dem „verzweifelten Lösen selbstgeschaffener Probleme“, wie manche mathematikferne Personen meinen. Wir nehmen im Folgenden den Standpunkt von Anwendern der Mathematik ein, indem wir auf die Absicherung der mathematischen Begriffe und Verfahren durch Experten vertrauen und deren für uns relevante Ergebnisse nutzen. Dafür verwenden wir auch Formelsammlungen und Computer-Algebra-Systeme, um durch Reduzierung des technischen Aufwandes „den Kopf frei zu bekommen“ für ein grundlegendes Verständnis der mathematischen Begriffe und Beziehungen sowie für das Bewältigen von Modellierungs- und Anwendungsproblemen.

Die einfachste Form der Approximation einer Funktion in der infinitesimalen Umgebung einer interessierenden Stelle ist diejenige durch eine Gerade. Es ist bemerkenswert, dass diese **Linearisierung** der Funktion in der infinitesimalen Umgebung der interessierenden Stelle bereits zur Differenzialrechnung mit ihren vielfältigen Anwendungen führt.

Als geeignete Gerade für die Approximation des Graphen einer Funktion f in einem Punkt P kommt nur die **Tangente** an den Graphen im Punkt P infrage, da die Tangente den Graphen der Funktion f in der infinitesimalen Umgebung der interessierenden Stelle nicht nur gut approximiert, sondern auch beschreibt, wie sich der

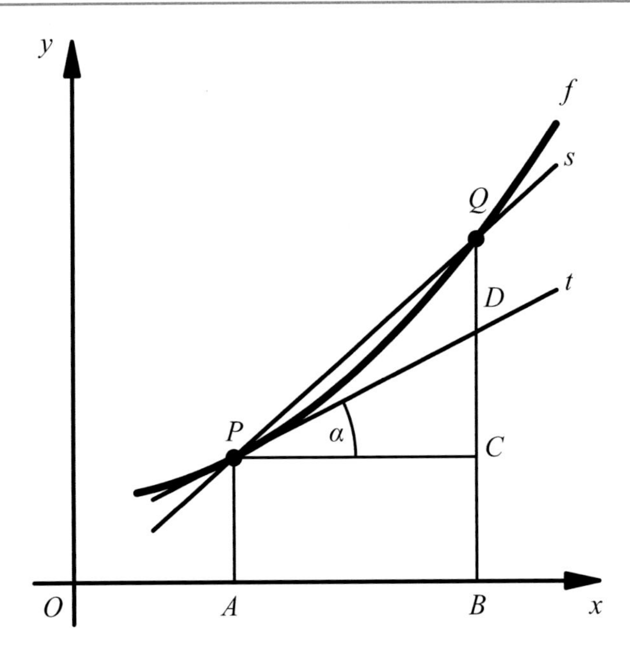

Abb. 3.2 Linearisierung der Funktion f im Punkt P

Graph beim Fortschreiten auf dieser Kurve „tendenziell verhalten wird" (d. h., ob er sich nach oben oder unten krümmt oder ob er näherungsweise in gleicher Höhe weiter verläuft). Diese Trendaussage ist in praktisch relevanten Fällen zuverlässig, und es müssen nur die Stellen gesondert untersucht werden, in denen die zugehörige Kurve eine Lücke, einen Sprung oder eine abrupte Richtungsänderung aufweist.

Abbildung 3.2 zeigt den Verlauf des Graphen einer Funktion f in der Nähe eines Punktes P. Aus Darstellungsgründen haben wir eine makroskopische Umgebung gewählt und auf dem Graphen von f zusätzlich zum Punkt P einen Punkt Q eingezeichnet, der eine makroskopische Entfernung von P besitzt.

In Abb. 3.2 wurden die Punkte P und Q durch eine Sekante s miteinander verbunden. Wir führen folgende Bezeichnungen ein:

$$\overline{OA} = x_0;\ \overline{AP} = y_0 = f(x_0);$$
$$\overline{AB} = \overline{PC} = \Delta x \Rightarrow \overline{OB} = x_0 + \Delta x;\ \overline{BQ} = f(x_0 + \Delta x);$$
$$\overline{CQ} = \Delta y = f(x_0 + \Delta x) - f(x_0);$$
$$P(x_0 \,|\, f(x_0));\ Q(x_0 + \Delta x \,|\, f(x_0 + \Delta x));$$
$$\widehat{PQ} = \Delta \ell \ldots \text{Länge des Bogens zwischen } P \text{ und } Q.$$

Um die Linearisierung der Funktion in der infinitesimalen Umgebung des Punktes P vornehmen zu können, führen wir einen Grenzübergang durch, indem wir Punkt Q bis „in unmittelbare Nähe" des Punktes P wandern lassen. Dabei stellen wir fest:

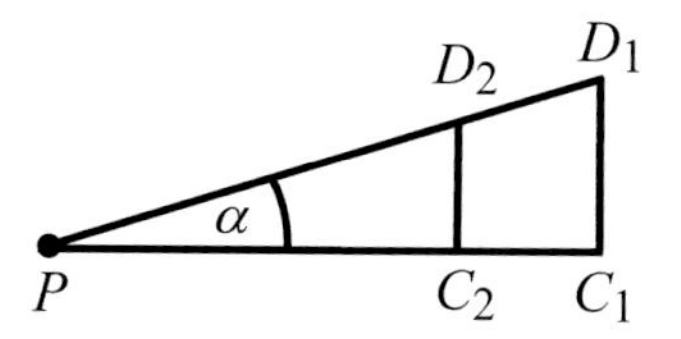

Abb. 3.3 Beziehung zwischen den Differenzialen $\mathrm{d}y$ und $\mathrm{d}x$, $\overline{PC_1} = \mathrm{d}x_1$, $\overline{PC_2} = \mathrm{d}x_2$, $\overline{C_1D_1} = \mathrm{d}y_1$, $\overline{C_2D_2} = \mathrm{d}y_2$, $\overline{PD_1} = \mathrm{d}\ell_1$ und $\overline{PD_2} = \mathrm{d}\ell_2$

Die Sekante s geht in die Tangente t über.
Aus Differenzen werden Differenziale:

$$\Delta x = \overline{PC} \to \mathrm{d}x,$$
$$Q(x_0 + \Delta x \,|\, f(x_0 + \Delta x)) \to Q(x_0 + \mathrm{d}x \,|\, f(x_0 + \mathrm{d}x)).$$

Δy und $\Delta \ell$ können ersetzt werden durch Seitenlängen im rechtwinkligen Dreieck PCD:

$$\Delta y = \overline{CQ} = f\,(x_0 + \Delta x) - f\,(x_0) \to \mathrm{d}y = \overline{CD},$$
$$\Delta \ell = \widehat{PQ} \to \mathrm{d}\ell = \overline{PD}.$$

Die Zulässigkeit der Ersetzung von $\Delta y = \overline{CQ} = f(x_0 + \Delta x) - f(x_0)$ durch $\mathrm{d}y = \overline{CD}$ nehmen wir als Ergebnis der mathematischen Theorie zur Kenntnis.

Die Interpretation der Beziehungen im rechtwinkligen Dreieck PCD liefert eine wesentliche Einsicht, wenn wir den Grenzübergang vom Punkt Q zum Punkt P „in unmittelbarer Nähe“ des Punktes P dynamisch betrachten. Zur Verdeutlichung des Gedankenganges stellen wir in Abb. 3.3 das Dreieck PCD in zwei Phasen dieses Grenzübergangs dar.

Da wir uns nach Voraussetzung beim Grenzübergang stets in infinitesimaler Entfernung vom Punkt P befinden, dürfen wir annehmen, dass die rechtwinkligen Dreiecke PC_1D_1 und PC_2D_2 zueinander ähnlich sind. Deshalb gilt die Beziehung $\frac{\mathrm{d}y_1}{\mathrm{d}x_1} = \frac{\mathrm{d}y_2}{\mathrm{d}x_2}$. Fassen wir die Differenziale $\mathrm{d}y$ und $\mathrm{d}x$ in infinitesimaler Entfernung vom Punkt P als Größen auf, dann bedeutet diese Verhältnisgleichheit, dass diese Größen direkt proportional zueinander sind, d. h., für alle diese Differenziale gilt

$$\mathrm{d}y \sim \mathrm{d}x \Rightarrow \frac{\mathrm{d}y}{\mathrm{d}x} = \mathrm{const} \Rightarrow \mathrm{d}y = \mathrm{const} \cdot \mathrm{d}x = \frac{\mathrm{d}y}{\mathrm{d}x} \cdot \mathrm{d}x = \tan\alpha \cdot \mathrm{d}x. \tag{3.1}$$

In der Beziehung (3.1) zeigen sich der **Sinn des Übergangs zu infinitesimalen Entfernungen** und die **Bedeutung des Differenzialquotienten**:

Wir dürfen annehmen, dass der Differenzialquotient in der infinitesimalen Umgebung eines Punktes P konstant ist. Diese Eigenschaft des Differenzialquotienten werden wir in Abschn. 4.2.4 nutzen, um eine Beziehung für die ortsabhängigen Elemente einer Transformationsmatrix zu erarbeiten. Für makroskopisch verschiedene Punkte hat der Differenzialquotient jeweils einen spezifischen Wert, der den Verlauf der Kurve im jeweiligen Punkt charakterisiert.

Die geometrische Interpretation des Differenzialquotienten als Anstieg der Tangente im Punkt P ergibt sich aus der angegebenen trigonometrischen Beziehung im rechtwinkligen Dreieck PCD.

Bemerkung Eine abstraktere Überlegung zur Herleitung der Beziehung (3.1) geht rein formal vor:

$$\mathrm{d}y = 1 \cdot \mathrm{d}y = \frac{\mathrm{d}x}{\mathrm{d}x} \cdot \mathrm{d}y = \frac{\mathrm{d}y}{\mathrm{d}x} \cdot \mathrm{d}x = \tan\alpha \cdot \mathrm{d}x.$$

Der gewünschte lineare Zusammenhang zwischen $\mathrm{d}y$ und $\mathrm{d}x$ besteht genau dann, wenn in der infinitesimalen Umgebung der interessierenden Stelle $\frac{\mathrm{d}y}{\mathrm{d}x} = \tan\alpha = \text{const}$ gilt.

Der Differenzialquotient an der Stelle $x = x_0$ lässt sich mit dem Grenzwertbegriff darstellen und berechnen:

$$\begin{aligned} \left.\frac{\mathrm{d}f}{\mathrm{d}x}\right|_{x=x_0} &= \lim_{\Delta x \to 0} \left.\frac{\Delta f}{\Delta x}\right|_{x=x_0} = \lim_{\Delta x \to 0} \left.\frac{f(x_0 + \Delta x) - f(x_0)}{\Delta x}\right|_{x=x_0} \\ &= f'(x)\big|_{x=x_0} = f'(x_0). \end{aligned} \tag{3.2}$$

Bei der Schreibweise $f'(x_0)$ ist zu beachten, dass zunächst die Ableitungsfunktion $f'(x)$ zu bestimmen ist und erst danach $x = x_0$ substituiert wird (beim Vertauschen dieser Reihenfolge würde eine Konstante abgeleitet, was null ergäbe).

Die Bezeichnung Ableitung für den Differenzialquotienten stammt daher, dass er von der gegebenen Funktion $y = f(x)$ durch Grenzwertbildung „abgeleitet" werden kann.

Am Beispiel der Funktion $f(x) = x^3$ verdeutlichen wir das in der Schule praktizierte Vorgehen bei der Bestimmung von Ableitungsfunktionen mithilfe von Grenzwertberechnungen sowie die Berechnung von Differenzialen mithilfe einer Näherung, bei der vernachlässigbar kleine Summanden weggelassen werden.

Bestimmung einer Ableitungsfunktion mithilfe einer Grenzwertberechnung:

$$\begin{aligned} \frac{\mathrm{d}f(x)}{\mathrm{d}x} &= \lim_{\Delta x \to 0} \frac{f(x+\Delta x) - f(x)}{\Delta x} = \lim_{\Delta x \to 0} \frac{(x+\Delta x)^3 - x^3}{\Delta x} \\ &= \lim_{\Delta x \to 0} \frac{x^3 + 3 \cdot x^2 \cdot \Delta x + 3 \cdot x \cdot (\Delta x)^2 + (\Delta x)^3 - x^3}{\Delta x} \\ \frac{\mathrm{d}f(x)}{\mathrm{d}x} &= \lim_{\Delta x \to 0} 3 \cdot x^2 + 3 \cdot x \cdot \Delta x + (\Delta x)^2 = 3 \cdot x^2 \end{aligned}$$

Berechnung eines Differenzials mithilfe einer Näherung:

$$\begin{aligned} \mathrm{d}f(x) &= f(x+\mathrm{d}x) - f(x) = (x+\mathrm{d}x)^3 - x^3 \\ &= x^3 + 3\cdot x^2\cdot \mathrm{d}x + 3\cdot x\cdot(\mathrm{d}x)^2 + (\mathrm{d}x)^3 - x^3 \quad | \text{ Näherung} \\ \mathrm{d}f(x) &= 3\cdot x^2\cdot \mathrm{d}x \end{aligned}$$

Bei der Näherung wurde berücksichtigt, dass $(\mathrm{d}x)^2 \ll \mathrm{d}x$ und erst recht $(\mathrm{d}x)^3 \ll \mathrm{d}x$ gelten. Diese Eigenschaft betragskleiner Zahlen kann auch zur effektiven Herleitung von Näherungsformeln genutzt werden.

Analog ergeben sich die Ableitungen der Grundfunktionen sowie die Ableitungsregeln.

Hochschuldozenten vieler Studienrichtungen verlangen, dass das Bilden von Ableitungen „im Schlaf" zu beherrschen ist. Diese Forderung ist legitim, da das Ableiten in den unterschiedlichsten Sachkontexten häufig auszuführen ist und deshalb diesbezügliche Defizite im Wissen oder Können den jeweiligen Gedankengang so stark überlagern können, dass ein inhaltliches Verständnis unmöglich wird. Bei Erfordernis ist der Schulstoff so zu festigen, dass das Ableiten als das „kleine Einmaleins der Infinitesimalrechnung" so sicher beherrscht wird wie das kleine Einmaleins der Arithmetik.

Wir thematisieren an dieser Stelle die **Kettenregel**, da sie in Formelsammlungen zuweilen in einer ungünstigen Notationsform angegeben wird, die eine Quelle für Fehler bei der Anwendung dieser Ableitungsregel darstellt.

Kettenregel

Zum Ableiten einer Funktion f mit $f(x) = g(h(x))$ nach x verwenden wir die Kettenregel:

$$f'(x) = \frac{\mathrm{d}f(x)}{\mathrm{d}x} = \frac{\mathrm{d}g(h(x))}{\mathrm{d}x} = \frac{\mathrm{d}g(h(x))}{\mathrm{d}h}\cdot\frac{\mathrm{d}h(x)}{\mathrm{d}x}.$$

Für $f(x) = g(h(x))$ ist folgende **Kurzschreibweise für die Kettenregel** üblich: $f'(x) = \frac{\mathrm{d}f}{\mathrm{d}x} = \frac{\mathrm{d}f}{\mathrm{d}h}\cdot\frac{\mathrm{d}h}{\mathrm{d}x}$.

Im Ergebnis der Ableitung der äußeren Funktion ist h wieder in x auszudrücken, um die gesuchte Ableitungsfunktion in Abhängigkeit von x zu erhalten.

Beispiel 3.1

Gegeben: $f(x) = 2\cdot\sin(3\cdot x^2 - 4\cdot x + 5)$,

gesucht: $f'(x) = \frac{\mathrm{d}f(x)}{\mathrm{d}x}$.

Lösung:
Bei der Funktion f handelt es sich um eine mit dem Faktor 2 gestreckte Sinusfunktion, deren Argument eine ganzrationale Funktion ist. Anschaulich handelt es sich um eine „Einbettung" der ganzrationalen Funktion in die gestreckte Sinusfunktion. Dieser Sachverhalt wird mit dem Begriff **Verkettung** beschrieben.

Bezeichnen wir die gestreckte Sinusfunktion mit g und die ganzrationale Funktion mit h, dann erhalten wir:

$$f(x) = 2 \cdot \sin(3 \cdot x^2 - 4 \cdot x + 5) = g(h(x))$$

$$h(x) = 3 \cdot x^2 - 4 \cdot x + 5 \quad \text{... innere Funktion}$$

$$g(h(x)) = 2 \cdot \sin h(x) \quad \text{... äußere Funktion}$$

$$\begin{aligned} f'(x) &= \frac{\mathrm{d}f(x)}{\mathrm{d}x} = \frac{\mathrm{d}g(h(x))}{\mathrm{d}x} = \frac{\mathrm{d}g(h(x))}{\mathrm{d}h} \cdot \frac{\mathrm{d}h(x)}{\mathrm{d}x} \\ &= (2 \cdot \cos h(x)) \cdot (6 \cdot x - 4) \qquad | \, h(x) \text{ substituieren} \\ f'(x) &= 2 \cdot \cos(3 \cdot x^2 - 4 \cdot x + 5) \cdot (6 \cdot x - 4) \\ &= (12 \cdot x - 8) \cdot \cos(3 \cdot x^2 - 4 \cdot x + 5) \end{aligned}$$

Beim Ableiten der äußeren Funktion haben wir die Faktorregel genutzt, beim Ableiten der inneren Funktion die Summen- und die Faktorregel.

Beispiel 3.2

Gegeben: $\varphi(\xi) = 3^{\frac{2 \cdot \xi - 1}{\xi + 7}} = 3^{\psi(\xi)}$ mit $\psi(\xi) = \frac{2 \cdot \xi - 1}{\xi + 7}$,

gesucht: $\frac{\mathrm{d}\varphi}{\mathrm{d}\xi}$.

Lösung:

$$\begin{aligned} \frac{\mathrm{d}\varphi}{\mathrm{d}\xi} &= \frac{\mathrm{d}\varphi}{\mathrm{d}\psi} \cdot \frac{\mathrm{d}\psi}{\mathrm{d}\xi} = \left(3^{\psi(\xi)} \cdot \ln 3\right) \cdot \left(\frac{2 \cdot (\xi + 7) - (2 \cdot \xi - 1) \cdot 1}{(\xi + 7)^2}\right) \\ &= \frac{15 \cdot \ln 3}{(\xi + 7)^2} \cdot 3^{\frac{2 \cdot \xi - 1}{\xi + 7}} \end{aligned}$$

Beim Ableiten der inneren Funktion haben wir die Quotienten-, Summen- und Faktorregel genutzt.

Beispiel 3.3

Herleitung der Quotientenregel aus der Produktregel

Gegeben: $\frac{\mathrm{d}}{\mathrm{d}x}(g(x) \cdot h(x)) = \frac{\mathrm{d}g(x)}{\mathrm{d}x} \cdot h(x) + g(x) \cdot \frac{\mathrm{d}h(x)}{\mathrm{d}x} = g'(x) \cdot h(x) + g(x) \cdot h'(x)$,

gesucht: $\frac{\mathrm{d}}{\mathrm{d}x}\left(\frac{g(x)}{h(x)}\right)$.

Lösung:

$$\begin{aligned}
\frac{\mathrm{d}}{\mathrm{d}x}\left(\frac{g(x)}{h(x)}\right) &= \frac{\mathrm{d}}{\mathrm{d}x}\left(g(x)\cdot(h(x))^{-1}\right) \\
&= \frac{\mathrm{d}g(x)}{\mathrm{d}x}\cdot(h(x))^{-1} + g(x)\cdot\frac{\mathrm{d}(h(x))^{-1}}{\mathrm{d}x} \\
&= \frac{\mathrm{d}g(x)}{\mathrm{d}x}\cdot\frac{1}{h(x)} + g(x)\cdot(-1)\cdot(h(x))^{-2}\cdot\frac{\mathrm{d}h(x)}{\mathrm{d}x} \\
&= \frac{\mathrm{d}g(x)}{\mathrm{d}x}\cdot\frac{1}{h(x)} - g(x)\cdot\frac{1}{(h(x))^2}\cdot\frac{\mathrm{d}h(x)}{\mathrm{d}x} \\
&= \frac{\frac{\mathrm{d}g(x)}{\mathrm{d}x}\cdot h(x) - g(x)\cdot\frac{\mathrm{d}h(x)}{\mathrm{d}x}}{(h(x))^2} \\
\frac{\mathrm{d}}{\mathrm{d}x}\left(\frac{g(x)}{h(x)}\right) &= \frac{g'(x)\cdot h(x) - g(x)\cdot h'(x)}{(h(x))^2}
\end{aligned}$$

> **Bemerkung** Die **Verkettung** von Funktionen wird auch als **Komposition** oder **Hintereinanderausführung** bezeichnet.
>
> **Schreibweisen** für die Verkettung von Funktionen:
> $g(h(x)) = (g \circ h)(x)$.
>
> **Achtung**: Bei der Darstellung der Kettenregel in der Kurzform
>
> $$f'(x) = v'(u)\cdot u'(x) \text{ für } f(x) = v(u(x))$$
>
> symbolisiert der erste Strich eine Ableitung nach u und der zweite Strich eine Ableitung nach x. Die unterschiedliche Bedeutung des gleichen Symbols in einer Gleichung kann zu Verständnisschwierigkeiten oder Fehlern führen, deshalb verwenden wir diese Notationsform nicht.

Die Interpretation des Differenzials $\mathrm{d}y$ als Differenz zweier diskreter „benachbarter“ Funktionswerte $\mathrm{d}y = y_{n+1} - y_n$ eröffnet die Möglichkeit für die rekursive Beschreibung von Funktionen, die Lösung von Differenzengleichungen und die **näherungsweise Lösung von Differenzialgleichungen**

$$y_{n+1} = y_n + f'(x)\cdot\Delta x. \tag{3.3}$$

Aus der Rechtwinkligkeit des Dreiecks PCD in den Abb. 3.2 und 3.3 ergibt sich mit dem Satz des Pythagoras eine Beziehung für das **Differenzial der Bogenlänge**:

$$\begin{aligned}
(\mathrm{d}\ell)^2 &= (\mathrm{d}x)^2 + (\mathrm{d}y)^2 = (\mathrm{d}x)^2\cdot\left(1+\left(\frac{\mathrm{d}y}{\mathrm{d}x}\right)^2\right) \\
\mathrm{d}\ell &= \sqrt{1+\left(\frac{\mathrm{d}y}{\mathrm{d}x}\right)^2}\cdot\mathrm{d}x
\end{aligned} \tag{3.4}$$

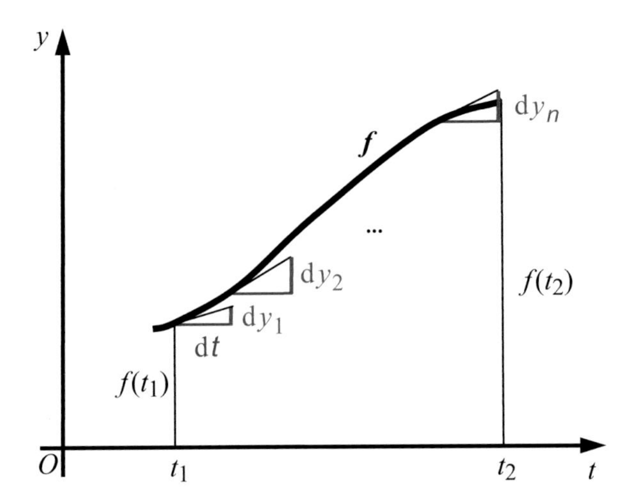

Abb. 3.4 Bestandsfunktion

Die makroskopische Bogenlänge ℓ zwischen zwei Punkten ergibt sich durch Summation über die zwischen diesen Punkten liegenden Differenziale $\mathrm{d}\ell$, d. h. durch Integration.

Den Übergang von der Differenzialrechnung zur **Integralrechnung** skizzieren wir anhand eines verallgemeinerten Anwendungsbezuges.

Der Bestand einer Ware in Abhängigkeit von der Zeit t wird durch eine Bestandsfunktion $f(t)$ beschrieben.

Die Bestandsänderung pro Zeiteinheit (die Änderungsrate) wird durch einen Differenzenquotienten $\frac{\Delta f(t)}{\Delta t}$ angegeben. Wenn die Bestandsänderung kontinuierlich erfolgt, dann ist es erforderlich, die Bestandsänderung pro infinitesimale Zeitdifferenz anzugeben, d. h. durch den Differenzialquotienten $\frac{\mathrm{d}f(t)}{\mathrm{d}t} = f'(t)$.

Sind ein Anfangsbestand $f(t_1)$ zu einem Zeitpunkt t_1 und die Änderungsrate $f'(t)$ bekannt und sollen daraus die Bestandsfunktion $f(t)$ und ein Bestand $f(t_2)$ zu einem Zeitpunkt t_2 bestimmt werden, dann liegt die umgekehrte Aufgabenstellung wie in der Differenzialrechnung vor. Abbildung 3.4 verdeutlicht den Sachverhalt.

Mit $\mathrm{d}t = \frac{t_2 - t_1}{n}$ für $n \to \infty$ ergibt sich aus (3.1) und (3.2):

$$\Delta f = f(t_2) - f(t_1) = \lim_{n\to\infty} \sum_{i=1}^{n} \mathrm{d}y_i = \lim_{n\to\infty} \sum_{i=1}^{n} f'(t_i) \cdot \mathrm{d}t =: \int_{t_1}^{t_2} f'(t) \cdot \mathrm{d}t. \tag{3.5}$$

Die als **Hauptsatz der Differenzial- und Integralrechnung** bezeichnete Beziehung (3.5) beinhaltet die Lösung des gestellten Problems, wenn Verfahren für die Integration bekannt sind oder Hilfsmittel zur Verfügung stehen.

In Formelsammlungen werden **unbestimmte Integrale** angegeben, d. h. Integrale ohne Integrationsgrenzen:

$$\Delta f = f(x) - f(x_1) = \int_{x_1}^{x} f'(t) \cdot \mathrm{d}t =: \int f'(x) \cdot \mathrm{d}x.$$

Mit der Integrationskonstanten $C = -f(x_1)$ ergibt sich:

$$\int f'(x) \cdot \mathrm{d}x = f(x) + C. \tag{3.6}$$

In der Literatur ist auch folgende Schreibweise geläufig:

$$\int f(x) \cdot \mathrm{d}x = F(x) + C. \tag{3.7}$$

Für die in (3.7) vorkommenden Funktionen sind folgende Bezeichnungen üblich:
f ... **Integrand**,
F ... **Stammfunktion**.

Aus (3.6) und (3.7) ergibt sich der Zusammenhang zwischen der Stammfunktion und dem Integranden:

$$\int f(x) \cdot \mathrm{d}x = F(x) + C \Leftrightarrow F'(x) = \frac{\mathrm{d}F(x)}{\mathrm{d}x} = f(x). \tag{3.8}$$

Die Beziehung (3.8) ergibt die Möglichkeit, vermutete Stammfunktionen durch Probe zu bestätigen. Davon machen wir im folgenden Beispiel 3.4 Gebrauch. In Beispiel 3.5 werden wir ein zu bestimmendes Integral durch Substitution auf ein bekanntes Integral zurückführen; dabei wird ersichtlich, dass **auch in der Standardanalysis mit Differenzialen gerechnet wird**.

Beispiel 3.4

Gegeben: $f(x) = \cos^2 x$,

gesucht: $\int f(x) \cdot \mathrm{d}x$.

Behauptung:

$\int f(x) \cdot \mathrm{d}x = \int \cos^2 x \cdot \mathrm{d}x = \frac{x + \sin x \cdot \cos x}{2} + C$ und damit $F(x) = \frac{x + \sin x \cdot \cos x}{2}$.

Begründung:

$$F'(x) = \frac{\mathrm{d}}{\mathrm{d}x}\left(\frac{x + \sin x \cdot \cos x}{2}\right) = \frac{1 + \cos x \cdot \cos x + \sin x \cdot (-\sin x)}{2}$$

$$1 - \sin^2 x = \cos^2 x \qquad |\text{siehe (1.9)}$$

$$F'(x) = \cos^2 x = f(x)$$

Beispiel 3.5

Gegeben: $g(x) = \sqrt{a^2 - x^2}$ mit $|x| < a$,

gesucht: $\int g(x) \cdot \mathrm{d}x$.

Lösung:

$$\int g(x) \cdot \mathrm{d}x = \int \sqrt{a^2 - x^2} \cdot \mathrm{d}x$$

Substitution:

$$x = a \cdot \sin z \Rightarrow \frac{\mathrm{d}x}{\mathrm{d}z} = a \cdot \cos z \Rightarrow \mathrm{d}x = a \cdot \cos z \cdot \mathrm{d}z$$

$$\int g(x) \cdot \mathrm{d}x = \int \sqrt{a^2 - a^2 \cdot \sin^2 z} \cdot (a \cdot \cos z \cdot \mathrm{d}z) \qquad \Big| \sqrt{1 - \sin^2 z} = \cos z$$

$$\int g(x) \cdot \mathrm{d}x = a^2 \cdot \int \cos^2 z \cdot \mathrm{d}z \qquad | \text{ Beispiel 3.4 verwenden}$$

$$\int g(x) \cdot \mathrm{d}x = a^2 \cdot \left(\frac{z + \sin z \cdot \cos z}{2} + C \right) = \frac{a^2}{2} \cdot (z + \sin z \cdot \cos z) + C^*$$

Wir benötigen die Stammfunktion in Abhängigkeit von x, deshalb ist eine Rücksubstitution erforderlich:

$$x = a \cdot \sin z \Rightarrow z = \arcsin \frac{x}{a}$$

$$\int g(x) \cdot \mathrm{d}x = \frac{a^2}{2} \cdot \left(\arcsin \frac{x}{a} + \frac{x}{a} \cdot \cos \left(\arcsin \frac{x}{a} \right) \right) + C^*$$

Der zweite Summand kann mit (1.9) umgeformt werden:

$$\cos \left(\arcsin \frac{x}{a} \right) = \sqrt{1 - \sin \left(\arcsin \frac{x}{a} \right) \cdot \sin \left(\arcsin \frac{x}{a} \right)}$$
$$= \sqrt{1 - \left(\frac{x}{a} \right)^2} = \frac{\sqrt{a^2 - x^2}}{a}.$$

Wenn wir im Ergebnis die Integrationskonstante mit C bezeichnen, dann ergibt sich das in Formelsammlungen stehende Ergebnis:

$$\int g(x) \cdot \mathrm{d}x = \frac{a^2}{2} \cdot \left(\arcsin \frac{x}{a} + \frac{x}{a} \cdot \frac{\sqrt{a^2 - x^2}}{a} \right) + C$$
$$= \frac{1}{2} \cdot \left(a^2 \cdot \arcsin \frac{x}{a} + x \cdot \sqrt{a^2 - x^2} \right) + C.$$

Bemerkung Das Integrieren ist häufig nur durch trickreiche Umformungen möglich. Deshalb nutzen Anwender **Formelsammlungen** oder **Computer-Algebra-Systeme**, um wertvolle Zeit zu sparen und die geistigen Kapazitäten auf die Lösung des vorliegenden Problems zu konzentrieren.

Die anschaulich verständliche geometrische Interpretation des Terms $\int f(x) \cdot \mathrm{d}x$ als Flächeninhalt zwischen dem Graphen der Funktion *f* und der *x*-Achse wird bereits im Mathematikunterricht der Schule relativ aufwendig abgesichert durch Betrachtungen von Ober- und Untersummen. Diese Vorsicht der Mathematiker ist nicht unbegründet, da uns der „gesunde Menschenverstand" bei „unendlich vielen unendlich kleinen" Längen zuweilen eine falsche Lösung vorgaukelt. Zwei Beispiele vermeintlicher Paradoxa, die in der Geschichte der Mathematik eine besondere Rolle gespielt haben, verdeutlichen dies.

Beispiel 1: Wettlauf zwischen Achill und einer Schildkröte (modifizierte Fassung)

Wenn der hervorragende Läufer Achill einer Schildkröte einen Vorsprung von 100 m gewährt, dann kann er sie scheinbar nicht einholen, obwohl er sich gegenüber ihr mit zehnfacher Geschwindigkeit bewegt, da die Schildkröte immer ein Stück weitergekrochen ist, wenn Achill ihre vorhergehende Position erreicht hat. Achills Weg (in Meter) ergibt sich wie folgt:

$$100 + 10 + 1 + \frac{1}{10} + \frac{1}{100} + \ldots$$

Natürlich war bekannt, dass Achill die Schildkröte an der Stelle $111,\overline{1}\ldots = \frac{1000}{9}$ einholt, doch es erschien lange Zeit unverständlich, dass die Summe unendlich vieler positiver Zahlen einen endlichen Wert haben kann. Mathematiker wissen inzwischen, wann dies der Fall ist, und sie können den Wert von einigen derartigen Summen bestimmen.

Beispiel 2: Länge der Diagonale eines Quadrates

Die Bewegung von einem Eckpunkt eines Quadrates zum gegenüberliegenden Eckpunkt kann entlang eines treppenförmigen Weges erfolgen, wie in Abb. 3.5 für ein Einheitsquadrat (ein Quadrat mit der Seitenlänge 1) dargestellt.

Durch Verkleinerung der Treppenstufen nähert sich die Treppe der Diagonalen des Quadrates immer mehr an. Es scheint plausibel zu sein, dass im Grenzfall der Weg auf der Treppe so lang wie die Diagonale des Einheitsquadrates ist, die nach dem Satz des Pythagoras die Länge $\sqrt{2}$ besitzt. Dieser durch die Anschauung suggerierte Schluss ist nicht korrekt, da der Weg auf der Treppe immer eine Einheit nach oben und eine Einheit nach rechts führt und deshalb stets die Länge 2 besitzt.

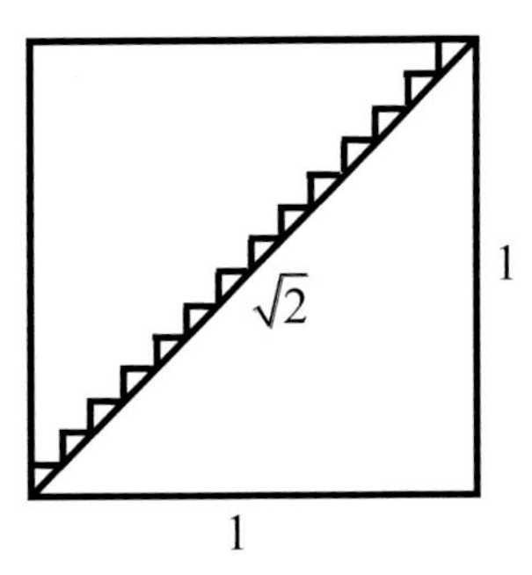

Abb. 3.5 Diagonale im Einheitsquadrat

Beispiele wie die beiden vorgestellten haben dazu geführt, dass in der Mathematik die Anschauung zwar für das Verständnis von Sachverhalten und das Finden von Ansätzen willkommen ist, ihr aber keinerlei Wahrheitsgehalt zugeordnet wird. Deshalb dürfen sich auch Anwender der Mathematik ausschließlich auf exakt bewiesene Aussagen stützen, wobei es unerheblich ist, ob sie den Nachweis der Korrektheit selbst führen oder Experten überlassen.

Wir kommen auf die Ankündigung vom Beginn dieses Abschnitts zurück und zeigen, wie die Approximation einer Funktion f an einer Stelle a durch Potenzfunktionen unterschiedlichen Grades realisiert werden kann. Dazu gehen wir von folgendem Ansatz aus:

$$\begin{aligned} f(x) = {} & f(a) + k_1 \cdot (x-a) + k_2 \cdot (x-a)^2 + k_3 \cdot (x-a)^3 \\ & + k_4 \cdot (x-a)^4 + k_5 \cdot (x-a)^5 + \ldots \end{aligned} \tag{3.9}$$

Um die Koeffizienten k_i bestimmen zu können, bilden wir die i-te Ableitung der Funktion f an der Stelle a:

$$\begin{aligned} f'(x) &= k_1 + 2 \cdot k_2 \cdot (x-a) + 3 \cdot k_3 \cdot (x-a)^2 + 4 \cdot k_4 \cdot (x-a)^3 + 5 \cdot k_5 \cdot (x-a)^4 + \ldots \\ &\Rightarrow f'(a) = k_1, \\ f''(x) &= 2 \cdot k_2 + 3 \cdot 2 \cdot k_3 \cdot (x-a) + 4 \cdot 3 \cdot k_4 \cdot (x-a)^2 + 5 \cdot 4 \cdot k_5 \cdot (x-a)^3 + \ldots \\ &\Rightarrow f''(a) = 2 \cdot k_2, \\ f'''(x) &= 3 \cdot 2 \cdot k_3 + 4 \cdot 3 \cdot 2 \cdot k_4 \cdot (x-a) + 5 \cdot 4 \cdot 3 \cdot k_5 \cdot (x-a)^2 + \ldots \\ &\Rightarrow f'''(a) = 3 \cdot 2 \cdot k_3, \\ f^{(4)}(x) &= 4 \cdot 3 \cdot 2 \cdot k_4 + 5 \cdot 4 \cdot 3 \cdot 2 \cdot k_5 \cdot (x-a) + \ldots \\ &\Rightarrow f^{(4)}(a) = 4 \cdot 3 \cdot 2 \cdot k_4, \\ &\vdots \end{aligned}$$

Unter Nutzung der Fakultät-Schreibweise (1.3) können wir in (3.9) die Koeffizienten ersetzen. Es ergibt sich die Formel von Taylor.

Formel von Taylor

$$f(x) = f(a) + \frac{1}{1!} \cdot \frac{\mathrm{d}}{\mathrm{d}x} f(x)\bigg|_{x=a} \cdot (x-a) + \frac{1}{2!} \cdot \frac{\mathrm{d}^2}{\mathrm{d}x^2} f(x)\bigg|_{x=a} \cdot (x-a)^2 + \ldots + \frac{1}{n!} \cdot \frac{\mathrm{d}^n}{\mathrm{d}x^n} f(x)\bigg|_{x=a} \cdot (x-a)^n + \ldots \quad (3.10)$$

Mathematiker können den Fehler abschätzen, der bei Abbruch der Summe entsteht.

In der Literatur finden wir auch folgende Darstellungen der Formel von Taylor:

$$f(x) = f(a) + \frac{1}{1!} \cdot f'(a) \cdot (x-a) + \frac{1}{2!} \cdot f''(a) \cdot (x-a)^2 + \ldots + \frac{1}{n!} \cdot f^{(n)}(a) \cdot (x-a)^n + \ldots$$

$$f(x) = \sum_{n=0}^{\infty} \frac{1}{n!} \cdot f^{(n)}(a) \cdot (x-a)^n \quad (3.11)$$

bzw. nach der Substitution $x = a + h$

$$f(a+h) = \sum_{n=0}^{\infty} \frac{1}{n!} \cdot f^{(n)}(a) \cdot h^n. \quad (3.12)$$

Mithilfe der Formel von Taylor haben wir die Approximationen der Funktion f durch Potenzfunktionen ersten bis dritten Grades bestimmt, die wir in Abb. 3.1 dargestellt haben. Das Einzeichnen des Krümmungskreises im Punkt P erfordert die Anwendung von Ergebnissen der Kurventheorie aus dem Gebiet der Differenzialgeometrie.

3.2 Analysis mehrstelliger Funktionen

3.2.1 Partielle Ableitung und totales Differenzial

Zur Berechnung von Differenzen von Funktionswerten mehrstelliger Funktionen wird der Gedanke der **Linearisierung** auf alle unabhängigen Variablen übertragen

- Für jede unabhängige Variable wird das Differenzial bestimmt. Die dazu notwendige Ableitung wird so gebildet, dass die jeweils anderen unabhängigen Variablen dabei wie Konstante behandelt werden. Deshalb werden für die so ermittelten Ableitungen eine spezielle Bezeichnung und Symbolik verwendet: die Bezeichnung **partielle Ableitung** und das Symbol ∂.

- Die partiellen Differenziale werden addiert und ergeben das **totale Differenzial**.

Wir zeigen und veranschaulichen die Vorgehensweise an einer zweistelligen Funktion (eine Funktion mit zwei unabhängigen Variablen). In Abschn. 3.2.2 verallgemeinern wir unsere Ergebnisse.

Analog zur Berechnung des Differenzials und der Ableitung für eine einstellige Funktion $y = f(x)$ durch

$$\begin{aligned} \mathrm{d}y\,\Big|_{x=x_0} &= \mathrm{d}f(x)\,\Big|_{x=x_0} = \mathrm{d}f(x_0) = \lim_{\Delta x\to 0} \Delta f(x_0) = \lim_{\Delta x\to 0} f(x_0+\Delta x) - f(x_0) \\ &= \lim_{\Delta x\to 0} \frac{f(x_0+\Delta x)-f(x_0)}{\Delta x}\cdot \Delta x = \frac{\mathrm{d}f(x_0)}{\mathrm{d}x}\cdot \mathrm{d}x = f'(x_0)\cdot \mathrm{d}x \end{aligned}$$

ergibt sich für eine beliebige zweistellige Funktion $z = f(x, y)$:

$$\mathrm{d}z\,\Big|_{x=x_0;\, y=y_0} = \mathrm{d}f(x,y)\,\Big|_{x=x_0;\, y=y_0} = \mathrm{d}f(x_0, y_0).$$

Die Änderung des Funktionswertes der zweistelligen Funktion f an der Stelle (x_0, y_0) wird beschrieben durch die Summe der Änderungen in x- bzw. y-Richtung:

$$\begin{aligned} \mathrm{d}f(x_0, y_0) = &\lim_{\Delta x\to 0} f(x_0+\Delta x, y_0) - f(x_0, y_0) \\ &+ \lim_{\Delta y\to 0} f(x_0, y_0+\Delta y) - f(x_0, y_0). \end{aligned}$$

Eine Umformung des Ansatzes ergibt:

$$\begin{aligned} \mathrm{d}f(x_0, y_0) = &\lim_{\Delta x\to 0} \frac{f(x_0+\Delta x, y_0) - f(x_0, y_0)}{\Delta x}\cdot \Delta x \\ &+ \lim_{\Delta y\to 0} \frac{f(x_0, y_0+\Delta y) - f(x_0, y_0)}{\Delta y}\cdot \Delta y. \end{aligned}$$

Schreibweise mit **partiellen Ableitungen**:

$$\begin{aligned} \mathrm{d}f(x_0, y_0) = &\frac{\partial f(x_0, y_0)}{\partial x}\cdot \mathrm{d}x + \frac{\partial f(x_0, y_0)}{\partial y}\cdot \mathrm{d}y =:\ f_x(x_0, y_0)\cdot \mathrm{d}x \\ &+ f_y(x_0, y_0)\cdot \mathrm{d}y \end{aligned} \qquad (3.13)$$

... **totales Differenzial**.

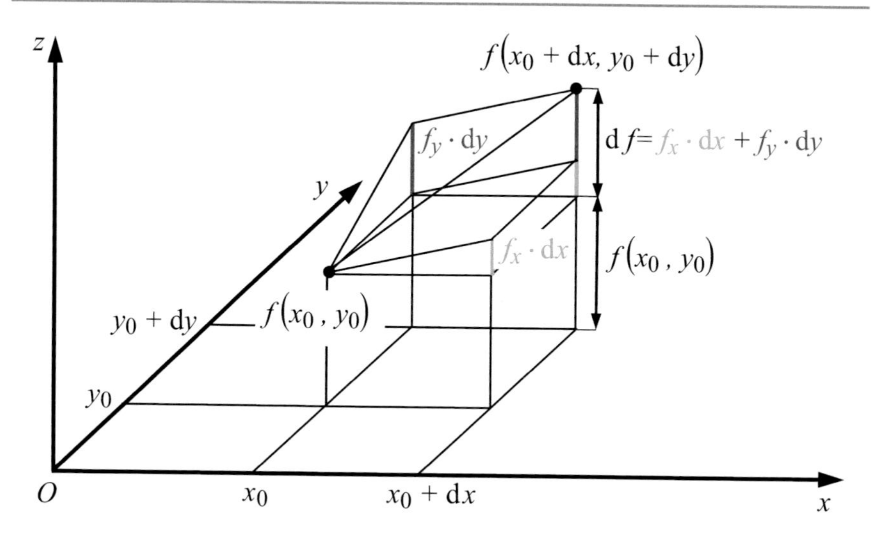

Abb. 3.6 Totales Differenzial einer zweistelligen Funktion

In Abb. 3.6 veranschaulichen wir den Sachverhalt.

Beispiel 3.6

Gegeben: $z(x, y) = 3 \cdot x^3 - 4 \cdot x^2 \cdot y + y^2$,

gesucht: $z_x; z_{xx}; z_{xxx}; z_y; z_{yy}; z_{yyy}; z_{xy}; z_{yx}; \mathrm{d}z(x, y)$.

Lösung:

$$z_x = \frac{\partial z}{\partial x} = 9 \cdot x^2 - 8 \cdot x \cdot y;\ z_{xx} = \frac{\partial z_x}{\partial x} = \frac{\partial^2 z}{\partial x^2} = 18 \cdot x - 8 \cdot y;\ z_{xxx} = 18;$$

$$z_y = \frac{\partial z}{\partial y} = -4 \cdot x^2 + 2 \cdot y;\ z_{yy} = \frac{\partial z_y}{\partial y} = \frac{\partial^2 z}{\partial y^2} = 2;\ z_{yyy} = 0;$$

$$z_{xy} = \frac{\partial^2 z}{\partial x \cdot \partial y} = \frac{\partial}{\partial x}(-4 \cdot x^2 + 2 \cdot y) = -8 \cdot x;$$

$$z_{yx} = \frac{\partial^2 z}{\partial y \cdot \partial x} = \frac{\partial}{\partial y}(9 \cdot x^2 - 8 \cdot x \cdot y) = -8 \cdot x;$$

$$\begin{aligned} \mathrm{d}z(x, y) &= \frac{\partial z(x, y)}{\partial x} \cdot \mathrm{d}x + \frac{\partial z(x, y)}{\partial y} \cdot \mathrm{d}y \\ &= (9 \cdot x^2 - 8 \cdot x \cdot y) \cdot \mathrm{d}x + (-4 \cdot x^2 + 2 \cdot y) \cdot \mathrm{d}y. \end{aligned}$$

Beispiel 3.7

Gegeben: $L\left(x^\alpha, \frac{\mathrm{d}x^\alpha}{\mathrm{d}s}\right) = \sqrt{g_{\mu\nu} \cdot \frac{\mathrm{d}x^\mu}{\mathrm{d}s} \cdot \frac{\mathrm{d}x^\nu}{\mathrm{d}s}}$ mit $g_{\mu\nu} = g_{\mu\nu}(x^\alpha)$,

gesucht: $\frac{\partial L}{\partial x^\alpha}; \frac{\partial L}{\partial\left(\frac{\mathrm{d}x^\alpha}{\mathrm{d}s}\right)}$.

Lösung:

$$\frac{\partial L}{\partial x^\alpha} = \frac{1}{2 \cdot L} \cdot \frac{\partial g_{\mu\nu}}{\partial x^\alpha} \cdot \frac{\mathrm{d}x^\mu}{\mathrm{d}s} \cdot \frac{\mathrm{d}x^\nu}{\mathrm{d}s},$$

$$\frac{\partial L}{\partial \left(\frac{\mathrm{d}x^\alpha}{\mathrm{d}s}\right)} = \frac{1}{2 \cdot L} \cdot \left(g_{\alpha\nu} \cdot \frac{\mathrm{d}x^\nu}{\mathrm{d}s} + g_{\mu\alpha} \cdot \frac{\mathrm{d}x^\mu}{\mathrm{d}s} \right).$$

In Beispiel 3.7 wird im Radikanden gemäß der Einstein'schen Summenkonvention (2.4) über die hoch- bzw. tiefgestellten Indizes μ und ν summiert. Bei L handelt es sich um die Lagrange-Funktion für den Variationsansatz zur Bestimmung des Weges, den ein frei bewegliches Teilchen im Gravitationsfeld durchläuft. Wir haben uns auf die Bestimmung der partiellen Ableitungen der Funktion L beschränkt.

Satz von Schwarz (auch **Satz von Clairaut** oder **Young-Theorem** genannt):
Wenn eine mehrstellige Funktion und ihre partiellen Ableitungen stetig sind, dann ist die Reihenfolge der partiellen Ableitungen vertauschbar.

Achtung
Die Reihenfolge des Differenzierens beim Bilden mehrfacher Ableitungen wird in der Literatur unterschiedlich realisiert. Da bei praxisrelevanten Problemen in der Regel der Satz von Schwarz gilt, ergeben sich jeweils gleiche Resultate.

Die **Formel von Taylor** für zweistellige Funktionen lautet

$$f(x,y) = f(a,b) + \frac{1}{1!} \cdot \left[(x-a) \cdot \frac{\partial}{\partial x} f(x,y) \Big|_{\substack{x=a\\y=b}} + (y-b) \cdot \frac{\partial}{\partial y} f(x,y) \Big|_{\substack{x=a\\y=b}} \right] +$$

$$+\frac{1}{2!} \cdot \left[\begin{array}{l} (x-a)^2 \cdot \frac{\partial^2}{\partial x^2} f(x,y) \Big|_{\substack{x=a\\y=b}} + 2 \cdot (x-a) \cdot (y-b) \cdot \frac{\partial}{\partial x} \frac{\partial}{\partial y} f(x,y) \Big|_{\substack{x=a\\y=b}} + \\ +(y-b)^2 \cdot \frac{\partial^2}{\partial y^2} f(x,y) \Big|_{\substack{x=a\\y=b}} \end{array} \right] +$$

$$+ \ldots + \frac{1}{n!} \cdot \left[(x-a) \cdot \frac{\partial}{\partial x} + (y-b) \cdot \frac{\partial}{\partial y} \right]^n f(x,y) \Big|_{\substack{x=a\\y=b}} + \ldots$$

Bei mehrstelligen Funktionen erfolgt die Bestimmung von **lokalen Extrem- und Sattelpunkten** analog wie bei einstelligen Funktionen. Es ist üblich, vom „Extrem- oder Sattelpunkt einer Funktion" zu sprechen, obwohl streng genommen eine Funktion lediglich gewisse Stellen besitzen kann, an denen die grafische Darstellung der Funktion einen dieser speziellen Punkte ergibt. Wir geben die Beziehungen für zweistellige Funktionen an:

Die Funktion f besitzt an der Stelle (x_A, y_A) genau dann einen **lokalen Extrempunkt** bzw. einen **Sattelpunkt**, wenn unter Bezug auf die Hilfsgröße $D = f_{xx}(x_A, y_A) \cdot f_{yy}(x_A, y_A) - {f_{xy}}^2(x_A, y_A)$ folgende Bedingungen erfüllt sind:

$$f_x(x_A, y_A) = 0 \wedge f_y(x_A, y_A) = 0 \wedge D > 0 \text{ bzw. } D < 0. \tag{3.14}$$

Im Fall eines lokalen Extremums handelt es sich um ein lokales Maximum bzw. ein lokales Minimum, wenn

$$f_{xx}(x_A, y_A) < 0 \text{ bzw. } f_{xx}(x_A, y_A) > 0. \tag{3.15}$$

Abbildung 4.30 bzw. 4.32 in Abschn. 4.2.1 stellt jeweils eine zweistellige Funktion mit lokalem Extrempunkt bzw. Sattelpunkt dar.

Bei vielen einstelligen Funktionen ist die Darstellung in expliziter Form als $y = f(x)$ nicht möglich. In diesen Fällen kann die Funktion lediglich in impliziter Form als $g(x, y(x)) = 0$ angegeben werden. Mithilfe von partiellen Ableitungen ist dennoch die **Ableitung einer Funktion in impliziter Darstellung** möglich.

Aus $g(x, y(x)) = 0$ soll $y'(x)$ gewonnen werden:

$$\begin{aligned}
\mathrm{d}g(x, y(x)) &= \frac{\partial g(x, y(x))}{\partial x} \cdot \mathrm{d}x + \frac{\partial g(x, y(x))}{\partial y} \cdot \mathrm{d}y \\
\frac{\mathrm{d}g(x, y(x))}{\mathrm{d}x} &= \frac{\partial g(x, y(x))}{\partial x} + \frac{\partial g(x, y(x))}{\partial y} \cdot \frac{\mathrm{d}y}{\mathrm{d}x} \\
\frac{\mathrm{d}g(x, y(x))}{\mathrm{d}x} &= 0, \text{ da nach Voraussetzung } \quad g(x, y(x)) = 0 \\
0 &= g_x + g_y \cdot y' \\
y' &= -\frac{g_x}{g_y}
\end{aligned} \tag{3.16}$$

Die zweite Ableitung $y''(x)$ ergibt sich durch Ableiten der hergeleiteten Gleichung mithilfe der Kettenregel:

$$\begin{aligned}
0 &= g_x + g_y \cdot y' & \Big|\frac{\mathrm{d}}{\mathrm{d}x} \\
0 &= [g_{xx} + g_{xy} \cdot y' + g_y \cdot y''] + [g_{yx} \cdot y' + (g_{yy} \cdot y') \cdot y'] & |g_{xy} = g_{yx} \\
0 &= g_{xx} + 2g_{xy} \cdot y' + g_{yy} \cdot (y')^2 + g_y \cdot y''
\end{aligned}$$

Beispiel 3.8

Gegeben: $Ell(x, y) = \frac{x^2}{9} + \frac{y^2}{4} - 1 \ldots$ Gleichung einer Ellipse in impliziter Darstellung,

gesucht: Tangente t an die Ellipse im Punkt $A\left(2 \middle| \frac{2 \cdot \sqrt{5}}{3}\right)$.

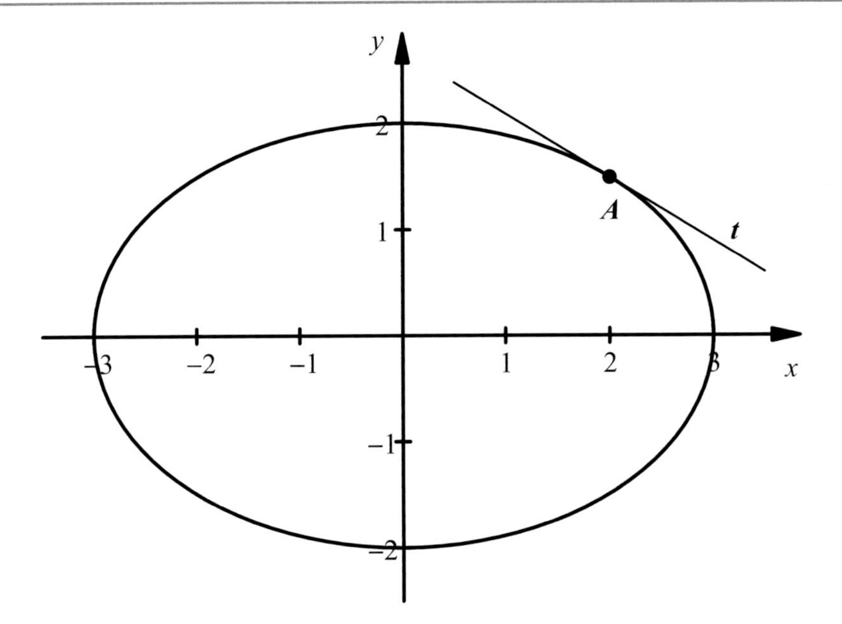

Abb. 3.7 Ellipse mit Tangente in einem Punkt

Lösung:

Ansatz für t: $y = m_t \cdot x + n_t$.

$$m_t = y'\Big|_A = -\frac{Ell_x}{Ell_y}\Bigg|_A = -\frac{\frac{2\cdot x}{9}}{\frac{2\cdot y}{4}}\Bigg|_A = -\frac{4\cdot x}{9\cdot y}\Bigg|_A = -\frac{4\cdot\sqrt{5}}{15}$$

$$A \in t\ :\ n_t = y - m_t \cdot x = \frac{2\cdot\sqrt{5}}{3} - \left(-\frac{4\cdot\sqrt{5}}{15}\right)\cdot 2 = \frac{6\cdot\sqrt{5}}{5}$$

Gleichung für $t: y = -\frac{4\cdot\sqrt{5}}{15}\cdot x + \frac{6\cdot\sqrt{5}}{5}$.

Abbildung 3.7 verdeutlicht die Korrektheit des Ergebnisses.

In der Ebene kann die Bestimmung der Normalen n im Punkt A mithilfe der Gleichung für die Tangente im Punkt A erfolgen, da für den Anstieg m_n der Normalen folgende Beziehung gilt: $m_n = -\frac{1}{m_t}$.

Eine allgemeinere Bestimmung der Normalenrichtung im Punkt A, die für beliebige N-dimensionale Räume gilt, werden wir in Abschn. 3.2.2 mithilfe des Gradienten vornehmen.

3.2.2 Richtungsableitung und Gradient

Wir betrachten in diesem Abschnitt **N-stellige Funktionen**. Diese können **als Skalarfelder interpretiert** werden, da

- diese Funktionen jedem Punkt eines N-dimensionalen Raumes jeweils eine reelle (oder komplexe) Zahl zuordnen,
- die Funktionswerte als Werte einer skalaren Größe aufgefasst werden können (d. h. einer Größe wie Masse oder Temperatur, die durch ihren Betrag bereits vollständig beschrieben ist).

Unsere Überlegungen beziehen sich zunächst auf 2- oder 3-stellige Funktionen bzw. 2- oder 3-dimensionale Skalarfelder und werden so geführt, dass sich die Ergebnisse auf N Dimensionen verallgemeinern lassen.

Das totale Differenzial eines Skalarfeldes $\varphi(\vec{r}) = \varphi(x, y, z)$ ergibt sich aus

$$\mathrm{d}\varphi = \varphi(x + \mathrm{d}x, y + \mathrm{d}y, z + \mathrm{d}z) - \varphi(x, y, z) = \frac{\partial \varphi}{\partial x} \cdot \mathrm{d}x + \frac{\partial \varphi}{\partial y} \cdot \mathrm{d}y + \frac{\partial \varphi}{\partial z} \cdot \mathrm{d}z.$$

In **Operatorschreibweise** lässt sich $\mathrm{d}\varphi$ darstellen als

$$\mathrm{d}\varphi = \varphi(x + \mathrm{d}x, y + \mathrm{d}y, z + \mathrm{d}z) - \varphi(x, y, z) =: \left(\mathrm{d}x \cdot \frac{\partial}{\partial x} + \mathrm{d}y \cdot \frac{\partial}{\partial y} + \mathrm{d}z \cdot \frac{\partial}{\partial z}\right)\varphi.$$

Für die weiteren Überlegungen benötigen wir Grundlagen der Darstellung von Vektoren in kartesischen Koordinaten und bezüglich des Skalarprodukts, die wir in Abschn. 4.2 ausführlich thematisieren.

Der eingeführte Operator $\left(\mathrm{d}x \cdot \frac{\partial}{\partial x} + \mathrm{d}y \cdot \frac{\partial}{\partial y} + \mathrm{d}z \cdot \frac{\partial}{\partial z}\right)$ lässt sich bei Verwendung kartesischer Koordinaten als Skalarprodukt aus der Änderung des Ortsvektors

$$\mathrm{d}\vec{r} = \mathrm{d}\vec{x} = \mathrm{d}x \cdot \vec{e_x} + \mathrm{d}y \cdot \vec{e_y} + \mathrm{d}z \cdot \vec{e_z} \tag{3.17}$$

und dem **Nablaoperator**

$$\nabla := \vec{e_x} \cdot \frac{\partial}{\partial x} + \vec{e_y} \cdot \frac{\partial}{\partial y} + \vec{e_z} \cdot \frac{\partial}{\partial z} \tag{3.18}$$

schreiben:

$$\left(\mathrm{d}x \cdot \frac{\partial}{\partial x} + \mathrm{d}y \cdot \frac{\partial}{\partial y} + \mathrm{d}z \cdot \frac{\partial}{\partial z}\right) = \left(\mathrm{d}x \cdot \vec{e_x} + \mathrm{d}y \cdot \vec{e_y} + \mathrm{d}z \cdot \vec{e_z}\right) \bullet \left(\vec{e_x} \cdot \frac{\partial}{\partial x} + \vec{e_y} \cdot \frac{\partial}{\partial y} + \vec{e_z} \cdot \frac{\partial}{\partial z}\right)$$

$$\left(\mathrm{d}x \cdot \frac{\partial}{\partial x} + \mathrm{d}y \cdot \frac{\partial}{\partial y} + \mathrm{d}z \cdot \frac{\partial}{\partial z}\right) = \mathrm{d}\vec{r} \bullet \nabla$$

Totales Differenzial eines Skalarfeldes

$$\begin{aligned} \mathrm{d}\varphi &= \varphi(x + \mathrm{d}x, y + \mathrm{d}y, z + \mathrm{d}z) - \varphi(x, y, z) \\ &= \left(\mathrm{d}x \cdot \frac{\partial}{\partial x} + \mathrm{d}y \cdot \frac{\partial}{\partial y} + \mathrm{d}z \cdot \frac{\partial}{\partial z}\right) \varphi = \mathrm{d}\vec{r} \cdot \nabla\varphi. \end{aligned} \tag{3.19}$$

Der Vektor $\nabla\varphi$ wird als **Gradient** des Skalarfeldes bezeichnet:

$$\nabla\varphi = \mathrm{grad}\ \varphi. \tag{3.20}$$

Die Darstellung des totalen Differenzials des Skalarfeldes in der Form

$$\mathrm{d}\varphi = \mathrm{d}\vec{r} \cdot \nabla\varphi = \mathrm{d}\vec{r} \cdot \mathrm{grad}\ \varphi \tag{3.21}$$

ist unabhängig von der Anzahl der Dimensionen des Raumes bzw. der Anzahl der unabhängigen Variablen der Skalarfunktion.

Der Vektor $\mathrm{d}\vec{r}$ wird als **Differenzial des Richtungsvektors** bezeichnet. Er kann die Bedeutungen „Differenzial des Ortsvektors" oder „Koordinatendifferenzial" besitzen.

Es ist üblich, das Differenzial des Richtungsvektors und den Nablaoperator an das vorliegende Koordinatensystem anzupassen, ohne die Symbole zu verändern (aus dem Kontext muss geschlossen werden, welche Bedeutung die Terme $\mathrm{d}\vec{r}$ und ∇ besitzen). Wegen dieser Vorgehensweise gilt (3.21) **unabhängig vom verwendeten Koordinatensystem**.

Bei Verwendung eines kartesischen Koordinatensystems gelten für $\mathrm{d}\vec{r}$ und ∇ die Beziehungen (3.17) bzw. (3.18). In Anhang 3.1 leiten wir eine spezielle Beziehung für grad φ bei Verwendung von Kugelkoordinaten her.

In der Literatur sind auch folgende Schreibweisen üblich:

- für den Nablaoperator $\vec{\nabla}$,
- für den Gradienten grad $\varphi = \frac{\mathrm{d}\varphi}{\mathrm{d}\vec{r}}$ (diese aus (3.21) entwickelte Schreibweise ist rein formal aufzufassen, da die Division durch einen Vektor nicht definiert ist).

Der Wert des Skalars wird in der Literatur häufig als **Niveau** bezeichnet. Die Punktmengen mit gleichem Niveau werden **Niveaumengen** bzw. **Niveaulinien** (bei $N = 2$) oder **Niveauflächen** (bei $N = 3$) genannt.

Es gibt auch spezielle Vektorfelder, denen jeweils ein Skalarfeld zugeordnet werden kann. In diesem Fall wird das Skalarfeld als **Potenzialfeld** bezeichnet (Niveaulinien bzw. Niveauflächen werden **Äquipotenziallinien** bzw. **Äquipotenzialflächen** genannt). Physiker sind erfreut, wenn einem Vektorfeld ein Skalarfeld zugeordnet werden kann, weil dann die mathematische Modellierung einfach ist.

Wir werden uns hier ausschließlich mit Skalarfeldern beschäftigen.

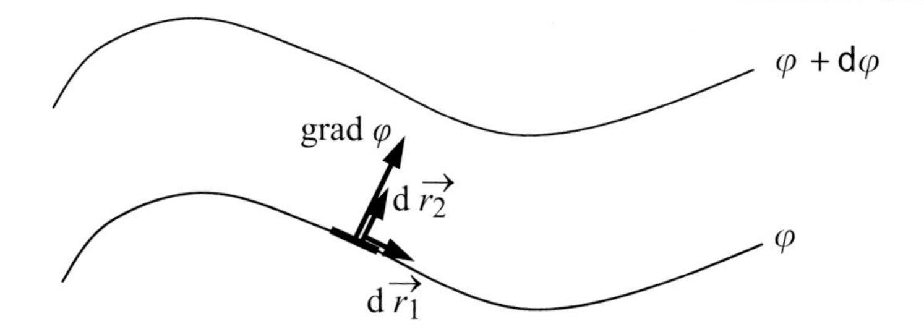

Abb. 3.8 Gradient und Niveaulinien

Um die **Eigenschaften des Gradienten eines Skalarfeldes** kennenzulernen, gehen wir von dessen Definition aus, und wir veranschaulichen Skalarfelder durch Visualisierung der Niveaumengen:

$$\mathrm{d}\varphi = \mathrm{d}\vec{r} \cdot \nabla\varphi = \mathrm{d}\vec{r} \cdot \text{ grad } \varphi = |\mathrm{d}\vec{r}| \cdot |\text{grad } \varphi| \cdot \cos\alpha \text{ mit } \alpha = \sphericalangle(\text{grad } \varphi, \mathrm{d}\vec{r}).$$

Fall 1

$$\mathrm{d}\vec{r} \perp \text{grad } \varphi \text{ (d. h. } \alpha = 90°) \Rightarrow \mathrm{d}\varphi = 0$$

Interpretation Wenn die Vektoren $\mathrm{d}\vec{r}$ und grad φ orthogonal zueinander sind, dann verbindet $\mathrm{d}\vec{r}$ zwei Punkte gleichen Niveaus. In diesem Fall verläuft der Gradient des Skalarfeldes senkrecht zur Niveaufläche (bzw. -linie) an dieser Stelle.

Fall 2

$$\mathrm{d}\vec{r} \parallel \text{grad } \varphi \text{ (d. h. } \alpha = 0°) \Rightarrow \mathrm{d}\varphi = |\mathrm{d}\vec{r}| \cdot |\text{grad } \varphi| = \mathrm{d}\varphi_{\text{max}}$$

Interpretation Wenn die Vektoren $\mathrm{d}\vec{r}$ und grad φ parallel zueinander sind, dann verbindet $\mathrm{d}\vec{r}$ zwei Punkte im Abstand $\mathrm{d}r$, zwischen denen die maximale Niveaudifferenz besteht.

Abbildung 3.8 zeigt die Ergebnisse für Fall 1 und 2.

Fall 3

$$\mathrm{d}\vec{r} \nparallel \text{ grad } \varphi \text{ und } \mathrm{d}\vec{r} \not\perp \text{ grad } \varphi \text{ (d. h. } \alpha \neq 0° \text{ und } \alpha \neq 90°) \Rightarrow$$
$$\mathrm{d}\varphi = |\mathrm{d}\vec{r}| \cdot |\text{grad } \varphi| \cdot \cos\alpha$$

In der Literatur wird der Richtungsvektor $\mathrm{d}\vec{r}$ häufig mit $\mathrm{d}\vec{a}$ bezeichnet:

$$\mathrm{d}\vec{r} = \mathrm{d}\vec{a} = \mathrm{d}a_x \cdot \vec{e_x} + \mathrm{d}a_y \cdot \vec{e_y} + \mathrm{d}a_z \cdot \vec{e_z}.$$

In Abb. 3.9 veranschaulichen wir den Fall 3.

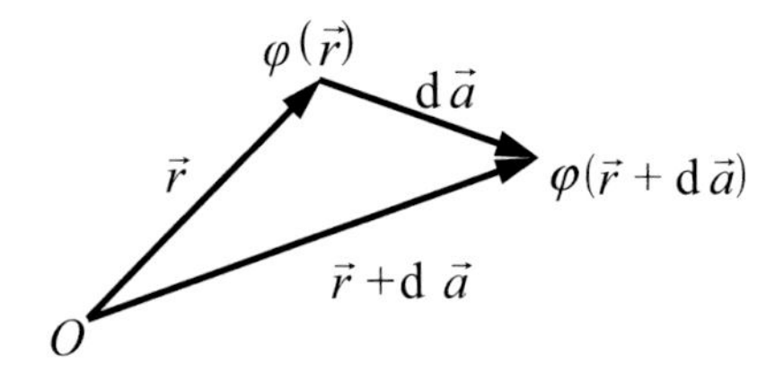

Abb. 3.9 Ortsvektor $\vec{r}$ und Richtungsvektor $\mathrm{d}\vec{a}$

Für das Differenzial des Skalarfeldes erhalten wir

$$\begin{aligned}
\mathrm{d}\varphi &= \varphi(x+\mathrm{d}a_x, y+\mathrm{d}a_y, z+\mathrm{d}a_z) - \varphi(x,y,z) = \frac{\partial\varphi}{\partial x}\cdot\mathrm{d}a_x + \frac{\partial\varphi}{\partial y}\cdot\mathrm{d}a_y + \frac{\partial\varphi}{\partial z}\cdot\mathrm{d}a_z \\
&= (\mathrm{d}a_x\cdot\overrightarrow{e_x} + \mathrm{d}a_y\cdot\overrightarrow{e_y} + \mathrm{d}a_z\cdot\overrightarrow{e_z})\bullet\left(\overrightarrow{e_x}\cdot\frac{\partial}{\partial x} + \overrightarrow{e_y}\cdot\frac{\partial}{\partial y} + \overrightarrow{e_z}\cdot\frac{\partial}{\partial z}\right)\varphi \\
\mathrm{d}\varphi &= \mathrm{d}\vec{a}\bullet\nabla\varphi
\end{aligned}$$

Schreiben wir $\mathrm{d}\vec{a}$ als Vielfaches des Einheitsvektors $\overrightarrow{e_a}$ des Vektors $\vec{a}$, d. h. in der Form $\mathrm{d}\vec{a} = \mathrm{d}a\cdot\overrightarrow{e_a}$, dann ergibt sich

$$\begin{aligned}
\mathrm{d}\varphi &= \mathrm{d}\vec{a}\bullet\nabla\varphi = \mathrm{d}\vec{a}\bullet\ \mathrm{grad}\ \varphi = \mathrm{d}a\cdot\overrightarrow{e_a}\bullet\nabla\varphi \\
\frac{\mathrm{d}\varphi}{\mathrm{d}a} &= \overrightarrow{e_a}\bullet\nabla\varphi =: \nabla_{\overrightarrow{e_a}}\varphi
\end{aligned} \tag{3.22}$$

Ergebnis
Der Term $\overrightarrow{e_a}\bullet\nabla\varphi$ entspricht der Ableitung des Skalarfeldes $\frac{\mathrm{d}\varphi}{\mathrm{d}a}$. Da sich diese Ableitung bei Fortschreiten um $\mathrm{d}a$ in Richtung von $\overrightarrow{e_a}$ ergibt, wird sie als **Richtungsableitung** bezeichnet.

Interpretation
Der Term $\overrightarrow{e_a}\bullet\nabla\varphi$ kann als Projektion des Gradienten $\nabla\varphi$ in Richtung des Einheitsvektors $\overrightarrow{e_a}$ interpretiert werden.

Verläuft die Richtung speziell parallel zu einer Koordinatenachse, dann ergibt sich:

$$\begin{aligned}
\frac{\mathrm{d}\varphi}{\mathrm{d}a} &= \nabla_{\overrightarrow{e_x}}\varphi = \overrightarrow{e_x}\bullet\nabla\varphi = \overrightarrow{e_x}\bullet\left(\overrightarrow{e_x}\cdot\frac{\partial}{\partial x} + \overrightarrow{e_y}\cdot\frac{\partial}{\partial y} + \overrightarrow{e_z}\cdot\frac{\partial}{\partial z}\right)\varphi = \frac{\partial\varphi}{\partial x}, \\
\frac{\mathrm{d}\varphi}{\mathrm{d}a} &= \nabla_{\overrightarrow{e_y}}\varphi = \overrightarrow{e_y}\bullet\nabla\varphi = \overrightarrow{e_y}\bullet\left(\overrightarrow{e_x}\cdot\frac{\partial}{\partial x} + \overrightarrow{e_y}\cdot\frac{\partial}{\partial y} + \overrightarrow{e_z}\cdot\frac{\partial}{\partial z}\right)\varphi = \frac{\partial\varphi}{\partial y}, \\
\frac{\mathrm{d}\varphi}{\mathrm{d}a} &= \nabla_{\overrightarrow{e_z}}\varphi = \overrightarrow{e_z}\bullet\nabla\varphi = \overrightarrow{e_z}\bullet\left(\overrightarrow{e_x}\cdot\frac{\partial}{\partial x} + \overrightarrow{e_y}\cdot\frac{\partial}{\partial y} + \overrightarrow{e_z}\cdot\frac{\partial}{\partial z}\right)\varphi = \frac{\partial\varphi}{\partial z}.
\end{aligned}$$

Ergebnis
Die Richtungsableitung in Richtung einer Koordinatenachse stimmt mit der partiellen Ableitung nach der jeweiligen Koordinate überein.

Bemerkung Die Beziehung für das Differenzial $d\varphi$ entsteht auch aus der **Formel von Taylor** durch Vernachlässigung höherer Ableitungen:

$$\varphi(\vec{r}+d\vec{a}) = \varphi(\vec{r}) + d\vec{a} \cdot \frac{\partial}{\partial \vec{r}}\varphi(\vec{r}) + \frac{1}{2!}\left(d\vec{a} \cdot \frac{\partial}{\partial \vec{r}}\right)^2 \varphi(\vec{r}) + \ldots \approx \varphi(\vec{r}) + d\vec{a} \cdot \frac{\partial}{\partial \vec{r}}\varphi(\vec{r})$$

$$\varphi(\vec{r}+d\vec{a}) - \varphi(\vec{r}) = d\varphi \approx d\vec{a} \cdot \nabla\varphi(\vec{r})$$

$$d\vec{a} \cdot \frac{\partial}{\partial \vec{r}} = d\vec{a} \cdot \nabla = (da_x \cdot \vec{e_x} + da_y \cdot \vec{e_y} + da_z \cdot \vec{e_z}) \cdot \left(\vec{e_x} \cdot \frac{\partial}{\partial x} + \vec{e_y} \cdot \frac{\partial}{\partial y} + \vec{e_z} \cdot \frac{\partial}{\partial z}\right)$$

$$d\vec{a} \cdot \frac{\partial}{\partial \vec{r}} = da_x \cdot \frac{\partial}{\partial x} + da_y \cdot \frac{\partial}{\partial y} + da_z \cdot \frac{\partial}{\partial z}$$

$$\left(d\vec{a} \cdot \frac{\partial}{\partial \vec{r}}\right)^2 = \left(da_x \cdot \frac{\partial}{\partial x} + da_y \cdot \frac{\partial}{\partial y} + da_z \cdot \frac{\partial}{\partial z}\right)^2$$

In der Literatur werden häufig nur Gradienten und Richtungsableitungen für verschiedene Punkte eines Skalarfeldes berechnet. Um das Verständnis für die Definitionen und Zusammenhänge zu fördern, werden wir im folgenden Beispiel 3.9 (Komplexbeispiel) darüber hinaus das Niveau in einem Punkt aus der Kenntnis der Richtungsableitung und des Niveaus in einem anderen Punkt bestimmen. Weitere Beispiele zeigen die Verwendung des Gradienten und der Richtungsableitung in unterschiedlichen Kontexten.

Beispiel 3.9

(Komplexbeispiel) Verdeutlichung der Definitionen und Zusammenhänge

Gegeben: $\varphi(x, y) = \frac{2 \cdot y}{x^2} = 2 \cdot x^{-2} \cdot y \ldots$ skalare Funktion bzw. Skalarfeld,

gesucht:

1. Niveaus in den Punkten $P(2\,|2)$ und $Q(3\,|0)$,
2. Niveaulinien für die Niveaus $\varphi = 0$, $\varphi = 1$ und $\varphi = 2$,
3. Gradienten für beliebige Punkte des Skalarfeldes sowie für die Punkte P und Q,
4. Richtungsableitungen in beliebige Richtungen für beliebige Punkte des Skalarfeldes und für spezielle Fälle,
5. Niveau im Punkt Q aus Kenntnis der Richtungsableitungen für beliebige Punkte und des Niveaus im Punkt P.

Lösungen:

Zu 1. Niveaus in den Punkten $P(2\,|2)$ und $Q(3\,|0)$:
$\varphi(2{,}2) = \frac{2 \cdot 2}{2^2} = 1$ bzw. $\varphi(3{,}0) = \frac{2 \cdot 0}{3^2} = 0$.
Zu 2. Niveaulinien für die Niveaus $\varphi = 0$, $\varphi = 1$ und $\varphi = 2$:
Die Niveaulinie für $\varphi = 0$ ergibt sich aus $0 = \frac{2 \cdot y}{x^2} \Rightarrow y = 0$.
Die Niveaulinie für $\varphi = 1$ ergibt sich aus $1 = \frac{2 \cdot y}{x^2} \Rightarrow y = \frac{1}{2} \cdot x^2$ bzw. $\frac{1}{2} \cdot x^2 - y = 0$.

Die Niveaulinie für $\varphi = 2$ ergibt sich aus $2 = \frac{2 \cdot y}{x^2} \Rightarrow y = x^2$ bzw. $x^2 - y = 0$. Die Punkte $P(2\,|2)$ und $Q(3\,|0)$ liegen auf den Niveaulinien für $\varphi = 1$ bzw. $\varphi = 0$.

Zu 3. Gradienten für beliebige Punkte des Skalarfeldes sowie für die Punkte P und Q:

$$\operatorname{grad} \varphi(x, y) = \left(\overrightarrow{e_x} \cdot \frac{\partial}{\partial x} + \overrightarrow{e_y} \cdot \frac{\partial}{\partial y}\right)(2 \cdot x^{-2} \cdot y)$$

$$= (-4 \cdot x^{-3} \cdot y) \cdot \overrightarrow{e_x} + (2 \cdot x^{-2}) \cdot \overrightarrow{e_y} = \begin{pmatrix} -\frac{4 \cdot y}{x^3} \\ \frac{2}{x^2} \end{pmatrix}$$

Gradient im Punkt $P(2\,|2)$: $\operatorname{grad} \varphi(2, 2) = \begin{pmatrix} -1 \\ \frac{1}{2} \end{pmatrix}$.

Gradient im Punkt $Q(3\,|0)$: $\operatorname{grad} \varphi(3, 0) = \begin{pmatrix} 0 \\ \frac{2}{9} \end{pmatrix}$.

Für jeden der Punkte P und Q gilt: Der Gradient verläuft senkrecht zu der Niveaulinie, auf welcher der Punkt liegt.

Zu 4. Richtungsableitungen in beliebige Richtungen für beliebige Punkte des Skalarfeldes und für spezielle Fälle:

$$\frac{d\varphi}{da} = \nabla_{\overrightarrow{e_a}} \varphi = \overrightarrow{e_a} \bullet \nabla\varphi = \overrightarrow{e_a} \bullet \begin{pmatrix} -\frac{4 \cdot y}{x^3} \\ \frac{2}{x^2} \end{pmatrix}.$$

Richtungsableitung im Punkt P in Richtung des Gradienten im Punkt P:

$$\vec{a} = \operatorname{grad} \varphi\,(2{,}2) = \begin{pmatrix} -1 \\ \frac{1}{2} \end{pmatrix} \Rightarrow \overrightarrow{e_a} = \frac{1}{\sqrt{(-1)^2 + \left(\frac{1}{2}\right)^2}} \cdot \begin{pmatrix} -1 \\ \frac{1}{2} \end{pmatrix} = \frac{2}{\sqrt{5}} \cdot \begin{pmatrix} -1 \\ \frac{1}{2} \end{pmatrix},$$

$$\frac{d\varphi}{da} = \frac{2}{\sqrt{5}} \cdot \begin{pmatrix} -1 \\ \frac{1}{2} \end{pmatrix} \bullet \begin{pmatrix} -1 \\ \frac{1}{2} \end{pmatrix} = \frac{2}{\sqrt{5}} \cdot \left((-1) \cdot (-1) + \frac{1}{2} \cdot \frac{1}{2}\right) = \frac{2}{\sqrt{5}} \cdot \frac{5}{4} = \frac{\sqrt{5}}{2}.$$

Richtungsableitung im Punkt P in Richtung der x-Achse:

$$\overrightarrow{e_a} = \begin{pmatrix} 1 \\ 0 \end{pmatrix} \Rightarrow \frac{d\varphi}{da} = \begin{pmatrix} 1 \\ 0 \end{pmatrix} \bullet \begin{pmatrix} -1 \\ \frac{1}{2} \end{pmatrix} = -1.$$

Im Punkt P stimmt die Richtungsableitung in Richtung der x-Achse mit der partiellen Ableitung nach x überein:

$$\frac{\partial\varphi}{\partial x}\Big|_P = -4 \cdot x^{-3} \cdot y\Big|_{\substack{x=2\\y=2}} = -1.$$

Richtungsableitung im Punkt P in Richtung $\overrightarrow{PQ}$:

$$\vec{a} = \overrightarrow{PQ} = \vec{Q} - \vec{P} = \begin{pmatrix}1\\-2\end{pmatrix} \Rightarrow \vec{e_a} = \frac{1}{\sqrt{1^2+(-2)^2}} \cdot \begin{pmatrix}1\\-2\end{pmatrix} = \frac{1}{\sqrt{5}} \cdot \begin{pmatrix}1\\-2\end{pmatrix},$$

$$\frac{\mathrm{d}\varphi}{\mathrm{d}a} = \frac{1}{\sqrt{5}} \cdot \begin{pmatrix}1\\-2\end{pmatrix} \cdot \begin{pmatrix}-1\\ \frac{1}{2}\end{pmatrix} = \frac{1}{\sqrt{5}} \cdot \left(1 \cdot (-1) + (-2) \cdot \frac{1}{2}\right) = \frac{-2}{\sqrt{5}}.$$

Die Richtungsableitung ist in Richtung des Gradienten am größten, in dieser Richtung besitzt die Skalarfunktion ihren größten Anstieg.

Zu 5. Niveau im Punkt Q aus Kenntnis der Richtungsableitungen für beliebige Punkte und des Niveaus im Punkt P:

Aus der Kenntnis des Niveaus in einem Punkt P können wir mithilfe der Richtungsableitung die Größe des Niveaus in einem Punkt Q durch Integration der Differenziale $\mathrm{d}\varphi$ längs eines Weges von P nach Q bestimmen. Wir berechnen dieses **Linienintegral**, indem wir den Weg von P nach Q auf der Strecke $\overline{PQ}$ zurücklegen und dabei die Ortsabhängigkeit der Richtungsableitung berücksichtigen:

$$\vec{a} = \overrightarrow{PQ} = \begin{pmatrix}1\\-2\end{pmatrix} \Rightarrow \vec{e_a} = \frac{1}{\sqrt{5}} \cdot \begin{pmatrix}1\\-2\end{pmatrix},$$

$$\frac{\mathrm{d}\varphi}{\mathrm{d}a} = \frac{1}{\sqrt{5}} \cdot \begin{pmatrix}1\\-2\end{pmatrix} \cdot \begin{pmatrix}-\frac{4 \cdot y}{x^3}\\ \frac{2}{x^2}\end{pmatrix} = \frac{1}{\sqrt{5}} \cdot \left(1 \cdot \left(-\frac{4 \cdot y}{x^3}\right) + (-2) \cdot \frac{2}{x^2}\right)$$

$$= \frac{1}{\sqrt{5}} \cdot \left(-\frac{4 \cdot y}{x^3} - \frac{4}{x^2}\right).$$

Damit wir integrieren können, müssen wir die Variable y und das Differenzial $\mathrm{d}a$ durch die Variable x ausdrücken. Da wir als Integrationsweg die Strecke $\overline{PQ}$ gewählt haben, können wir die Beziehung zwischen y und x mit der Gleichung der Geraden durch die Punkte P und Q angeben: $y = -2 \cdot x + 6$. Das Differenzial $\mathrm{d}a$ entspricht dem Differenzial der Bogenlänge auf dem Integrationsweg, deshalb gilt mit (3.4):

$$\mathrm{d}a = \sqrt{1 + \left(\frac{\mathrm{d}y}{\mathrm{d}x}\right)^2} \cdot \mathrm{d}x = \sqrt{1 + (-2)^2} \cdot \mathrm{d}x = \sqrt{5} \cdot \mathrm{d}x.$$

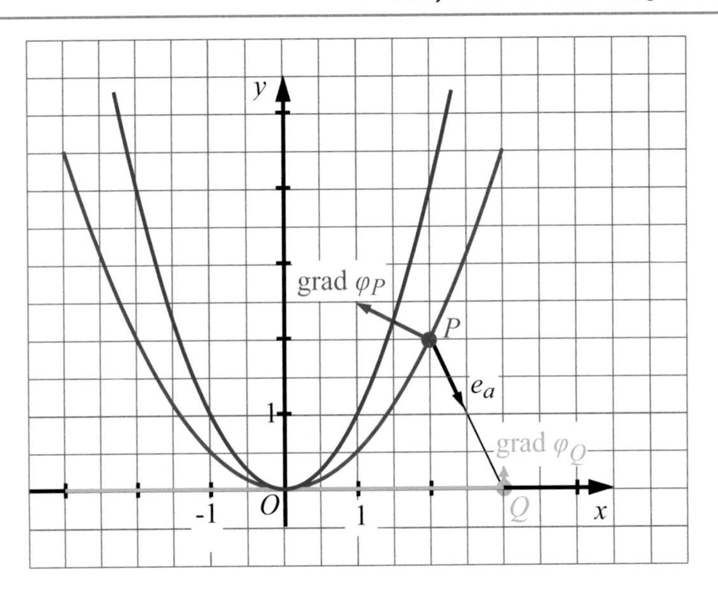

Abb. 3.10 Niveaulinien und Gradienten der Skalarfunktion φ

Wir substituieren:

$$\frac{\mathrm{d}\varphi}{\sqrt{5}\cdot\mathrm{d}x} = \frac{1}{\sqrt{5}}\cdot\left(-\frac{4\cdot(-2\cdot x+6)}{x^3} - \frac{4}{x^2}\right) = \frac{4}{\sqrt{5}}\cdot(x^{-2} - 6\cdot x^{-3}).$$

Nach Trennung der Differenziale können wir integrieren. Wir beachten dabei, dass sich beim Übergang vom Punkt P zum Punkt Q die Koordinate x von 2 bis 3 verändert:

$$\begin{aligned}
\mathrm{d}\varphi &= 4\cdot(x^{-2} - 6\cdot x^{-3})\cdot\mathrm{d}x \\
\int_P^Q \mathrm{d}\varphi &= 4\cdot\int_2^3 (x^{-2} - 6\cdot x^{-3})\cdot\mathrm{d}x = 4\cdot[-x^{-1} + 3\cdot x^{-2}]_2^3 \\
&= 4\cdot\left(\left(-\frac{1}{3}+\frac{1}{3}\right) - \left(-\frac{1}{2}+\frac{3}{4}\right)\right) \\
\varphi_Q - \varphi_P &= -1 \qquad\qquad |\varphi_P = 1 \\
\varphi_Q &= 0
\end{aligned}$$

Das Ergebnis stellt das korrekte Niveau im Punkt Q dar.

Abbildung 3.10 zeigt die Ergebnisse des Beispiels 3.9, dabei werden die Niveaulinie für $\varphi = 0$ in Grün, $\varphi = 1$ in Rot und $\varphi = 2$ in Blau dargestellt.

Beispiel 3.10

Gradient von (skalaren) Funktionen des Ortsvektors

$$\begin{aligned}\operatorname{grad}\vec{r}^2 = \operatorname{grad} r^2 &= \left(\overrightarrow{e_x}\cdot\frac{\partial}{\partial x} + \overrightarrow{e_y}\cdot\frac{\partial}{\partial y} + \overrightarrow{e_z}\cdot\frac{\partial}{\partial z}\right)(x^2+y^2+z^2)\\ &= 2\cdot x\cdot\overrightarrow{e_x} + 2\cdot y\cdot\overrightarrow{e_y} + 2\cdot z\cdot\overrightarrow{e_z} = 2\cdot\vec{r}\end{aligned}$$

Kurzschreibweise: $\operatorname{grad}\vec{r}^2 = \frac{\mathrm{d}}{\mathrm{d}\vec{r}}\vec{r}^2 = 2\cdot\vec{r}$

$$\begin{aligned}\operatorname{grad}(\vec{a}\bullet\vec{r}) &= \left(\overrightarrow{e_x}\frac{\partial}{\partial x} + \overrightarrow{e_y}\frac{\partial}{\partial y} + \overrightarrow{e_z}\frac{\partial}{\partial z}\right)(a_x\cdot x + a_y\cdot y + a_z\cdot z)\\ &= a_x\cdot\overrightarrow{e_x} + a_y\cdot\overrightarrow{e_y} + a_z\cdot\overrightarrow{e_z} = \vec{a}\end{aligned}$$

Kurzschreibweise: $\operatorname{grad}(\vec{a}\bullet\vec{r}) = \frac{d}{d\vec{r}}(\vec{a}\bullet\vec{r}) = \vec{a}$ für $\vec{a} = \overrightarrow{\text{const}}$

$$\begin{aligned}\operatorname{grad} r^n &= \left(\overrightarrow{e_x}\cdot\frac{\partial}{\partial x} + \overrightarrow{e_y}\cdot\frac{\partial}{\partial y} + \overrightarrow{e_z}\cdot\frac{\partial}{\partial z}\right)(x^2+y^2+z^2)^{\frac{n}{2}}\\ &= \frac{n}{2}\cdot(x^2+y^2+z^2)^{\frac{n}{2}-1}\cdot(2\cdot x\cdot\overrightarrow{e_x} + 2\cdot y\cdot\overrightarrow{e_y} + 2\cdot z\cdot\overrightarrow{e_z})\\ &= \frac{n}{2}\cdot(x^2+y^2+z^2)^{\frac{n-2}{2}}\cdot(2\cdot\vec{r}) = n\cdot r^{n-2}\cdot\vec{r}\end{aligned}$$

Kurzschreibweise: $\operatorname{grad} r^n = \frac{d}{d\vec{r}}(\vec{r}^2)^{\frac{n}{2}} = \frac{n}{2}\cdot(\vec{r}^2)^{\frac{n}{2}-1}\cdot(2\cdot\vec{r}) = n\cdot(r^2)^{\frac{n}{2}-1}\cdot\vec{r} = n\cdot r^{n-2}\cdot\vec{r} = n\cdot r^{n-1}\cdot\frac{\vec{r}}{r}$

$$\begin{aligned}\operatorname{grad}(\vec{a}\bullet\vec{r})^2 &= \left(\overrightarrow{e_x}\cdot\frac{\partial}{\partial x} + \overrightarrow{e_y}\cdot\frac{\partial}{\partial y} + \overrightarrow{e_z}\cdot\frac{\partial}{\partial z}\right)(a_x\cdot x + a_y\cdot y + a_z\cdot z)^2\\ &= 2\cdot(a_x\cdot x + a_y\cdot y + a_z\cdot z)\cdot(a_x\cdot\overrightarrow{e_x} + a_y\cdot\overrightarrow{e_y} + a_z\cdot\overrightarrow{e_z})\\ &= 2\cdot(\vec{a}\bullet\vec{r})\cdot\vec{a}\end{aligned}$$

Kurzschreibweise: $\operatorname{grad}(\vec{a}\bullet\vec{r})^2 = \frac{d}{d\vec{r}}(\vec{a}\bullet\vec{r})^2 = 2\cdot(\vec{a}\bullet\vec{r})\cdot\vec{a}$ für $\vec{a} = \overrightarrow{\text{const}}$

Dieses Beispiel zeigt, dass die formale Schreibweise $\operatorname{grad}\varphi = \frac{\mathrm{d}\varphi}{\mathrm{d}\vec{r}}$ sinnvoll ist.

Beispiel 3.11

Normalenvektor an eine Ellipse

Für die im Beispiel zu Abschn. 3.2.1 verwendete Ellipse soll im Punkt $A\left(2\,\middle|\,\frac{2\cdot\sqrt{5}}{3}\right)$ der Normalenvektor ermittelt werden. Dazu fassen wir die Gleichung der Ellipse in impliziter Darstellung als skalare Funktion $Ell(x,y) = \frac{x^2}{9} + \frac{y^2}{4} - 1$ auf, und wir bestimmen den Gradienten für die Niveaulinie $Ell(x,y) = \frac{x^2}{9} + \frac{y^2}{4} - 1 = 0$ im Punkt A:

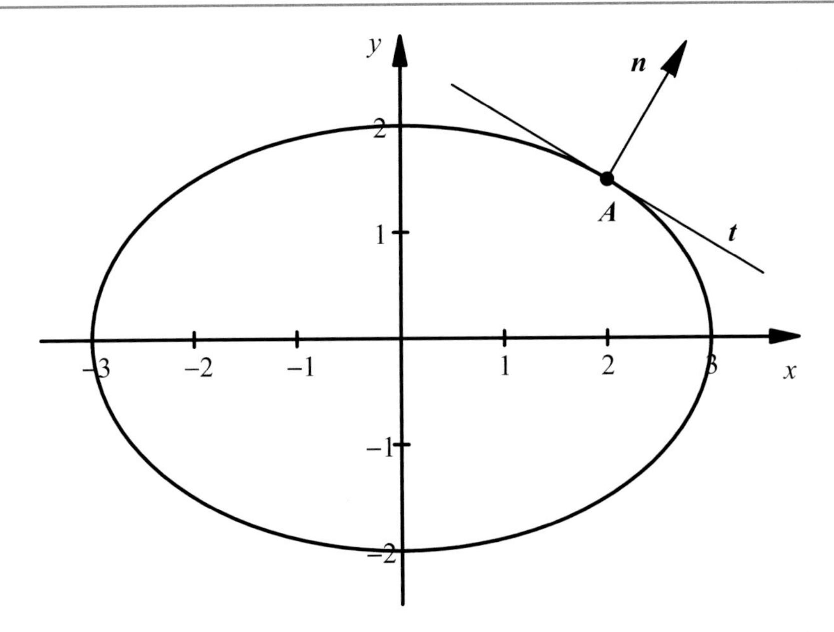

Abb. 3.11 Normalenvektor an eine Ellipse

$$\begin{aligned} \text{grad } Ell(x,y) &= \left(\overrightarrow{e_x} \cdot \frac{\partial}{\partial x} + \overrightarrow{e_y} \cdot \frac{\partial}{\partial y}\right)\left(\frac{x^2}{9} + \frac{y^2}{4} - 1\right) \\ &= \frac{2 \cdot x}{9} \cdot \overrightarrow{e_x} + \frac{y}{2} \cdot \overrightarrow{e_y} = \begin{pmatrix} \frac{2 \cdot x}{9} \\ \frac{y}{2} \end{pmatrix} \end{aligned}$$

$$\text{grad } Ell\left(2, \frac{2 \cdot \sqrt{5}}{3}\right) = \begin{pmatrix} \frac{4}{9} \\ \frac{\sqrt{5}}{3} \end{pmatrix}$$

In Abb. 3.11 haben wir den Gradienten im Punkt A und zusätzlich die Tangente in diesem Punkt dargestellt.

Beispiel 3.12

Gradient und Tangentialebene

Die Tangentialebene an eine im Anschauungsraum liegende Fläche mit $\varphi(\vec{r}) = \text{const}$ verläuft im Berührungspunkt mit dem Ortsvektor $\overrightarrow{r_0}$ senkrecht zum Gradienten in diesem Punkt. Daraus ergibt sich die Gleichung der Tangentialebene (allgemein und in kartesischen Koordinaten) zu

$$(\vec{r} - \overrightarrow{r_0}) \cdot \text{grad } \varphi(\overrightarrow{r_0}) = 0$$

$$(x - x_0) \cdot \frac{\partial \varphi(x_0, y_0, z_0)}{\partial x} + (y - y_0) \cdot \frac{\partial \varphi(x_0, y_0, z_0)}{\partial y} + (z - z_0) \cdot \frac{\partial \varphi(x_0, y_0, z_0)}{\partial z} = 0$$

Beispiel 3.13

Ermittlung des Skalarfeldes aus einem Gradienten

Gegeben: grad $\Phi(x, y) = (2 \cdot x - y^2) \cdot \overrightarrow{e_x} + (-2 \cdot x \cdot y + 3 \cdot y^2) \cdot \overrightarrow{e_y}$,
gesucht: Φ.
Lösung:

$$\frac{\partial \Phi}{\partial x} = (2 \cdot x - y^2) \Rightarrow \Phi_1 = \int (2 \cdot x - y^2) \cdot \mathrm{d}x = x^2 - x \cdot y^2 + C(y),$$
$$\frac{\partial \Phi}{\partial y} = (-2 \cdot x \cdot y + 3 \cdot y^2) \Rightarrow \Phi_2 = \int (-2 \cdot x \cdot y + 3 \cdot y^2) \cdot \mathrm{d}y$$
$$= -x \cdot y^2 + y^3 + C(x).$$

Ermittlung der Konstanten:

$$\frac{\partial \Phi_1}{\partial y} = -2 \cdot x \cdot y + \frac{\mathrm{d}C(y)}{\mathrm{d}y} \overset{!}{=} -2 \cdot x \cdot y + 3 \cdot y^2$$
$$\Rightarrow C(y) = \int (3 \cdot y^2) \cdot \mathrm{d}y = y^3 \Rightarrow \Phi_1 = x^2 - x \cdot y^2 + y^3,$$
$$\frac{\partial \Phi_2}{\partial x} = -y^2 + \frac{\mathrm{d}C(x)}{\mathrm{d}x} \overset{!}{=} 2 \cdot x - y^2$$
$$\Rightarrow C(x) = \int (2 \cdot x) \cdot \mathrm{d}x = x^2 \Rightarrow \Phi_2 = -x \cdot y^2 + y^3 + x^2.$$

Ergebnis:

$$\Phi(x, y) = x^2 - x \cdot y^2 + y^3 + C.$$

Beispiel 3.14

Gradient einer quadratischen Form

Eine **quadratische Form** ist ein Polynom, bei dem alle Summanden denselben Grad zwei besitzen. Sie kann durch eine quadratische Abbildung $\rho(x) = x^T \bullet M \bullet x$ beschrieben werden.

Beispiel: $5 \cdot x^2 - 6 \cdot x \cdot y - 2 \cdot x \cdot z + 4 \cdot y \cdot z - 7 \cdot z^2$

$$= \begin{pmatrix} x & y & z \end{pmatrix} \bullet \begin{pmatrix} 5 & -3 & -1 \\ -3 & 0 & 2 \\ -1 & 2 & -7 \end{pmatrix} \bullet \begin{pmatrix} x \\ y \\ z \end{pmatrix}.$$

Für die Berechnung des Gradienten der quadratischen Form wird es sich als zweckmäßig erweisen, dass wir die Matrix M in einen symmetrischen Anteil S und einen antisymmetrischen Anteil A zerlegen:

$$\vec{x}^T \bullet M \bullet \vec{x} = \vec{x}^T \bullet (S + A) \bullet \vec{x} \text{ mit } S = \frac{1}{2} \cdot (M + M^T) \text{ und } A = \frac{1}{2} \cdot (M - M^T).$$

Die Berechnung des Gradienten der quadratischen Form führen wir in Indexnotation durch:

$$\frac{\partial}{\partial x^k}(M_{ij} \cdot x^i \cdot x^j) = \underbrace{\frac{\partial}{\partial x^k}(A_{ij} \cdot x^i \cdot x^j)}_{\text{antisymmetrischer Anteil}} + \underbrace{\frac{\partial}{\partial x^k}(S_{ij} \cdot x^i \cdot x^j)}_{\text{symmetrischer Anteil}} \quad | \text{ Produktregel}$$

$$= A_{ij} \cdot \underbrace{\frac{\partial x^i}{\partial x^k}}_{\delta^i_k} \cdot x^j + A_{ij} \cdot x^i \cdot \underbrace{\frac{\partial x^j}{\partial x^k}}_{\delta^j_k} + S_{ij} \cdot \underbrace{\frac{\partial x^i}{\partial x^k}}_{\delta^i_k} \cdot x^j + S_{ij} \cdot x^i \cdot \underbrace{\frac{\partial x^j}{\partial x^k}}_{\delta^j_k}$$

$$= A_{kj} \cdot x^j + A_{ik} \cdot x^i + S_{kj} \cdot x^j + S_{ik} \cdot x^i \quad | \text{ Umbenennung stummer Indizes}$$

$$= A_{ki} \cdot x^i + A_{ik} \cdot x^i + S_{ki} \cdot x^i + S_{ik} \cdot x^i \quad | \text{ Nutzung Symmetrieeigenschaft der Matrixelemente}$$

$$= -A_{ik} \cdot x^i + A_{ik} \cdot x^i + S_{ik} \cdot x^i + S_{ik} \cdot x^i$$

$$\frac{\partial}{\partial x^k}(M_{ij} \cdot x^i \cdot x^j) = 2 \cdot S_{ik} \cdot x^i$$

Das Ergebnis für den Gradienten der quadratischen Form lautet in Matrizennotation:

$$\nabla(\vec{x}^T \bullet M \bullet \vec{x}) = \nabla(\vec{x}^T \bullet S \bullet \vec{x}) = 2 \cdot S \bullet \vec{x} \text{ mit } S = \frac{1}{2} \cdot (M + M^T).$$

Es zeigt sich, dass der antisymmetrische Anteil der quadratischen Form verschwindet, sodass nur der symmetrische Anteil betrachtet werden muss.

3.2.3 Kovariante Ableitung und kovariantes Differenzial

Bei ortsabhängigen Koordinatensystemen wie Polar-, Zylinder- oder Kugelkoordinatensystemen ist die Berechnung des Differenzials schwieriger als bei Koordinatensystemen mit fester Basis. Im Ergebnis ergeben sich die **kovariante Ableitung** und das **kovariante Differenzial**, die wir in Anhang 3.2 thematisieren.

Zusammenfassung

Beziehungen aus der Analysis einstelliger Funktionen:

$$\left.\frac{\mathrm{d}f}{\mathrm{d}x}\right|_{x=x_0} = \lim_{\Delta x \to 0} \left.\frac{\Delta f}{\Delta x}\right|_{x=x_0} = \lim_{\Delta x \to 0} \left.\frac{f(x_0 + \Delta x) - f(x_0)}{\Delta x}\right|_{x=x_0}$$

$$= f'(x)\big|_{x=x_0} = f'(x_0) \quad \text{... Ableitung an einer Stelle}$$

$$\mathrm{d}\ell = \sqrt{1 + \left(\frac{\mathrm{d}y}{\mathrm{d}x}\right)^2} \cdot \mathrm{d}x \quad \text{... Differenzial der Bogenlänge}$$

$$\int f(x) \cdot \mathrm{d}x = F(x) + C \Leftrightarrow F'(x) = \frac{\mathrm{d}F(x)}{\mathrm{d}x} = f(x)$$ ... Integrand und Stammfunktion

$$f(x) = \sum_{n=0}^{\infty} \frac{1}{n!} \cdot f^{(n)}(a) \cdot (x-a)^n$$ ... Satz von Taylor

Beziehungen aus der Analysis zweistelliger Funktionen:

$$\begin{aligned} \mathrm{d}f(x_0, y_0) &= \lim_{\Delta x \to 0} \frac{f(x_0 + \Delta x, y_0) - f(x_0, y_0)}{\Delta x} \cdot \Delta x + \\ &+ \lim_{\Delta y \to 0} \frac{f(x_0, y_0 + \Delta y) - f(x_0, y_0)}{\Delta y} \cdot \Delta y \\ &= \frac{\partial f(x_0, y_0)}{\partial x} \cdot \mathrm{d}x + \frac{\partial f(x_0, y_0)}{\partial y} \cdot \mathrm{d}y \\ &= f_x(x_0, y_0) \cdot \mathrm{d}x + f_y(x_0, y_0) \cdot \mathrm{d}y \end{aligned}$$ ... totales Differenzial

$$f(x, y) = \sum_{n=0}^{\infty} \frac{1}{n!} \cdot \left[(x-a) \cdot \frac{\partial}{\partial x} + (y-b) \cdot \frac{\partial}{\partial y} \right]^n f(x, y)|_{\substack{x=a \\ y=b}}$$ ... Satz von Taylor

$$y' = -\frac{g_x}{g_y} \text{ für } g(x, y(x)) = 0$$ ... Ableitung einer Funktion in impliziter Form

Beziehungen aus der Analysis N-stelliger Skalarfunktionen:

$$\begin{aligned} \mathrm{d}\varphi &= \left(\mathrm{d}x \cdot \tfrac{\partial}{\partial x} + \mathrm{d}y \cdot \tfrac{\partial}{\partial y} + \mathrm{d}z \cdot \tfrac{\partial}{\partial z} \right) \varphi \\ &= \mathrm{d}\vec{r} \cdot \nabla \varphi = \mathrm{d}\vec{r} \cdot \operatorname{grad} \varphi \end{aligned}$$ ... Differenzial und Gradient

$$\frac{\mathrm{d}\varphi}{\mathrm{d}a} = \nabla_{\vec{e_a}} \varphi = \vec{e_a} \cdot \nabla \varphi$$ ... Richtungsableitung

Anhang 3.1 Gradient in Kugelkoordinaten

In Abschn. 3.2.2 haben wir unter Verwendung von kartesischen Koordinaten Beziehungen für das totale Differenzial und für den Gradienten einer Skalarfunktion abgeleitet. Wir haben dort bereits darauf hingewiesen, dass die Beziehung (3.21)

$$\mathrm{d}\varphi = \mathrm{d}\vec{r} \cdot \nabla \varphi = \mathrm{d}\vec{r} \cdot \operatorname{grad} \varphi$$

auch bei anderen als kartesischen Koordinaten gültig ist, da das Differenzial des Richtungsvektors und der Gradient entsprechend angepasst werden. Am Beispiel von Kugelkoordinaten stellen wir diese Anpassung für den Gradienten exemplarisch vor.

Da **Substitutionen** für die Transformation des Gradienten von kartesischen Koordinaten in Kugelkoordinaten eine zentrale Rolle spielen, ist es sinnvoll, eine Betrachtung zum Thema Substitution einzufügen.

Wir betrachten folgendes Beispiel für eine zweistellige Funktion f mit den unabhängigen Variablen x und y:

$$f(x, y) = x^2 + x \cdot y.$$

Wenn die Variablen x und y jeweils Funktionen der Variablen ξ und η sind, dann können wir durch Substitution eine Funktion g mit den unabhängigen Variablen ξ und η bilden, welche in enger Beziehung zur Funktion f steht. Für

$$\begin{aligned} x = x(\xi, \eta) = \xi + \eta \\ y = y(\xi, \eta) = \xi - \eta \end{aligned} \quad \Rightarrow \quad \begin{aligned} \xi = \xi(x, y) = \frac{x + y}{2} \\ \eta = \eta(x, y) = \frac{x - y}{2} \end{aligned}$$

ergibt sich durch Substitution der Variablen x und y in der Funktion f

$$g(\xi, \eta) = x(\xi, \eta)^2 + x(\xi, \eta) \cdot y(\xi, \eta) = (\xi + \eta)^2 + (\xi + \eta) \cdot (\xi - \eta) = 2 \cdot (\xi^2 + \xi \cdot \eta).$$

Im Ergebnis der Substitution entsteht eine **andere** Funktion g in den Variablen ξ und η (es haben sich nicht nur die Variablenbezeichner geändert, sondern auch die Struktur der Funktionsterme für f und g ist unterschiedlich). Dennoch stehen die beiden Funktionen in enger Beziehung zueinander, da für die Variablen x und y bzw. ξ und η die angegebenen Transformationen bestehen.

Beispiel 3.15

$$\text{Für } (x, y) = (2{,}4) \quad \Rightarrow \quad \xi = \xi(x, y) = \frac{x + y}{2} = 3 \text{ und}$$
$$\eta = \eta(x, y) = \frac{x - y}{2} = -1, \quad \text{d. h. } (\xi, \eta) = (3, -1).$$

Es gelten:

$$\begin{aligned} f(2, 4) &= 2^2 + 2 \cdot 4 = 12, \\ g(3, -1) &= 2 \cdot (3^2 + 3 \cdot (-1)) = 12, \\ g(2, 4) &= 2 \cdot (2^2 + 2 \cdot 4) = 24 \neq 12. \end{aligned}$$

Ergebnis: $f(2, 4) = g(3, -1)$, aber $f(2, 4) \neq g(2, 4)$.

Fazit $f(x, y) = g(\xi, \eta)$ gilt, wenn die Variablen die angegebenen Beziehungen erfüllen.

In diesem Abschnitt verwenden wir folgende Bezeichnungen:

Objekt	Koordinatensystem	
	Kugelkoordinatensystem	Kartesisches Koordinatensystem
Koordinaten	r, ϑ, φ	x, y, z
Koordinatendifferenziale	$\mathrm{d}\vec{r}(r, \vartheta, \varphi)$	$\mathrm{d}\vec{x}(x, y, z)$
Basisvektoren	$\overrightarrow{g_r}, \overrightarrow{g_\vartheta}, \overrightarrow{g_\varphi}$	$\overrightarrow{e_x}, \overrightarrow{e_y}, \overrightarrow{e_z}$
Skalarfunktionen	$\psi(r, \vartheta, \varphi)$	$\chi(x, y, z)$

Wir verwenden jeweils natürliche Basisvektoren, da diese bei der Bestimmung der Koordinatendifferenziale auftreten:

$$\mathrm{d}\vec{r}(r, \vartheta, \varphi) = \frac{\partial \vec{r}}{\partial r} \cdot \mathrm{d}r + \frac{\partial \vec{r}}{\partial \vartheta} \cdot \mathrm{d}\vartheta + \frac{\partial \vec{r}}{\partial \varphi} \cdot \mathrm{d}\varphi = \overrightarrow{g_r} \cdot \mathrm{d}r + \overrightarrow{g_\vartheta} \cdot \mathrm{d}\vartheta + \overrightarrow{g_\varphi} \cdot \mathrm{d}\varphi,$$

$$\begin{aligned} \mathrm{d}\vec{x}(x, y, z) &= \frac{\partial \vec{x}}{\partial x} \cdot \mathrm{d}x + \frac{\partial \vec{x}}{\partial y} \cdot \mathrm{d}y + \frac{\partial \vec{x}}{\partial z} \cdot \mathrm{d}z \\ &= \overrightarrow{e_x} \cdot \mathrm{d}x + \overrightarrow{e_y} \cdot \mathrm{d}y + \overrightarrow{e_z} \cdot \mathrm{d}z, \text{ da } \vec{x}(x, y, z) = x \cdot \overrightarrow{e_x} + y \cdot \overrightarrow{e_y} + z \cdot \overrightarrow{e_z}. \end{aligned}$$

Gegeben

$$\begin{aligned} \operatorname{grad} \chi(x, y, z) &= (\operatorname{grad} \chi)_x \cdot \overrightarrow{e_x} + (\operatorname{grad} \chi)_y \cdot \overrightarrow{e_y} + (\operatorname{grad} \chi)_z \cdot \overrightarrow{e_z} \\ &= \frac{\partial \chi}{\partial x} \cdot \overrightarrow{e_x} + \frac{\partial \chi}{\partial y} \cdot \overrightarrow{e_y} + \frac{\partial \chi}{\partial z} \cdot \overrightarrow{e_z}, \end{aligned} \tag{3.23}$$

gesucht

$$\operatorname{grad} \psi(r, \vartheta, \varphi) = (\operatorname{grad} \psi)_r \cdot \overrightarrow{g_r} + (\operatorname{grad} \psi)_\vartheta \cdot \overrightarrow{g_\vartheta} + (\operatorname{grad} \psi)_\varphi \cdot \overrightarrow{g_\varphi}. \tag{3.24}$$

Bedingung
Die Beziehung (3.21) soll in beiden Koordinatensystemen gelten, d. h.

$$\begin{aligned} \mathrm{d}\chi(x, y, z) &= \mathrm{d}\vec{x}(x, y, z) \bullet \operatorname{grad} \chi, \\ \mathrm{d}\psi(r, \vartheta, \varphi) &= \mathrm{d}\vec{r}(r, \vartheta, \varphi) \bullet \operatorname{grad} \psi. \end{aligned}$$

Lösung
Der zentrale Gedanke, um von (3.23) nach (3.24) zu gelangen, besteht in der Substitution der Skalarfunktion in kartesischen Koordinaten durch diejenige in Kugelkoordinaten:

$$\psi(r, \vartheta, \varphi) = \chi(x, y, z). \tag{3.25}$$

Diese Substitution ist zulässig unter der Bedingung, dass zwischen den Variablen die bekannten Transformationsbeziehungen

$$\begin{aligned} x(r,\vartheta,\varphi) &= r\cdot\sin\vartheta\cdot\cos\varphi \\ y(r,\vartheta,\varphi) &= r\cdot\sin\vartheta\cdot\sin\varphi \\ z(r,\vartheta,\varphi) &= r\cdot\cos\vartheta \end{aligned} \quad\Rightarrow\quad \begin{aligned} r(x,y,z) &= \sqrt{x^2+y^2+z^2} \\ \vartheta(x,y,z) &= \arccos\frac{z}{\sqrt{x^2+y^2+z^2}} \\ \varphi(x,y,z) &= \arctan\frac{y}{x} \end{aligned} \tag{3.26}$$

gelten, die wir in Abschn. 4.2.3 für die Transformation zwischen kartesischen Koordinaten und Kugelkoordinaten angeben.

Nach Durchführung der Substitution ergibt sich aus (3.23):

$$\operatorname{grad}\chi(x,y,z) = \operatorname{grad}\psi(r,\vartheta,\varphi) = \frac{\partial\psi(r,\vartheta,\varphi)}{\partial x}\cdot\vec{e_x} + \frac{\partial\psi(r,\vartheta,\varphi)}{\partial y}\cdot\vec{e_y} + \frac{\partial\psi(r,\vartheta,\varphi)}{\partial z}\cdot\vec{e_z}. \tag{3.27}$$

Da die Skalarfunktion ψ von den Kugelkoordinaten abhängig ist, muss für die Ableitungsterme die Kettenregel angewendet werden:

$$\begin{aligned} \frac{\partial\psi(r,\vartheta,\varphi)}{\partial x} &= \frac{\partial\psi}{\partial r}\cdot\frac{\partial r}{\partial x} + \frac{\partial\psi}{\partial\vartheta}\cdot\frac{\partial\vartheta}{\partial x} + \frac{\partial\psi}{\partial\varphi}\cdot\frac{\partial\varphi}{\partial x}, \\ \frac{\partial\psi(r,\vartheta,\varphi)}{\partial y} &= \frac{\partial\psi}{\partial r}\cdot\frac{\partial r}{\partial y} + \frac{\partial\psi}{\partial\vartheta}\cdot\frac{\partial\vartheta}{\partial y} + \frac{\partial\psi}{\partial\varphi}\cdot\frac{\partial\varphi}{\partial y}, \\ \frac{\partial\psi(r,\vartheta,\varphi)}{\partial z} &= \frac{\partial\psi}{\partial r}\cdot\frac{\partial r}{\partial z} + \frac{\partial\psi}{\partial\vartheta}\cdot\frac{\partial\vartheta}{\partial z} + \frac{\partial\psi}{\partial\varphi}\cdot\frac{\partial\varphi}{\partial z}. \end{aligned} \tag{3.28}$$

Die Ableitungen der Kugelkoordinaten nach den kartesischen Koordinaten bestimmen wir aus (3.26), anschließend substituieren wir die kartesischen Koordinaten durch Kugelkoordinaten. Für die partiellen Ableitungen nach x zeigen wir das Vorgehen, dabei nutzen wir die Abkürzung $\rho = \sqrt{x^2+y^2} = r\cdot\sin\vartheta$:

$$\begin{aligned} \frac{\partial r}{\partial x} &= \frac{\partial\sqrt{x^2+y^2+z^2}}{\partial x} = \frac{x}{\sqrt{x^2+y^2+z^2}} \\ &= \frac{r\cdot\sin\vartheta\cdot\cos\varphi}{r} = \sin\vartheta\cdot\cos\varphi, \\ \frac{\partial\vartheta}{\partial x} &= \frac{\partial}{\partial x}\arccos\frac{z}{\sqrt{x^2+y^2+z^2}} \\ &= -\frac{1}{\sqrt{1-\frac{z^2}{x^2+y^2+z^2}}}\cdot z\cdot\left(-\frac{1}{2}\right)\cdot(x^2+y^2+z^2)^{-\frac{3}{2}}\cdot 2\cdot x \\ &= \frac{\sqrt{x^2+y^2+z^2}}{\sqrt{x^2+y^2}}\cdot\frac{x\cdot z}{\sqrt{x^2+y^2+z^2}^3} = \frac{x\cdot z}{\rho\cdot r^2} \\ &= \frac{r^2\cdot\sin\vartheta\cdot\cos\vartheta\cdot\cos\varphi}{r^3\cdot\sin\vartheta} = \frac{\cos\vartheta\cdot\cos\varphi}{r}, \\ \frac{\partial\varphi}{\partial x} &= \frac{\partial}{\partial x}\arctan\frac{y}{x} = \frac{1}{1+\frac{y^2}{x^2}}\cdot y\cdot(-1)\cdot x^{-2} \\ &= -\frac{y}{\rho^2} = -\frac{r\cdot\sin\vartheta\cdot\sin\varphi}{r^2\cdot\sin^2\vartheta} = -\frac{\sin\varphi}{r\cdot\sin\vartheta}. \end{aligned}$$

Die anderen Ableitungen werden analog gebildet, wir erhalten die Jakobi-Matrix:

$$\begin{pmatrix} \frac{\partial r}{\partial x} & \frac{\partial r}{\partial y} & \frac{\partial r}{\partial z} \\ \frac{\partial \vartheta}{\partial x} & \frac{\partial \vartheta}{\partial y} & \frac{\partial \vartheta}{\partial z} \\ \frac{\partial \varphi}{\partial x} & \frac{\partial \varphi}{\partial y} & \frac{\partial \varphi}{\partial z} \end{pmatrix} = \begin{pmatrix} \sin\vartheta \cdot \cos\varphi & \sin\vartheta \cdot \sin\varphi & \cos\vartheta \\ \frac{\cos\vartheta \cdot \cos\varphi}{r} & \frac{\cos\vartheta \cdot \sin\varphi}{r} & -\frac{\sin\vartheta}{r} \\ -\frac{\sin\varphi}{r \cdot \sin\vartheta} & \frac{\cos\varphi}{r \cdot \sin\vartheta} & 0 \end{pmatrix}. \tag{3.29}$$

Setzen wir (3.29) in (3.28) ein und die so gewonnenen Terme in (3.27), dann ergibt sich:

$$\begin{aligned} &\operatorname{grad} \psi(r, \vartheta, \varphi) \\ &= \left(\sin\vartheta \cdot \cos\varphi \cdot \frac{\partial \psi}{\partial r} + \frac{\cos\vartheta \cdot \cos\varphi}{r} \cdot \frac{\partial \psi}{\partial \vartheta} - \frac{\sin\varphi}{r \cdot \sin\vartheta} \cdot \frac{\partial \psi}{\partial \varphi}\right) \cdot \vec{e_x} + \\ &+ \left(\sin\vartheta \cdot \sin\varphi \cdot \frac{\partial \psi}{\partial r} + \frac{\cos\vartheta \cdot \sin\varphi}{r} \cdot \frac{\partial \psi}{\partial \vartheta} + \frac{\cos\varphi}{r \cdot \sin\vartheta} \cdot \frac{\partial \psi}{\partial \varphi}\right) \cdot \vec{e_y} + \\ &+ \left(\cos\vartheta \cdot \frac{\partial \psi}{\partial r} - \frac{\sin\vartheta}{r} \cdot \frac{\partial \psi}{\partial \vartheta}\right) \cdot \vec{e_z}. \end{aligned} \tag{3.30}$$

Die Gl. (3.30) liegt in einer **gemischten Darstellung** vor, da in den Klammern Kugelkoordinaten stehen, aber noch die Einheitsvektoren des kartesischen Koordinatensystems verwendet werden.

Um unser Ziel erreichen zu können, drücken wir die Einheitsvektoren des kartesischen Koordinatensystems durch Terme mit den Basisvektoren des Kugelkoordinatensystems aus. Dazu verwenden wir die Beziehungen für die Basisvektoren des Kugelkoordinatensystems, die wir in Abschn. 4.2.3 ermitteln. Anschließend formen wir diese Gleichungen nach den Einheitsvektoren des kartesischen Koordinatensystems um:

$$\vec{g_r} = \sin\vartheta \cdot \cos\varphi \cdot \vec{e_x} + \sin\vartheta \cdot \sin\varphi \cdot \vec{e_y} + \cos\vartheta \cdot \vec{e_z}, \tag{3.31}$$

$$\vec{g_\vartheta} = r \cdot \cos\vartheta \cdot \cos\varphi \cdot \vec{e_x} + r \cdot \cos\vartheta \cdot \sin\varphi \cdot \vec{e_y} - r \cdot \sin\vartheta \cdot \vec{e_z}, \tag{3.32}$$

$$\vec{g_\varphi} = -r \cdot \sin\vartheta \cdot \sin\varphi \cdot \vec{e_x} + r \cdot \sin\vartheta \cdot \cos\varphi \cdot \vec{e_y}. \tag{3.33}$$

Subtrahieren wir das $(\sin\vartheta)$ -Fache der Gl. (3.32) vom $(r \cdot \cos\vartheta)$ -Fachen der Gl. (3.31), dann erhalten wir

$$\begin{aligned} r \cdot \cos\vartheta \cdot \vec{g_r} - \sin\vartheta \cdot \vec{g_\vartheta} &= (r \cdot \cos^2\vartheta + r \cdot \sin^2\vartheta) \cdot \vec{e_z} = r \cdot \vec{e_z} \\ \vec{e_z} &= \cos\vartheta \cdot \vec{g_r} - \frac{\sin\vartheta}{r} \cdot \vec{g_\vartheta} \end{aligned} \tag{3.34}$$

Addieren wir das $(r \cdot \sin\vartheta)$ -Fache der Gl. (3.31) und das $(\cos\vartheta)$ -Fache der Gl. (3.32), dann erhalten wir

$$\begin{aligned} r \cdot \sin\vartheta \cdot \overrightarrow{g_r} + \cos\vartheta \cdot \overrightarrow{g_\vartheta} &= \\ &= \left(r \cdot \sin^2\vartheta \cdot \cos\varphi + r \cdot \cos^2\vartheta \cdot \cos\varphi\right) \cdot \overrightarrow{e_x} \\ &\quad + \left(r \cdot \sin^2\vartheta \cdot \sin\varphi + r \cdot \cos^2\vartheta \cdot \sin\varphi\right) \cdot \overrightarrow{e_y} \\ r \cdot \sin\vartheta \cdot \overrightarrow{g_r} + \cos\vartheta \cdot \overrightarrow{g_\vartheta} &= r \cdot \cos\varphi \cdot \overrightarrow{e_x} + r \cdot \sin\varphi \cdot \overrightarrow{e_y} \end{aligned} \tag{3.35}$$

Subtrahieren wir das $(\sin\vartheta \cdot \cos\varphi)$ -Fache der Gl. (3.35) vom $(\sin\varphi)$ -Fachen der Gl. (3.33), dann erhalten wir

$$\begin{aligned} &\sin\varphi \cdot \overrightarrow{g_\varphi} - r \cdot \sin^2\vartheta \cdot \cos\varphi \cdot \overrightarrow{g_r} - \sin\vartheta \cdot \cos\vartheta \cdot \cos\varphi \cdot \overrightarrow{g_\vartheta} = \\ &\quad = (-r \cdot \sin\vartheta \cdot \sin^2\varphi - r \cdot \sin\vartheta \cdot \cos^2\varphi) \cdot \overrightarrow{e_x} = -r \cdot \sin\vartheta \cdot \overrightarrow{e_x} \\ &\overrightarrow{e_x} = \sin\vartheta \cdot \cos\varphi \cdot \overrightarrow{g_r} + \frac{\cos\vartheta \cdot \cos\varphi}{r} \cdot \overrightarrow{g_\vartheta} - \frac{\sin\varphi}{r \cdot \sin\vartheta} \cdot \overrightarrow{g_\varphi} \end{aligned} \tag{3.36}$$

Addieren wir das $(\cos\varphi)$ -Fache der Gl. (3.33) und das $(\sin\vartheta \cdot \sin\varphi)$ -Fache der Gl. (3.35), dann erhalten wir

$$\begin{aligned} &\cos\varphi \cdot \overrightarrow{g_\varphi} + r \cdot \sin^2\vartheta \cdot \sin\varphi \cdot \overrightarrow{g_r} + \sin\vartheta \cdot \cos\vartheta \cdot \sin\varphi \cdot \overrightarrow{g_\vartheta} = \\ &\quad = (r \cdot \sin\vartheta \cdot \cos^2\varphi + r \cdot \sin\vartheta \cdot \sin^2\varphi) \cdot \overrightarrow{e_y} = r \cdot \sin\vartheta \cdot \overrightarrow{e_y} \\ &\overrightarrow{e_y} = \sin\vartheta \cdot \sin\varphi \cdot \overrightarrow{g_r} + \frac{\cos\vartheta \cdot \sin\varphi}{r} \cdot \overrightarrow{g_\vartheta} + \frac{\cos\varphi}{r \cdot \sin\vartheta} \cdot \overrightarrow{g_\varphi} \end{aligned} \tag{3.37}$$

Einsetzen von (3.34), (3.36) und (3.37) in (3.30) ergibt:

$$\begin{aligned} \operatorname{grad} \psi(r, \vartheta, \varphi) = &\left(\sin\vartheta \cdot \cos\varphi \cdot \frac{\partial\psi}{\partial r} + \frac{\cos\vartheta \cdot \cos\varphi}{r} \cdot \frac{\partial\psi}{\partial\vartheta} - \frac{\sin\varphi}{r \cdot \sin\vartheta} \cdot \frac{\partial\psi}{\partial\varphi}\right) \cdot \\ &\cdot \left(\sin\vartheta \cdot \cos\varphi \cdot \overrightarrow{g_r} + \frac{\cos\vartheta \cdot \cos\varphi}{r} \cdot \overrightarrow{g_\vartheta} - \frac{\sin\varphi}{r \cdot \sin\vartheta} \cdot \overrightarrow{g_\varphi}\right) + \\ &+ \left(\sin\vartheta \cdot \sin\varphi \cdot \frac{\partial\psi}{\partial r} + \frac{\cos\vartheta \cdot \sin\varphi}{r} \cdot \frac{\partial\psi}{\partial\vartheta} + \frac{\cos\varphi}{r \cdot \sin\vartheta} \cdot \frac{\partial\psi}{\partial\varphi}\right) \cdot \\ &\cdot \left(\sin\vartheta \cdot \sin\varphi \cdot \overrightarrow{g_r} + \frac{\cos\vartheta \cdot \sin\varphi}{r} \cdot \overrightarrow{g_\vartheta} + \frac{\cos\varphi}{r \cdot \sin\vartheta} \cdot \overrightarrow{g_\varphi}\right) + \\ &+ \left(\cos\vartheta \cdot \frac{\partial\psi}{\partial r} - \frac{\sin\vartheta}{r} \cdot \frac{\partial\psi}{\partial\vartheta}\right) \cdot \left(\cos\vartheta \cdot \overrightarrow{g_r} - \frac{\sin\vartheta}{r} \cdot \overrightarrow{g_\vartheta}\right). \end{aligned}$$

Wir ordnen die Terme und vereinfachen:

$$\begin{aligned}
\operatorname{grad} \psi(r, \vartheta, \varphi) &= \overrightarrow{g_r} \cdot \frac{\partial \psi}{\partial r} \cdot 1 + \overrightarrow{g_r} \cdot \frac{\partial \psi}{\partial \vartheta} \cdot 0 + \overrightarrow{g_r} \cdot \frac{\partial \psi}{\partial \varphi} \cdot 0 + \\
&\quad + \overrightarrow{g_\vartheta} \cdot \frac{\partial \psi}{\partial r} \cdot 0 + \overrightarrow{g_\vartheta} \cdot \frac{\partial \psi}{\partial \vartheta} \cdot \frac{1}{r^2} + \overrightarrow{g_\vartheta} \cdot \frac{\partial \psi}{\partial \varphi} \cdot 0 + \\
&\quad + \overrightarrow{g_\varphi} \cdot \frac{\partial \psi}{\partial r} \cdot 0 + \overrightarrow{g_\varphi} \cdot \frac{\partial \psi}{\partial \vartheta} \cdot 0 + \overrightarrow{g_\varphi} \cdot \frac{\partial \psi}{\partial \varphi} \cdot \frac{1}{r^2 \cdot \sin^2 \vartheta} \\
\operatorname{grad} \psi(r, \vartheta, \varphi) &= \frac{\partial \psi}{\partial r} \cdot \overrightarrow{g_r} + \frac{1}{r^2} \cdot \frac{\partial \psi}{\partial \vartheta} \cdot \overrightarrow{g_\vartheta} + \frac{1}{r^2 \cdot \sin^2 \vartheta} \cdot \frac{\partial \psi}{\partial \varphi} \cdot \overrightarrow{g_\varphi}
\end{aligned} \tag{3.38}$$

In der Literatur wird der Gradient meist mit normierten Basisvektoren angegeben. Dafür benötigen wir die Beträge der Basisvektoren, die sich aus (3.31), (3.32) und (3.33) ergeben:

$$\left|\overrightarrow{g_r}\right| = 1; \left|\overrightarrow{g_\vartheta}\right| = r; \left|\overrightarrow{g_\varphi}\right| = r \cdot \sin \vartheta. \tag{3.39}$$

Wir erhalten aus (3.38) und (3.39):

$$\begin{aligned}
\operatorname{grad} \psi(r, \vartheta, \varphi) &= \frac{\partial \psi}{\partial r} \cdot \frac{\overrightarrow{g_r}}{\left|\overrightarrow{g_r}\right|} \cdot \left|\overrightarrow{g_r}\right| + \frac{1}{r^2} \cdot \frac{\partial \psi}{\partial \vartheta} \cdot \frac{\overrightarrow{g_\vartheta}}{\left|\overrightarrow{g_\vartheta}\right|} \cdot \left|\overrightarrow{g_\vartheta}\right| \\
&\quad + \frac{1}{r^2 \cdot \sin^2 \vartheta} \cdot \frac{\partial \psi}{\partial \varphi} \cdot \frac{\overrightarrow{g_\varphi}}{\left|\overrightarrow{g_\varphi}\right|} \cdot \left|\overrightarrow{g_\varphi}\right| \\
&= \frac{\partial \psi}{\partial r} \cdot \overrightarrow{e_r} \cdot 1 + \frac{1}{r^2} \cdot \frac{\partial \psi}{\partial \vartheta} \cdot \overrightarrow{e_\vartheta} \cdot r + \frac{1}{r^2 \cdot \sin^2 \vartheta} \cdot \frac{\partial \psi}{\partial \varphi} \cdot \overrightarrow{e_\varphi} \cdot r \cdot \sin \vartheta \\
\operatorname{grad} \psi(r, \vartheta, \varphi) &= \frac{\partial \psi}{\partial r} \cdot \overrightarrow{e_r} + \frac{1}{r} \cdot \frac{\partial \psi}{\partial \vartheta} \cdot \overrightarrow{e_\vartheta} + \frac{1}{r \cdot \sin \vartheta} \cdot \frac{\partial \psi}{\partial \varphi} \cdot \overrightarrow{e_\varphi}
\end{aligned} \tag{3.40}$$

Bemerkung Wir haben in diesem Abschnitt den recht hohen technischen Aufwand in Kauf genommen, da sich an diesem nichttrivialen Beispiel das Zusammenwirken von Substitution und Koordinatentransformation sowie die Nutzung der Jakobi-Matrix deutlich zeigen.

Um bei den Rechnungen die Übersicht zu behalten, ist es erforderlich, immer den Bezug zwischen Koordinaten und zugehöriger Basis herzustellen. Leider wird dies in der Literatur nicht immer beachtet, indem zuweilen

- die zugrundeliegende Basis nicht angegeben wird,
- ein Basiswechsel unerwähnt bleibt,
- unterschiedliche Basisvektoren mit dem gleichen Symbol bezeichnet werden.

Bei dieser Vorgehensweise ergeben sich Verständnisprobleme, und es schleichen sich besonders beim Übergang zwischen reinen und gemischten Darstellungen schnell Fehler ein, die bei umfangreichen Berechnungen nur mit großem Aufwand zu finden sind. Dann helfen auch Bemerkungen wie „durch einfache Umformungen erhält man ..." oder gar „wie man leicht sieht ..." nicht weiter.

Wir deuten noch einen zweiten und einen dritten Lösungsweg zur Bestimmung der Koordinaten $(\text{grad}\ \psi)_r$, $(\text{grad}\ \psi)_\vartheta$ und $(\text{grad}\ \psi)_\varphi$ des Gradienten der Skalarfunktion ψ in Kugelkoordinaten an, da sie interessante Ansätze aufweisen.

Zweiter Lösungsweg:
Da die lokalen natürlichen Basisvektoren $(\overrightarrow{g_r}, \overrightarrow{g_\vartheta}, \overrightarrow{g_\varphi})$ des Kugelkoordinatensystems eine Orthogonalbasis bilden (Nachweis s. Abschnitt 4.2.3), ergeben sich die Koordinaten des Gradienten, wenn wir die Skalarprodukte aus diesem Vektor mit den Basisvektoren bilden. Für die φ -Koordinate des Gradienten zeigen wir das Vorgehen, die anderen Koordinaten ergeben sich analog:

$$\text{grad}\ \psi(r,\vartheta,\varphi) = (\text{grad}\ \psi)_r \cdot \overrightarrow{g_r} + (\text{grad}\ \psi)_\vartheta \cdot \overrightarrow{g_\vartheta} + (\text{grad}\ \psi)_\varphi \cdot \overrightarrow{g_\varphi} \quad | \bullet \overrightarrow{g_\varphi}$$

$$\text{grad}\ \psi(r,\vartheta,\varphi) \bullet \overrightarrow{g_\varphi} = (\text{grad}\ \psi)_\varphi \cdot \overrightarrow{g_\varphi} \bullet \overrightarrow{g_\varphi} = (\text{grad}\ \psi)_\varphi \cdot \left|\overrightarrow{g_\varphi}\right|^2$$

$$(\text{grad}\ \psi)_\varphi = \frac{\text{grad}\ \psi(r,\vartheta,\varphi) \bullet \overrightarrow{g_\varphi}}{\left|\overrightarrow{g_\varphi}\right|^2}$$

Einsetzen von (3.30), (3.33) und (3.39) ergibt nach Vereinfachung das Ergebnis $(\text{grad}\ \psi)_\varphi = \frac{1}{r^2 \cdot \sin^2\vartheta} \cdot \frac{\partial\psi}{\partial\varphi}$.

Bei noch komplizierteren Transformationen ergeben sich bei diesem Lösungsweg Terme mit den Komponenten des metrischen Tensors (im vorliegenden Beispiel war dies nur deshalb nicht der Fall, da es sich beim Kugelkoordinatensystem um ein Orthogonalsystem handelt).

Dritter Lösungsweg:
Unter Nutzung der Beziehung (4.141) aus Abschn. 4.2.4 für allgemeine Koordinatentransformationen erhalten wir Gleichungen, welche die gesuchten Koordinaten des Gradienten hinsichtlich des Kugelkoordinatensystems in Abhängigkeit von den bekannten Koordinaten des Gradienten bezüglich des kartesischen Koordinatensystems darstellen. Wir zeigen das Vorgehen wieder für die φ -Koordinate des Gradienten, die anderen Koordinaten ergeben sich analog:

$$\begin{aligned}(\text{grad}\ \psi)_\varphi &= \frac{\partial\varphi(x,y,z)}{\partial x} \cdot (\text{grad}\ \psi)_x \\ &\quad + \frac{\partial\varphi(x,y,z)}{\partial y} \cdot (\text{grad}\ \psi)_y + \frac{\partial\varphi(x,y,z)}{\partial z} \cdot (\text{grad}\ \psi)_z \\ &= \frac{\partial\varphi(x,y,z)}{\partial x} \cdot \frac{\partial\psi}{\partial x} + \frac{\partial\varphi(x,y,z)}{\partial y} \cdot \frac{\partial\psi}{\partial y} + \frac{\partial\varphi(x,y,z)}{\partial z} \cdot \frac{\partial\psi}{\partial z}\end{aligned}$$

Die benötigten partiellen Ableitungen der in kartesischen Koordinaten vorliegenden Skalarfunktion φ bestimmen wir mit (3.26), anschließend substituieren wir ebenfalls mit (3.26) die kartesischen Koordinaten durch Kugelkoordinaten. Wir verwenden wieder die Abkürzung $\rho = \sqrt{x^2 + y^2} = r \cdot \sin\vartheta$:

$$\frac{\partial\varphi(x,y,z)}{\partial x} = \frac{\partial}{\partial x}\arctan\frac{y}{x} = -\frac{\sin\varphi}{r \cdot \sin\vartheta} \text{ wie oben,}$$

$$\frac{\partial\varphi(x,y,z)}{\partial y} = \frac{\partial}{\partial y}\arctan\frac{y}{x} = \frac{1}{1+\frac{y^2}{x^2}} \cdot \frac{1}{x} = \frac{x}{\rho^2} = \frac{r \cdot \sin\vartheta \cdot \cos\varphi}{r^2 \cdot \sin^2\vartheta} = \frac{\cos\varphi}{r \cdot \sin\vartheta}$$

$$\frac{\partial\varphi(x,y,z)}{\partial z} = \frac{\partial}{\partial z}\arctan\frac{y}{x} = 0.$$

Die benötigten partiellen Ableitungen der Skalarfunktion ψ bestimmen wir wie oben mithilfe der Kettenregel (3.28) und der Jakobi-Matrix (3.29). Nach Vereinfachung ergibt sich wieder $(\text{grad}\,\psi)_\varphi = \frac{1}{r^2 \cdot \sin^2\vartheta} \cdot \frac{\partial\psi}{\partial\varphi}$.

Jeder der vorgestellten Lösungswege erfordert einen erheblichen algebraischen Aufwand. Deshalb bietet sich für derartige Transformationen die Nutzung von Computer-Algebra-Systemen oder guten Formelsammlungen an. Diese sollten die zugrundeliegende Basis ausweisen, da sich bei Verwendung einer normierten natürlichen Basis andere Beziehungen ergeben als bei Nutzung einer nichtnormierten natürlichen Basis.

Anhang 3.2 Kovariante Ableitung und kovariantes Differenzial

Für das Verständnis der folgenden Betrachtungen sind Kenntnisse der Vektorrechnung erforderlich, die wir in Kap. 4 thematisieren. Wir verwenden die Einstein'sche Summenkonvention (2.4).

Es wird ein Feldvektor $\vec{A}(P)$ am Punkt P betrachtet, dessen Koordinaten sich auf das lokale Koordinatensystem $\{\overrightarrow{g_P}\}$ dieses Punktes beziehen. Wir weisen dem Feldvektor kontravariante Koordinaten zu:

$$\vec{A}(P) = A^\alpha \cdot \overrightarrow{g_\alpha}. \tag{3.41}$$

Beim Übergang von einem Punkt P zu einem Punkt Q verändern sich die Koordinaten des Feldvektors wegen seiner Ortsabhängigkeit, außerdem unterliegen die Koordinaten einer „Pseudoänderung", da sie im Punkt Q durch ein anderes Koordinatensystem beschrieben werden als im Punkt P (diese „Pseudoänderung" tritt auch dann auf, wenn wir den Feldvektor lediglich vom Punkt P zum Punkt Q parallel verschieben). Der Versuch, die Gesamtänderung des Feldvektors durch Differenzbildung gemäß $\Delta\vec{A} = \vec{A}(Q) - \vec{A}(P)$ zu beschreiben, scheitert daran, dass es sich bei $\Delta\vec{A}$ um keinen Vektor nach physikalischem Verständnis handelt. Bei einer Koordinatentransformation transformieren sich nämlich die Vektoren $\vec{A}(P)$ und $\vec{A}(Q)$ i. A.

mit unterschiedlichen Transformationsmatrizen, da wir bei allgemeinen Betrachtungen zulassen müssen, dass die Transformationsmatrix ortsabhängige Elemente besitzt.

Der Ausweg besteht darin, dass wir zunächst für Q nur solche Punkte betrachten, die sich in infinitesimal kleiner Entfernung von P befinden, denn in diesem Fall können wir näherungsweise sowohl die Koordinaten des Feldvektors als auch die Elemente der Transformationsmatrix im Punkt $Q = P + \mathrm{d}P$ durch das im Punkt P geltende lokale Koordinatensystem beschreiben. Außerdem können wir für die mathematische Modellierung von infinitesimalen Änderungen wieder lineare Ansätze verwenden, wie wir das in der Differenzialrechnung stets getan haben. Der Übergang zu einem Punkt, der sich in makroskopischer Entfernung von P befindet, kann wie üblich durch Integration realisiert werden.

Wir führen folgende Bezeichnungen ein:

$\mathrm{d}\vec{A}\ldots$ infinitesimale Änderung des Feldvektors wegen seiner Ortsabhängigkeit,

$\delta\vec{A}\ldots$ infinitesimale „Pseudoänderung“ des Feldvektors wegen der Ortsabhängigkeit des lokalen Koordinatensystems.

Die infinitesimale Gesamtänderung des Feldvektors wird als **kovariantes Differenzial** bezeichnet und mit $\mathrm{D}\vec{A}$ symbolisiert:

$$\mathrm{D}\vec{A} = \mathrm{d}\vec{A} + \delta\vec{A}. \tag{3.42}$$

Mit (3.41) erhalten wir:

$$\mathrm{D}\vec{A} = \mathrm{d}\vec{A} + \delta\vec{A} = \mathrm{d}A^\alpha \cdot \vec{g_\alpha} + A^\alpha \cdot \mathrm{d}\vec{g_\alpha} = \frac{\partial A^\alpha}{\partial x^\beta} \cdot \mathrm{d}x^\beta \cdot \vec{g_\alpha} + A^\alpha \cdot \frac{\partial \vec{g_\alpha}}{\partial x^\beta} \cdot \mathrm{d}x^\beta. \tag{3.43}$$

Die Änderung $\mathrm{d}\vec{g_\alpha}$ von $\vec{g_\alpha}$ beim Fortschreiten längs $\vec{g_\beta}$ um $\mathrm{d}x^\beta$ wird durch die lokale Basis $\{\vec{g_P}\}$ im Punkt P durch einen formalen Ansatz ausgedrückt. Dazu werden dreifach indizierte Symbole verwendet, deren Indizes so in Hoch- bzw. Tiefstellung gebracht werden, dass die Einstein'sche Summenkonvention weiterhin angewendet werden kann. Diese Symbole werden als **Christoffel-Symbole** $\Gamma^\gamma_{\alpha\beta}$ bezeichnet. Für die mathematische Beschreibung der Änderung der Basisvektoren ergibt sich damit:

$$\mathrm{d}\vec{g_\alpha} = \frac{\partial \vec{g_\alpha}}{\partial x^\beta} \cdot \mathrm{d}x^\beta =: \Gamma^\gamma_{\alpha\beta} \cdot \vec{g_\gamma} \cdot \mathrm{d}x^\beta \text{ bzw. } \frac{\partial \vec{g_\alpha}}{\partial x^\beta} = \Gamma^\gamma_{\alpha\beta} \cdot \vec{g_\gamma}. \tag{3.44}$$

Deutung der Christoffel-Symbole

$\Gamma^\gamma_{\alpha\beta}$ ist die γ -te Komponente der Änderung von $\vec{g_\alpha}$ beim Fortschreiten längs $\vec{g_\beta}$ um $\mathrm{d}x^\beta$.

Die Berechnung der Christoffel-Symbole erfolgt mithilfe einer Beziehung zwischen diesen Symbolen und den Komponenten der metrischen Tensoren, deren Herleitung und Anwendung wir der Fachausbildung an der Hochschule überlassen.

Einsetzen von (3.44) in (3.43) ergibt

$$D\vec{A} = d\vec{A} + \delta\vec{A} = \frac{\partial A^\alpha}{\partial x^\beta} \cdot dx^\beta \cdot \overrightarrow{g_\alpha} + A^\alpha \cdot \Gamma^\gamma_{\alpha\beta} \cdot \overrightarrow{g_\gamma} \cdot dx^\beta. \tag{3.45}$$

Wir erhalten die μ -te Komponente des kovarianten Differenzials, wenn wir das Skalarprodukt aus (3.45) und $\overrightarrow{g^\mu}$ bilden:

$$D(A^\alpha \cdot \delta^\mu_\alpha) = d(A^\alpha \cdot \delta^\mu_\alpha) + \delta(A^\alpha \cdot \delta^\mu_\alpha) = \frac{\partial A^\alpha}{\partial x^\beta} \cdot dx^\beta \cdot \delta^\mu_\alpha + A^\alpha \cdot \Gamma^\gamma_{\alpha\beta} \cdot \delta^\mu_\gamma \cdot dx^\beta$$

$$DA^\mu = dA^\mu + \delta A^\mu = \frac{\partial A^\mu}{\partial x^\beta} \cdot dx^\beta + A^\alpha \cdot \Gamma^\mu_{\alpha\beta} \cdot dx^\beta = \left(\frac{\partial A^\mu}{\partial x^\beta} + A^\alpha \cdot \Gamma^\mu_{\alpha\beta}\right) \cdot dx^\beta \tag{3.46}$$

... kovariantes Differenzial der kontravarianten Koordinaten eines Vektors.

Analog zu $dy = f'(x) \cdot dx$ stellt $\frac{\partial A^\mu}{\partial x^\beta} + A^\alpha \cdot \Gamma^\mu_{\alpha\beta}$ eine Ableitung dar, die als kovariante Ableitung bezeichnet wird. In der Literatur existieren für den Term der partiellen Ableitung und für die gesamte kovariante Ableitung unterschiedliche Kurzschreibweisen:

$$\frac{\partial A^\mu}{\partial x^\beta} + A^\alpha \cdot \Gamma^\mu_{\alpha\beta} = \partial_\beta A^\mu + A^\alpha \cdot \Gamma^\mu_{\alpha\beta} =: A^\mu{}_{,\beta} + A^\alpha \cdot \Gamma^\mu_{\alpha\beta} = A^\mu{}_{;\beta} = \nabla_\beta A^\mu \tag{3.47}$$

... kovariante Ableitung der kontravarianten Koordinaten eines Vektors.

Zur Herleitung von Beziehungen für das kovariante Differenzial und die kovariante Ableitung kovarianter Koordinaten eines Vektors wählen wir für die Gesamtänderungen der kovarianten Koordinaten eines Feldvektors DB_α einen zu (3.42) analogen Ansatz:

$$DB_\alpha = dB_\alpha + \delta B_\alpha = \frac{\partial B_\alpha}{\partial x^\beta} \cdot dx^\beta + \delta B_\alpha. \tag{3.48}$$

Wir wissen, dass das Skalarprodukt zweier Vektoren mit kontra- bzw. kovarianten Koordinaten bei Koordinatentransformationen konstant ist, deshalb muss diese Eigenschaft auch beim Wechsel des lokalen Koordinatensystems gelten:

$$0 = \delta(A^\mu \cdot B_\mu) = \delta A^\mu \cdot B_\mu + A^\mu \cdot \delta B_\mu.$$

Einsetzen von $\delta A^\mu = A^\alpha \cdot \Gamma^\mu_{\alpha\beta} \cdot dx^\beta$ nach (3.46) in den ersten Summanden und Verändern der stummen Indizes im zweiten Summanden ergibt:

$$0 = \delta(A^\mu \cdot B_\mu) = A^\alpha \cdot \Gamma^\mu_{\alpha\beta} \cdot dx^\beta \cdot B_\mu + A^\alpha \cdot \delta B_\alpha = A^\alpha \cdot (\Gamma^\mu_{\alpha\beta} \cdot dx^\beta \cdot B_\mu + \delta B_\alpha).$$

Da A^α beliebig ist, wird die letzte Gleichung nur dann erfüllt, wenn

$$\delta B_\alpha = -\Gamma^\mu_{\alpha\beta} \cdot dx^\beta \cdot B_\mu. \tag{3.49}$$

Einsetzen von (3.49) in (3.48) ergibt schließlich:

$$DB_\alpha = \frac{\partial B_\alpha}{\partial x^\beta} \cdot dx^\beta - \Gamma^\mu_{\alpha\beta} \cdot B_\mu \cdot dx^\beta = \left(\frac{\partial B_\alpha}{\partial x^\beta} - \Gamma^\mu_{\alpha\beta} \cdot B_\mu\right) \cdot dx^\beta \tag{3.50}$$

... kovariantes Differenzial für kovariante Koordinaten eines Vektors,

$$\frac{\partial B_\alpha}{\partial x^\beta} - \Gamma^\mu_{\alpha\beta} \cdot B_\mu = \partial_\beta B_\alpha - \Gamma^\mu_{\alpha\beta} \cdot B_\mu =: B_{\alpha,\beta} - \Gamma^\mu_{\alpha\beta} \cdot B_\mu = B_{\alpha;\beta} = \nabla_\beta B_\alpha \tag{3.51}$$

... kovariante Ableitung für kovariante Koordinaten eines Vektors.

In Abschn. 4.3 wird thematisiert, dass Vektoren mit kontravarianten bzw. kovarianten Koordinaten als (1, 0)-Tensoren mit kontravarianten Komponenten bzw. (0, 1)-Tensoren mit kovarianten Komponenten aufgefasst werden können, wenn sich diese Komponenten so transformieren wie Koordinatendifferenziale. Unsere Ergebnisse für die kovariante Ableitung von (1, 0)- und (0, 1)-Tensoren lassen sich auf Tensoren höherer Stufe verallgemeinern.

Die kovariante Ableitung eines gemischten (1, 1)- Tensors ${Y^\lambda}_\mu$ lautet:

$$\nabla_\nu {Y^\lambda}_\mu = {Y^\lambda}_{\mu;\nu} = \partial_\nu {Y^\lambda}_\mu + \Gamma^\lambda_{\rho\nu} \cdot {Y^\rho}_\mu - \Gamma^\rho_{\mu\nu} \cdot {Y^\lambda}_\rho.$$

Die kovariante Ableitung eines (p, q) -Tensors aus p kontravarianten und q kovarianten Komponenten ergibt:

$$\nabla_\gamma T^{\alpha\ldots}_{\beta\ldots} = \frac{\partial}{\partial x^\gamma} T^{\alpha\ldots}_{\beta\ldots} + \underbrace{\Gamma^\alpha_{\gamma\lambda} \cdot T^{\lambda\ldots}_{\beta\ldots} + \ldots}_{\text{alle kontravarianten Indizes}} - \underbrace{\Gamma^\lambda_{\gamma\beta} \cdot T^{\alpha\ldots}_{\lambda\ldots} - \ldots}_{\text{alle kovarianten Indizes}} \tag{3.52}$$

Die kovariante Ableitung eines Skalars S, d. h. eines (0, 0)-Tensors, ergibt einen (0, 1)-Tensor, da:

$\mathrm{D}S = \mathrm{d}S = \frac{\partial S}{\partial x^\alpha} \cdot \mathrm{d}x^\alpha =: \; v_\alpha \cdot \mathrm{d}x^\alpha$ mit dem (0, 1)-Tensor $v_\alpha = \frac{\partial S}{\partial x^\alpha}$.

Diese Eigenschaft der kovarianten Ableitung gilt allgemein, d. h., die kovariante Ableitung eines (p, q) -Tensors ergibt einen $(p, q + 1)$ -Tensor. Aus dieser Eigenschaft, dass die kovariante Ableitung eines Tensors eine zusätzliche kovariante Stufe liefert, erklärt sich die **Bezeichnung „kovariante Ableitung"**.

In der Literatur wird zuweilen der Summand $\delta\vec{A}$ in (3.42) mit negativem Vorzeichen definiert. Da in diesem Fall auch die Christoffel-Symbole in (3.44) mit entgegengesetztem Vorzeichen eingeführt werden, ändert sich nichts an den von uns angegebenen Beziehungen.

Die in (3.47) und (3.51) benutzte Symbolschreibweise für die partielle Ableitung und die kovariante Ableitung erfordert große Sorgfalt beim Erstellen und Lesen der Formeln.

4 Vektoren

Der Begriff Vektor wird in verschiedenen Teilgebieten der Mathematik und Physik sowie in weiteren Wissenschaften genutzt, z. B. in der Informatik, der Geodäsie und bei praktischen Fragestellungen der Robotertechnik und Statik. Vor diesem Hintergrund ist es nicht verwunderlich, dass begriffliche Differenzierungen existieren, die eine Quelle von Missverständnissen sein können, wenn der jeweilige Kontext nicht beachtet wird. Wir werden solche Aspekte des Begriffs Vektor erarbeiten, die in ihrer Gesamtheit für das Begriffsverständnis wesentlich sind und in ihrer Spezifik die Grundlage für bedeutsame Anwendungsfälle bilden. Dazu betrachten wir:

- Vektoren zur Modellierung gerichteter physikalischer Größen in der klassischen Physik,
- Vektoren zur Modellierung von Verschiebungen der Punkte des Anschauungsraumes in der euklidischen Geometrie,
- Vektoren als spezielle Tensoren zur allgemeingültigen Beschreibung physikalischer Gesetze in der Relativitätstheorie,
- Vektoren als Elemente eines Vektorraumes in der linearen Algebra.

Die Frage nach dem „richtigen Vektorbegriff" wird sich bei unseren Betrachtungen nicht stellen, sie zeugt i. A. von fehlender Information, mangelndem Verständnis oder einseitiger Betrachtungsweise.

In den folgenden Abschnitten werden Vektoren sowohl in koordinatenfreier Form behandelt als auch in Darstellungen mit Koordinaten, die sich jeweils auf eine Basis oder auf eine spezielle Messvorschrift beziehen.

Die Transformationen der Koordinaten beim Wechsel der Basis oder der Messvorschrift werden detailliert betrachtet, da sie in vielen Anwendungssituationen vorkommen.

J. Wagner, *Einstieg in die Hochschulmathematik*, DOI 10.1007/978-3-662-47513-3_4

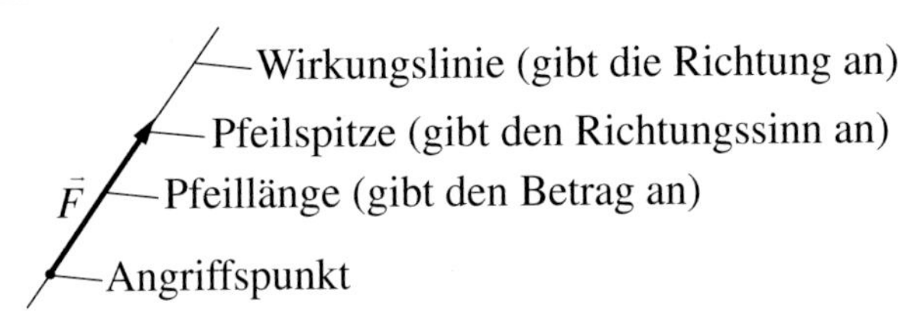

Abb. 4.1 Darstellung einer vektoriellen Größe am Beispiel der Kraft $\overrightarrow{F}$

4.1 Vektoren als Pfeile in der klassischen Physik und in der euklidischen Geometrie in koordinatenfreier Darstellung

4.1.1 Eigenschaften von Vektoren

Physikalische Größen können unterschieden werden in solche, die

- durch ihren Betrag bereits vollständig beschrieben sind, z. B. Masse, Zeit, Arbeit, Energie, Leistung (**skalare Größen**),
- erst dann vollständig beschrieben sind, wenn zusätzlich zu ihrem Betrag jeweils auch eine Richtung angegeben wird, z. B. Geschwindigkeit, Beschleunigung, Impuls, Kraft, Feldstärke (**vektorielle Größen**).

Die Thematisierung von Vektoren in der klassischen Physik und in der euklidischen Geometrie folgt der historischen Begriffsbildung und bietet den Vorteil, dass die betrachteten Vektoren wie in Abb. 4.1 anschaulich durch Pfeile dargestellt werden können (häufig wird dies durch einen Pfeil über dem Formelzeichen symbolisiert).

Die Länge des Pfeils gibt den **Betrag** der physikalischen Größe an (der Betrag ist das Produkt aus Maßzahl und Maßeinheit), z. B. $|\vec{F}| = F = 15{,}8\,\mathrm{N} = 15{,}8 \cdot 1\,\mathrm{N}$.

Wird ein Vektor $\vec{F}$ durch seinen Betrag F dividiert, dann ergibt sich ein zu $\vec{F}$ gleichgerichteter Vektor mit Betrag 1, der als **Einheitsvektor** $\overrightarrow{e_F}$ bezeichnet wird:

$$\vec{F} = |\vec{F}| \cdot \frac{\vec{F}}{|\vec{F}|} = F \cdot \frac{\vec{F}}{F} =: F \cdot \overrightarrow{e_F} \quad \text{mit} \quad |\overrightarrow{e_F}| = \left|\frac{\vec{F}}{F}\right| = \frac{1}{F} \cdot |\vec{F}| = \frac{F}{F} = 1.$$

Kann jedem Punkt des Anschauungsraumes eine physikalische Größe zugeordnet werden, dann wird die räumliche Verteilung dieser Größe mit dem Begriff **Feld** beschrieben. Dabei kann es sich um ein Skalarfeld (z. B. ein Temperaturfeld) oder um ein Vektorfeld (z. B. ein Kraftfeld) handeln. Feldvektoren sind in der Regel bezüglich ihres Betrages und ihrer Richtung ortsabhängig. Die Wirkungslinie in einem Punkt des Feldes ist die Tangente an die Feldlinie in diesem Punkt (in Kraft- und Geschwindigkeitsfeldern ist die **Feldlinie** die Bahn eines frei beweglichen Teilchens im Feld). Abbildung 4.2 veranschaulicht zwei unterschiedliche Vektorfelder durch Vektorpfeile und Feldlinien.

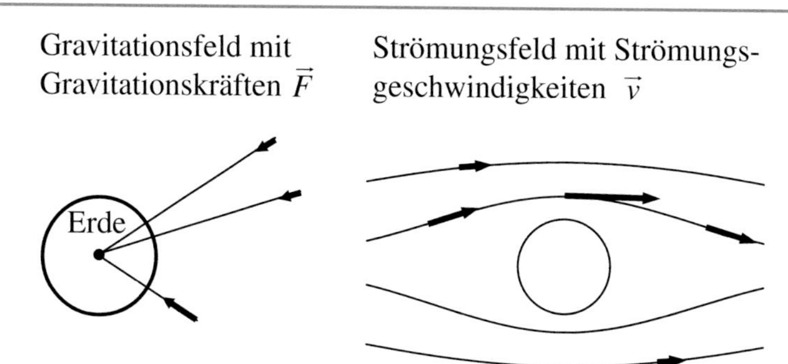

Abb. 4.2 Darstellung von Vektorfeldern mithilfe von Pfeilen und Feldlinien

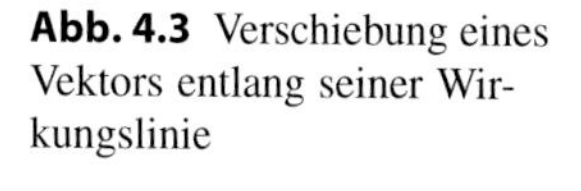

Abb. 4.3 Verschiebung eines Vektors entlang seiner Wirkungslinie

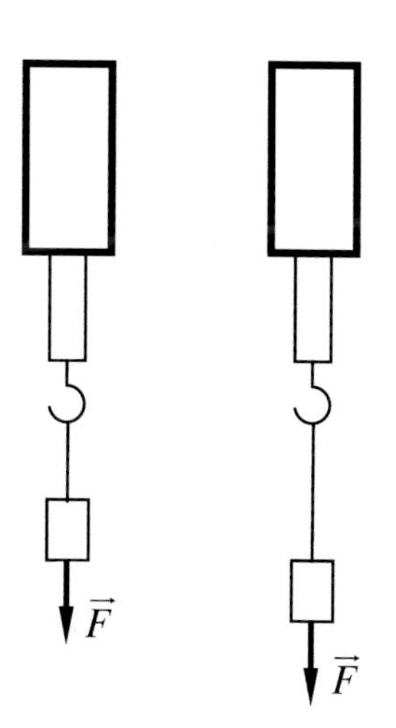

In relativ jungen Teilgebieten der Physik (z. B. Relativitätstheorie, Quantenfeldtheorie) werden sowohl Quantenobjekte („Teilchen" im Sinne von Stoff- oder Materieportionen bzw. dazu äquivalente Energieportionen) als auch deren Wechselwirkungen („Kräfte") durch spezifische Felder mathematisch einheitlich beschrieben. Diesen abstrakten Feldbegriff der modernen Physik werden wir nicht verwenden.

Durch Experimente ergeben sich Regeln für den Umgang mit vektoriellen Größen, die sich auf andere Vektoren übertragen lassen:

Regel 1 Pfeile für vektorielle Größen dürfen auf ihrer Wirkungslinie um kleine Entfernungen verschoben werden (bei Verschiebungen über große Entfernungen ist i. A. die Ortsabhängigkeit der Vektoren zu beachten), s. Abb. 4.3.

Regel 2 Die Summe mehrerer vektorieller Größen ist häufig „geometrisch" mithilfe eines Parallelogramms bestimmbar. Dabei kann der Betrag des „Summenvektors" kleiner sein als die Beträge der „Summandenvektoren" (er kann sogar null ergeben), s. Abb. 4.4.

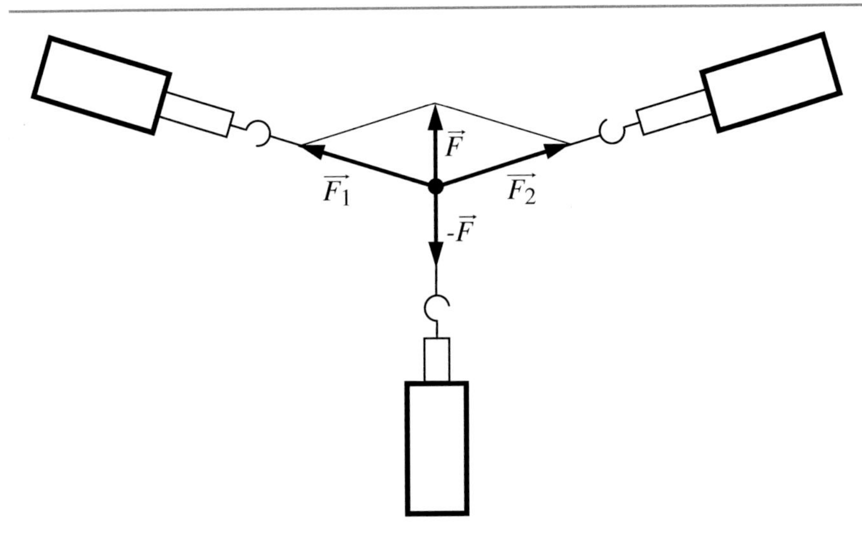

Abb. 4.4 Summe $\vec{F}$ der Vektoren $\vec{F_1}$ und $\vec{F_2}$

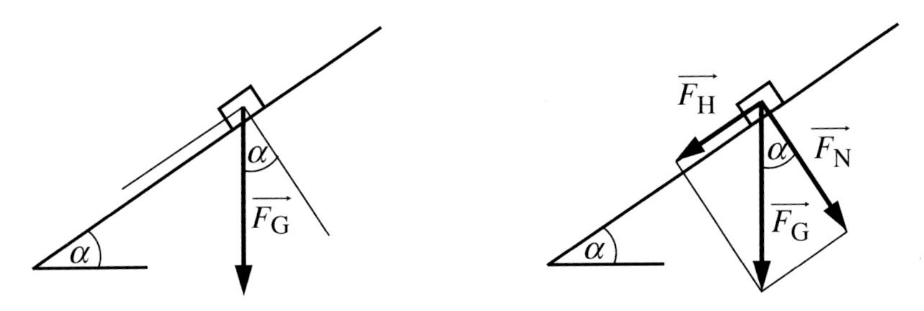

Abb. 4.5 Zerlegung des Vektors $\vec{F_G}$ in die Vektoren $\vec{F_H}$ und $\vec{F_N}$

Bemerkung Ein Beispiel für die Nichtanwendbarkeit der Regel 2 ist die Überlagerung von Geschwindigkeiten, deren Betrag jeweils denjenigen der Lichtgeschwindigkeit fast erreicht. Die mathematische Modellierung dieses Sachverhaltes erfordert eine Additionsregel, die im Rahmen der Speziellen Relativitätstheorie erarbeitet wird.

Regel 3 Eine vektorielle Größe lässt sich mithilfe eines Parallelogramms auf eindeutige Weise in eine Summe zweier vektorieller Größen zerlegen, wenn deren Richtungen bekannt sind.

Kann beispielsweise ein Körper wegen des Zwanges, den eine Unterlage auf ihn ausübt, nicht frei fallen, dann ist es zweckmäßig, die wirkende Gewichtskraft $\vec{F_\mathrm{G}}$ in zwei Kräfte zu zerlegen, die parallel bzw. senkrecht zur Unterlage wirken. Mithilfe eines Parallelogramms ergeben sich die Hangabtriebskraft $\vec{F_\mathrm{H}}$ und die Normalkraft $\vec{F_\mathrm{N}}$, in welche die Gewichtskraft $\vec{F_\mathrm{G}}$ zerlegt werden kann, s. Abb. 4.5.

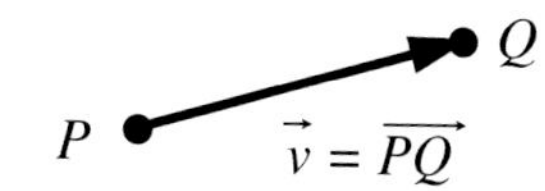

Abb. 4.6 Verschiebungsvektor

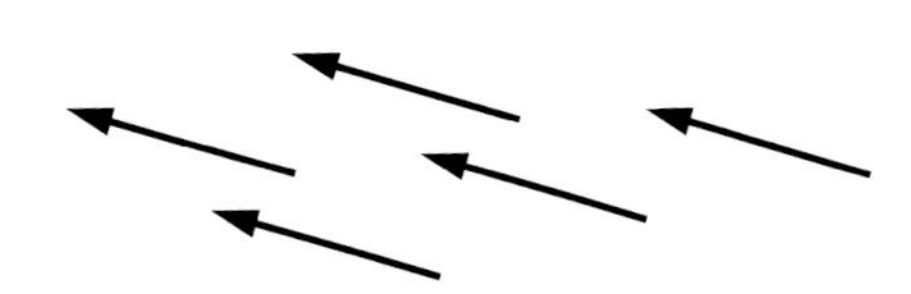

Abb. 4.7 Verschiedene Repräsentanten eines Vektors

Da im vorliegenden Fall das Parallelogramm ein Rechteck darstellt, können die Beträge der Hangabtriebskraft und der Normalkraft aus dem Betrag der Gewichtskraft und dem Neigungswinkel der geneigten Ebene besonders einfach berechnet werden:

$$F_{\mathrm{H}} = F_{\mathrm{G}} \cdot \sin\alpha \quad \text{bzw.} \quad F_{\mathrm{N}} = F_{\mathrm{G}} \cdot \cos\alpha.$$

Die Verwendung von Vektoren in der euklidischen Geometrie kann anhand der **Verschiebung von Punkten** anschaulich verdeutlicht werden, s. Abb. 4.6.

Aus der Interpretation, dass der Vektor $\vec{v} = \overrightarrow{PQ}$ den Punkt P zum Punkt Q „trägt", leitet sich die Bezeichnung *vector* (lat. Träger, Fahrer) ab.

Im **Unterschied zu den Vektoren in der Physik** bezieht sich in der **Geometrie** die Verschiebung auf alle Punkte des Raumes. Pfeile, die in Länge, Richtung und Richtungssinn übereinstimmen, beschreiben dieselbe Verschiebung und damit den gleichen Vektor (jeder einzelne Pfeil ist ein **Repräsentant** des Vektors), s. Abb. 4.7.

Zuweilen wird in der Geometrie der Begriff Vektor synonym zu Parallelverschiebung verwendet.

Eine Menge von Punkten, in der jedem Paar von Punkten ein Vektor („Verbindungsvektor" oder „Verschiebungsvektor") zugeordnet ist, wird **affiner Raum** genannt, wenn für die Punkte und Vektoren einige Axiome erfüllt sind. Falls in dieser Menge mithilfe eines euklidischen Skalarprodukts (s. Abschn. 4.1.2) auch die Größe von Längen und Winkeln bestimmt werden kann, dann wird sie als **euklidischer Raum** bezeichnet. Nähere Informationen zum Begriff **„Raum"** in der Mathematik werden in Anhang 4.1 gegeben.

Die **Addition von Vektoren** in der euklidischen Geometrie erfolgt wie bei Vektoren in der Physik geometrisch mithilfe eines Vektorparallelogramms. Bezüglich der Addition von Vektoren gelten Rechengesetze, die wir von der Addition reeller Zahlen kennen. Diese Aussage veranschaulichen wir an Beispielen mit günstig gewählten Repräsentanten:

Addition von Vektoren	
Gesetz	Veranschaulichung
Die Addition ist assoziativ: $\overrightarrow{AB} + (\overrightarrow{BC} + \overrightarrow{CD}) = \overrightarrow{AB} + \overrightarrow{BD} = \overrightarrow{AD}$, $(\overrightarrow{AB} + \overrightarrow{BC}) + \overrightarrow{CD} = \overrightarrow{AC} + \overrightarrow{CD} = \overrightarrow{AD}$	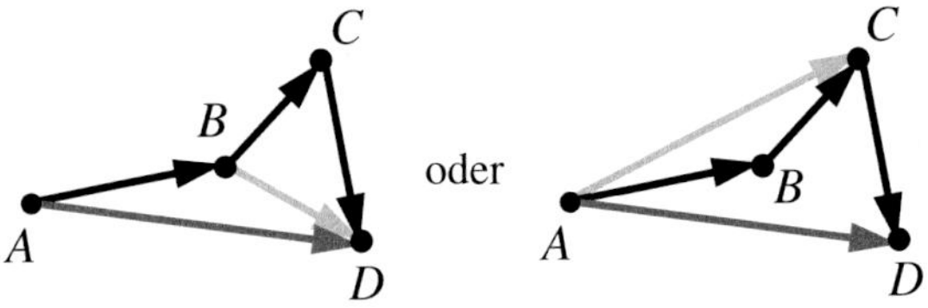
Zu jedem Vektor $\vec{v}$ existiert ein entgegengesetzter Vektor $-\vec{v}$. Die Summe aus einem Vektor und seinem entgegengesetzten Vektor ergibt den *Nullvektor* $\vec{v} + (-\vec{v}) = \vec{0}$.	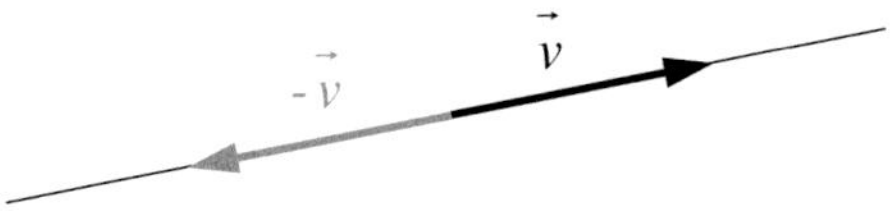
Die Addition ist umkehrbar: $\vec{x} + \vec{b} = \vec{a} \Rightarrow \vec{x} = \vec{a} + (-\vec{b}) = \vec{a} - \vec{b}$.	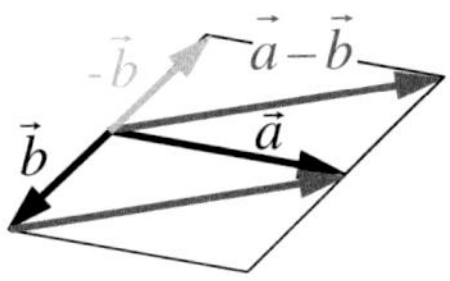
Die Addition ist kommutativ: $\vec{v_1} + \vec{v_2} = \vec{v} = \vec{v_2} + \vec{v_1}$.	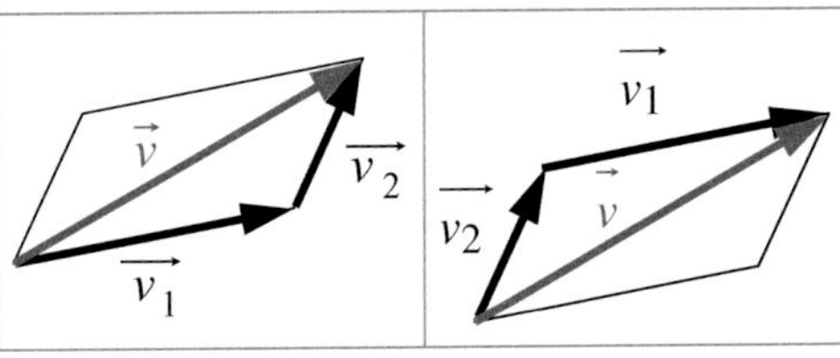

Für die Addition des Vektors $\vec{a}$ und des zum Vektor $\vec{b}$ entgegengesetzten Vektors $-\vec{b}$, d. h. für $\vec{a} + (-\vec{b})$, ist die abkürzende Schreibweise $\vec{a} - \vec{b}$ üblich, die wir vom Rechnen mit rationalen Zahlen kennen. Analog dazu wird der Term $\vec{a} - \vec{b}$ als **Subtraktion** des Vektors $\vec{b}$ vom Vektor $\vec{a}$ oder als **Differenzvektor** bezeichnet.

Die praktische Arbeit mit Differenzvektoren (s. Abb. 4.8) kann durch folgende anschauliche Interpretation erleichtert werden:

Der Vektor $\vec{c} = \overrightarrow{AB}$ transportiert den Punkt A auf direktem Weg zum Punkt B.

Der Vektor $\vec{c} = \overrightarrow{AC} + \overrightarrow{CB} = -\vec{b} + \vec{a}$ transportiert A über C nach B.

Die übliche Darstellung für den Differenzvektor $\vec{c}$ ergibt sich folgendermaßen:

$\vec{c} = -\vec{b} + \vec{a}$ | Kommutativität der Vektoraddition anwenden

$\vec{c} = \vec{a} + (-\vec{b})$ | Kurzschreibweise anwenden

$\vec{c} = \vec{a} - \vec{b}$

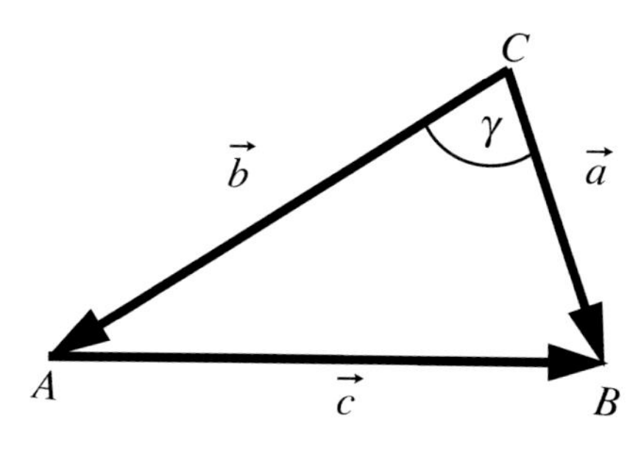

Abb. 4.8 Differenzvektor zweier Vektoren

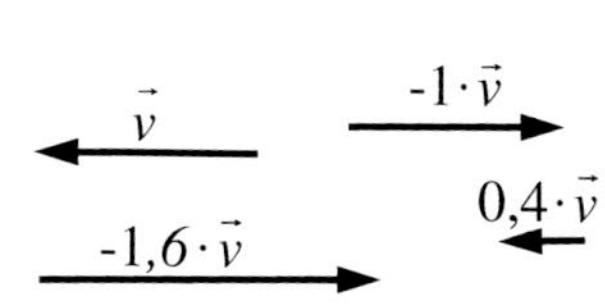

Abb. 4.9 Multiplikation eines Vektors mit einer reellen Zahl

Die **Multiplikation eines Vektors mit einer reellen Zahl** ergibt einen Vektor, bei dem die Länge seines Pfeils das entsprechende Vielfache des ursprünglichen Vektors besitzt, s. Abb. 4.9.

Die Multiplikation eines Vektors mit der reellen Zahl 0 ergibt den Nullvektor $\vec{0}$. Der Nullvektor wird häufig als 0 geschrieben, doch er ist von der reellen Zahl 0 zu unterscheiden.

Achtung
Für die Multiplikation eines Vektors mit einer reellen Zahl (die wieder einen Vektor ergibt) sind die Bezeichnungen **Skalarmultiplikation**, **S-Multiplikation** oder **skalare Multiplikation** üblich. Diese Begriffe dürfen nicht verwechselt werden mit dem in Abschn. 4.1.2 betrachteten Skalarprodukt, welches ein Produkt zweier Vektoren ist, das eine Zahl (einen Skalar) ergibt.

Wir verwenden für die Multiplikation eines Vektors mit einer reellen Zahl das gleiche Symbol „·" wie für die Multiplikation zweier reeller Zahlen, obwohl es sich um verschiedene Rechenoperationen handelt. Bei den unterschiedlichen multiplikativen Verknüpfungen zweier Vektoren werden wir andere Symbole benutzen, weil dort die Gefahr von Missverständnissen besteht.

4.1.2 Definition unterschiedlicher Produkte von Vektoren

Der Sinn der Definition von Produkten zweier Vektoren wird anhand physikalischer Betrachtungen motiviert. Die multiplikative Verknüpfung zweier vektorieller Größen muss manchmal eine skalare Größe und manchmal eine vektorielle Größe ergeben, deshalb sind aus physikalischer Sicht unterschiedliche Produkte aus jeweils zwei Vektoren zu betrachten.

Abb. 4.10 Bildung eines Skalarprodukts am Beispiel der mechanischen Arbeit

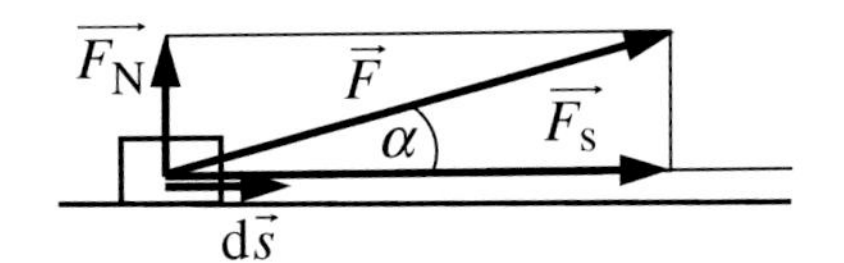

Außerdem ist es sinnvoll, für Vektoren noch eine dritte Art von multiplikativer Verknüpfung zu definieren, die dadurch charakterisiert ist, dass kein „Ergebnis" in Form eines Skalars oder eines Vektors erzeugt wird. Diese multiplikative Verknüpfung wird z. B. bei Mehrfachprodukten nützlich sein und zur Definition des Begriffs Tensor führen, der für die physikalische Theoriebildung sehr bedeutsam ist.

Skalarprodukt
Ziel: Multiplikative Verknüpfung zweier vektorieller Größen zu einer skalaren Größe
Motiv: Es ist aus physikalischer Sicht zweckmäßig, die skalare Größe mechanische Arbeit als Produkt der beiden vektoriellen Größen Kraft und Weg zu definieren.

Im Allgemeinen ist die Kraft ortsabhängig, und sie wirkt nicht in Wegrichtung. Es kann angenommen werden, dass die Kraft $\vec{F}(s)$ längs eines infinitesimalen Weges $\mathrm{d}\vec{s}$ konstant ist und mit einer Komponente $\vec{F_s}$ in Wegrichtung wirkt, s. Abb. 4.10.

Die infinitesimale Arbeit $\mathrm{d}W$, welche die Kraft $\vec{F}(s)$ längs des infinitesimalen Weges $\mathrm{d}\vec{s}$ verrichtet, wird folgendermaßen definiert:

$$\begin{aligned} \mathrm{d}W &= |\vec{F_s}| \cdot |\mathrm{d}\vec{s}| \qquad\qquad | \; |\vec{F_s}| = |\vec{F}| \cdot \cos\alpha \\ &= |\vec{F}| \cdot |\mathrm{d}\vec{s}| \cdot \cos\alpha \\ \mathrm{d}W &=: \vec{F} \bullet \mathrm{d}\vec{s} \end{aligned}$$

Eine Verallgemeinerung unserer Vorüberlegung führt zur Definition des Skalarprodukts zweier Vektoren.

Definition 4.1
Das **Skalarprodukt** $\vec{a} \bullet \vec{b}$ der Vektoren $\vec{a}$ und $\vec{b}$ ist ein Skalar mit folgender Eigenschaft:

$$\vec{a} \bullet \vec{b} := |\vec{a}| \cdot |\vec{b}| \cdot \cos \sphericalangle\left(\vec{a}, \vec{b}\right) \text{ mit } 0° \leq \sphericalangle\left(\vec{a}, \vec{b}\right) \leq 180° \qquad (4.1)$$

Ergibt das Skalarprodukt zweier Vektoren wie in der angegebenen Definition eine reelle Zahl, dann wird es als **euklidisches Skalarprodukt** bezeichnet. Diese Präzisierung wird in der Regel nur dann vorgenommen, wenn eine Verwechslungsgefahr mit der Definition des **unitären Skalarprodukts** besteht, bei dem das Resultat eine komplexe Zahl ist.

Andere Bezeichnungen für das Skalarprodukt sind **Punktprodukt** oder **inneres Produkt**. Die letztere Bezeichnung sollte mit Vorsicht verwendet werden, da die

Gefahr von Missverständnissen mit der Charakterisierung des Skalarprodukts als äußere Verknüpfung besteht (die Verknüpfung liefert ein Element aus einer anderen Menge) und das Skalarprodukt ein **spezielles inneres Produkt** darstellt (die unten aufgeführte Eigenschaft der positiven Definitheit des Skalarprodukts wird beim inneren Produkt nicht gefordert).

Schreibweisen für das Skalarprodukt: $\vec{a} \cdot \vec{b} = \langle \vec{a}, \vec{b} \rangle = \langle \vec{a} \mid \vec{b} \rangle = \vec{a} \circ \vec{b} = \vec{ab} = \mathbf{ab}$.

Eigenschaften des Skalarprodukts :

Für alle Vektoren $\vec{a}$, $\vec{b}$ und $\vec{c}$ sowie alle Skalare λ, $\mu \in \mathbb{R}$ gelten folgende Gesetze:

- Das Skalarprodukt ist kommutativ (symmetrisch):

$$\vec{a} \cdot \vec{b} = \vec{b} \cdot \vec{a}. \tag{4.2}$$

- Das Skalarprodukt ist bilinear, d. h.,
  - es ist linear im ersten Argument

$$\left(\lambda \cdot \vec{a} + \mu \cdot \vec{b}\right) \cdot \vec{c} = \lambda \cdot \vec{a} \cdot \vec{c} + \mu \cdot \vec{b} \cdot \vec{c} \tag{4.3}$$

  bzw.
  $(\vec{a} + \vec{b}) \cdot \vec{c} = \vec{a} \cdot \vec{c} + \vec{b} \cdot \vec{c}$ ... additiv (Distributivgesetz),
  $(\lambda \cdot \vec{a}) \cdot \vec{b} = \lambda \cdot (\vec{a} \cdot \vec{b})$ ... homogen,

  - es ist linear im zweiten Argument

$$\vec{a} \cdot \left(\lambda \cdot \vec{b} + \mu \cdot \vec{c}\right) = \lambda \cdot \vec{a} \cdot \vec{b} + \mu \cdot \vec{a} \cdot \vec{c} \tag{4.4}$$

  bzw.
  $\vec{a} \cdot (\vec{b} + \vec{c}) = \vec{a} \cdot \vec{b} + \vec{a} \cdot \vec{c}$ ... additiv (Distributivgesetz),
  $\vec{a} \cdot (\lambda \cdot \vec{b}) = \lambda \cdot (\vec{a} \cdot \vec{b})$ ... homogen.

- Das Skalarprodukt ist positiv definit:

$$\vec{a} \cdot \vec{a} \geq 0 \text{ mit } \vec{a} \cdot \vec{a} = 0 \Leftrightarrow \vec{a} = \vec{0}. \tag{4.5}$$

- Das Skalarprodukt ist nicht assoziativ, da es für drei Vektoren nicht definiert ist. Es ist $(\vec{a} \cdot \vec{b}) \cdot \vec{c}$ ein Vielfaches von $\vec{c}$, während $\vec{a} \cdot (\vec{b} \cdot \vec{c})$ ein Vielfaches von $\vec{a}$ ist.
- Das Skalarprodukt ist nicht umkehrbar, z. B. lösen in Abb. 4.11 beliebig viele Vektoren $\vec{x_i}$ die Gleichung $\vec{a} \cdot \vec{x_i} = \lambda$.

Bedeutung des Skalarprodukts :

Mit dem Skalarprodukt lässt sich

- die Länge eines Vektors (sein Betrag, seine **Norm** und damit der Abstand zwischen zwei Punkten) definieren:

$$\vec{a} \cdot \vec{a} = |\vec{a}| \cdot |\vec{a}| \cdot \cos 0° = a^2 \Rightarrow a = |\vec{a}| = \sqrt{\vec{a} \cdot \vec{a}}, \tag{4.6}$$

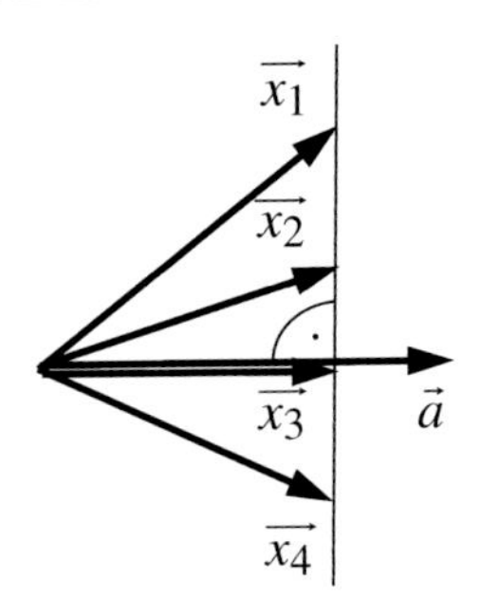

Abb. 4.11 Nichtumkehrbarkeit des Skalarprodukts

- der Winkel zwischen zwei Vektoren definieren:

$$\vec{a} \cdot \vec{b} = |\vec{a}| \cdot |\vec{b}| \cdot \cos \sphericalangle(\vec{a}, \vec{b})$$
$$\Rightarrow \sphericalangle(\vec{a}, \vec{b}) = \arccos \frac{\vec{a} \cdot \vec{b}}{|\vec{a}| \cdot |\vec{b}|} \quad \text{für} \quad \vec{a} \neq \vec{0} \text{ und } \vec{b} \neq \vec{0}, \tag{4.7}$$

- die **Orthogonalität** zweier Vektoren beschreiben bzw. testen:

$$\vec{a} \perp \vec{b} \Leftrightarrow \vec{a} \cdot \vec{b} = |\vec{a}| \cdot |\vec{b}| \cdot \cos 90° = 0 \quad \text{für} \quad \vec{a} \neq \vec{0} \text{ und } \vec{b} \neq \vec{0}, \tag{4.8}$$

- eine orthogonale Projektion realisieren, s. Abb. 4.12.

$$\vec{a} \cdot \vec{b} = |\vec{a}| \cdot \underbrace{|\vec{b}| \cdot \cos\alpha}_{|\overrightarrow{b_a}|} \qquad \vec{a} \cdot \vec{b} = |\vec{b}| \cdot \underbrace{|\vec{a}| \cdot \cos\alpha}_{|\overrightarrow{a_b}|}$$
$$|\overrightarrow{b_a}| = \frac{\vec{a} \cdot \vec{b}}{|\vec{a}|} \qquad |\overrightarrow{a_b}| = \frac{\vec{a} \cdot \vec{b}}{|\vec{b}|} \tag{4.9}$$
$$\overrightarrow{b_a} = \frac{\vec{a} \cdot \vec{b}}{|\vec{a}|} \cdot \frac{\vec{a}}{|\vec{a}|} = \frac{\vec{a} \cdot \vec{b}}{|\vec{a}|^2} \cdot \vec{a} \qquad \overrightarrow{a_b} = \frac{\vec{a} \cdot \vec{b}}{|\vec{b}|} \cdot \frac{\vec{b}}{|\vec{b}|} = \frac{\vec{a} \cdot \vec{b}}{|\vec{b}|^2} \cdot \vec{b}$$

Vektorprodukt (Kreuzprodukt, äußeres Produkt)
Ziel: Multiplikative Verknüpfung zweier vektorieller Größen zu einer vektoriellen Größe.

Motiv: Es ist aus physikalischer Sicht zweckmäßig, die vektorielle Größe Drehmoment als Produkt der beiden vektoriellen Größen Kraft und Kraftarm (Hebelarm) zu definieren.

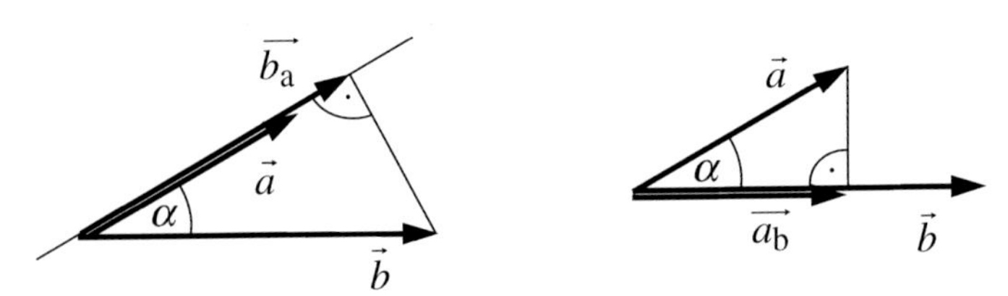

Abb. 4.12 Orthogonale Projektionen

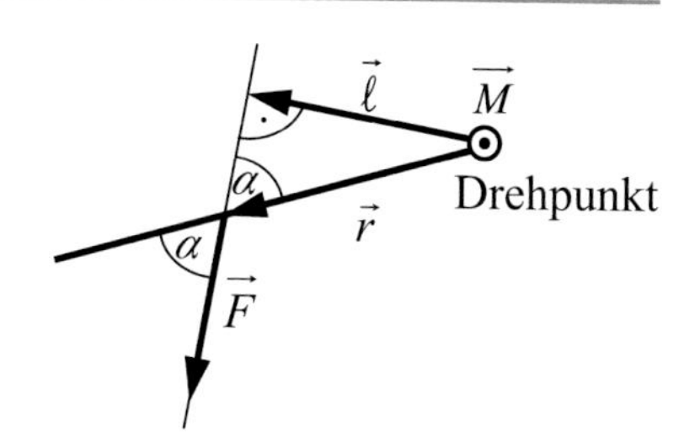

Abb. 4.13 Bildung eines Vektorprodukts am Beispiel des Drehmoments mithilfe des Kraftarms $\vec{\ell}$

Wirkt auf einen an einem Ende drehbar gelagerten Stab eine Kraft, deren Wirkungslinie von der Achse des Stabes abweicht, dann erfährt der Stab ein Drehmoment, welches rechts- oder linksdrehend gerichtet ist (wegen dieser Richtungsabhängigkeit handelt es sich beim Drehmoment um eine vektorielle Größe). Die im Abstand $\vec{r}$ zur Drehachse angreifende Kraft $\vec{F}$ wirkt dabei im Allgemeinen nicht senkrecht zum Vektor $\vec{r}$. In Abb. 4.13 wird der im Drehpunkt drehbar gelagerte Stab unter Wirkung der Kraft entgegengesetzt zum Uhrzeigersinn gedreht, d. h., es wirkt ein linksdrehendes Drehmoment $\vec{M}$.

Für die vektorielle Größe $\vec{M}$ werden folgende Vereinbarungen getroffen:

- Für den Betrag des Vektors $\vec{M}$ gilt:

$$\begin{aligned} |\vec{M}| &= |\vec{F}| \cdot |\vec{\ell}\,| && \mid |\vec{\ell}\,| = |\vec{r}| \cdot \sin\alpha \\ &= |\vec{F}| \cdot |\vec{r}| \cdot \sin\alpha \\ |\vec{M}| &=: |\vec{r} \times \vec{F}| \end{aligned}$$

- Die Richtung von $\vec{M} = \vec{r} \times \vec{F}$ verläuft orthogonal zur Ebene, die von den Vektoren $\vec{r}$ und $\vec{F}$ gebildet wird. Der Richtungssinn von $\vec{M}$ wird so gewählt, dass die Vektoren $\vec{r}$, $\vec{F}$ und $\vec{r} \times \vec{F}$ in dieser Reihenfolge ein **Rechtssystem** bilden, d. h., wenn die rechte Hand so gehalten wird, dass der Daumen in Richtung von $\vec{r}$ und der Zeigefinger in Richtung von $\vec{F}$ zeigt, dann gibt der abgespreizte Mittelfinger die Richtung von $\vec{r} \times \vec{F}$ an.
  Mit dieser Festlegung weisen die gekrümmten Finger der rechten Hand in Drehrichtung, wenn der abgespreizte Daumen dieser Hand in Richtung von $\vec{M}$ gehalten wird (in Abb. 4.13 weist der Vektor $\vec{M}$ aus der Zeichenebene heraus auf den Betrachter zu; wir sehen auf die Spitze des Vektorpfeils, die als Punkt dargestellt wird).

Das gleiche Drehmoment wie in Abb. 4.13 ergibt sich durch Zerlegung der wirkenden Kraft $\vec{F}$ in eine Zugkraft $\overrightarrow{F_Z}$ längs des Stabes (die kein Drehmoment bewirkt) und eine dazu senkrechte Normalkraft $\overrightarrow{F_N}$. Mithilfe von Abb. 4.14 bestätigen wir diese Aussage.

$$\begin{aligned} |\vec{M}| &= |\overrightarrow{F_N}| \cdot |\vec{r}| && \mid |\overrightarrow{F_N}| = |\vec{F}| \cdot \sin\alpha \\ |\vec{M}| &= |\vec{F}| \cdot |\vec{r}| \cdot \sin\alpha \end{aligned}$$

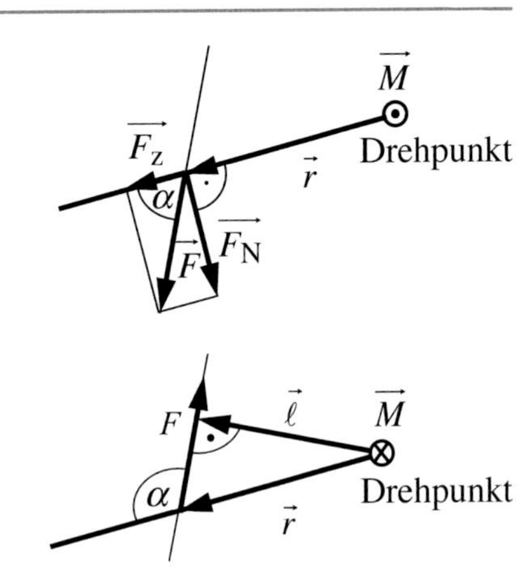

Abb. 4.14 Bildung eines Vektorprodukts am Beispiel des Drehmoments mithilfe der Normalkraft $\overrightarrow{F_N}$

Abb. 4.15 Bildung eines Vektorprodukts am Beispiel eines rechtsdrehenden Drehmoments

Bei einem rechtsdrehenden Drehmoment weist der Vektor $\vec{M}$ vom Betrachter weg in die Zeichenebene hinein; wir sehen auf den Schaft des Vektorpfeils, der als Kreuz dargestellt wird, s. Abb. 4.15.

Auch in diesem Fall ergibt sich eine korrekte Beziehung für das Drehmoment:

$$\vec{M} = \vec{r} \times \vec{F}$$

$$|\vec{M}| = |\vec{F}| \cdot |\vec{r}| \cdot \sin\alpha \qquad |\sin\alpha = \sin(180^\circ - \alpha) = \frac{|\vec{\ell}|}{|\vec{r}|}$$

$$|\vec{M}| = |\vec{F}| \cdot |\vec{\ell}|$$

Eine Verallgemeinerung unserer Vorüberlegungen führt zur Definition des Vektorprodukts zweier Vektoren.

Definition 4.2
Das **Vektorprodukt (bzw. Kreuzprodukt)** $\vec{a} \times \vec{b}$ der Vektoren $\vec{a}$ und $\vec{b}$ ist ein Vektor mit folgenden Eigenschaften:

- Richtung: $\vec{a} \times \vec{b} \perp \vec{a}$ und $\vec{a} \times \vec{b} \perp \vec{b}$ (d. h., $\vec{a} \times \vec{b}$ ist orthogonal zu der von $\vec{a}$ und $\vec{b}$ aufgespannten Ebene),
- Richtungssinn: $\vec{a}, \vec{b}$ und $\vec{a} \times \vec{b}$ bilden in dieser Reihenfolge ein Rechtssystem,
- Betrag: $|\vec{a} \times \vec{b}| := |\vec{a}| \cdot |\vec{b}| \cdot \sin\sphericalangle(\vec{a}, \vec{b})$.

Das aus den Vektoren $\vec{a}, \vec{b}$ und $\vec{a} \times \vec{b}$ gebildete **Rechtssystem** kann folgendermaßen charakterisiert werden:

- Wenn die rechte Hand so gehalten wird, dass der Daumen in Richtung von $\vec{a}$ und der Zeigefinger in Richtung von $\vec{b}$ zeigen, dann gibt der abgespreizte Mittelfinger die Richtung von $\vec{a} \times \vec{b}$ an.

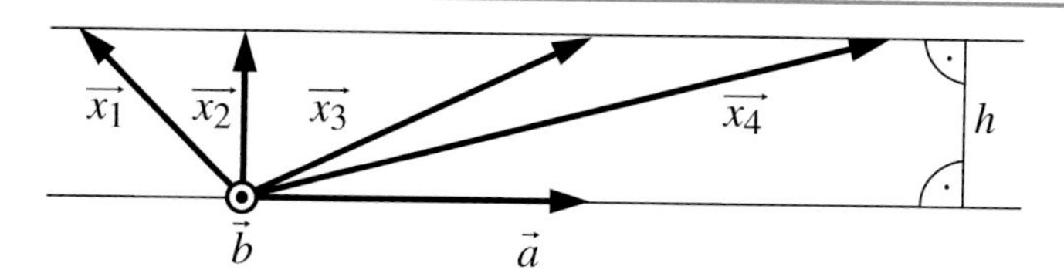

Abb. 4.16 Nichtumkehrbarkeit des Vektorprodukts

- Wenn $\vec{a}$ und $\vec{b}$ so parallel verschoben werden, dass beide Vektoren einen gemeinsamen Angriffspunkt haben und anschließend $\vec{a}$ auf $\vec{b}$ gedreht wird, dann bewegt sich ein **Korkenzieher** in Richtung von $\vec{a} \times \vec{b}$.

Schreibweisen für das Vektorprodukt: $\vec{a} \times \vec{b} = [\vec{a}, \vec{b}] = [\vec{a}\vec{b}] = \mathbf{a} \times \mathbf{b}$.

Eigenschaften des Vektorprodukts:

Für alle Vektoren $\vec{a}$, $\vec{b}$ und $\vec{c}$ sowie alle Skalare $\lambda, \mu \in \mathbb{R}$ gelten folgende Gesetze:

- Das Vektorprodukt ist antikommutativ (antisymmetrisch):

$$\vec{a} \times \vec{b} = -\vec{b} \times \vec{a}. \tag{4.10}$$

- Das Vektorprodukt ist bilinear, d. h.,
  - es ist linear im ersten Argument

$$(\lambda \cdot \vec{a} + \mu \cdot \vec{b}) \times \vec{c} = \lambda \cdot \vec{a} \times \vec{c} + \mu \cdot \vec{b} \times \vec{c} \tag{4.11}$$

    bzw.
    $(\vec{a} + \vec{b}) \times \vec{c} = \vec{a} \times \vec{c} + \vec{b} \times \vec{c}$ ... additiv (Distributivgesetz),
    $(\lambda \cdot \vec{a}) \times \vec{b} = \lambda \cdot (\vec{a} \times \vec{b})$ ... homogen,
  - es ist linear im zweiten Argument

$$\vec{a} \times \left(\lambda \cdot \vec{b} + \mu \cdot \vec{c}\right) = \lambda \cdot \vec{a} \times \vec{b} + \mu \cdot \vec{a} \times \vec{c} \tag{4.12}$$

    bzw.
    $\vec{a} \times (\vec{b} + \vec{c}) = \vec{a} \times \vec{b} + \vec{a} \times \vec{c}$ ... additiv (Distributivgesetz),
    $\vec{a} \times (\lambda \cdot \vec{b}) = \lambda \cdot (\vec{a} \times \vec{b})$ ... homogen.
- Das Vektorprodukt ist nicht assoziativ, vielmehr gilt die Graßmann-Identität (s. Abschn. 4.1.3).
- Das Vektorprodukt ist nicht umkehrbar, z. B. lösen in der Abb. 4.16 beliebig viele Vektoren $\overrightarrow{x_i}$ die Gleichung $\vec{a} \times \overrightarrow{x_i} = \vec{b}$.

Bedeutung des Vektorprodukts:

Mit dem Vektorprodukt lässt sich

- die Parallelität und die Kollinearität (Lage auf der gleichen Wirkungslinie) zweier Vektoren beschreiben bzw. testen:

$$\vec{a} \parallel \vec{b} \Leftrightarrow |\vec{a} \times \vec{b}| = |\vec{a}| \cdot |\vec{b}| \cdot \sin 0° = 0 \quad \text{für} \quad \vec{a} \neq \vec{0} \text{ und } \vec{b} \neq \vec{0}, \tag{4.13}$$

- der Flächeninhalt eines Parallelogramms berechnen, s. Abb. 4.17.

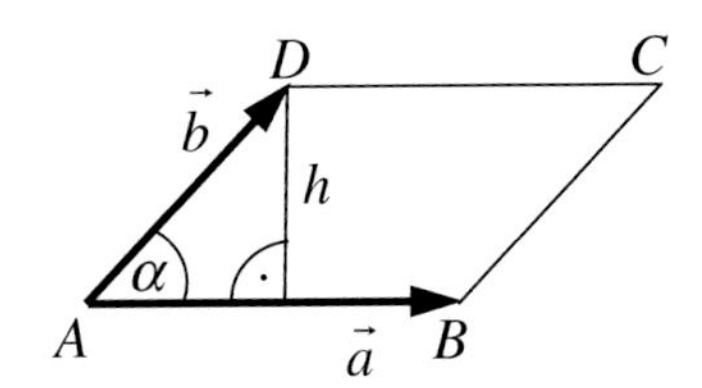

Abb. 4.17 Flächeninhalt eines Parallelogramms

Für den Flächeninhalt des Parallelogramms ergibt sich:

$$A = \overline{AB} \cdot h = |\overrightarrow{AB}| \cdot h = |\vec{a}| \cdot |\vec{b}| \cdot \sin\alpha = |\vec{a} \times \vec{b}|. \tag{4.14}$$

Tensorprodukt (dyadisches Produkt)
Ziel: Multiplikative Verknüpfung zweier vektorieller Größen ohne ein „Ergebnis" zu erzeugen.

Motiv: Es soll eine multiplikative Verknüpfung von Vektoren gebildet werden, die nicht weiter vereinfacht wird (das Produkt soll kein „Ergebnis" in Form eines Skalars wie beim Skalarprodukt oder in Form eines Vektors wie beim Vektorprodukt haben). Dieses Produkt wird als Tensorprodukt (tensorielles Produkt oder dyadisches Produkt) bezeichnet, weil damit Tensoren erzeugt werden können (s. Abschn. 4.3).

Schreibweisen für das Tensorprodukt: $\vec{a} \otimes \vec{b} = |\vec{a}\rangle\langle\vec{b}| = \mathbf{ab}$.

Ein Tensorprodukt kann von links oder von rechts multiplikativ mit anderen Vektoren oder Skalaren verknüpft werden, z. B. ergibt die Multiplikation des Tensorprodukts $\vec{a} \otimes \vec{b}$ mit dem Vektor $\vec{c}$ bzw. dem Skalar λ folgende Terme:

$\vec{a} \otimes \vec{b} \bullet \vec{c} = \vec{a} \cdot (\vec{b} \bullet \vec{c}) = \vec{a} \cdot \left\langle \vec{b}, \vec{c} \right\rangle \ldots$ Vielfaches des Vektors $\vec{a}$,
$\vec{c} \bullet \vec{a} \otimes \vec{b} = (\vec{c} \bullet \vec{a}) \cdot \vec{b} = \langle \vec{c}, \vec{a} \rangle \cdot \vec{b} \ldots$ Vielfaches des Vektors $\vec{b}$,
$\vec{a} \otimes \vec{b} \times \vec{c} \ldots$ Tensorprodukt der Vektoren $\vec{a}$ und $\vec{b} \times \vec{c}$,
$\vec{a} \otimes \vec{b} \otimes \vec{c} \ldots$ Tensorprodukt der Vektoren $\vec{a}$, $\vec{b}$ und $\vec{c}$,
$\lambda \cdot \vec{a} \otimes \vec{b} \ldots$ Vielfaches des Tensorprodukts $\vec{a} \otimes \vec{b}$.

> **Bemerkung** Die tensorielle Multiplikation kann mit folgender Analogie verdeutlicht werden:
>
> $16 \otimes 28$ wird nicht zu 448 ausgewertet, sondern als Produkt zweier Zahlen stehengelassen.
>
> Eine Multiplikation mit 2 kann von links oder von rechts erfolgen, dies ergibt:
>
> $$2 \cdot 16 \otimes 28 = 32 \otimes 28 \text{ bzw. } 16 \otimes 28 \cdot 2 = 16 \otimes 56.$$
>
> Eine Division durch 4 kann ebenfalls von links oder von rechts erfolgen, dies ergibt:
>
> $$16 : 4 \otimes 28 = 4 \otimes 28 \text{ bzw. } 16 \otimes 28 : 4 = 16 \otimes 7.$$

Eigenschaften des Tensorprodukts:

Für alle Vektoren $\vec{a}$, $\vec{b}$ und $\vec{c}$ sowie alle Skalare λ, $\mu \in \mathbb{R}$ gelten folgende Gesetze:

- Das Tensorprodukt ist bilinear, d. h.,
  - es ist linear im ersten Argument

$$(\lambda \cdot \vec{a} + \mu \cdot \vec{b}) \otimes \vec{c} = \lambda \cdot \vec{a} \otimes \vec{c} + \mu \cdot \vec{b} \otimes \vec{c} \tag{4.15}$$

bzw.
$(\vec{a} + \vec{b}) \otimes \vec{c} = \vec{a} \otimes \vec{c} + \vec{b} \otimes \vec{c}$ ... additiv (Distributivgesetz),
$(\lambda \cdot \vec{a}) \otimes \vec{b} = \lambda \cdot (\vec{a} \otimes \vec{b})$ ... homogen,

  - es ist linear im zweiten Argument

$$\vec{a} \otimes (\lambda \cdot \vec{b} + \mu \cdot \vec{c}) = \lambda \cdot \vec{a} \otimes \vec{b} + \mu \cdot \vec{a} \otimes \vec{c} \tag{4.16}$$

bzw.
$\vec{a} \otimes (\vec{b} + \vec{c}) = \vec{a} \otimes \vec{b} + \vec{a} \otimes \vec{c}$ ... additiv (Distributivgesetz),
$\vec{a} \otimes (\lambda \cdot \vec{b}) = \lambda \cdot (\vec{a} \otimes \vec{b})$ ... homogen.

- Das Tensorprodukt ist nicht kommutativ.

Bedeutung des Tensorprodukts:

Mit dem Tensorprodukt lassen sich Projektionsoperatoren bilden, die eine effektive Berechnung der Projektion eines Vektors in eine vorgegebene Richtung ermöglichen.

Soll z. B. ein Vektor $\vec{b}$ in Richtung eines Vektors $\vec{a}$ projiziert werden, dann wird

- aus den Einheitsvektoren des Vektors $\vec{a}$ ein Projektionsoperator P_a gebildet

$$P_a = \frac{\vec{a}}{|\vec{a}|} \otimes \frac{\vec{a}}{|\vec{a}|},$$

- der Projektionsoperator P_a mittels Skalarproduktbildung auf den Vektor $\vec{b}$ angewendet

$$P_a \bullet \vec{b} = \left(\frac{\vec{a}}{|\vec{a}|} \otimes \frac{\vec{a}}{|\vec{a}|} \right) \bullet \vec{b} = \vec{a} \otimes \frac{\vec{a} \bullet \vec{b}}{|\vec{a}|^2} = \frac{\vec{a} \bullet \vec{b}}{|\vec{a}|^2} \cdot \vec{a} = \overrightarrow{b_a} \ldots s.\ (4.9).$$

Bei der Umformung wurde beachtet, dass $\frac{\vec{a} \bullet \vec{b}}{|\vec{a}|^2}$ eine reelle Zahl darstellt.

Wegen der Kommutativität des Skalarprodukts darf der Vektor $\vec{b}$ auch von links multipliziert werden: $\vec{b} \bullet P_a = \vec{b} \bullet (\frac{\vec{a}}{|\vec{a}|} \otimes \frac{\vec{a}}{|\vec{a}|}) = \frac{\vec{a} \bullet \vec{b}}{|\vec{a}|^2} \cdot \vec{a} = \overrightarrow{b_a}$.

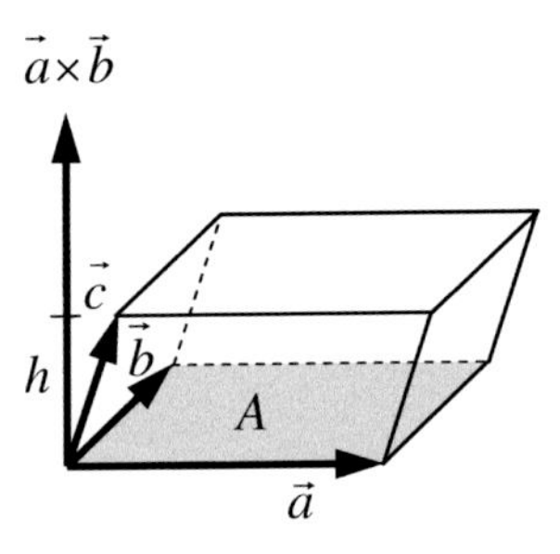

Abb. 4.18 Spat

4.1.3 Mehrfachprodukte von Vektoren

Drei Vektoren, die nicht in einer Ebene liegen, spannen einen Körper auf, der als Spat (oder Parallelepiped) bezeichnet wird, s. Abb. 4.18.

> Das gemischte Produkt $(\vec{a} \times \vec{b}) \cdot \vec{c}$ wird als **Spatprodukt** bezeichnet. Es stellt eine reelle Zahl dar, deren Betrag gleich dem **Volumen** des von den Vektoren $\vec{a}, \vec{b}$ und $\vec{c}$ aufgespannten Spats ist:
>
> $$\text{abs}((\vec{a} \times \vec{b}) \cdot \vec{c}) = \text{abs}\left(\underbrace{|\vec{a} \times \vec{b}|}_{A} \cdot \underbrace{|\vec{c}| \cdot \cos\sphericalangle(\vec{a} \times \vec{b}, \vec{c})}_{h}\right) = V.$$

Schreibweisen für das Spatprodukt: $(\vec{a} \times \vec{b}) \cdot \vec{c} = [\vec{a}\vec{b}\vec{c}] = [\vec{a}, \vec{b}, \vec{c}] = \langle\langle\vec{a}, \vec{b}, \vec{c}\rangle\rangle$.

Das gleiche Volumen des Spats ergibt sich, wenn die durch die Vektoren $\vec{a}$ und $\vec{c}$ oder die durch die Vektoren $\vec{b}$ und $\vec{c}$ aufgespannte Fläche als Grundfläche aufgefasst wird. Mit der Kommutativität des Skalarprodukts und der Antikommutativität des Vektorprodukts gilt für das Volumen des Spats:

$$V = (\vec{a} \times \vec{b}) \cdot \vec{c} = [\vec{a}\vec{b}\vec{c}] = [\vec{b}\vec{c}\vec{a}] = [\vec{c}\vec{a}\vec{b}] = -[\vec{a}\vec{c}\vec{b}] = -[\vec{b}\vec{a}\vec{c}] = -[\vec{c}\vec{b}\vec{a}]. \tag{4.17}$$

> **Merkregel**
> $[\vec{a}\vec{b}\vec{c}]$ und die zyklischen Vertauschungen davon sind positiv,
> $[\vec{c}\vec{b}\vec{a}]$ und die zyklischen Vertauschungen davon sind negativ.

Wenn einer der im Spatprodukt vorkommenden Vektoren ein Vielfaches von einem der anderen Vektoren ist oder wenn sich der dritte dieser Vektoren als Linearkombination der anderen beiden Vektoren ergibt, dann spannen diese Vektoren keinen Körper auf und das Spatprodukt ergibt null, da kein Volumen existiert. Da in beiden Fällen die drei Vektoren in einer Ebene liegen („komplanar" sind), gilt:

$$\vec{a}; \vec{b}; \vec{c} \textbf{ komplanar} \Leftrightarrow \left(\vec{a} \times \vec{b}\right) \cdot \vec{c} = 0 \tag{4.18}$$

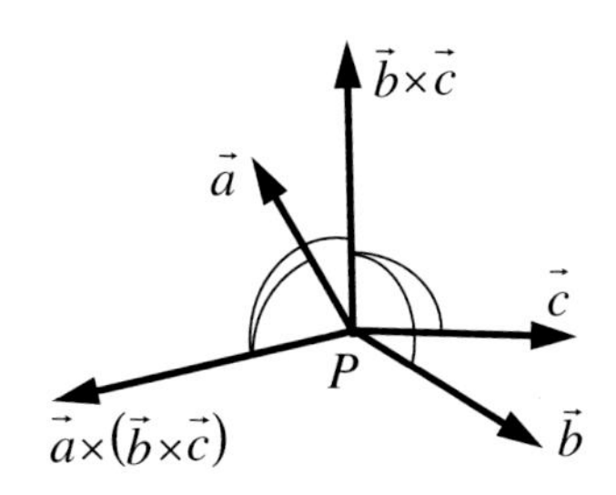

Abb. 4.19 Veranschaulichung eines doppelten Vektorprodukts (die eingezeichneten Kreisbögen kennzeichnen rechte Winkel)

Im Rahmen der **Vektoralgebra** werden weitere Beziehungen für Mehrfachprodukte von Vektoren thematisiert:

$$\vec{a} \times (\vec{b} \times \vec{c}) = \vec{b} \cdot (\vec{a} \cdot \vec{c}) - \vec{c} \cdot (\vec{a} \cdot \vec{b}) \tag{4.19}$$

... Graßmann-Identität (Graßmann'scher Entwicklungssatz, BAC-CAB-Formel),

$$\vec{a} \times (\vec{b} \times \vec{c}) + \vec{b} \times (\vec{c} \times \vec{a}) + \vec{c} \times (\vec{a} \times \vec{b}) = 0 \ldots \text{Jacobi - Identität}, \tag{4.20}$$

$$(\vec{a} \times \vec{b}) \cdot (\vec{c} \times \vec{d}) = (\vec{a} \cdot \vec{c}) \cdot (\vec{b} \cdot \vec{d}) - (\vec{b} \cdot \vec{c}) \cdot (\vec{a} \cdot \vec{d}) \ldots \text{Lagrange - Identität}, \tag{4.21}$$

$$(\vec{a} \times \vec{b}) \times (\vec{c} \times \vec{d}) = [\vec{a}\vec{b}\vec{d}] \cdot \vec{c} - [\vec{a}\vec{b}\vec{c}] \cdot \vec{d} = [\vec{a}\vec{c}\vec{d}] \cdot \vec{b} - [\vec{b}\vec{c}\vec{d}] \cdot \vec{a}. \tag{4.22}$$

Den zentralen Satz stellt die Graßmann-Identität dar, da sich daraus die Jacobi-Identität, die Lagrange-Identität und auch (4.22) herleiten lassen. Der Beweis der Graßmann-Identität in koordinatenfreier Form ist lehrreich, da er das typische Vorgehen in der Vektoralgebra verdeutlicht. Deshalb führen wir ihn hier an.

Beweis von (4.19):
Für den Beweis verwenden wir Abb. 4.19.

Der Ansatz ergibt sich aus geometrischen Überlegungen:

Wir betrachten Repräsentanten der Vektoren $\vec{a}, \vec{b}$ und $\vec{c}$ in einem beliebigen Punkt P.

Der Vektor $(\vec{b} \times \vec{c})$ verläuft senkrecht zu der durch $\vec{b}$ und $\vec{c}$ aufgespannten Ebene, und der Vektor $\vec{a} \times (\vec{b} \times \vec{c})$ verläuft senkrecht zu der durch $\vec{a}$ und $(\vec{b} \times \vec{c})$ aufgespannten Ebene. Deshalb liegt der Vektor $\vec{a} \times (\vec{b} \times \vec{c})$ in der durch $\vec{b}$ und $\vec{c}$ aufgespannten Ebene.

Ansatz 1:

$$\vec{a} \times (\vec{b} \times \vec{c}) = u \cdot \vec{b} + v \cdot \vec{c}. \tag{I}$$

Wird bezüglich Ansatz 1 ein Skalarprodukt mit $\vec{a}$ gebildet, dann ergibt sich auf der linken Seite null (zwei gleiche Vektoren $\vec{a}$ im Spatprodukt), und es folgt

$$0 = \vec{a} \cdot [\vec{a} \times (\vec{b} \times \vec{c})] = u \cdot \vec{a} \cdot \vec{b} + v \cdot \vec{a} \cdot \vec{c}. \tag{II}$$

Abb. 4.20 Spezielle Vektoren

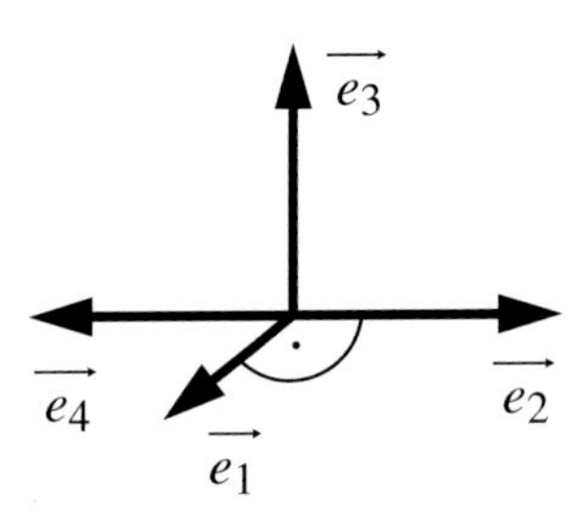

Wir stellen die reelle Zahl u formal als Produkt zweier reeller Zahlen dar, von denen eine $(\vec{a} \bullet \vec{c})$ und die andere eine noch zu bestimmende reelle Zahl w ist:

Ansatz 2:

$$u = w \cdot (\vec{a} \bullet \vec{c}) \underset{(II)}{\Rightarrow} v = -w \cdot (\vec{a} \bullet \vec{b}). \qquad \text{(III)}$$

(III) und (II) in (I) einsetzen ergibt:

$$\begin{aligned} \vec{a} \times (\vec{b} \times \vec{c}) &= u \cdot \vec{b} + v \cdot \vec{c} = w \cdot (\vec{a} \bullet \vec{c}) \otimes \vec{b} - w \cdot (\vec{a} \bullet \vec{b}) \otimes \vec{c} \\ &= w \cdot [(\vec{a} \bullet \vec{c}) \otimes \vec{b} - (\vec{a} \bullet \vec{b}) \otimes \vec{c}]. \qquad \text{(IV)} \end{aligned}$$

Nun wird ein **Trick** angewendet, der in der Vektoralgebra häufig zum Ziel führt:

Der unbekannte Faktor w kann bestimmt werden, indem für den allgemeingültigen Ausdruck (IV) eine günstige Belegung für die darin vorkommenden Vektoren gewählt wird, denn (IV) muss für diesen Sonderfall auch gelten.

Damit w leicht berechnet werden kann, setzen wir diese speziellen Vektoren in (IV) ein:

$$\begin{aligned} &\vec{a} = \vec{b} = \overrightarrow{e_1} \quad \text{und} \quad \vec{c} = \overrightarrow{e_2} \quad \text{mit} \quad \overrightarrow{e_1} \perp \overrightarrow{e_2}, |\overrightarrow{e_1}| = |\overrightarrow{e_2}| = 1, \\ &\text{d. h. } \overrightarrow{e_1} \bullet \overrightarrow{e_1} = \overrightarrow{e_2} \bullet \overrightarrow{e_2} = 1 \quad \text{und} \quad \overrightarrow{e_1} \bullet \overrightarrow{e_2} = 0. \end{aligned}$$

Abbildung 4.20 verdeutlicht die Lage der speziellen Vektoren.

Linke Seite:

$$\vec{a} \times (\vec{b} \times \vec{c}) = \overrightarrow{e_1} \times (\overrightarrow{e_1} \times \overrightarrow{e_2}) = \overrightarrow{e_1} \times \overrightarrow{e_3} \text{ mit } \overrightarrow{e_3} \perp \overrightarrow{e_1}, \overrightarrow{e_3} \perp \overrightarrow{e_2}, (\overrightarrow{e_1}, \overrightarrow{e_2}, \overrightarrow{e_3})$$

$$\text{Rechtssystem}, |\overrightarrow{e_3}| = |\overrightarrow{e_1}| \cdot |\overrightarrow{e_2}| \cdot \sin 90^\circ = 1$$

$$\overrightarrow{e_1} \times \overrightarrow{e_3} = \overrightarrow{e_4}, \text{ da } \overrightarrow{e_4} \perp \overrightarrow{e_1}, \overrightarrow{e_4} \perp \overrightarrow{e_3}, (\overrightarrow{e_1}, \overrightarrow{e_3}, \overrightarrow{e_4})$$

$$\text{Rechtssystem}, |\overrightarrow{e_4}| = |\overrightarrow{e_1}| \cdot |\overrightarrow{e_3}| \cdot \sin 90^\circ = 1$$

$$\overrightarrow{e_4} = -\overrightarrow{e_2}, \quad \text{da wegen der Antikommutativität des Vektorprodukts aus}$$

$$\overrightarrow{e_2} = \overrightarrow{e_3} \times \overrightarrow{e_1} \text{ folgt}$$

$$-\overrightarrow{e_2} = -\overrightarrow{e_3} \times \overrightarrow{e_1} = \overrightarrow{e_1} \times \overrightarrow{e_3} = \overrightarrow{e_4}$$

$$\vec{a} \times (\vec{b} \times \vec{c}) = \overrightarrow{e_1} \times \overrightarrow{e_3} = \overrightarrow{e_4} = -\overrightarrow{e_2}$$

Rechte Seite:
$w \cdot [(\vec{a} \bullet \vec{c}) \cdot \vec{b} - (\vec{a} \bullet \vec{b}) \cdot \vec{c}] = w \cdot [(\vec{e_1} \bullet \vec{e_2}) \cdot \vec{e_1} - (\vec{e_1} \bullet \vec{e_1}) \cdot \vec{e_2}] = -w \cdot \vec{e_2}$
Ein Vergleich der beiden Seiten der Gleichung ergibt: $w = 1$.

Ergebnis: $\vec{a} \times (\vec{b} \times \vec{c}) = (\vec{a} \bullet \vec{c}) \otimes \vec{b} - (\vec{a} \bullet \vec{b}) \otimes \vec{c} = \vec{b} \otimes (\vec{a} \bullet \vec{c}) - \vec{c} \otimes (\vec{a} \bullet \vec{b})$.

Auch die Beweise für (4.20), (4.21) und (4.22) führen wir aus, da sie geeignet sind, Sicherheit in der Anwendung unterschiedlicher Notationsformen zu erlangen (wir werden in den Herleitungen die Anwendung der Kommutativität des Skalarprodukts nicht explizit erwähnen).

Beweis von (4.20):
Die drei Summanden von (4.20) werden mithilfe von (4.19) ausgedrückt:

$$\begin{aligned}&\vec{a} \times (\vec{b} \times \vec{c}) + \vec{b} \times (\vec{c} \times \vec{a}) + \vec{c} \times (\vec{a} \times \vec{b}) = \\ &= (\vec{b} \cdot \langle \vec{a}, \vec{c} \rangle - \vec{c} \cdot \langle \vec{a}, \vec{b} \rangle) + (\vec{c} \cdot \langle \vec{a}, \vec{b} \rangle - \vec{a} \cdot \langle \vec{b}, \vec{c} \rangle) + (\vec{a} \cdot \langle \vec{b}, \vec{c} \rangle - \vec{b} \cdot \langle \vec{a}, \vec{c} \rangle) = 0\end{aligned}$$

Beweis von (4.21):
(4.21) wird als Spatprodukt aufgefasst und unter Nutzung der Eigenschaften des Spatprodukts und der Bilinearität des Skalarprodukts so umgeformt, dass (4.19) anwendbar ist:

$$\begin{aligned}(\vec{a} \times \vec{b}) \bullet (\vec{c} \times \vec{d}) &= [\vec{a} \times \vec{b}, \vec{c}, \vec{d}] = [\vec{c}, \vec{d}, \vec{a} \times \vec{b}] = \langle \vec{c}, \vec{d} \times (\vec{a} \times \vec{b}) \rangle \\ &\quad |(4.20) \text{ auf } \vec{d} \times (\vec{a} \times \vec{b}) \text{ anwenden} \\ &= \langle \vec{c}, \vec{a} \cdot \langle \vec{b}, \vec{d} \rangle - \vec{b} \cdot \langle \vec{a}, \vec{d} \rangle \rangle = \langle \vec{a}, \vec{c} \rangle \cdot \langle \vec{b}, \vec{d} \rangle - \langle \vec{b}, \vec{c} \rangle \cdot \langle \vec{a}, \vec{d} \rangle \\ &= (\vec{a} \bullet \vec{c}) \cdot (\vec{b} \bullet \vec{d}) - (\vec{b} \bullet \vec{c}) \cdot (\vec{a} \bullet \vec{d})\end{aligned}$$

Interessant ist ein Spezialfall von (4.21):

$$\begin{aligned}(\vec{a} \times \vec{b}) \bullet (\vec{a} \times \vec{b}) &= (\vec{a} \bullet \vec{a}) \cdot (\vec{b} \bullet \vec{b}) - (\vec{b} \bullet \vec{a}) \cdot (\vec{a} \bullet \vec{b}) \\ |\vec{a} \times \vec{b}|^2 &= |\vec{a}|^2 \cdot |\vec{b}|^2 - |\vec{a}|^2 \cdot |\vec{b}|^2 \cdot \cos^2 \sphericalangle(\vec{a}, \vec{b}) \\ &= |\vec{a}|^2 \cdot |\vec{b}|^2 \cdot (1 - \cos^2 \sphericalangle(\vec{a}, \vec{b})) \\ |\vec{a} \times \vec{b}|^2 &= |\vec{a}|^2 \cdot |\vec{b}|^2 \cdot \sin^2 \sphericalangle(\vec{a}, \vec{b}) \\ 0^\circ &\leq \sphericalangle(\vec{a}, \vec{b}) \leq 180^\circ \Rightarrow |\sin \sphericalangle(\vec{a}, \vec{b})| = \sin \sphericalangle(\vec{a}, \vec{b}) \\ |\vec{a} \times \vec{b}| &= |\vec{a}| \cdot |\vec{b}| \cdot \sin \sphericalangle(\vec{a}, \vec{b}) \ldots \text{korrekt}\end{aligned}$$

Beweis von (4.22):
Der Term wird sofort mithilfe von (4.19) umgeformt:

$$\begin{aligned}(\vec{a} \times \vec{b}) \times (\vec{c} \times \vec{d}) &= \vec{c} \cdot \langle \vec{a} \times \vec{b}, \vec{d} \rangle - \vec{d} \cdot \langle \vec{a} \times \vec{b}, \vec{c} \rangle \\ &= \langle \vec{d}, \vec{a} \times \vec{b} \rangle \cdot \vec{c} - \langle \vec{c}, \vec{a} \times \vec{b} \rangle \cdot \vec{d} = [\vec{d}, \vec{a}, \vec{b}] \cdot \vec{c} - [\vec{c}, \vec{a}, \vec{b}] \cdot \vec{d} \\ &= [\vec{a}, \vec{b}, \vec{d}] \cdot \vec{c} - [\vec{a}, \vec{b}, \vec{c}] \cdot \vec{d}\end{aligned}$$

Analog ergibt sich der zweite Teil:

$$\begin{aligned}(\vec{a} \times \vec{b}) \times (\vec{c} \times \vec{d}) &= -(\vec{c} \times \vec{d}) \times (\vec{a} \times \vec{b}) = \vec{b} \cdot \langle \vec{c} \times \vec{d}, \vec{a} \rangle - \vec{a} \cdot \langle \vec{c} \times \vec{d}, \vec{b} \rangle \\ &= \langle \vec{a}, \vec{c} \times \vec{d} \rangle \cdot \vec{b} - \langle \vec{b}, \vec{c} \times \vec{d} \rangle \cdot \vec{a} \\ &= [\vec{a}, \vec{c}, \vec{d}] \cdot \vec{b} - [\vec{b}, \vec{c}, \vec{d}] \cdot \vec{a}\end{aligned}$$

4.1.4 Einige Anwendungen von Vektoren in koordinatenfreier Darstellung

Mit den hergeleiteten Beziehungen für Vektoren in koordinatenfreier Darstellung lassen sich viele Sätze der euklidischen Geometrie herleiten bzw. beweisen.

Beispiel 4.1

Herleitung des Satzes „Diagonalen im Parallelogramm halbieren einander"

Für die Herleitung verwenden wir Abb. 4.21.

Voraussetzung: $\overrightarrow{AB} = \overrightarrow{DC} = \vec{a}; \overrightarrow{AD} = \overrightarrow{BC} = \vec{b}$

Herleitung:

$$\vec{a} = \overrightarrow{AS} + \overrightarrow{SB} = \lambda \cdot \vec{e} + \mu \cdot \vec{f} \quad (\lambda, \mu \in \mathbb{R}; 0 < \lambda < 1; 0 < \mu < 1) \qquad \text{(I)}$$

$$\vec{a} = \overrightarrow{DS} + \overrightarrow{SC} = (\overrightarrow{DB} - \overrightarrow{SB}) + (\overrightarrow{AC} - \overrightarrow{AS}) = (\vec{f} - \mu \cdot \vec{f}) + (\vec{e} - \lambda \cdot \vec{e}) \qquad \text{(II)}$$

$$\text{(I)} + \text{(II)} \Rightarrow 2 \cdot \vec{a} = \vec{e} + \vec{f} \Rightarrow \vec{a} = \frac{1}{2} \cdot \vec{e} + \frac{1}{2} \cdot \vec{f} \qquad \text{(III)}$$

Wegen der Eindeutigkeit der Zerlegung des Vektors $\vec{a}$ in die Vektoren $\vec{e}$ und $\vec{f}$ ergibt ein Vergleich von (I) und (III), dass $\lambda = \mu = \frac{1}{2}$ gilt, d. h., die Diagonalen im Parallelogramm halbieren einander.

Beispiel 4.2

Herleitung des Kosinussatzes

Für die Herleitung verwenden wir Abb. 4.22.

$$\begin{aligned}\vec{c} &= \vec{a} - \vec{b} \\ \vec{c} \cdot \vec{c} &= (\vec{a} - \vec{b}) \cdot (\vec{a} - \vec{b}) = \vec{a} \cdot \vec{a} + \vec{b} \cdot \vec{b} - 2 \cdot \vec{a} \cdot \vec{b} \\ c^2 &= a^2 + b^2 - 2 \cdot a \cdot b \cdot \cos \gamma\end{aligned}$$

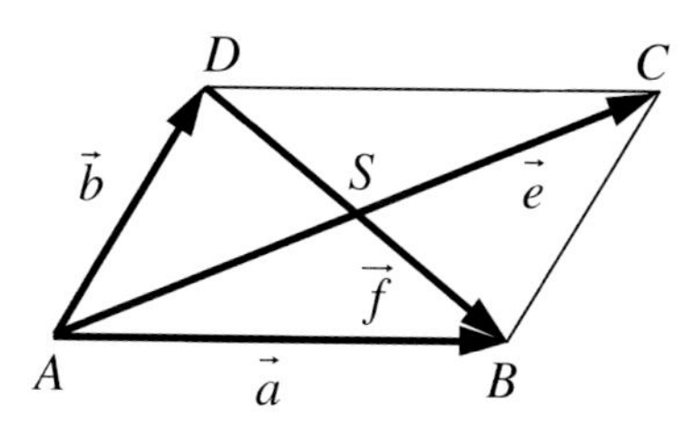

Abb. 4.21 Parallelogramm mit Diagonalen

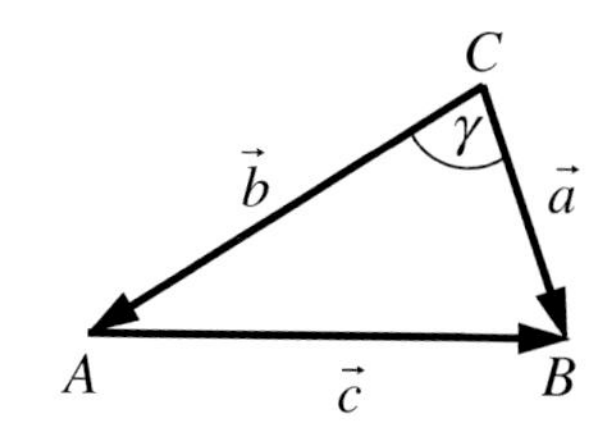

Abb. 4.22 Kosinussatz

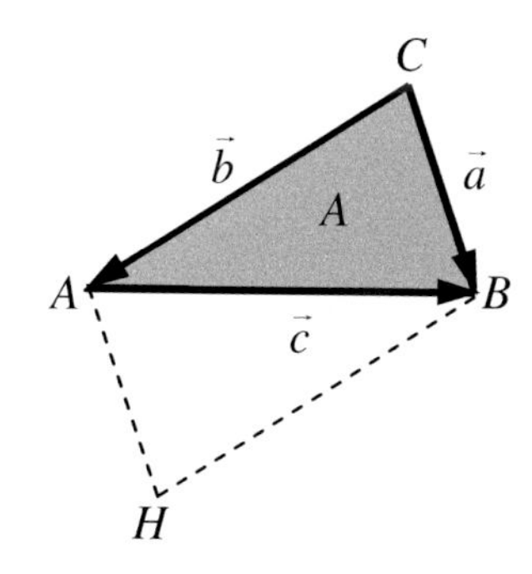

Abb. 4.23 Heron'sche Formel

Beispiel 4.3

Herleitung der Heron'schen Formel

Für die Herleitung verwenden wir Abb. 4.23.

Der Flächeninhalt A des Dreiecks ABC ist halb so groß wie der Flächeninhalt des Parallelogramms $AHBC$, der mithilfe eines Vektorproduktes berechnet werden kann. Bei den folgenden Umformungen werden wir die mehrfache Anwendung der binomischen Formel $x^2 - y^2 = (x + y) \cdot (x - y)$ nicht explizit angeben.

$$A = \frac{1}{2} \cdot |\vec{a} \times \vec{b}|$$

$$A^2 = \frac{1}{4} \cdot |\vec{a} \times \vec{b}|^2 = \frac{1}{4} \cdot (\vec{a} \times \vec{b}) \bullet (\vec{a} \times \vec{b}) \qquad | \text{ (4.22) anwenden}$$

$$= \frac{1}{4} \cdot ((\vec{a} \bullet \vec{a}) \cdot (\vec{b} \bullet \vec{b}) - (\vec{a} \bullet \vec{b}) \cdot (\vec{a} \bullet \vec{b}))$$

$$= \frac{1}{4} \cdot (a^2 \cdot b^2 - (\vec{a} \bullet \vec{b})^2)$$

$$A^2 = \frac{1}{4} \cdot \left(a \cdot b + \vec{a} \bullet \vec{b}\right) \cdot \left(a \cdot b - \vec{a} \bullet \vec{b}\right)$$

Aus Beispiel 4.2 wird $c^2 = a^2 + b^2 - 2 \cdot \vec{a} \bullet \vec{b}$ verwendet:

$$
\begin{aligned}
A^2 &= \frac{1}{4} \cdot \left(a \cdot b + \frac{a^2 + b^2 - c^2}{2}\right) \cdot \left(a \cdot b - \frac{a^2 + b^2 - c^2}{2}\right) \\
&= \frac{1}{16} \cdot (2 \cdot a \cdot b + a^2 + b^2 - c^2) \cdot (2 \cdot a \cdot b - a^2 - b^2 + c^2) \\
&= \frac{1}{16} \cdot \left((a+b)^2 - c^2\right) \cdot \left(c^2 - (a-b)^2\right) \\
&= \frac{1}{16} \cdot (a + b + c) \cdot (a + b - c) \\
&\quad \cdot (c + a - b) \cdot (c - a + b) \qquad | \, a + b + c =: 2 \cdot s \\
&= \frac{1}{16} \cdot (2 \cdot s) \cdot (2 \cdot s - 2 \cdot c) \cdot (2 \cdot s - 2 \cdot b) \cdot (2 \cdot s - 2 \cdot a) \\
A^2 &= s \cdot (s - a) \cdot (s - b) \cdot (s - c) \\
A &= \sqrt{s \cdot (s - a) \cdot (s - b) \cdot (s - c)}
\end{aligned}
$$

Zusammenfassung

Vektoraddition	
Vektorparallelogramm	$\vec{b}$, $\vec{a}+\vec{b}$, $\vec{a}$
Assoziativ	$\vec{a} + (\vec{b} + \vec{c}) = (\vec{a} + \vec{b}) + \vec{c}$
Umkehrbar	$\vec{x} + \vec{b} = \vec{a} \Rightarrow \vec{x} = \vec{a} - \vec{b}$
Kommutativ	$\vec{a} + \vec{b} = \vec{b} + \vec{a}$
Skalarprodukt $\vec{a} \bullet \vec{b} = \lvert\vec{a}\rvert \cdot \lvert\vec{b}\rvert \cdot \cos \sphericalangle(\vec{a}, \vec{b})$ mit $0° \leq \sphericalangle(\vec{a}, \vec{b}) \leq 180°$	
Kommutativ	$\vec{a} \bullet \vec{b} = \vec{b} \bullet \vec{a}$
Bilinear	$(\lambda \cdot \vec{a} + \mu \cdot \vec{b}) \bullet \vec{c} = \lambda \cdot \vec{a} \bullet \vec{c} + \mu \cdot \vec{b} \bullet \vec{c}$ $\vec{a} \bullet (\lambda \cdot \vec{b} + \mu \cdot \vec{c}) = \lambda \cdot \vec{a} \bullet \vec{b} + \mu \cdot \vec{a} \bullet \vec{c}$
Positiv definit	$\vec{a} \bullet \vec{a} \geq 0$ mit $\vec{a} \bullet \vec{a} = 0 \Leftrightarrow \vec{a} = \vec{0}$
Nicht assoziativ	
Nicht umkehrbar	
Bedeutung	Orthogonalität, Längen- und Winkelmaße

Vektorprodukt $\vec{a} \times \vec{b} \perp \vec{a}$ und $\vec{a} \times \vec{b} \perp \vec{b}$ sowie $\lvert\vec{a} \times \vec{b}\rvert = \lvert\vec{a}\rvert \cdot \lvert\vec{b}\rvert \cdot \sin\sphericalangle(\vec{a}, \vec{b})$	
Antikommutativ	$\vec{a} \times \vec{b} = -\vec{b} \times \vec{a}$
Bilinear	$(\lambda \cdot \vec{a} + \mu \cdot \vec{b}) \times \vec{c} = \lambda \cdot \vec{a} \times \vec{c} + \mu \cdot \vec{b} \times \vec{c}$ $\vec{a} \times (\lambda \cdot \vec{b} + \mu \cdot \vec{c}) = \lambda \cdot \vec{a} \times \vec{b} + \mu \cdot \vec{a} \times \vec{c}$
Nicht assoziativ	
Nicht umkehrbar	
Bedeutung	Parallelität, Flächeninhalt Parallelogramm
Tensorprodukt $\vec{a} \otimes \vec{b}$	
Bilinear	$(\lambda \cdot \vec{a} + \mu \cdot \vec{b}) \otimes \vec{c} = \lambda \cdot \vec{a} \otimes \vec{c} + \mu \cdot \vec{b} \otimes \vec{c}$ $\vec{a} \otimes (\lambda \cdot \vec{b} + \mu \cdot \vec{c}) = \lambda \cdot \vec{a} \otimes \vec{b} + \mu \cdot \vec{a} \otimes \vec{c}$
Nicht kommutativ	
Bedeutung	Projektionsoperator

4.2 Vektoren als Pfeile in der klassischen Physik und in der euklidischen Geometrie in Darstellungen mit Koordinaten

Zur Darstellung von Vektoren mit Koordinaten führen wir Koordinatensysteme oder Messvorschriften ein, auf die sich die Koordinaten beziehen. In der zugrundeliegenden Punktmenge definieren wir eine Metrik (Abstandsfunktion mit speziellen Eigenschaften), damit Größen von Längen und Winkeln bestimmt werden können.

Um eine möglichst einfache mathematische Beschreibung eines vorliegenden Sachverhalts zu gewährleisten, werden solche Koordinatensysteme zur Modellierung verwendet, die vorliegende Symmetrien berücksichtigen. In den Abschn. 4.2.1 bis 4.2.4 verwenden wir häufig benutzte Koordinatensysteme und erarbeiten jeweils Motive für deren Einführung, wesentliche Eigenschaften sowie Möglichkeiten zur Transformation der Koordinaten beim Wechsel zwischen Koordinatensystemen bzw. Messvorschriften.

4.2.1 Verwendung kartesischer Koordinaten

Charakterisierung kartesischer Koordinatensysteme

Zwei- und dreidimensionale kartesische Koordinatensysteme sind aus dem Schulunterricht bekannt. Nach Verallgemeinerung auf N Dimensionen können wir ein N-dimensionales kartesisches Koordinatensystem durch folgende Eigenschaften charakterisieren:

- Es besitzt N Koordinatenachsen, die sich alle in einem Punkt, dem **Ursprung** O, schneiden. Die Koordinatenachsen werden mit den Symbolen $x_1, \ldots, x_N$ oder $x^1, \ldots, x^N$ bezeichnet.
  Die Hochstellung der Indizes bedeutet keine Potenzierung.
- Der Winkel, unter dem sich zwei Koordinatenachsen schneiden, beträgt stets 90°. Deshalb stellt jedes kartesische Koordinatensystem ein **Orthogonalsystem** dar.
- Jede Achse ist vom Ursprung aus gleichmäßig eingeteilt, dabei sind die Einheiten auf allen Achsen **normiert**, d. h., sie sind gleich groß.
- Für dreidimensionale Koordinatensysteme verwenden wir stets ein **Rechtssystem**, d. h., wenn die rechte Hand so gehalten wird, dass der Daumen in Richtung der x^1-Achse und der Zeigefinger in Richtung der x^2-Achse zeigt, dann gibt der abgespreizte Mittelfinger die Richtung der x^3-Achse an.

Wegen der Orthogonalität und Normierung der Achsen stellt jedes kartesische Koordinatensystem ein **Orthonormalsystem** dar.

Die Koordinatenachsen ebener und räumlicher kartesischer Koordinatensysteme tragen spezielle Bezeichnungen (außerdem werden für diese Achsen häufig die Symbole x, y und z verwendet):

- Achse 1: **Abszisse**,
- Achse 2: **Ordinate**,
- Achse 3: **Applikate** (in der Geografie und zuweilen in der darstellenden Geometrie wird Achse 3 auch Kote genannt).

Der Verbindungsvektor vom Ursprung O zu einem beliebigen Punkt P wird als **Ortsvektor** dieses Punktes bezeichnet. Die Ortsvektoren der Punkte E_i auf den Achsen, welche die Einheiten festlegen, werden als **Basisvektoren** $\overrightarrow{e_i} = \overrightarrow{OE_i}$ des kartesischen Koordinatensystems verwendet. Das Tupel aus den Basisvektoren bildet die geordnete **Basis** des kartesischen Koordinatensystems, diese wird also durch die $(N+1)$ Punkte $O, E_1, \ldots, E_N$ bestimmt. Der Ortsvektor eines Punktes kann als Linearkombination der Basisvektoren aufgefasst werden, dabei **stimmen die Koordinaten des Punktes mit den Koordinaten des Ortsvektors überein**. Diese Begriffe werden in Abb. 4.24 am zweidimensionalen kartesischen Koordinatensystem verdeutlicht:

$E = (\overrightarrow{e_1}, \overrightarrow{e_2})$ ... geordnete Basis des kartesischen Koordinatensystems,

$P(3\,|2)$ ... Punkt P in Koordinaten zur Basis E,

$\overrightarrow{OP} = 3 \cdot \overrightarrow{e_1} + 2 \cdot \overrightarrow{e_2}$ ... Ortsvektor des Punktes P als Linearkombination der Basisvektoren,

$\overrightarrow{OP} = \begin{pmatrix} 3 \\ 2 \end{pmatrix}_E$ ... Ortsvektor des Punktes P als Koordinatenvektor zur Basis E,

3 und 2 ... Koordinaten des Punktes P und Koordinaten des Ortsvektors von P.

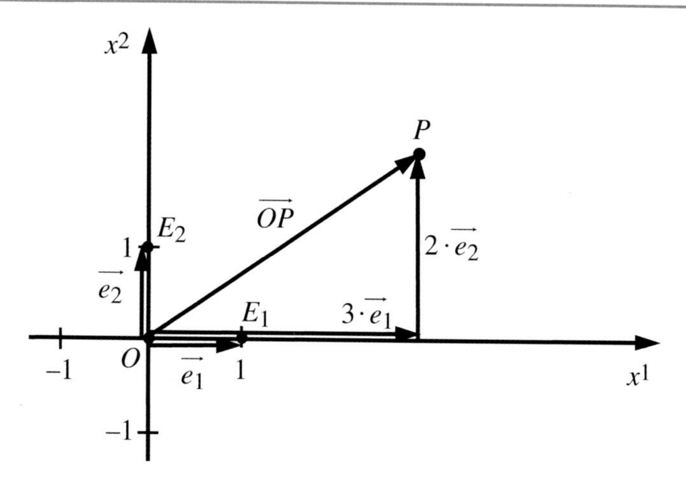

Abb. 4.24 Kartesisches Koordinatensystem

Aus $\overrightarrow{OP} = 3 \cdot \overrightarrow{e_1} + 2 \cdot \overrightarrow{e_2} = \begin{pmatrix} 3 \\ 2 \end{pmatrix}_E = 3 \cdot \begin{pmatrix} 1 \\ 0 \end{pmatrix}_E + 2 \cdot \begin{pmatrix} 0 \\ 1 \end{pmatrix}_E$ folgt

$\overrightarrow{e_1} = \begin{pmatrix} 1 \\ 0 \end{pmatrix}_E ; \overrightarrow{e_2} = \begin{pmatrix} 0 \\ 1 \end{pmatrix}_E$ . . . Basisvektoren als Koordinatenvektoren zur Basis E.

Es sind unterschiedliche **Darstellungen für Ortsvektoren** üblich, z. B.:

$$\overrightarrow{OP} = \overrightarrow{x_P} = x_P{}^1 \cdot \overrightarrow{e_1} + x_P{}^2 \cdot \overrightarrow{e_2} = \sum_{i=1}^{2} x_P{}^i \cdot \overrightarrow{e_i} = x_P{}^i \cdot \overrightarrow{e_i} ,$$

$$\overrightarrow{OP} = \vec{x} = x^1 \cdot \overrightarrow{e_1} + x^2 \cdot \overrightarrow{e_2} = \sum_{i=1}^{2} x^i \cdot \overrightarrow{e_i} = x^i \cdot \overrightarrow{e_i} ,$$

$$\overrightarrow{OP} = \begin{pmatrix} x_P{}^1 \\ x_P{}^2 \end{pmatrix}_E = \begin{pmatrix} x^1 \\ x^2 \end{pmatrix}_E \text{ oder } \overrightarrow{OP} = \vec{p} = \begin{pmatrix} p^1 \\ p^2 \end{pmatrix}_E .$$

Häufig wird ein allgemeiner Punkt mit X und sein Ortsvektor mit $\vec{x}$ bezeichnet. In diesem Fall ist sehr gewissenhaft zwischen dem Vektor und seinen Koordinaten zu unterscheiden, besonders dann, wenn die Koordinaten in einem funktionalen Zusammenhang zu anderen Koordinaten stehen, der häufig mit $x^{i'}(x^1, \ldots, x^N)$ bezeichnet wird.

Die **Schreibweise der Indizes** mittels Hochstellung bei Koordinaten und Tiefstellung bei Basisvektoren wird von uns bevorzugt, da sie die Nutzung der Einstein'schen Summenkonvention (2.4) in der Form ermöglicht, dass über gleiche obere und untere Indizes summiert wird.

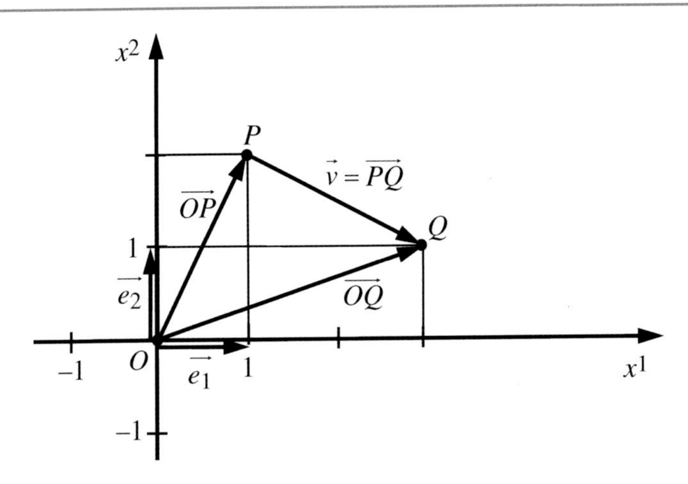

Abb. 4.25 Darstellung eines Verbindungsvektors in kartesischen Koordinaten

Es ist üblich, die Basis $E = (\vec{e_1}, \dots, \vec{e_N})$ des kartesischen Koordinatensystems als **Standardbasis, natürliche Basis, Einheitsbasis oder kanonische Basis** zu bezeichnen.

In der Literatur sind für die Basisvektoren $\vec{e_1}$, $\vec{e_2}$ und $\vec{e_3}$ auch die Bezeichnungen $\vec{i}$, $\vec{j}$ und $\vec{k}$ üblich, diese Schreibweise werden wir nur selten verwenden.

Beziehen sich Koordinatenvektoren auf die Standardbasis, dann wird in der Regel der Bezug zur Basis weggelassen, z. B. gilt $\begin{pmatrix} 3 \\ -7 \end{pmatrix}_E = \begin{pmatrix} 3 \\ -7 \end{pmatrix}$.

Jeder **Verbindungsvektor** zweier Punkte kann als Differenz zweier Ortsvektoren dargestellt werden, s. Abb. 4.25.

$$
\begin{aligned}
&P(1\,|2);Q(3\,|1);\\
&\overrightarrow{OP} = \begin{pmatrix} 1 \\ 2 \end{pmatrix}_E = \begin{pmatrix} 1 \\ 2 \end{pmatrix}; \overrightarrow{OQ} = \begin{pmatrix} 3 \\ 1 \end{pmatrix}_E = \begin{pmatrix} 3 \\ 1 \end{pmatrix};\\
&\vec{v} = \overrightarrow{PQ} = \overrightarrow{OQ} - \overrightarrow{OP} = \vec{q} - \vec{p} = q^i \cdot \vec{e_i} - p^i \cdot \vec{e_i}\\
&\quad = (q^i - p^i) \cdot \vec{e_i} = \begin{pmatrix} 3 \\ 1 \end{pmatrix}_E - \begin{pmatrix} 1 \\ 2 \end{pmatrix}_E = \begin{pmatrix} 2 \\ -1 \end{pmatrix}_E = \begin{pmatrix} 2 \\ -1 \end{pmatrix}.
\end{aligned}
$$

In Abschn. 4.4 werden wir erarbeiten, dass u. a. alle n-Tupel, Tensoren erster Stufe, Zeilen- und Spaltenmatrizen sowie Koordinatenvektoren aus algebraischer Sicht Vektoren sind.

Für die Strukturelemente von n-Tupeln, Matrizen und Vektoren sind folgende Begriffe üblich:

- n-Tupel und Tensoren haben Komponenten,
- Matrizen (und damit auch Zeilen- und Spaltenmatrizen) haben Elemente,
- Vektoren (und damit auch Koordinatenvektoren) haben Koordinaten.

Diese historisch entstandene **Begriffsvielfalt** kann wegen der in der Algebra üblichen Typisierung von n-Tupeln, Tensoren erster Stufe sowie Zeilen- und Spaltenmatrizen als „Vektoren" eine Quelle von Missverständnissen sein, zumal die bei der Darstellung von Vektoren auftretenden Summanden $x^i \cdot \overrightarrow{b_i}$ auch als Komponenten des Vektors bezeichnet werden. Es sollte immer der jeweilige Kontext beachtet werden, um Irritationen zu vermeiden.

Die Übereinstimmung der Koordinaten der Ortsvektoren mit den Koordinaten von Punkten ermöglicht für $N=2$ und $N=3$ die Veranschaulichung von Beziehungen für Vektoren durch Punktmengen. In den folgenden Beispielen werden wir die im Schulunterricht übliche Schwerpunktsetzung auf Funktionen (d. h. eindeutige Abbildungen) mit ihren Darstellungen als Graphen überwinden, indem wir auch allgemeinere Abbildungsvorschriften wählen (mehrdeutige Abbildungen), deren Darstellungen **Kurven** sind. Für die Beschreibung derartiger Abbildungen sind Vektoren mit parametrisierten Koordinaten sehr gut geeignet.

Wir betrachten folgende Fälle:

- Die Koordinaten hängen alle vom selben Parameter oder von denselben zwei Parametern ab,
- die Koordinaten selbst sind voneinander abhängig.

Beispiele für die Abhängigkeit der Koordinaten von gleichen Parametern

Nutzung von **einem** einheitlichen Parameter:

$\vec{x}(t) = \begin{pmatrix} x^1(t) \\ x^2(t) \end{pmatrix}_E = \begin{pmatrix} t \\ -2 \cdot t + 3 \end{pmatrix}$ mit $t \in [-1,2]$ wird in Abb. 4.26 veranschaulicht.

$\vec{x}(t) = \begin{pmatrix} x^1(t) \\ x^2(t) \end{pmatrix}_E = \begin{pmatrix} 2{,}5 \cdot \cos t \\ 1{,}5 \cdot \sin t \end{pmatrix}$ mit $t \in [0,2 \cdot \pi]$ wird in Abb. 4.27 veranschaulicht.

$\vec{x}(t) = \begin{pmatrix} x^1(t) \\ x^2(t) \end{pmatrix}_E = \begin{pmatrix} 3 \cdot \sin t \\ 3 \cdot \sin\left(\frac{4}{5} \cdot t + \frac{\pi}{4}\right) \end{pmatrix}$ mit $t \in [0,12 \cdot \pi]$ wird in Abb. 4.28 veranschaulicht.

$\vec{x}(t) = \begin{pmatrix} x^1(t) \\ x^2(t) \\ x^3(t) \end{pmatrix}_E = \begin{pmatrix} t \\ t^2 \\ t^3 \end{pmatrix}$ mit $t \in [-2,2]$ wird in Abb. 4.29 veranschaulicht.

Abb. 4.26 Strecke

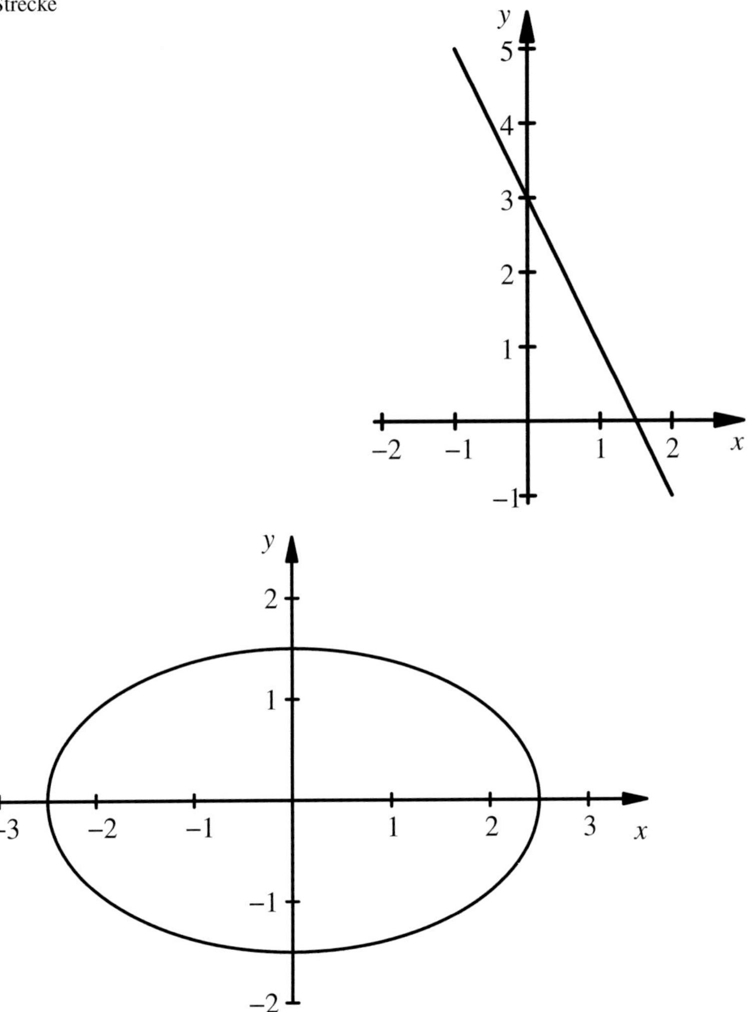

Abb. 4.27 Ellipse

Nutzung von **zwei** einheitlichen Parametern:

$$\vec{x}\,(u,v) = \begin{pmatrix} x^1\,(u,v) \\ x^2\,(u,v) \\ x^3\,(u,v) \end{pmatrix}_E = \begin{pmatrix} u \\ v \\ 0{,}6 \cdot u^2 + 0{,}4 \cdot v^2 \end{pmatrix} \text{ mit}$$

$u \in [-5{,}5]$ und $v \in [-5{,}5]$ wird in Abb. 4.30 veranschaulicht.

$$\vec{x}\,(u,v) = \begin{pmatrix} x^1\,(u,v) \\ x^2\,(u,v) \\ x^3\,(u,v) \end{pmatrix}_E = \begin{pmatrix} v \cdot \cos u \\ v \cdot \sin u \\ 2 \cdot u \end{pmatrix} \text{ mit}$$

$u \in [-\pi, \pi]$ und $v \in [-2 \cdot \pi, 2 \cdot \pi]$ wird in Abb. 4.31 veranschaulicht.

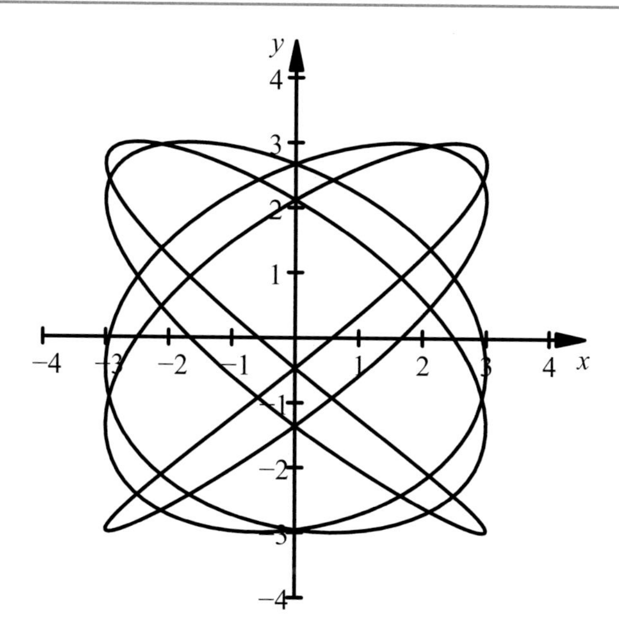

Abb. 4.28 Lissajous-Figur

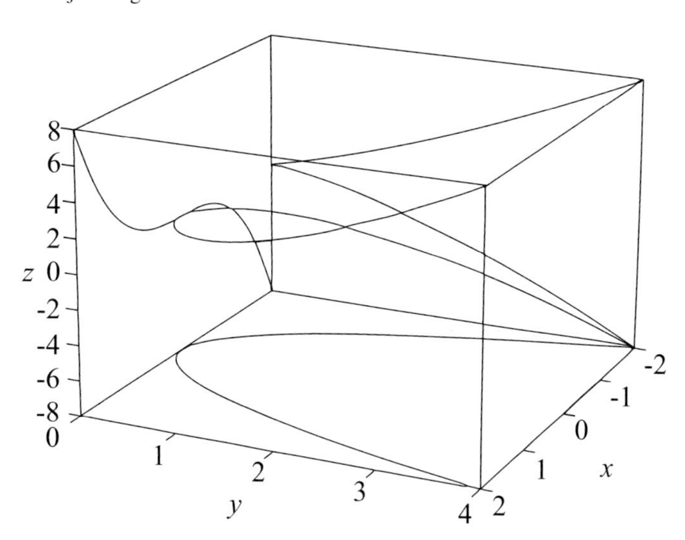

Abb. 4.29 Raumkurve und ihre Projektionen

$$\vec{x}(u, v) = \begin{pmatrix} x^1(u, v) \\ x^2(u, v) \\ x^3(u, v) \end{pmatrix}_E = \begin{pmatrix} u \\ v \\ u^3 - 3 \cdot u \cdot v^2 \end{pmatrix} \text{ mit } u \in [-4{,}4] \text{ und } v \in [-4{,}4]$$

wird in Abb. 4.32 veranschaulicht.

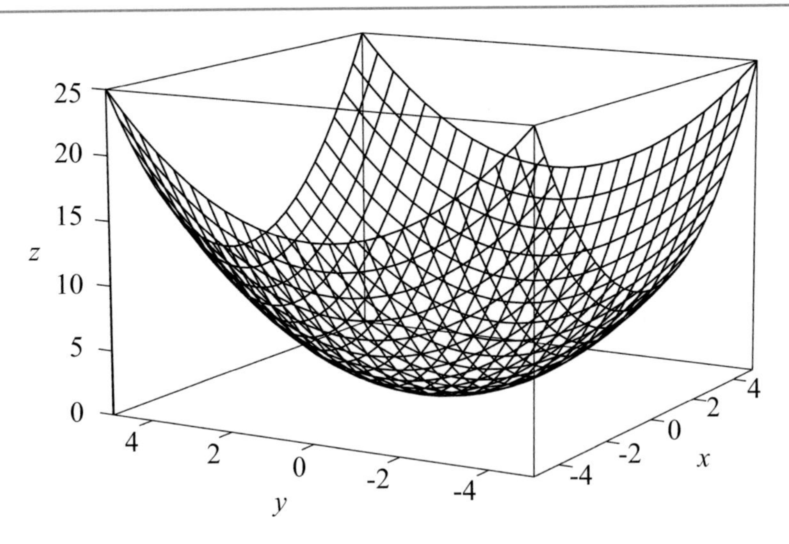

Abb. 4.30 Elliptisches Paraboloid

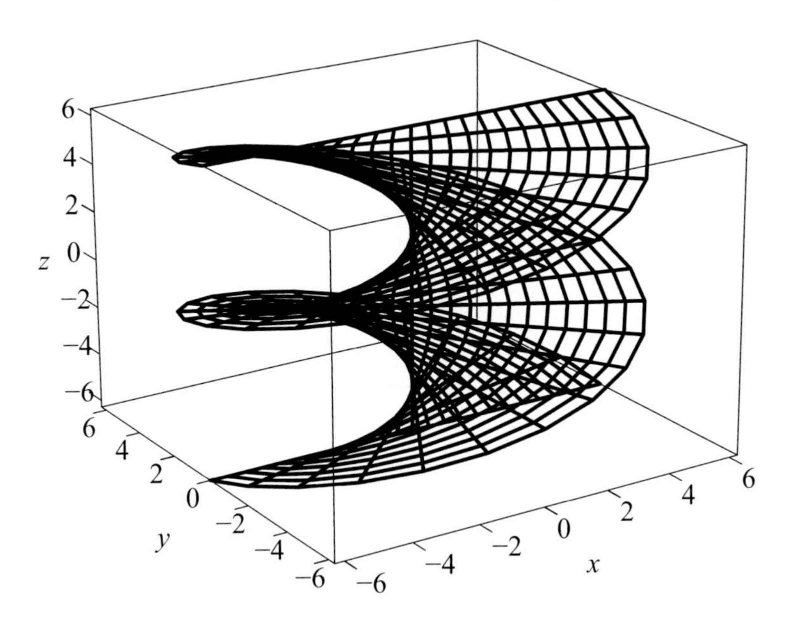

Abb. 4.31 Helikoid

Beispiele für die Abhängigkeit der Koordinaten von anderen Koordinaten
Abhängigkeit der Koordinaten bei **2 Dimensionen**:

$\left\{(x, y) \,\middle|\, x \in \mathbb{R}; y \in \mathbb{R}; y = f(x) = 2 \cdot x^2 - 1\right\}$ wird in Abb. 4.33 veranschaulicht.

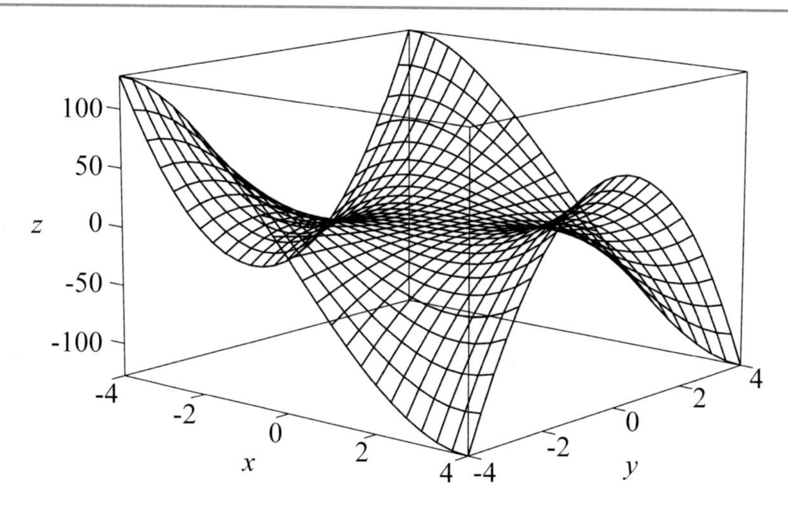

Abb. 4.32 Affensattel

Abb. 4.33 Parabel

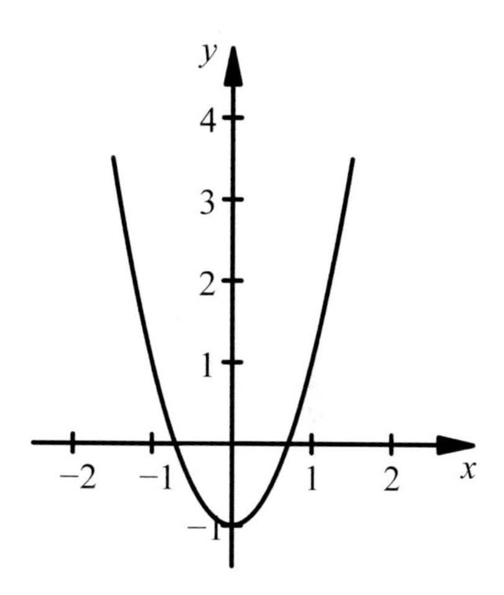

Abhängigkeit der Koordinaten bei **3 Dimensionen**:

$\{(x, y, z)\,|x, y, z \in \mathbb{R}; z(x, y) = x \cdot y\}$ wird in Abb. 4.34 veranschaulicht.
$\left\{(x, y, z)\,\middle|x, y, z \in \mathbb{R}; z(x, y) = x^3 + x \cdot y\right\}$ wird in Abb. 4.35 veranschaulicht.

Produkte von Vektoren in kartesischen Koordinaten

Koordinatendarstellung

Die interessierenden Zusammenhänge werden an dreidimensionalen kartesischen Koordinatensystemen erarbeitet und dann für N Dimensionen verallgemeinert. In den Beispielen verwenden wir folgende Vektoren in Koordinatendarstellung:

$$\begin{aligned} \vec{a} &= a^i \cdot \overrightarrow{e_i} = a^1 \cdot \overrightarrow{e_1} + a^2 \cdot \overrightarrow{e_2} + a^3 \cdot \overrightarrow{e_3}, \\ \vec{b} &= b^j \cdot \overrightarrow{e_j} = b^1 \cdot \overrightarrow{e_1} + b^2 \cdot \overrightarrow{e_2} + b^3 \cdot \overrightarrow{e_3}. \end{aligned} \tag{4.23}$$

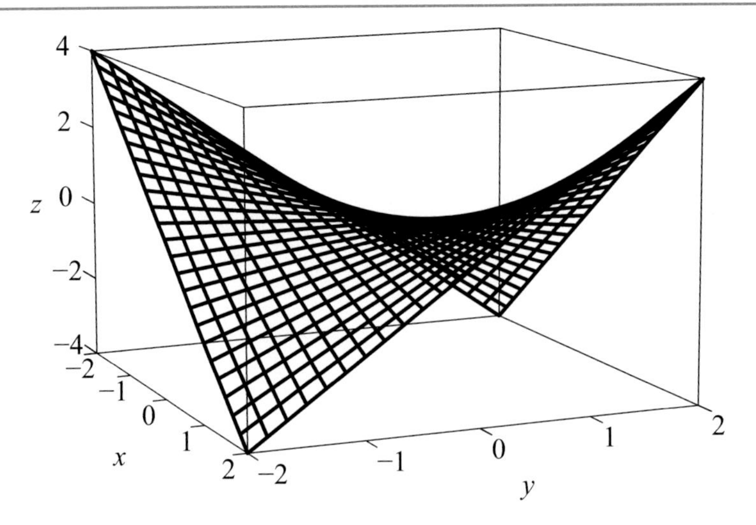

Abb. 4.34 Sattelfläche

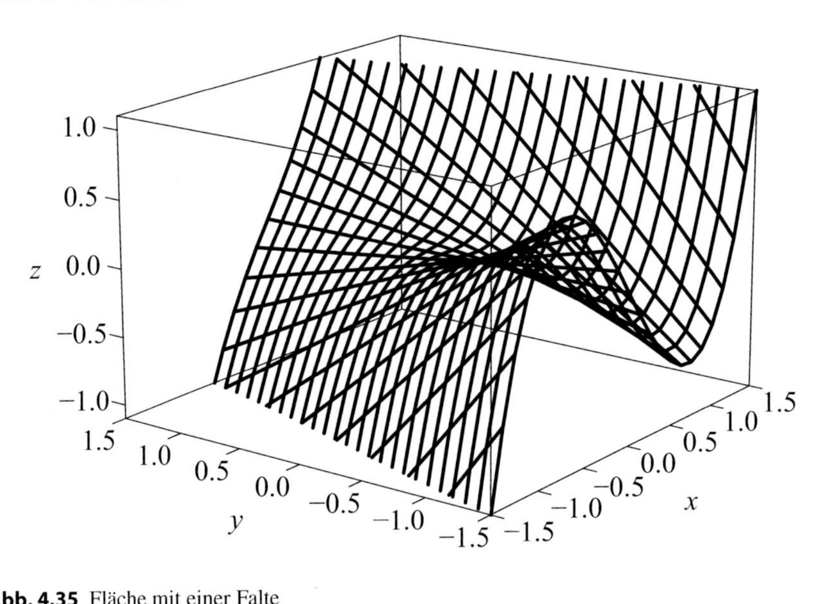

Abb. 4.35 Fläche mit einer Falte

Aus den Koordinaten der Vektoren zur geordneten Basis $(\overrightarrow{e_1}, \overrightarrow{e_2}, \overrightarrow{e_3})$ bilden wir auch Koordinatenvektoren und fassen diese als Spaltenmatrizen auf, d. h., wir verwenden

$$\begin{pmatrix} a^1 \\ a^2 \\ a^3 \end{pmatrix}, \begin{pmatrix} b^1 \\ b^2 \\ b^3 \end{pmatrix}. \tag{4.24}$$

Skalarprodukt in Koordinatendarstellung
Wir bilden zunächst die Skalarprodukte der Basisvektoren des kartesischen Koordinatensystems, indem wir die Definition 4.1 verwenden:

$$\begin{aligned}\overrightarrow{e_1} \bullet \overrightarrow{e_1} &= \left|\overrightarrow{e_1}\right| \cdot \left|\overrightarrow{e_1}\right| \cdot \cos\sphericalangle\left(\overrightarrow{e_1}, \overrightarrow{e_1}\right) = 1 \cdot 1 \cdot \cos 0^\circ = 1, \\ \overrightarrow{e_1} \bullet \overrightarrow{e_2} &= \left|\overrightarrow{e_1}\right| \cdot \left|\overrightarrow{e_2}\right| \cdot \cos\sphericalangle\left(\overrightarrow{e_1}, \overrightarrow{e_2}\right) = 1 \cdot 1 \cdot \cos 90^\circ = 0, \\ \overrightarrow{e_1} \bullet \overrightarrow{e_3} &= \left|\overrightarrow{e_1}\right| \cdot \left|\overrightarrow{e_3}\right| \cdot \cos\sphericalangle\left(\overrightarrow{e_1}, \overrightarrow{e_3}\right) = 1 \cdot 1 \cdot \cos 90^\circ = 0 \quad \text{usw.}\end{aligned}$$

Die Orthonormalität der Basisvektoren führt dazu, dass das Skalarprodukt zweier Basisvektoren entweder den Wert eins oder null ergibt (für gleiche bzw. unterschiedliche Basisvektoren). Dieser Sachverhalt kann mit dem Kronecker-Delta (Kronecker-Symbol) mithilfe von (2.7) folgendermaßen beschrieben werden:

$$\overrightarrow{e_i} \bullet \overrightarrow{e_j} = \delta_{ij} \quad \text{mit} \quad \delta_{ij} = \begin{cases} 1 & \text{für } i = j, \\ 0 & \text{für } i \neq j. \end{cases} \tag{4.25}$$

Aus der Bilinearität des Skalarprodukts, d. h. aus (4.3) und (4.4), ergibt sich:

$$\begin{aligned}\vec{a} \bullet \vec{b} &= \left(a^1 \cdot \overrightarrow{e_1} + a^2 \cdot \overrightarrow{e_2} + a^3 \cdot \overrightarrow{e_3}\right) \bullet \left(b^1 \cdot \overrightarrow{e_1} + b^2 \cdot \overrightarrow{e_2} + b^3 \cdot \overrightarrow{e_3}\right) \\ &= a^1 \cdot b^1 \cdot \overrightarrow{e_1} \bullet \overrightarrow{e_1} + a^1 \cdot b^2 \cdot \overrightarrow{e_1} \bullet \overrightarrow{e_2} + a^1 \cdot b^3 \cdot \overrightarrow{e_1} \bullet \overrightarrow{e_3} + \\ &\quad + a^2 \cdot b^1 \cdot \overrightarrow{e_2} \bullet \overrightarrow{e_1} + a^2 \cdot b^2 \cdot \overrightarrow{e_2} \bullet \overrightarrow{e_2} + a^2 \cdot b^3 \cdot \overrightarrow{e_2} \bullet \overrightarrow{e_3} + \\ &\quad + a^3 \cdot b^1 \cdot \overrightarrow{e_3} \bullet \overrightarrow{e_1} + a^3 \cdot b^2 \cdot \overrightarrow{e_3} \bullet \overrightarrow{e_2} + a^3 \cdot b^3 \cdot \overrightarrow{e_3} \bullet \overrightarrow{e_3}\end{aligned}$$

Eine Darstellung des Skalarprodukts in kartesischen Koordinaten erhalten wir mit (4.25):

$$\vec{a} \bullet \vec{b} = a^1 \cdot b^1 + a^2 \cdot b^2 + a^3 \cdot b^3. \tag{4.26}$$

Mit der Einstein'schen Summenkonvention (2.4) kann diese Berechnung kompakter notiert werden:

$$\vec{a} \bullet \vec{b} = a^i \cdot \overrightarrow{e_i} \bullet b^j \cdot \overrightarrow{e_j} = a^i \cdot b^j \cdot \overrightarrow{e_i} \bullet \overrightarrow{e_j} = a^i \cdot b^j \cdot \delta_{ij} = \sum_i a^i \cdot b^i. \tag{4.27}$$

Bei Verwendung kartesischer Koordinaten lassen sich Vektorkoordinaten sehr einfach ermitteln durch Skalarmultiplikation des Vektors mit einem Basisvektor:

$$\begin{aligned}\vec{a} &= a^i \cdot \overrightarrow{e_i} & &\left|\bullet \overrightarrow{e_j}\right. \\ \vec{a} \bullet \overrightarrow{e_j} &= a^i \cdot \overrightarrow{e_i} \bullet \overrightarrow{e_j} = a^i \cdot \delta_{ij} = a^j\end{aligned} \tag{4.28}$$

Wir veranschaulichen (4.28) durch Abb. 4.36.

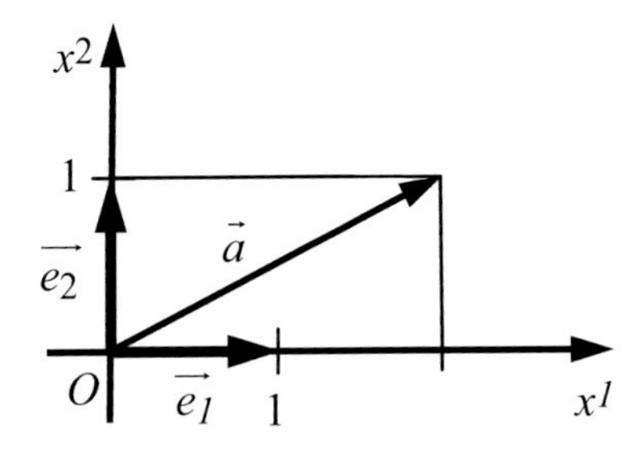

Abb. 4.36 Vektorkoordinaten in kartesischen Koordinatensystemen, $\vec{a} = 2 \cdot \vec{e_1} + 1 \cdot \vec{e_2}$, $\vec{a} \cdot \vec{e_1} = 2$ und $\vec{a} \cdot \vec{e_2} = 1$

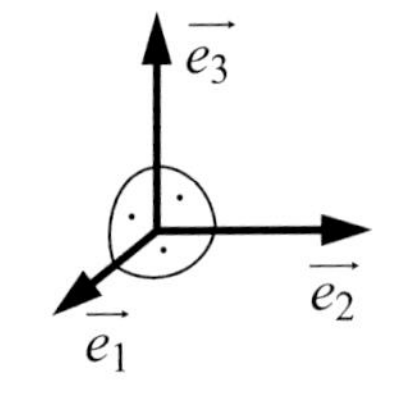

Abb. 4.37 Basisvektoren des kartesischen Koordinatensystems

Vektorprodukt (Kreuzprodukt) in Koordinatendarstellung

Wir bilden zunächst die Vektorprodukte der Basisvektoren des kartesischen Koordinatensystems, indem wir die Definition 4.2 verwenden:

$\vec{e_1} \times \vec{e_2} = \vec{e_3}$, da

$$\vec{e_3} \perp \vec{e_1},\ \vec{e_3} \perp \vec{e_2},\ (\vec{e_1}, \vec{e_2}, \vec{e_3}) \text{ Rechtssystem,}$$
$$|\vec{e_1} \times \vec{e_2}| = |\vec{e_1}| \cdot |\vec{e_2}| \cdot \sin \sphericalangle (\vec{e_1}, \vec{e_2}) = 1 \cdot 1 \cdot \sin 90^\circ = 1.$$

Analog ergeben sich $\vec{e_2} \times \vec{e_3} = \vec{e_1}$ und $\vec{e_3} \times \vec{e_1} = \vec{e_2}$.

$$\vec{e_1} \times \vec{e_1} = \vec{0}, \text{ da } |\vec{e_1} \times \vec{e_1}| = |\vec{e_1}| \cdot |\vec{e_1}| \cdot \sin \sphericalangle(\vec{e_1}, \vec{e_1}) = 1 \cdot 1 \cdot \sin 0^\circ = 0.$$

Analog ergeben sich $\vec{e_2} \times \vec{e_2} = \vec{e_3} \times \vec{e_3} = \vec{0}$.

Unter Berücksuchtigung der Antikommutativität des Vektorprodukts erhalten wir:

$$\begin{aligned} \vec{e_1} \times \vec{e_1} &= \vec{e_2} \times \vec{e_2} = \vec{e_3} \times \vec{e_3} = \vec{0}, \\ \vec{e_1} \times \vec{e_2} &= -\vec{e_2} \times \vec{e_1} = \vec{e_3}, \\ \vec{e_1} \times \vec{e_3} &= -\vec{e_3} \times \vec{e_1} = -\vec{e_2}, \\ \vec{e_2} \times \vec{e_3} &= -\vec{e_3} \times \vec{e_2} = \vec{e_1}. \end{aligned} \tag{4.29}$$

Wir können Abb. 4.37 als **Merkhilfe** für (4.29) verwenden, indem wir die Eigenschaften eines Rechtssystems nutzen: Wählen wir zwei unterschiedliche Basisvektoren vektor1 und vektor2, dann ergibt sich die Richtung von (vektor1 × vektor2), indem wir einen Korkenzieher von vektor1 in Richtung vektor2 drehen.

Aus (4.29) und der Bilinearität des Vektorprodukts, d. h. aus (4.11) und (4.12), ergibt sich eine Darstellung des Vektorprodukts in kartesischen Koordinaten:

$$\begin{aligned}
\vec{a} \times \vec{b} &= (a^1 \cdot \vec{e_1} + a^2 \cdot \vec{e_2} + a^3 \cdot \vec{e_3}) \times (b^1 \cdot \vec{e_1} + b^2 \cdot \vec{e_2} + b^3 \cdot \vec{e_3}) \\
&= a^1 \cdot b^1 \cdot \vec{e_1} \times \vec{e_1} + a^1 \cdot b^2 \cdot \vec{e_1} \times \vec{e_2} + a^1 \cdot b^3 \cdot \vec{e_1} \times \vec{e_3} + \\
&\quad + a^2 \cdot b^1 \cdot \vec{e_2} \times \vec{e_1} + a^2 \cdot b^2 \cdot \vec{e_2} \times \vec{e_2} + a^2 \cdot b^3 \cdot \vec{e_2} \times \vec{e_3} + \\
&\quad + a^3 \cdot b^1 \cdot \vec{e_3} \times \vec{e_1} + a^3 \cdot b^2 \cdot \vec{e_3} \times \vec{e_2} + a^3 \cdot b^3 \cdot \vec{e_3} \times \vec{e_3} \\
&= a^1 \cdot b^1 \cdot \vec{0} + a^1 \cdot b^2 \cdot \vec{e_3} - a^1 \cdot b^3 \cdot \vec{e_2} + \\
&\quad - a^2 \cdot b^1 \cdot \vec{e_3} + a^2 \cdot b^2 \cdot \vec{0} + a^2 \cdot b^3 \cdot \vec{e_1} + \\
&\quad + a^3 \cdot b^1 \cdot \vec{e_2} - a^3 \cdot b^2 \cdot \vec{e_1} + a^3 \cdot b^3 \cdot \vec{0} \\
\vec{a} \times \vec{b} &= (a^2 \cdot b^3 - a^3 \cdot b^2) \cdot \vec{e_1} + (a^3 \cdot b^1 - a^1 \cdot b^3) \cdot \vec{e_2} \\
&\quad + (a^1 \cdot b^2 - a^2 \cdot b^1) \cdot \vec{e_3}
\end{aligned} \tag{4.30}$$

Unter Nutzung der Einstein'schen Summenkonvention (2.4) ergibt sich eine kompaktere Schreibweise für die Berechnung der Koordinatendarstellung des Vektorprodukts:

$$\vec{a} \times \vec{b} = a^i \cdot \vec{e_i} \times b^j \cdot \vec{e_j} = a^i \cdot b^j \cdot \vec{e_i} \times \vec{e_j}. \tag{4.31}$$

Das Vektorprodukt lässt sich als Matrizenprodukt schreiben (die Bestätigung dieser Aussage ergibt sich durch Ausrechnen des Matrizenprodukts):

$$\vec{a} \times \vec{b} = \begin{pmatrix} a^1 \\ a^2 \\ a^3 \end{pmatrix} \times \begin{pmatrix} b^1 \\ b^2 \\ b^3 \end{pmatrix} = \underbrace{\begin{pmatrix} 0 & -a^3 & a^2 \\ a^3 & 0 & -a^1 \\ -a^2 & a^1 & 0 \end{pmatrix}}_{A} \cdot \begin{pmatrix} b^1 \\ b^2 \\ b^3 \end{pmatrix} = \begin{pmatrix} a^2 \cdot b^3 - a^3 \cdot b^2 \\ a^3 \cdot b^1 - a^1 \cdot b^3 \\ a^1 \cdot b^2 - a^2 \cdot b^1 \end{pmatrix}. \tag{4.32}$$

Die schiefsymmetrische **Kreuzproduktmatrix** A wird uns in Abschn. 4.3 bei der Darstellung von Pseudovektoren durch Tensoren wieder begegnen.

In dreidimensionalen kartesischen Koordinaten kann die Berechnung des Vektorprodukts durch „kreuzweises Multiplizieren" veranschaulicht werden (daher stammt die Bezeichnung „Kreuzprodukt"). Zu beachten ist, dass die Vorzeichen der Differenzen mit $+-+$ alternieren:

$$\vec{a} \times \vec{b} = \begin{pmatrix} a^1 \\ a^2 \\ a^3 \end{pmatrix} \times \begin{pmatrix} b^1 \\ b^2 \\ b^3 \end{pmatrix} = \begin{pmatrix} a^2 \cdot b^3 - a^3 \cdot b^2 \\ -\left(a^1 \cdot b^3 - a^3 \cdot b^1\right) \\ a^1 \cdot b^2 - a^2 \cdot b^1 \end{pmatrix}.$$

Tensorprodukt (dyadisches Produkt) in Koordinatendarstellung

Die Bildung von Tensorprodukten der Basisvektoren des kartesischen Koordinatensystems bringt keinen Gewinn, da Tensorprodukte kein „Ergebnis" haben. Deshalb bestimmen wir das Tensorprodukt zweier Vektoren in der Darstellung mit kartesischen Koordinaten direkt aus der Bilinearität des Tensorprodukts, d. h. aus (4.15) und (4.16):

$$\begin{aligned} \vec{a} \otimes \vec{b} &= \left(a^1 \cdot \vec{e_1} + a^2 \cdot \vec{e_2} + a^3 \cdot \vec{e_3}\right) \otimes \left(b^1 \cdot \vec{e_1} + b^2 \cdot \vec{e_2} + b^3 \cdot \vec{e_3}\right) \\ &= a^1 \cdot b^1 \cdot \vec{e_1} \otimes \vec{e_1} + a^1 \cdot b^2 \cdot \vec{e_1} \otimes \vec{e_2} + a^1 \cdot b^3 \cdot \vec{e_1} \otimes \vec{e_3} + \\ &\quad + a^2 \cdot b^1 \cdot \vec{e_2} \otimes \vec{e_1} + a^2 \cdot b^2 \cdot \vec{e_2} \otimes \vec{e_2} + a^2 \cdot b^3 \cdot \vec{e_2} \otimes \vec{e_3} + \\ &\quad + a^3 \cdot b^1 \cdot \vec{e_3} \otimes \vec{e_1} + a^3 \cdot b^2 \cdot \vec{e_3} \otimes \vec{e_2} + a^3 \cdot b^3 \cdot \vec{e_3} \otimes \vec{e_3} \end{aligned} \tag{4.33}$$

Unter Nutzung der Einstein'schen Summenkonvention (2.4) ergibt sich eine kompaktere Schreibweise für das Tensorprodukt in Koordinatendarstellung:

$$\vec{a} \otimes \vec{b} = a^i \cdot \vec{e_i} \otimes b^j \cdot \vec{e_j} = a^i \cdot b^j \cdot \vec{e_i} \otimes \vec{e_j}\,. \tag{4.34}$$

Die Koeffizienten der Summanden lassen sich übersichtlich darstellen, wenn wir die Matrizen der Koordinatenvektoren in geeigneter Weise miteinander multiplizieren:

$$\begin{pmatrix} a^1 \\ a^2 \\ a^3 \end{pmatrix} \bullet \begin{pmatrix} b^1 & b^2 & b^3 \end{pmatrix} = \begin{pmatrix} a^1 \cdot b^1 & a^1 \cdot b^2 & a^1 \cdot b^3 \\ a^2 \cdot b^1 & a^2 \cdot b^2 & a^2 \cdot b^3 \\ a^3 \cdot b^1 & a^3 \cdot b^2 & a^3 \cdot b^3 \end{pmatrix} = a \bullet b^T\,. \tag{4.35}$$

Um ein Gefühl für das Rechnen mit Tensorprodukten zu erhalten, führen wir einige Berechnungen an:

Für das Skalarprodukt aus einem Tensorprodukt und einem Vektor ergibt sich

$$\begin{aligned} \vec{a} \otimes \vec{b} \bullet \vec{c} &= a^i \cdot b^j \cdot \vec{e_i} \otimes \vec{e_j} \bullet c^k \cdot \vec{e_k} \\ &= a^i \cdot b^j \cdot c^k \cdot \vec{e_i} \otimes \vec{e_j} \bullet \vec{e_k} = a^i \cdot b^j \cdot c^k \cdot \vec{e_i} \cdot \delta_{jk} \\ \vec{a} \otimes \vec{b} \bullet \vec{c} &= \sum_{i,j} a^i \cdot b^j \cdot c^j \cdot \vec{e_i} \end{aligned}$$

▶ **Bemerkung** In der zweiten Zeile haben wir im letzten Term das Multiplikationszeichen $\otimes$ gegen das Multiplikationszeichen $\cdot$ ausgetauscht, da nach dem Einsetzen des Kronecker-Symbols nicht mehr zwei Vektoren, sondern ein Vektor und ein Skalar multiplikativ miteinander verknüpft werden.

Im Ergebnis haben wir das Summenzeichen verwendet, da wir die Einstein'sche Summenkonvention in der Form verwenden, dass über gleiche hoch- und tiefstehende Indizes summiert wird (ohne das Summenzeichen würde über *i*, aber nicht über *j* summiert, deshalb wäre das Ergebnis nicht korrekt).

Das Vektorprodukt aus einem Tensorprodukt und einem Vektor ergibt:

$$\begin{aligned}
\vec{a} \times \overrightarrow{e_1} \otimes \overrightarrow{e_1} &= (a^1 \cdot \overrightarrow{e_1} + a^2 \cdot \overrightarrow{e_2} + a^3 \cdot \overrightarrow{e_3}) \times \overrightarrow{e_1} \otimes \overrightarrow{e_1} \\
&= a^1 \cdot \underbrace{\overrightarrow{e_1} \times \overrightarrow{e_1}}_{0} \otimes \overrightarrow{e_1} + a^2 \cdot \underbrace{\overrightarrow{e_2} \times \overrightarrow{e_1}}_{-\overrightarrow{e_3}} \otimes \overrightarrow{e_1} + a^3 \cdot \underbrace{\overrightarrow{e_3} \times \overrightarrow{e_1}}_{\overrightarrow{e_2}} \otimes \overrightarrow{e_1} \\
&= a^3 \cdot \overrightarrow{e_2} \otimes \overrightarrow{e_1} - a^2 \cdot \overrightarrow{e_3} \otimes \overrightarrow{e_1} \\
&= (a^3 \cdot \overrightarrow{e_2} - a^2 \cdot \overrightarrow{e_3}) \otimes \overrightarrow{e_1} = \begin{pmatrix} 0 \\ a^3 \\ -a^2 \end{pmatrix} \otimes \overrightarrow{e_1}
\end{aligned}$$

Analog (bzw. durch zyklische Vertauschung der Indizes) ergibt sich in modifizierter Schreibweise

$$\begin{aligned}
\vec{a} \times \overrightarrow{e_2} \otimes \overrightarrow{e_2} &= \begin{pmatrix} a^1 \\ a^2 \\ a^3 \end{pmatrix} \times \begin{pmatrix} 0 \\ 1 \\ 0 \end{pmatrix} \otimes \overrightarrow{e_2} = \begin{pmatrix} -a^3 \\ 0 \\ a^1 \end{pmatrix} \otimes \overrightarrow{e_2} \\
&= -a^3 \cdot \overrightarrow{e_1} \otimes \overrightarrow{e_2} + a^1 \cdot \overrightarrow{e_3} \otimes \overrightarrow{e_2}, \\
\vec{a} \times \overrightarrow{e_3} \otimes \overrightarrow{e_3} &= \begin{pmatrix} a^1 \\ a^2 \\ a^3 \end{pmatrix} \times \begin{pmatrix} 0 \\ 0 \\ 1 \end{pmatrix} \otimes \overrightarrow{e_3} = \begin{pmatrix} a^2 \\ -a^1 \\ 0 \end{pmatrix} \otimes \overrightarrow{e_3} \\
&= a^2 \cdot \overrightarrow{e_1} \otimes \overrightarrow{e_3} - a^1 \cdot \overrightarrow{e_2} \otimes \overrightarrow{e_3}.
\end{aligned}$$

Die Summe dieser Terme ergibt eine Beziehung mit der in (4.32) eingeführten Kreuzproduktmatrix:

$$\begin{aligned}
\sum_i \vec{a} \times \overrightarrow{e_i} \otimes \overrightarrow{e_i} &= \left(a^3 \cdot \overrightarrow{e_2} \otimes \overrightarrow{e_1} - a^2 \cdot \overrightarrow{e_3} \otimes \overrightarrow{e_1}\right) + \\
&\quad + \left(-a^3 \cdot \overrightarrow{e_1} \otimes \overrightarrow{e_2} + a^1 \cdot \overrightarrow{e_3} \otimes \overrightarrow{e_2}\right) + \\
&\quad + \left(a^2 \cdot \overrightarrow{e_1} \otimes \overrightarrow{e_3} - a^1 \cdot \overrightarrow{e_2} \otimes \overrightarrow{e_3}\right) \\
&= 0 \cdot \overrightarrow{e_1} \otimes \overrightarrow{e_1} - a^3 \cdot \overrightarrow{e_1} \otimes \overrightarrow{e_2} + a^2 \cdot \overrightarrow{e_1} \otimes \overrightarrow{e_3} + \\
&\quad + a^3 \cdot \overrightarrow{e_2} \otimes \overrightarrow{e_1} + 0 \cdot \overrightarrow{e_2} \otimes \overrightarrow{e_2} - a^1 \cdot \overrightarrow{e_2} \otimes \overrightarrow{e_3} + \\
&\quad - a^2 \cdot \overrightarrow{e_3} \otimes \overrightarrow{e_1} + a^1 \cdot \overrightarrow{e_3} \otimes \overrightarrow{e_2} + 0 \cdot \overrightarrow{e_3} \otimes \overrightarrow{e_3}
\end{aligned}$$

$\sum_i \vec{a} \times \overrightarrow{e_i} \otimes \overrightarrow{e_i} = A^{ij} \cdot \overrightarrow{e_i} \otimes \overrightarrow{e_j}$ mit $(A^{ij}) = \begin{pmatrix} 0 & -a^3 & a^2 \\ a^3 & 0 & -a^1 \\ -a^2 & a^1 & 0 \end{pmatrix}$ ... Kreuzprodukt-matrix.

Mit einem Skalarprodukt ergibt sich das Vektorprodukt:

$$\left(\sum_i \vec{a} \times \vec{e_i} \otimes \vec{e_i}\right) \cdot \vec{b} = \left(\sum_i \vec{a} \times \vec{e_i} \otimes \vec{e_i}\right) \cdot \sum_j b^j \cdot \vec{e_j}$$
$$= \sum_{i,j} \vec{a} \times \vec{e_i} \otimes b^j \cdot \delta_{ij} = \sum_i \vec{a} \times \vec{e_i} \cdot b^i$$

$$\left(\sum_i \vec{a} \times \vec{e_i} \otimes \vec{e_i}\right) \cdot \vec{b} = \vec{a} \times \sum_i \vec{e_i} \cdot b^i = \vec{a} \times \vec{b}$$

Transformation der Koordinaten bei Verwendung zweier kartesischer Koordinatensysteme

Wird eine Menge von Punkten nach derselben Abbildungsvorschrift bewegt, dann ändern sich die Koordinaten der Punkte bzw. ihrer Ortsvektoren in gleicher Weise, z. B.:

- bei **linearen Abbildungen** nach der Abbildungsvorschrift $\vec{x'} = A \cdot \vec{x}$, dabei bestimmt die Abbildungsmatrix A die Art der Abbildung; für ebene lineare Abbildungen ergibt sich
  - $A_{S_x} = \begin{pmatrix} 1 & s \\ 0 & 1 \end{pmatrix}$ Scherung in Richtung der x-Achse,
  - $A_D = \begin{pmatrix} \cos\varphi & -\sin\varphi \\ \sin\varphi & \cos\varphi \end{pmatrix}$ Drehung um den Ursprung, wegen $(A_D)^{-1} = (A_D)^T$ ist A_D eine orthogonale Matrix,
  - $A_Z = \begin{pmatrix} \lambda & 0 \\ 0 & \lambda \end{pmatrix}$ zentrische Streckung (Skalierung) um Streckungsfaktor λ,
  - $A_E = \begin{pmatrix} \lambda_1 & 0 \\ 0 & \lambda_2 \end{pmatrix}$ Euler-Affinität (ungleiche Streckung),
- bei **affinen Abbildungen** von Punkten nach der Abbildungsvorschrift $\vec{x'} = A \cdot \vec{x} + \vec{v}$.

Die durch die Abbildungsvorschrift bedingte Veränderung der Koordinaten bezüglich eines kartesischen Koordinatensystems KS wird als **aktive Koordinatentransformation** bezeichnet.

Es gibt lineare Abbildungen, bei denen ein zweites kartesisches Koordinatensystem KS′ so mitbewegt werden kann, dass die Punkte in KS′ nach der Bewegung dieselben Koordinaten besitzen wie die zugehörigen Punkte in KS vor der linearen Abbildung. Als Beispiel einer derartigen linearen Abbildung betrachten wir die Drehung eines Punktes $P({x_P}^1 \,|{x_P}^2) = (p^1 \,|p^2) = P(x\,|\,y) = P(2\,|\,3)$ um den Ursprung um den Winkel φ im mathematisch positiven Sinn (gegen den Uhrzeigersinn) (s. Abb. 4.38).

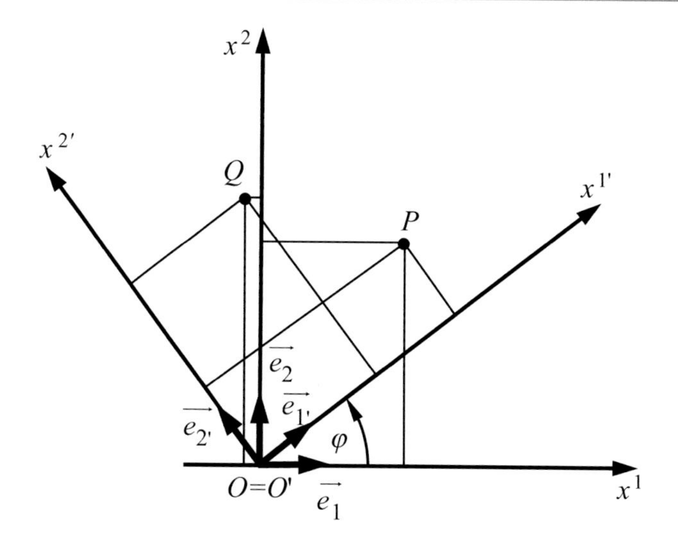

Abb. 4.38 Beschreibung der Drehung eines Punktes mit zwei kartesischen Koordinatensystemen

Als **Schreibweise** für die transformierten Basisvektoren bzw. Koordinaten verwenden wir $\overrightarrow{e_{i'}}$ bzw. $v^{i'}$. In der Literatur sind auch andere Schreibweisen üblich, z. B. $\overrightarrow{e'_i}$ oder e'_i bzw. v'_i. Die von uns favorisierte Schreibweise ist besonders gut geeignet, Fehler bei Berechnungen mit indizierten Größen zu vermeiden.

Aktive Koordinatentransformation P bewegt sich zu Q, dabei bewegt sich ein zweites Koordinatensystem KS′ mit. Deshalb sind die Koordinaten von Q bezüglich KS′ dieselben wie die von P bezüglich KS. Aus dieser Bedingung können die Koordinaten des bewegten Punktes Q bezüglich KS bestimmt werden:

$$Q\left(x_Q{}^{1'}, x_Q{}^{2'}\right) = Q\left(x' \,|y'\right) = Q\left(2\,|3\right).$$

Wir drücken den Ortsvektor von Q in den Koordinatensystemen KS und KS′ aus:

$$\overrightarrow{x_Q} = x_Q{}^{1'} \cdot \overrightarrow{e_{1'}} + x_Q{}^{2'} \cdot \overrightarrow{e_{2'}} = x_Q{}^{1} \cdot \overrightarrow{e_1} + x_Q{}^{2} \cdot \overrightarrow{e_2}.$$

Die Koordinaten von Q bezüglich KS lassen sich bestimmen, wenn die Basisvektoren alle bezüglich KS angegeben werden:

$$\overrightarrow{e_{1'}} = \begin{pmatrix} \cos\varphi \\ \sin\varphi \end{pmatrix}_{\text{KS}} \text{ ergibt sich aus der Zeichnung und } \overrightarrow{e_{2'}} = \begin{pmatrix} -\sin\varphi \\ \cos\varphi \end{pmatrix}_{\text{KS}} \text{ aus } \overrightarrow{e_{2'}} \perp \overrightarrow{e_{1'}}.$$

$$\overrightarrow{x_Q} = x_Q{}^{1'} \cdot \begin{pmatrix} \cos\varphi \\ \sin\varphi \end{pmatrix}_{\text{KS}} + x_Q{}^{2'} \cdot \begin{pmatrix} -\sin\varphi \\ \cos\varphi \end{pmatrix}_{\text{KS}} = x_Q{}^{1} \cdot \begin{pmatrix} 1 \\ 0 \end{pmatrix}_{\text{KS}} + x_Q{}^{2} \cdot \begin{pmatrix} 0 \\ 1 \end{pmatrix}_{\text{KS}}$$

$$\begin{pmatrix} x_Q{}^{1'} \cdot \cos\varphi - x_Q{}^{2'} \cdot \sin\varphi \\ x_Q{}^{1'} \cdot \sin\varphi + x_Q{}^{2'} \cdot \cos\varphi \end{pmatrix}_{\text{KS}} = \begin{pmatrix} x_Q{}^{1} \cdot 1 + x_Q{}^{2} \cdot 0 \\ x_Q{}^{1} \cdot 0 + x_Q{}^{2} \cdot 1 \end{pmatrix}_{\text{KS}}$$

$$\begin{pmatrix} \cos\varphi & -\sin\varphi \\ \sin\varphi & \cos\varphi \end{pmatrix} \cdot \begin{pmatrix} x_Q{}^{1'} \\ x_Q{}^{2'} \end{pmatrix} = \begin{pmatrix} 1 & 0 \\ 0 & 1 \end{pmatrix} \cdot \begin{pmatrix} x_Q{}^{1} \\ x_Q{}^{2} \end{pmatrix}$$

$$B' \cdot \begin{pmatrix} x_Q{}^{1'} \\ x_Q{}^{2'} \end{pmatrix} = E \cdot \begin{pmatrix} x_Q{}^{1} \\ x_Q{}^{2} \end{pmatrix} \tag{4.36}$$

Beobachtung 1: B' entspricht der Abbildungsmatrix für Drehungen um den Ursprung, d. h., es gilt $B' = A_D$.
Beobachtung 2: B' enthält die Basisvektoren von KS$'$ als Spaltenvektoren, analog dazu enthält E die Basisvektoren von KS (jeweils bezüglich KS).
Beobachtung 3: B' transformiert die Basisvektoren von KS nach KS$'$ (jeweils bezüglich KS), denn es gilt

$$B' \cdot \overrightarrow{e_1} = \begin{pmatrix} \cos\varphi & -\sin\varphi \\ \sin\varphi & \cos\varphi \end{pmatrix} \cdot \begin{pmatrix} 1 \\ 0 \end{pmatrix}_{\text{KS}} = \begin{pmatrix} \cos\varphi \\ \sin\varphi \end{pmatrix}_{\text{KS}} = \overrightarrow{e_{1'}},$$

$$B' \cdot \overrightarrow{e_2} = \begin{pmatrix} \cos\varphi & -\sin\varphi \\ \sin\varphi & \cos\varphi \end{pmatrix} \cdot \begin{pmatrix} 0 \\ 1 \end{pmatrix}_{\text{KS}} = \begin{pmatrix} -\sin\varphi \\ \cos\varphi \end{pmatrix}_{\text{KS}} = \overrightarrow{e_{2'}}.$$

So wie die Basisvektoren wird jeder Ortsvektor in KS durch die affine Abbildung transformiert: Wird B' mit dem Ortsvektor $\overrightarrow{x_P}$ eines Punktes P multipliziert, dann ergibt sich der Ortsvektor $\overrightarrow{x_{P'}}$ des Bildpunktes $P' = Q$, d. h., es gilt $\overrightarrow{x_{P'}} = B' \cdot \overrightarrow{x_P}$. Deshalb kann die affine Abbildung auch mit nur einem Koordinatensystem beschrieben werden.

Im Beispiel wurde der Winkel φ so gewählt, dass $\sin\varphi = 0{,}6$ und $\cos\varphi = 0{,}8$ gilt (diese Vorgabe ist zulässig, da der „trigonometrische Pythagoras" wegen $\sin^2\varphi + \cos^2\varphi = 0{,}6^2 + 0{,}8^2 = 1$ erfüllt ist).

Die Koordinaten des Punktes Q bezüglich KS bei Verwendung von KS und KS$'$ ergeben sich aus (4.36) zu:

$$\begin{pmatrix} x_Q{}^{1} \\ x_Q{}^{2} \end{pmatrix}_{\text{KS}} = E^{-1} \cdot B' \cdot \begin{pmatrix} x_Q{}^{1'} \\ x_Q{}^{2'} \end{pmatrix}_{\text{KS}'} = \begin{pmatrix} \cos\varphi & -\sin\varphi \\ \sin\varphi & \cos\varphi \end{pmatrix} \cdot \begin{pmatrix} x_Q{}^{1'} \\ x_Q{}^{2'} \end{pmatrix}_{\text{KS}'}$$
$$= \begin{pmatrix} 0{,}8 & -0{,}6 \\ 0{,}6 & 0{,}8 \end{pmatrix} \cdot \begin{pmatrix} 2 \\ 3 \end{pmatrix}_{\text{KS}'} = \begin{pmatrix} -0{,}2 \\ 3{,}6 \end{pmatrix}_{\text{KS}}.$$

Bei ausschließlicher Verwendung von KS und der Betrachtung von Q als Bildpunkt von P, d. h. $Q = P'$, ergeben sich ebenfalls die korrekten Koordinaten:

$$\overrightarrow{x_Q} = \overrightarrow{x_{P'}} = A_D \cdot \overrightarrow{x_P} = \begin{pmatrix} \cos\varphi & -\sin\varphi \\ \sin\varphi & \cos\varphi \end{pmatrix} \cdot \begin{pmatrix} x_P{}^{1} \\ x_P{}^{2} \end{pmatrix}_{\text{KS}}$$
$$= \begin{pmatrix} 0{,}8 & -0{,}6 \\ 0{,}6 & 0{,}8 \end{pmatrix} \cdot \begin{pmatrix} 2 \\ 3 \end{pmatrix}_{\text{KS}} = \begin{pmatrix} -0{,}2 \\ 3{,}6 \end{pmatrix}_{\text{KS}}.$$

Wird ein beliebiger Punkt P festgehalten, während KS zu KS$'$ bewegt wird, dann hat P bezüglich KS$'$ andere Koordinaten als bezüglich KS. Diese Veränderung der Koordinaten wird als **passive Koordinatentransformation** bezeichnet.

Passive Koordinatentransformation P wird festgehalten und KS wird zu KS$'$ bewegt, deshalb hat P bezüglich KS$'$ andere Koordinaten als bezüglich KS.

Bezüglich KS gilt: $P(x_P{}^1, x_P{}^2) = P(x\,|\,y) = P(2\,|\,3)$.

Wir drücken den Ortsvektor von P in den Koordinatensystemen KS und KS$'$ aus:

$$\overrightarrow{x_P} = x_P{}^1 \cdot \overrightarrow{e_1} + x_P{}^2 \cdot \overrightarrow{e_2} = x_P{}^{1'} \cdot \overrightarrow{e_{1'}} + x_P{}^{2'} \cdot \overrightarrow{e_{2'}}.$$

Die Koordinaten von P bezüglich KS$'$ lassen sich bestimmen, wenn die Basisvektoren alle bezüglich KS$'$ angegeben werden.

Aus $\overrightarrow{e_{1'}} = \begin{pmatrix} \cos\varphi \\ \sin\varphi \end{pmatrix}_{\text{KS}}$ und $\overrightarrow{e_{2'}} = \begin{pmatrix} -\sin\varphi \\ \cos\varphi \end{pmatrix}_{\text{KS}}$ ergibt sich:

$$\begin{aligned} \overrightarrow{e_{1'}} &= \cos\varphi \cdot \overrightarrow{e_1} + \sin\varphi \cdot \overrightarrow{e_2} \\ \overrightarrow{e_{2'}} &= -\sin\varphi \cdot \overrightarrow{e_1} + \cos\varphi \cdot \overrightarrow{e_2} \end{aligned}$$

$$\begin{pmatrix} \overrightarrow{e_{1'}} \\ \overrightarrow{e_{2'}} \end{pmatrix} = \begin{pmatrix} \cos\varphi & \sin\varphi \\ -\sin\varphi & \cos\varphi \end{pmatrix} \cdot \begin{pmatrix} \overrightarrow{e_1} \\ \overrightarrow{e_2} \end{pmatrix} \quad \Bigg| \begin{pmatrix} \cos\varphi & \sin\varphi \\ -\sin\varphi & \cos\varphi \end{pmatrix}^{-1} \cdot$$

$$\begin{pmatrix} \overrightarrow{e_1} \\ \overrightarrow{e_2} \end{pmatrix} = \begin{pmatrix} \cos\varphi & \sin\varphi \\ -\sin\varphi & \cos\varphi \end{pmatrix}^{-1} \cdot \begin{pmatrix} \overrightarrow{e_{1'}} \\ \overrightarrow{e_{2'}} \end{pmatrix} = \begin{pmatrix} \cos\varphi & -\sin\varphi \\ \sin\varphi & \cos\varphi \end{pmatrix} \cdot \begin{pmatrix} \overrightarrow{e_{1'}} \\ \overrightarrow{e_{2'}} \end{pmatrix} = B' \cdot \begin{pmatrix} \overrightarrow{e_{1'}} \\ \overrightarrow{e_{2'}} \end{pmatrix}$$

$$\begin{pmatrix} \overrightarrow{e_1} \\ \overrightarrow{e_2} \end{pmatrix} = \begin{pmatrix} \cos\varphi \cdot \overrightarrow{e_{1'}} - \sin\varphi \cdot \overrightarrow{e_{2'}} \\ \sin\varphi \cdot \overrightarrow{e_{1'}} + \cos\varphi \cdot \overrightarrow{e_{2'}} \end{pmatrix} \Rightarrow \overrightarrow{e_1} = \begin{pmatrix} \cos\varphi \\ -\sin\varphi \end{pmatrix}_{\text{KS}'} \text{ und } \overrightarrow{e_2} = \begin{pmatrix} \sin\varphi \\ \cos\varphi \end{pmatrix}_{\text{KS}'}$$

Einsetzen von $\overrightarrow{e_1} = \begin{pmatrix} \cos\varphi \\ -\sin\varphi \end{pmatrix}_{\text{KS}'}$ und $\overrightarrow{e_2} = \begin{pmatrix} \sin\varphi \\ \cos\varphi \end{pmatrix}_{\text{KS}'}$ in die Beziehung für $\overrightarrow{x_P}$ liefert

$$\overrightarrow{x_P} = x_P{}^1 \cdot \overrightarrow{e_1} + x_P{}^2 \cdot \overrightarrow{e_2} = x_P{}^{1'} \cdot \overrightarrow{e_{1'}} + x_P{}^{2'} \cdot \overrightarrow{e_{2'}}$$

$$\overrightarrow{x_P} = x_P{}^1 \cdot \begin{pmatrix} \cos\varphi \\ -\sin\varphi \end{pmatrix}_{\text{KS}'} + x_P{}^2 \cdot \begin{pmatrix} \sin\varphi \\ \cos\varphi \end{pmatrix}_{\text{KS}'} = x_P{}^{1'} \cdot \begin{pmatrix} 1 \\ 0 \end{pmatrix}_{\text{KS}'} + x_P{}^{2'} \cdot \begin{pmatrix} 0 \\ 1 \end{pmatrix}_{\text{KS}'}$$

$$\begin{pmatrix} \cos\varphi \cdot x_P{}^1 + \sin\varphi \cdot x_P{}^2 \\ -\sin\varphi \cdot x_P{}^1 + \cos\varphi \cdot x_P{}^2 \end{pmatrix}_{\text{KS}'} = \begin{pmatrix} 1 \cdot x_P{}^{1'} + 0 \cdot x_P{}^{2'} \\ 0 \cdot x_P{}^{1'} + 1 \cdot x_P{}^{2'} \end{pmatrix}_{\text{KS}'}$$

$$\begin{pmatrix} \cos\varphi & \sin\varphi \\ -\sin\varphi & \cos\varphi \end{pmatrix} \cdot \begin{pmatrix} x_P{}^1 \\ x_P{}^2 \end{pmatrix} = \begin{pmatrix} 1 & 0 \\ 0 & 1 \end{pmatrix} \cdot \begin{pmatrix} x_P{}^{1'} \\ x_P{}^{2'} \end{pmatrix} = \begin{pmatrix} x_P{}^{1'} \\ x_P{}^{2'} \end{pmatrix}$$

Die abgeleitete Beziehung für die passive Koordinatentransformation (P festgehalten, KS $\to$ KS$'$) ergibt sich ebenfalls elementargeometrisch. Sie kann für $x^1 = x$; $x^2 = y$; $x^{1'} = x'$; $x^{2'} = y'$ in der Darstellung

$$\begin{pmatrix} x' \\ y' \end{pmatrix} = \begin{pmatrix} \cos\varphi & \sin\varphi \\ -\sin\varphi & \cos\varphi \end{pmatrix} \cdot \begin{pmatrix} x \\ y \end{pmatrix} \quad \text{oder} \quad \boxed{\begin{aligned} x' &= x \cdot \cos\varphi + y \cdot \sin\varphi \\ y' &= -x \cdot \sin\varphi + y \cdot \cos\varphi \end{aligned}} \tag{4.37}$$

auch **Formelsammlungen** entnommen werden.

Im Beispiel mit $\sin\varphi = 0{,}6$ und $\cos\varphi = 0{,}8$ ergibt sich

$$\begin{pmatrix} x_P{}^{1'} \\ x_P{}^{2'} \end{pmatrix}_{\text{KS}'} = \begin{pmatrix} 0{,}8 & 0{,}6 \\ -0{,}6 & 0{,}8 \end{pmatrix} \cdot \begin{pmatrix} 2 \\ 3 \end{pmatrix}_{\text{KS}} = \begin{pmatrix} 3{,}4 \\ 1{,}2 \end{pmatrix}_{\text{KS}'} .$$

Probe durch Rückrechnen in KS:

$$\begin{aligned} \overrightarrow{x_P} &= 3{,}4 \cdot \overrightarrow{e_{1'}} + 1{,}2 \cdot \overrightarrow{e_{2'}} = 3{,}4 \cdot \begin{pmatrix} \cos\varphi \\ \sin\varphi \end{pmatrix}_{\text{KS}} + 1{,}2 \cdot \begin{pmatrix} -\sin\varphi \\ \cos\varphi \end{pmatrix}_{\text{KS}} \\ &= 3{,}4 \cdot \begin{pmatrix} 0{,}8 \\ 0{,}6 \end{pmatrix}_{\text{KS}} + 1{,}2 \cdot \begin{pmatrix} -0{,}6 \\ 0{,}8 \end{pmatrix}_{\text{KS}} = \begin{pmatrix} 2 \\ 3 \end{pmatrix}_{\text{KS}} . \end{aligned}$$

Zusammenfassung

Verbindungsvektor als Differenz zweier Ortsvektoren: $\overrightarrow{PQ} = \overrightarrow{OQ} - \overrightarrow{OP} = \vec{q} - \vec{p} = (q^i - p^i) \cdot \overrightarrow{e_i}$

Skalarprodukt in Koordinatendarstellung:

$$\overrightarrow{e_i} \cdot \overrightarrow{e_j} = \delta_{ij} \quad \text{mit} \quad \delta_{ij} = \begin{cases} 1 & \text{für } i = j \\ 0 & \text{für } i \neq j \end{cases}$$

$$\vec{a} \cdot \vec{b} = a^1 \cdot b^1 + a^2 \cdot b^2 + a^3 \cdot b^3$$

$$\vec{a} \cdot \vec{b} = a^i \cdot \overrightarrow{e_i} \cdot b^j \cdot \overrightarrow{e_j} = a^i \cdot b^j \cdot \overrightarrow{e_i} \cdot \overrightarrow{e_j} = a^i \cdot b^j \cdot \delta_{ij}$$

Ermittlung von Vektorkoordinaten: $a^j = \vec{a} \cdot \overrightarrow{e_j}$

Vektorprodukt in Koordinatendarstellung:

$$\begin{aligned} &\overrightarrow{e_1} \times \overrightarrow{e_1} = \overrightarrow{e_2} \times \overrightarrow{e_2} = \overrightarrow{e_3} \times \overrightarrow{e_3} = \vec{0} \\ &\overrightarrow{e_1} \times \overrightarrow{e_2} = -\overrightarrow{e_2} \times \overrightarrow{e_1} = \overrightarrow{e_3} \\ &\overrightarrow{e_1} \times \overrightarrow{e_3} = -\overrightarrow{e_3} \times \overrightarrow{e_1} = -\overrightarrow{e_2} \\ &\overrightarrow{e_2} \times \overrightarrow{e_3} = -\overrightarrow{e_3} \times \overrightarrow{e_2} = \overrightarrow{e_1} \\ &\vec{a} \times \vec{b} = a^i \cdot \overrightarrow{e_i} \times b^j \cdot \overrightarrow{e_j} = a^i \cdot b^j \cdot \overrightarrow{e_i} \times \overrightarrow{e_j} \end{aligned}$$

Tensorprodukt (dyadisches Produkt) in Koordinatendarstellung:

$$\vec{a} \otimes \vec{b} = a^i \cdot \vec{e_i} \otimes b^j \cdot \vec{e_j} = a^i \cdot b^j \cdot \vec{e_i} \otimes \vec{e_j}$$

$$\begin{pmatrix} a^1 \\ a^2 \\ a^3 \end{pmatrix} \cdot \begin{pmatrix} b^1 & b^2 & b^3 \end{pmatrix} = \begin{pmatrix} a^1 \cdot b^1 & a^1 \cdot b^2 & a^1 \cdot b^3 \\ a^2 \cdot b^1 & a^2 \cdot b^2 & a^2 \cdot b^3 \\ a^3 \cdot b^1 & a^3 \cdot b^2 & a^3 \cdot b^3 \end{pmatrix} = a \cdot b^T$$

Koordinatentransformation:

$$B' \cdot \begin{pmatrix} {x_Q}^{1'} \\ {x_Q}^{2'} \end{pmatrix} = E \cdot \begin{pmatrix} {x_Q}^1 \\ {x_Q}^2 \end{pmatrix}$$

4.2.2 Verwendung affiner Koordinaten

Charakterisierung affiner Koordinatensysteme

Ein N-dimensionales **affines Koordinatensystem** hat folgende Eigenschaften:

- Es besitzt N Koordinatenachsen, die sich alle in einem Punkt, dem Ursprung O, schneiden. Die Koordinatenachsen werden mit den Symbolen $x_1, \ldots, x_N$ oder $x^1, \ldots, x^N$ bezeichnet.
  Die Hochstellung der Indizes bedeutet keine Potenzierung.
- Der Winkel, unter dem sich zwei Koordinatenachsen schneiden, ist beliebig.
- Jede Achse ist vom Ursprung aus gleichmäßig eingeteilt, allerdings können die Einheiten auf verschiedenen Achsen unterschiedlich groß sein.
- Für dreidimensionale Koordinatensysteme verwenden wir stets ein **Rechtssystem**, d. h., wenn die rechte Hand so gehalten wird, dass der Daumen in Richtung der x^1-Achse und der Zeigefinger in Richtung der x^2-Achse zeigt, dann gibt der abgespreizte Mittelfinger die Richtung der x^3-Achse an.

Zwischen affinen und kartesischen Koordinatensystemen bestehen viele Gemeinsamkeiten, da die kartesischen Koordinatensysteme spezielle affine Koordinatensysteme sind. Auch die verwendete Begrifflichkeit ist ähnlich:

Der Verbindungsvektor vom Ursprung O zu einem beliebigen Punkt P wird als **Ortsvektor** dieses Punktes bezeichnet. Die Ortsvektoren der Punkte E_i auf den Achsen, welche die Einheiten festlegen, werden als **Basisvektoren** $\vec{b_i} = \overrightarrow{OE_i}$

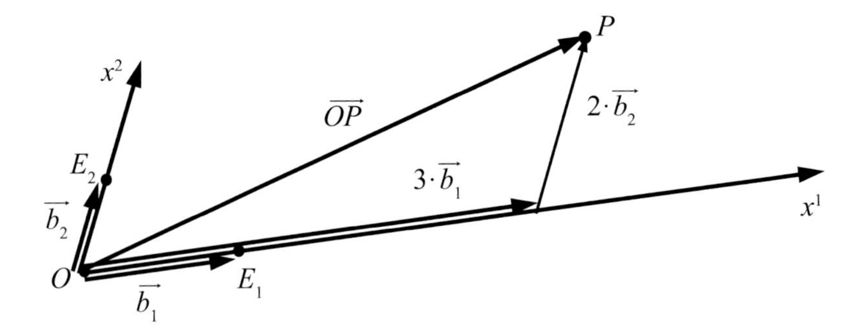

Abb. 4.39 Affines Koordinatensystem

des affinen Koordinatensystems verwendet. Das Tupel aus den Basisvektoren bildet die geordnete **Basis** des affinen Koordinatensystems, diese wird also durch die $(N+1)$ Punkte $O, E_1, \ldots, E_N$ bestimmt. Der Ortsvektor eines Punktes kann als Linearkombination der Basisvektoren aufgefasst werden, dabei **stimmen die Koordinaten des Punktes mit den Koordinaten des Ortsvektors überein**. Diese Begriffe werden in Abb. 4.39 am zweidimensionalen affinen Koordinatensystem verdeutlicht.

$B = (\overrightarrow{b_1}, \overrightarrow{b_2}) \ldots$ geordnete Basis des affinen Koordinatensystems,

$P(3\,|2) \ldots$ Punkt P in Koordinaten zur Basis B,

$\overrightarrow{OP} = 3 \cdot \overrightarrow{b_1} + 2 \cdot \overrightarrow{b_2} \ldots$ Ortsvektor des Punktes P als Linearkombination der Basisvektoren,

$\overrightarrow{OP} = \begin{pmatrix} 3 \\ 2 \end{pmatrix}_B \ldots$ Ortsvektor des Punktes P als Koordinatenvektor zur Basis B,

3 und 2 ... Koordinaten des Punktes P und Koordinaten des Ortsvektors von P.

Aus $\overrightarrow{OP} = 3 \cdot \overrightarrow{b_1} + 2 \cdot \overrightarrow{b_2} = \begin{pmatrix} 3 \\ 2 \end{pmatrix}_B = 3 \cdot \begin{pmatrix} 1 \\ 0 \end{pmatrix}_B + 2 \cdot \begin{pmatrix} 0 \\ 1 \end{pmatrix}_B$ folgt $\overrightarrow{b_1} = \begin{pmatrix} 1 \\ 0 \end{pmatrix}_B ; \overrightarrow{b_2} = \begin{pmatrix} 0 \\ 1 \end{pmatrix}_B \ldots$ Basisvektoren als Koordinatenvektoren zur Basis B.

Es sind unterschiedliche **Darstellungen für Ortsvektoren** üblich, z. B.:

$$\overrightarrow{OP} = \overrightarrow{x_P} = x_P{}^1 \cdot \overrightarrow{b_1} + x_P{}^2 \cdot \overrightarrow{b_2} = \sum_{i=1}^{2} x_P{}^i \cdot \overrightarrow{b_i} = x_P{}^i \cdot \overrightarrow{b_i},$$

$$\overrightarrow{OP} = \vec{x} = x^1 \cdot \overrightarrow{b_1} + x^2 \cdot \overrightarrow{b_2} = \sum_{i=1}^{2} x^i \cdot \overrightarrow{b_i} = x^i \cdot \overrightarrow{b_i},$$

$$\overrightarrow{OP} = \begin{pmatrix} x_P{}^1 \\ x_P{}^2 \end{pmatrix}_B = \begin{pmatrix} x^1 \\ x^2 \end{pmatrix}_B,$$

$$\overrightarrow{OP} = \vec{p} = \begin{pmatrix} p^1 \\ p^2 \end{pmatrix}_B.$$

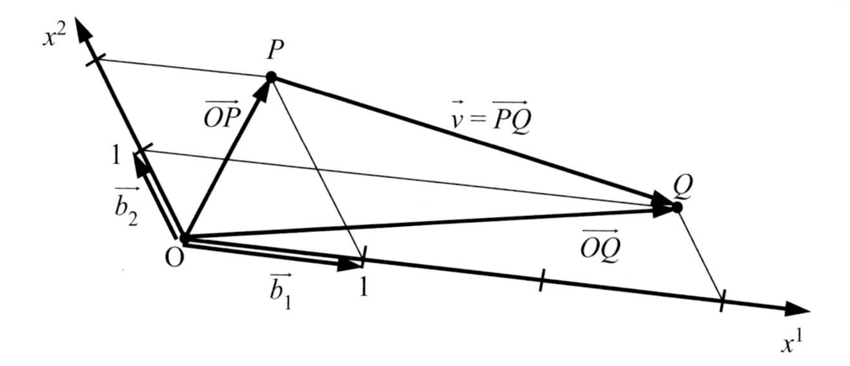

Abb. 4.40 Darstellung eines Verbindungsvektors in affinen Koordinaten

Häufig wird ein allgemeiner Punkt mit X und sein Ortsvektor mit $\vec{x}$ bezeichnet. In diesem Fall ist sehr gewissenhaft zwischen dem Vektor und seinen Koordinaten zu unterscheiden, besonders dann, wenn die Koordinaten in einem funktionalen Zusammenhang zu den Koordinaten eines anderen Koordinatensystems stehen, der häufig mit $x^{i'}(x^1, \ldots, x^N)$ bezeichnet wird.

Die **Schreibweise der Indizes** mittels Hochstellung bei Koordinaten und Tiefstellung bei Basisvektoren wird von uns bevorzugt, da sie die Nutzung der Einstein'schen Summenkonvention (2.4) in der Form ermöglicht, dass über gleiche obere und untere Indizes summiert wird.

Jeder **Verbindungsvektor** zweier Punkte kann als Differenz zweier Ortsvektoren dargestellt werden, s. Abb. 4.40.

$$P(1\,|2);Q(3\,|1);$$

$$\overrightarrow{OP} = \begin{pmatrix} 1 \\ 2 \end{pmatrix}_B ; \overrightarrow{OQ} = \begin{pmatrix} 3 \\ 1 \end{pmatrix}_B ;$$

$$\vec{v} = \overrightarrow{PQ} = \overrightarrow{OQ} - \overrightarrow{OP} = \vec{q} - \vec{p} = q^i \cdot \overrightarrow{b_i} - p^i \cdot \overrightarrow{b_i}$$

$$= (q^i - p^i) \cdot \overrightarrow{b_i} = \begin{pmatrix} 3 \\ 1 \end{pmatrix}_B - \begin{pmatrix} 1 \\ 2 \end{pmatrix}_B = \begin{pmatrix} 2 \\ -1 \end{pmatrix}_B .$$

In jedem N-dimensionalen Raum, in dem Vektoren definiert sind, können unterschiedliche Basen gewählt werden. Die N Vektoren $(\overrightarrow{b_1}, \ldots, \overrightarrow{b_N})$ bilden eine **Basis**, wenn sie **linear unabhängig** sind, d. h. wenn folgende Beziehung gilt:

$$a^1 \cdot \overrightarrow{b_1} + \ldots + a^N \cdot \overrightarrow{b_N} = \vec{0} \Leftrightarrow a^1 = \ldots = a^N = 0. \tag{4.38}$$

Jeder Vektor $\vec{v}$ dieses Raums kann **eindeutig als Linearkombination** der Basisvektoren dargestellt werden, d. h., in der Zerlegung $\vec{v} = v^1 \cdot \overrightarrow{b_1} + \ldots + v^N \cdot \overrightarrow{b_N}$ sind die Koordinaten $v^1, \ldots, v^N$ bezüglich der verwendeten Basis eindeutig bestimmt. Wird die Basis gewechselt, dann verändern sich die Koordinaten des Vektors.

Zu jeder geordneten affinen Basis $B = (\overrightarrow{b_i})$ existiert eine eindeutig bestimmte geordnete **duale Basis** (oder **Dualbasis**) $B^* = (\overrightarrow{b^j})$, die mithilfe des Kronecker-Symbols (2.7) durch folgende Bedingung definiert werden kann:

$$\overrightarrow{b_i} \cdot \overrightarrow{b^j} = \delta_i^j. \tag{4.39}$$

Für viele Berechnungen erweist es sich als zweckmäßig, sowohl die ausgewählte Basis als auch die zugehörige Dualbasis zu nutzen. Um bei Verwendung der Dualbasis die Einstein'sche Summenkonvention ebenfalls nutzen zu können, werden die Komponenten eines Vektors $\vec{v}$ bezüglich der Dualbasis mit v_j bezeichnet.

Zur begrifflichen Unterscheidung verwenden wir für Koordinaten mit hochgestellten Indizes wie v^i (die sich auf die Basis $\overrightarrow{b_i}$ beziehen) die Bezeichnung **kontravariante Koordinaten** und für Koordinaten mit tiefgestellten Indizes wie v_j (die sich auf die Basis $\overrightarrow{b^j}$ beziehen) die Bezeichnung **kovariante Koordinaten** (die Herkunft dieser Begriffe wird am Ende dieses Abschnitts erläutert).

Zur Bestimmung der Dualbasis $(\overrightarrow{b^1}, \ldots, \overrightarrow{b^N})$ zu einer Basis $(\overrightarrow{b_1}, \ldots, \overrightarrow{b_N})$ drücken wir alle Basisvektoren als Koordinatenvektoren in einem **einheitlichen Vergleichssystem** aus. Wir verwenden dafür die Standardbasis E. Analog zur Schreibweise der Koordinaten des Vektors $\vec{v}$ in der Form v^i bzw. v_j bezüglich der Basis $B = (\overrightarrow{b_i})$ bzw. $B^* = (\overrightarrow{b^j})$ schreiben wir für die Koordinatenvektoren bezüglich der Basis E:

$$\overrightarrow{b_i} = \begin{pmatrix} {b_i}^1 \\ \vdots \\ {b_i}^N \end{pmatrix}_E, \text{ d. h. } \overrightarrow{b_1} = \begin{pmatrix} {b_1}^1 \\ \vdots \\ {b_1}^N \end{pmatrix}_E, \ldots, \overrightarrow{b_N} = \begin{pmatrix} {b_N}^1 \\ \vdots \\ {b_N}^N \end{pmatrix}_E, \tag{4.40}$$

$$\overrightarrow{b^j} = \begin{pmatrix} {b^j}_1 \\ \vdots \\ {b^j}_N \end{pmatrix}_E, \text{ d. h. } \overrightarrow{b^1} = \begin{pmatrix} {b^1}_1 \\ \vdots \\ {b^1}_N \end{pmatrix}_E, \ldots, \overrightarrow{b^N} = \begin{pmatrix} {b^N}_1 \\ \vdots \\ {b^N}_N \end{pmatrix}_E \tag{4.41}$$

Es wird sich als zweckmäßig erweisen, aus den Koordinatenvektoren der Basisvektoren Matrizen zu bilden, wie wir dies bereits in Abschn. 4.2.1 getan haben. Dabei wird die aus den Basisvektoren $\overrightarrow{b_i}$ gebildete Matrix mit B bezeichnet wie die Basis selbst. Diese Doppelbezeichnung wirkt unschön, doch sie ist üblich, da stets aus dem Kontext hervorgeht, ob es sich um die Basis oder um die Matrix handelt.

$$B = \begin{pmatrix} \overrightarrow{b_1} & \cdots & \overrightarrow{b_N} \\ | & \cdots & | \end{pmatrix}_E = \begin{pmatrix} {b_1}^1 & \cdots & {b_N}^1 \\ \vdots & \ddots & \vdots \\ {b_1}^N & \cdots & {b_N}^N \end{pmatrix}_E = \left({b_i}^j\right)_E, \tag{4.42}$$

$$B^* = \begin{pmatrix} \overrightarrow{b^1} & \cdots & \overrightarrow{b^N} \\ | & \cdots & | \end{pmatrix}_E = \begin{pmatrix} {b^1}_1 & \cdots & {b^N}_1 \\ \vdots & \ddots & \vdots \\ {b^1}_N & \cdots & {b^N}_N \end{pmatrix}_E = \left({b^i}_j\right)_E. \tag{4.43}$$

Mit diesen Darstellungen ergibt sich mit der Bedingung (4.39) folgende Matrizengleichung:

$$\begin{aligned} B^T \cdot B^* &= \begin{pmatrix} \overrightarrow{b_1} & - \\ \vdots & \vdots \\ \overrightarrow{b_N} & - \end{pmatrix} \cdot \begin{pmatrix} \overrightarrow{b^1} & \cdots & \overrightarrow{b^N} \\ | & \cdots & | \end{pmatrix} \\ &= \begin{pmatrix} \overrightarrow{b_1} \cdot \overrightarrow{b^1} & \cdots & \overrightarrow{b_1} \cdot \overrightarrow{b^N} \\ \vdots & \ddots & \vdots \\ \overrightarrow{b_N} \cdot \overrightarrow{b^1} & \cdots & \overrightarrow{b_N} \cdot \overrightarrow{b^N} \end{pmatrix} = \begin{pmatrix} 1 & \cdots & 0 \\ \vdots & \ddots & \vdots \\ 0 & \cdots & 1 \end{pmatrix} = E. \end{aligned}$$

Da B quadratisch und wegen $\det B \neq 0$ regulär ist, ergibt sich eine Beziehung zur Ermittlung von B^* aus B:

$$B^* = \left(B^T\right)^{-1} \cdot E = \left(B^T\right)^{-1} \cdots B^* \text{ ist kontragredient zu } B. \tag{4.44}$$

Beispiel 4.4

Gegeben: $\overrightarrow{b_1} = \begin{pmatrix} -3/2 \\ 1 \end{pmatrix}_E, \overrightarrow{b_2} = \begin{pmatrix} 2 \\ -1/2 \end{pmatrix}_E,$

gesucht: $B,\ B^* = \begin{pmatrix} \overrightarrow{b^1} & \overrightarrow{b^2} \\ | & | \end{pmatrix}, \overrightarrow{b^1}, \overrightarrow{b^2}.$

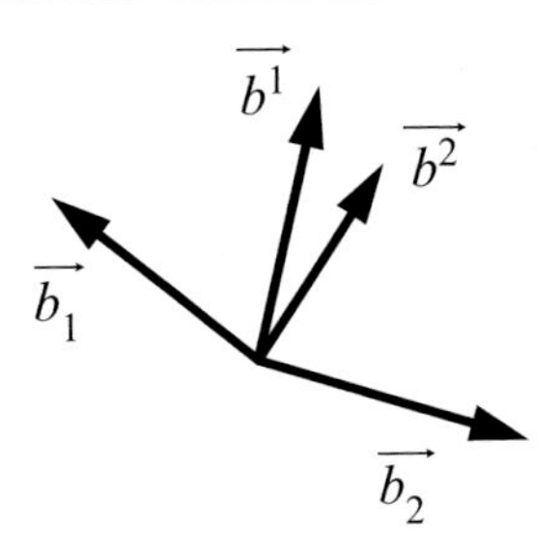

Abb. 4.41 Basis und Dualbasis

Lösung:

$$B = \begin{pmatrix} \overrightarrow{b_1} & \overrightarrow{b_2} \\ | & | \end{pmatrix}_E = \begin{pmatrix} -3/2 & 2 \\ 1 & -1/2 \end{pmatrix}_E,$$

$$B^* = (B^T)^{-1} = \left(\begin{pmatrix} -3/2 & 2 \\ 1 & -1/2 \end{pmatrix}_E^T \right)^{-1}$$

$$= \begin{pmatrix} 2/5 & 4/5 \\ 8/5 & 6/5 \end{pmatrix}_E \Rightarrow \overrightarrow{b^1} = \begin{pmatrix} 2/5 \\ 8/5 \end{pmatrix}_E ; \overrightarrow{b^2} = \begin{pmatrix} 4/5 \\ 6/5 \end{pmatrix}_E.$$

Veranschaulichung durch Abb. 4.41.

Für praktische Anwendungen ist der **Sonderfall kartesischer Koordinatensysteme** sehr bedeutsam.

Bei Verwendung kartesischer Koordinaten wird die Matrix B zur Einheitsmatrix E. Im dreidimensionalen Anschauungsraum gilt z. B.:

$$\overrightarrow{e_1} = \begin{pmatrix} 1 \\ 0 \\ 0 \end{pmatrix}, \overrightarrow{e_2} = \begin{pmatrix} 0 \\ 1 \\ 0 \end{pmatrix}, \overrightarrow{e_3} = \begin{pmatrix} 0 \\ 0 \\ 1 \end{pmatrix} \Rightarrow B = \begin{pmatrix} 1 & 0 & 0 \\ 0 & 1 & 0 \\ 0 & 0 & 1 \end{pmatrix} = E_3.$$

Die Berechnung der Matrix B^* nach (4.44) ergibt dann die Einheitsmatrix E, da $B^* = (B^T)^{-1} = (E^T)^{-1} = E^{-1} = E$. Das bedeutet:

Bei kartesischen Koordinatensystemen stimmen Basis und Dualbasis überein, d. h., es gilt folgende Beziehung:

$$\overrightarrow{e^i} = \overrightarrow{e_i}. \tag{4.45}$$

Diese Eigenschaft ist der Grund dafür, dass die duale Basis bei Verwendung kartesischer Koordinaten scheinbar nicht benötigt wird. In der Schulmathematik werden duale Basen nicht thematisiert, und auch wir haben dies in Abschn. 4.2.1 nicht getan, um keine Verunsicherung hervorzurufen.

Produkte von Vektoren in affinen Koordinaten

Basen und Koordinatendarstellung

In diesem Abschnitt bezeichnen wir die geordnete Basis des affinen Raumes mit $(\overrightarrow{g_i})$ und die zugehörige geordnete duale Basis mit $(\overrightarrow{g^j})$. Wir werden in Abschn. 4.2.3 erfahren, dass es sich dabei um **natürliche Basen** handelt, die sich in jedem Koordinatensystem definieren lassen und dass für kartesische und affine Koordinatensysteme die natürlichen Basen mit den dort eingeführten Basen übereinstimmen.

Die Bedingung (4.39) wenden wir in folgender Form an:

$$\overrightarrow{g_i} \cdot \overrightarrow{g^j} = \delta_i^j. \tag{4.46}$$

Die interessierenden Zusammenhänge werden an dreidimensionalen Koordinatensystemen erarbeitet und dann für N Dimensionen verallgemeinert. In den Beispielen verwenden wir die Vektoren

$$\begin{aligned} \vec{a} &= a^i \cdot \overrightarrow{g_i} = a^1 \cdot \overrightarrow{g_1} + a^2 \cdot \overrightarrow{g_2} + a^3 \cdot \overrightarrow{g_3} = a_i \cdot \overrightarrow{g^i} = a_1 \cdot \overrightarrow{g^1} + a_2 \cdot \overrightarrow{g^2} + a_3 \cdot \overrightarrow{g^3}, \\ \vec{b} &= b^j \cdot \overrightarrow{g_j} = b^1 \cdot \overrightarrow{g_1} + b^2 \cdot \overrightarrow{g_2} + b^3 \cdot \overrightarrow{g_3} = b_j \cdot \overrightarrow{g^j} = b_1 \cdot \overrightarrow{g^1} + b_2 \cdot \overrightarrow{g^2} + b_3 \cdot \overrightarrow{g^3}. \end{aligned} \tag{4.47}$$

Aus den Koordinaten der Vektoren zur Basis $(\overrightarrow{g_1}, \overrightarrow{g_2}, \overrightarrow{g_3})$ bzw. $(\overrightarrow{g^1}, \overrightarrow{g^2}, \overrightarrow{g^3})$ bilden wir Koordinatenvektoren und fassen diese als Spaltenmatrizen auf, d. h., wir verwenden

$$\begin{pmatrix} a^1 \\ a^2 \\ a^3 \end{pmatrix}, \begin{pmatrix} b^1 \\ b^2 \\ b^3 \end{pmatrix} \quad \text{bzw.} \quad \begin{pmatrix} a_1 \\ a_2 \\ a_3 \end{pmatrix}, \begin{pmatrix} b_1 \\ b_2 \\ b_3 \end{pmatrix}. \tag{4.48}$$

Bemerkung Der Vektor $\vec{b}$ besitzt in diesem Abschnitt nicht die Bedeutung eines Basisvektors.

Da sich die Basen $(\overrightarrow{g_1}, \overrightarrow{g_2}, \overrightarrow{g_3})$ und $(\overrightarrow{g^1}, \overrightarrow{g^2}, \overrightarrow{g^3})$ unterscheiden (die Basisvektoren müssen nur (4.46) erfüllen), sind i. A. die Koordinaten a^i und a_i unterschiedlich usw.

Skalarprodukt in Koordinatendarstellung

Drücken wir die Vektoren $\vec{a}$ und $\vec{b}$ beide in der Basis $(\overrightarrow{g_1}, \overrightarrow{g_2}, \overrightarrow{g_3})$ aus, dann ergibt sich aus der Bilinearität des Skalarprodukts, d. h. aus (4.3) und (4.4), eine

Koordinatendarstellung des Skalarprodukts

$$\begin{aligned}\vec{a}\cdot\vec{b} &= \left(a^1\cdot\vec{g_1}+a^2\cdot\vec{g_2}+a^3\cdot\vec{g_3}\right)\cdot\left(b^1\cdot\vec{g_1}+b^2\cdot\vec{g_2}+b^3\cdot\vec{g_3}\right)\\
&= a^1\cdot b^1\cdot\underbrace{\vec{g_1}\cdot\vec{g_1}}_{g_{11}}+a^1\cdot b^2\cdot\underbrace{\vec{g_1}\cdot\vec{g_2}}_{g_{12}}+a^1\cdot b^3\cdot\underbrace{\vec{g_1}\cdot\vec{g_3}}_{g_{13}}+\\
&+a^2\cdot b^1\cdot\underbrace{\vec{g_2}\cdot\vec{g_1}}_{g_{21}}+a^2\cdot b^2\cdot\underbrace{\vec{g_2}\cdot\vec{g_2}}_{g_{22}}+a^2\cdot b^3\cdot\underbrace{\vec{g_2}\cdot\vec{g_3}}_{g_{23}}+\\
&+a^3\cdot b^1\cdot\underbrace{\vec{g_3}\cdot\vec{g_1}}_{g_{31}}+a^3\cdot b^2\cdot\underbrace{\vec{g_3}\cdot\vec{g_2}}_{g_{32}}+a^3\cdot b^3\cdot\underbrace{\vec{g_3}\cdot\vec{g_3}}_{g_{33}}\end{aligned}$$

$$\begin{aligned}\vec{a}\cdot\vec{b} = a^1\cdot b^1\cdot g_{11}+a^1\cdot b^2\cdot g_{12}+a^1\cdot b^3\cdot g_{13}+&\\
+a^2\cdot b^1\cdot g_{21}+a^2\cdot b^2\cdot g_{22}+a^2\cdot b^3\cdot g_{23}+&\\
+a^3\cdot b^1\cdot g_{31}+a^3\cdot b^2\cdot g_{32}+a^3\cdot b^3\cdot g_{33}&\end{aligned} \tag{4.49}$$

In der Berechnung haben wir folgende Abkürzung definiert:

$$\vec{g_i}\cdot\vec{g_j} = g_{ij}. \tag{4.50}$$

Unter Nutzung der Einstein'schen Summenkonvention (2.4) ergibt sich eine kompaktere Schreibweise für die Berechnung der ersten Koordinatendarstellung des Skalarprodukts:

$$\vec{a}\cdot\vec{b} = a^i\cdot\vec{g_i}\cdot b^j\cdot\vec{g_j} = a^i\cdot b^j\cdot\vec{g_i}\cdot\vec{g_j} = a^i\cdot b^j\cdot g_{ij}. \tag{4.51}$$

Drücken wir die Vektoren $\vec{a}$ und $\vec{b}$ nicht im Koordinatensystem mit der Basis $(\vec{g_1},\vec{g_2},\vec{g_3})$ aus, sondern im Koordinatensystem mit der Basis $(\vec{g^1},\vec{g^2},\vec{g^3})$, dann können wir wiederum das Skalarprodukt dieser Vektoren bestimmen. Aus Sicht der Physik ist es zweckmäßig, die Unabhängigkeit des Skalarprodukts vom verwendeten Koordinatensystem zu fordern, da ein Skalarprodukt vektorieller Größen eine physikalische Größe darstellen kann, welche unabhängig vom verwendeten Koordinatensystem sein soll (z. B. stellt das Skalarprodukt aus den vektoriellen Größen Kraft und Weg die physikalische Größe Arbeit dar, welche unabhängig vom verwendeten Koordinatensystem sein muss). Diese Unveränderlichkeit des Skalarprodukts beim Wechsel des Koordinatensystems wird als **Invarianz des Skalarprodukts** bezeichnet.

Andere Darstellungen der Vektoren $\vec{a}$ und $\vec{b}$ ergeben weitere Koordinatendarstellungen für das Skalarprodukt, dabei stimmen alle Ergebnisse für $\vec{a}\cdot\vec{b}$ überein:

$$\begin{aligned}\vec{a}\cdot\vec{b} &= a^i\cdot\vec{g_i}\cdot b_j\cdot\vec{g^j} = a^i\cdot b_j\cdot\vec{g_i}\cdot\vec{g^j} = a^i\cdot b_j\cdot\delta_i^j = a^i\cdot b_i,\\
\vec{a}\cdot\vec{b} &= a_i\cdot\vec{g^i}\cdot b^j\cdot\vec{g_j} = a_i\cdot b^j\cdot\vec{g^i}\cdot\vec{g_j} = a_i\cdot b^j\cdot\delta_j^i = a_i\cdot b^i,\\
\vec{a}\cdot\vec{b} &= a_i\cdot\vec{g^i}\cdot b_j\cdot\vec{g^j} = a_i\cdot b_j\cdot\underbrace{\vec{g^i}\cdot\vec{g^j}}_{g^{ij}} = a_i\cdot b_j\cdot g^{ij}.\end{aligned}$$

Analog zu (4.50) haben wir folgende Abkürzung definiert:

$$\overrightarrow{g^i} \cdot \overrightarrow{g^j} = g^{ij}. \tag{4.52}$$

Mit (4.51) gilt:

Es gibt folgende Darstellungen für das Skalarprodukt zweier Vektoren:

$$\vec{a} \cdot \vec{b} = a^i \cdot b^j \cdot g_{ij} = a^i \cdot b_i = a_i \cdot b^i = a_i \cdot b_j \cdot g^{ij}. \tag{4.53}$$

Wir erkennen, dass die Berechnung des Skalarprodukts in Koordinatendarstellung besonders einfach ist, wenn die Koordinatenvektoren in zueinander dualen Basen angegeben werden.

Verwenden wir Matrizen aus den Koordinatenvektoren, dann lässt sich in (4.49) bzw. (4.51) das **Skalarprodukt als Matrizenprodukt** schreiben (die Bestätigung dieser Aussage ergibt sich durch Ausmultiplizieren des Matrizenprodukts):

$$\vec{a} \cdot \vec{b} = \begin{pmatrix} a^1 & a^2 & a^3 \end{pmatrix} \cdot \begin{pmatrix} g_{11} & g_{12} & g_{13} \\ g_{21} & g_{22} & g_{23} \\ g_{31} & g_{32} & g_{33} \end{pmatrix} \cdot \begin{pmatrix} b^1 \\ b^2 \\ b^3 \end{pmatrix} = a^T \cdot (g_{ij}) \cdot b. \tag{4.54}$$

Eine analoge Beziehung ergibt sich für die Vektordarstellung mit kovarianten Koordinaten:

$$\vec{a} \cdot \vec{b} = \begin{pmatrix} a_1 & a_2 & a_3 \end{pmatrix} \cdot \begin{pmatrix} g^{11} & g^{12} & g^{13} \\ g^{21} & g^{22} & g^{23} \\ g^{31} & g^{32} & g^{33} \end{pmatrix} \cdot \begin{pmatrix} b_1 \\ b_2 \\ b_3 \end{pmatrix} = a^T \cdot (g^{ij}) \cdot b. \tag{4.55}$$

Die Matrizen

$$(g_{ij}) = \begin{pmatrix} g_{11} & \cdots & g_{1N} \\ \vdots & \ddots & \vdots \\ g_{N1} & \cdots & g_{NN} \end{pmatrix} \quad \text{und} \quad (g^{ij}) = \begin{pmatrix} g^{11} & \cdots & g^{1N} \\ \vdots & \ddots & \vdots \\ g^{N1} & \cdots & g^{NN} \end{pmatrix} \tag{4.56}$$

werden als **Gram'sche Matrizen oder metrische Tensoren** bezeichnet (die letztgenannte Bezeichnung rührt daher, dass mit diesen Matrizen eine Abstandsfunktion, d. h. eine Metrik, definiert werden kann und dass sie die Transformationseigenschaften eines Tensors besitzen, s. Abschn. 4.3).

Da Skalarprodukte kommutativ sind, sind die metrischen Tensoren symmetrisch.

Die Matrixelemente g_{ij} und g^{ij} (bzw. die Komponenten der metrischen Tensoren) haben für das Rechnen eine besondere Bedeutung, da sie bei Koordinaten und Basisvektoren als „**Indexzieher**" wirken:

$$a_j = a^i \cdot g_{ij}, \tag{4.57}$$

$$a^j = a_i \cdot g^{ij}, \tag{4.58}$$

$$\overrightarrow{g^i} = g^{ij} \cdot \overrightarrow{g_j}, \tag{4.59}$$

$$\overrightarrow{g_i} = g_{ij} \cdot \overrightarrow{g^j}. \tag{4.60}$$

Der Nachweis der Gültigkeit dieser Beziehungen wird mithilfe der Invarianz des Skalarproduktes in Anhang 4.2 geführt.

Die Matrizen (g_{ij})und (g^{ij}) sind **invers zueinander**.

Begründung:

$$\vec{a} \bullet \vec{b} = a^i \cdot \overrightarrow{g_i} \bullet b_j \cdot \overrightarrow{g^j} \qquad \Big| \; \overrightarrow{g^j} = \overrightarrow{g_p} \cdot g^{pj}$$

$$\vec{a} \bullet \vec{b} = a^i \cdot b_j \cdot \underbrace{\overrightarrow{g_i} \bullet \overrightarrow{g^j}}_{\delta_i^j} = a^i \cdot b_j \cdot \overrightarrow{g_i} \bullet \left(\overrightarrow{g_p} \cdot g^{pj}\right)$$

$$\vec{a} \bullet \vec{b} = a^i \cdot b_j \cdot \delta_i^j = a^i \cdot b_j \cdot \underbrace{\overrightarrow{g_i} \bullet \overrightarrow{g_p}}_{g_{ip}} \cdot g^{pj}$$

$$\vec{a} \bullet \vec{b} = a^i \cdot b_j \cdot \delta_i^j = a^i \cdot b_j \cdot g_{ip} \cdot g^{pj} \qquad | \text{ Vergleich}$$

$\delta_i^j = g_{ip} \cdot g^{pj} \Rightarrow (g_{ij})$ und (g^{ij}) sind nach (2.3), (2.5) und (2.6) invers zueinander.

Achtung

Die eigenständige Bedeutung der g_{ij} und g^{ij} als Indexzieher und die Inversenbeziehung der Matrizen (g_{ij}) und (g^{ij}) führen zu einer speziellen Bedeutung der Elemente der Gram'schen Matrix mit gemischten Indizes (bei anderen Matrizen hat die Schreibweise mit gemischten Indizes keine inhaltliche Bedeutung, dort wird sie benutzt, um die Einstein'sche Summenkonvention anwenden zu können):

$$g^{ip} \cdot g_{pk} = g^i{}_k \qquad | \text{ durch Indexziehen}$$

$$g^{ip} \cdot g_{pk} = \delta_k^i \qquad | \text{ da } (g_{ij})^{-1} = (g^{ij})$$

$$g^i{}_k = \delta_k^i. \tag{4.61}$$

Verwenden wir als **Sonderfall kartesische Koordinatensysteme**, dann wird die Basis $(\overrightarrow{g_1}, \ldots, \overrightarrow{g_N})$ zu $(\overrightarrow{e_1}, \ldots, \overrightarrow{e_N})$ und $(\overrightarrow{g^1}, \ldots, \overrightarrow{g^N})$ wird zu $(\overrightarrow{e^1}, \ldots, \overrightarrow{e^N})$. Damit ergeben sich:

$g_{ij} = \overrightarrow{g_i} \cdot \overrightarrow{g_j} = \overrightarrow{e_i} \cdot \overrightarrow{e_j} = \delta_{ij}$ und $g^{ij} = \overrightarrow{g^i} \cdot \overrightarrow{g^j} = \overrightarrow{e^i} \cdot \overrightarrow{e^j} = \delta^{ij}$, d. h., (g_{ij}) und (g^{ij}) werden zur Einheitsmatrix und die hergeleiteten Beziehungen vereinfachen sich. Zum Beispiel ergibt sich aus (4.54):

$$\vec{a} \cdot \vec{b} = \begin{pmatrix} a^1 & a^2 & a^3 \end{pmatrix} \cdot E_3 \cdot \begin{pmatrix} b^1 \\ b^2 \\ b^3 \end{pmatrix} = \begin{pmatrix} a^1 & a^2 & a^3 \end{pmatrix} \cdot \begin{pmatrix} b^1 \\ b^2 \\ b^3 \end{pmatrix} = a^T \cdot b. \tag{4.62}$$

Vektorprodukt (Kreuzprodukt) in Koordinatendarstellung

Drücken wir die Vektoren $\vec{a}$ und $\vec{b}$ beide in der Basis $(\overrightarrow{g_1}, \overrightarrow{g_2}, \overrightarrow{g_3})$ aus, dann ergibt sich aus der Bilinearität des Vektorprodukts, d. h. aus (4.11) und (4.12), eine Koordinatendarstellung des Vektorprodukts:

$$\begin{aligned} \vec{a} \times \vec{b} &= \left(a^1 \cdot \overrightarrow{g_1} + a^2 \cdot \overrightarrow{g_2} + a^3 \cdot \overrightarrow{g_3}\right) \times \left(b^1 \cdot \overrightarrow{g_1} + b^2 \cdot \overrightarrow{g_2} + b^3 \cdot \overrightarrow{g_3}\right) \\ &= a^1 \cdot b^1 \cdot \overrightarrow{g_1} \times \overrightarrow{g_1} + a^1 \cdot b^2 \cdot \overrightarrow{g_1} \times \overrightarrow{g_2} + a^1 \cdot b^3 \cdot \overrightarrow{g_1} \times \overrightarrow{g_3} + \\ &\quad + a^2 \cdot b^1 \cdot \overrightarrow{g_2} \times \overrightarrow{g_1} + a^2 \cdot b^2 \cdot \overrightarrow{g_2} \times \overrightarrow{g_2} + a^2 \cdot b^3 \cdot \overrightarrow{g_2} \times \overrightarrow{g_3} + \\ &\quad + a^3 \cdot b^1 \cdot \overrightarrow{g_3} \times \overrightarrow{g_1} + a^3 \cdot b^2 \cdot \overrightarrow{g_3} \times \overrightarrow{g_2} + a^3 \cdot b^3 \cdot \overrightarrow{g_3} \times \overrightarrow{g_3} \end{aligned} \tag{4.63}$$

Unter Nutzung der Einstein'schen Summenkonvention (2.4) ergibt sich eine kompaktere Schreibweise für die Berechnung der Koordinatendarstellung des Vektorprodukts:

$$\vec{a} \times \vec{b} = a^i \cdot \overrightarrow{g_i} \times b^j \cdot \overrightarrow{g_j} = a^i \cdot b^j \cdot \overrightarrow{g_i} \times \overrightarrow{g_j}. \tag{4.64}$$

Von den anderen Darstellungen der Vektoren $\vec{a}$ und $\vec{b}$ ist für die Koordinatendarstellung des Vektorprodukts nur noch diejenige bedeutsam, bei der die Dualbasis verwendet wird:

$$\vec{a} \times \vec{b} = a_i \cdot \overrightarrow{g^i} \times b_j \cdot \overrightarrow{g^j} = a_i \cdot b_j \cdot \overrightarrow{g^i} \times \overrightarrow{g^j}. \tag{4.65}$$

Im **Sonderfall eines dreidimensionalen affinen Raumes** ergeben sich aus (4.46) weitere nützliche Beziehungen zwischen den Basisvektoren und für das Vektorprodukt.

$\overrightarrow{g_i} \cdot \overrightarrow{g^j} = \delta_i^j$ soll zunächst für $\overrightarrow{g^1}$ ausgewertet werden:

$\overrightarrow{g_2} \cdot \overrightarrow{g^1} = \overrightarrow{g_3} \cdot \overrightarrow{g^1} = 0 \Rightarrow \overrightarrow{g^1} \perp \overrightarrow{g_2}$ und $\overrightarrow{g^1} \perp \overrightarrow{g_3} \Rightarrow \overrightarrow{g^1} = \lambda \cdot \overrightarrow{g_2} \times \overrightarrow{g_3} \quad |\overrightarrow{g_1} \cdot$

$\overrightarrow{g_1} \cdot \overrightarrow{g^1} = 1 = \lambda \cdot \overrightarrow{g_1} \cdot (\overrightarrow{g_2} \times \overrightarrow{g_3}) \Rightarrow$

$$\lambda = \frac{1}{\overrightarrow{g_1} \cdot (\overrightarrow{g_2} \times \overrightarrow{g_3})} \Rightarrow \overrightarrow{g^1} = \frac{1}{\overrightarrow{g_1} \cdot (\overrightarrow{g_2} \times \overrightarrow{g_3})} \cdot \overrightarrow{g_2} \times \overrightarrow{g_3}$$

Wir kürzen das Spatprodukt aus der Beziehung für die Basisvektoren ab mit

$$\vec{g_1} \cdot (\vec{g_2} \times \vec{g_3}) = [\vec{g_1}\,\vec{g_2}\,\vec{g_3}] = D. \tag{4.66}$$

Analog bzw. durch zyklische Vertauschung ergibt sich

$$\vec{g^1} = \frac{\vec{g_2} \times \vec{g_3}}{D}; \vec{g^2} = \frac{\vec{g_3} \times \vec{g_1}}{D}; \vec{g^3} = \frac{\vec{g_1} \times \vec{g_2}}{D} \text{ mit } D = \vec{g_1} \cdot (\vec{g_2} \times \vec{g_3}). \tag{4.67}$$

Damit ergibt sich weiter mithilfe von (4.22)

$$\begin{aligned}\vec{g^1} \times \vec{g^2} &= \frac{1}{D^2} \cdot (\vec{g_2} \times \vec{g_3}) \times (\vec{g_3} \times \vec{g_1}) \\ &= \frac{1}{D^2} \cdot \left(\underbrace{[\vec{g_2}\,\vec{g_3}\,\vec{g_1}]}_{D} \cdot \vec{g_3} - \underbrace{[\vec{g_2}\,\vec{g_3}\,\vec{g_3}]}_{0} \cdot \vec{g_1} \right) = \frac{1}{D} \cdot \vec{g_3}.\end{aligned}$$

Analog bzw. durch zyklische Vertauschung erhalten wir

$$\begin{aligned}&\vec{g^1} \times \vec{g^2} = \frac{1}{D} \cdot \vec{g_3}; \vec{g^2} \times \vec{g^3} = \frac{1}{D} \cdot \vec{g_1}; \vec{g^3} \times \vec{g^1} = \frac{1}{D} \cdot \vec{g_2} \\ &\text{mit} \quad D = \vec{g_1} \cdot (\vec{g_2} \times \vec{g_3}).\end{aligned} \tag{4.68}$$

Mit dem kontravarianten Epsilon-Symbol (2.15) kann (4.68) kompakter geschrieben werden:

$$\vec{g^i} \times \vec{g^j} = \frac{1}{D} \cdot \varepsilon^{ijk} \cdot \vec{g_k} \quad \text{mit} \quad D = \vec{g_1} \cdot (\vec{g_2} \times \vec{g_3}). \tag{4.69}$$

Einige Berechnungen mit dem Epsilon-Symbol enthält Anhang 4.3.

Aus den Eigenschaften des Vektorprodukts (Definition 4.2) ergeben sich $\vec{g_i} \times \vec{g_i} = 0$ und $\vec{g_i} \times \vec{g_j} = -\vec{g_j} \times \vec{g_i}$. Damit folgt aus (4.63):

$$\begin{aligned}\vec{a} \times \vec{b} &= a^1 \cdot b^2 \cdot \vec{g_1} \times \vec{g_2} + a^1 \cdot b^3 \cdot \vec{g_1} \times \vec{g_3} + \\ &+ a^2 \cdot b^1 \cdot \vec{g_2} \times \vec{g_1} + a^2 \cdot b^3 \cdot \vec{g_2} \times \vec{g_3} + \\ &+ a^3 \cdot b^1 \cdot \vec{g_3} \times \vec{g_1} + a^3 \cdot b^2 \cdot \vec{g_3} \times \vec{g_2} \\ &= (a^1 \cdot b^2 - a^2 \cdot b^1) \cdot \vec{g_1} \times \vec{g_2} + (a^1 \cdot b^3 - a^3 \cdot b^1) \cdot \vec{g_1} \times \vec{g_3} \\ &+ (a^2 \cdot b^3 - a^3 \cdot b^2) \cdot \vec{g_2} \times \vec{g_3}\end{aligned}$$

Setzen wir nun (4.67) ein, dann erhalten wir

$$\begin{aligned}\vec{a} \times \vec{b} &= (a^1 \cdot b^2 - a^2 \cdot b^1) \cdot D \cdot \vec{g^3} + (a^1 \cdot b^3 - a^3 \cdot b^1) \cdot (-D \cdot \vec{g^2}) \\ &+ (a^2 \cdot b^3 - a^3 \cdot b^2) \cdot D \cdot \vec{g^1}\end{aligned}$$

$$\vec{a} \times \vec{b} = D \cdot ((a^1 \cdot b^2 - a^2 \cdot b^1) \cdot \vec{g^3} - (a^1 \cdot b^3 - a^3 \cdot b^1) \cdot \vec{g^2}$$

$$+ (a^2 \cdot b^3 - a^3 \cdot b^2) \cdot \overrightarrow{g^1}) \tag{4.70}$$

Eine analoge Beziehung für die Komponenten mit tiefgestellten Indizes ergibt sich, wenn wir (4.69) in (4.65) einsetzen:

$$\vec{a} \times \vec{b} = a_i \cdot b_j \cdot \frac{1}{D} \cdot \varepsilon^{ijk} \cdot \overrightarrow{g_k}. \tag{4.71}$$

Wir erhalten nützliche Beziehungen für dreidimensionale affine Koordinaten, wenn wir aus den Vektorprodukten (4.70) und (4.71) mithilfe von $\vec{c} = c^k \cdot \overrightarrow{g_k}$ bzw. $\vec{c} = c_m \cdot \overrightarrow{g^m}$ jeweils das Spatprodukt bilden und dabei die Eigenschaften dualer Basisvektoren beachten:

$$\begin{aligned}
\left(\vec{a} \times \vec{b}\right) \bullet \vec{c} &= D \cdot \Big((a^1 \cdot b^2 - a^2 \cdot b^1) \cdot \overrightarrow{g^3} - \left(a^1 \cdot b^3 - a^3 \cdot b^1\right) \cdot \overrightarrow{g^2} \\
&\quad + (a^2 \cdot b^3 - a^3 \cdot b^2) \cdot \overrightarrow{g^1}\Big) \bullet c^k \cdot \overrightarrow{g_k} \\
&= D \cdot \Big((a^1 \cdot b^2 - a^2 \cdot b^1) \cdot c^3 - (a^1 \cdot b^3 - a^3 \cdot b^1) \cdot c^2 \\
&\quad + (a^2 \cdot b^3 - a^3 \cdot b^2) \cdot c^1\Big)
\end{aligned}$$

$$\left(\vec{a} \times \vec{b}\right) \bullet \vec{c} = D \cdot \det \begin{pmatrix} a^1 & a^2 & a^3 \\ b^1 & b^2 & b^3 \\ c^1 & c^2 & c^3 \end{pmatrix}, \tag{4.72}$$

$$\begin{aligned}
\left(\vec{a} \times \vec{b}\right) \bullet \vec{c} &= a_i \cdot b_j \cdot \frac{1}{D} \cdot \varepsilon^{ijk} \cdot \overrightarrow{g_k} \bullet c_m \cdot \overrightarrow{g^m} \qquad \Big| \overrightarrow{g_k} \bullet \overrightarrow{g^m} = \delta_k^m \\
&= \frac{1}{D} \cdot a_i \cdot b_j \cdot c_k \cdot \varepsilon^{ijk} \\
&= \frac{1}{D} \cdot (a_1 \cdot b_2 \cdot c_3 - a_1 \cdot b_3 \cdot c_2 + a_2 \cdot b_3 \cdot c_1 - a_2 \cdot b_1 \cdot c_3 \\
&\quad + a_3 \cdot b_1 \cdot c_2 - a_3 \cdot b_2 \cdot c_1)
\end{aligned}$$

$$\left(\vec{a} \times \vec{b}\right) \bullet \vec{c} = \frac{1}{D} \cdot \det \begin{pmatrix} a_1 & a_2 & a_3 \\ b_1 & b_2 & b_3 \\ c_1 & c_2 & c_3 \end{pmatrix}. \tag{4.73}$$

Multiplizieren wir (4.72) und (4.73) miteinander, dann ergibt sich

$$\left(\left(\vec{a} \times \vec{b}\right) \cdot \vec{c}\right)^2 = D \cdot \det \begin{pmatrix} a^1 & a^2 & a^3 \\ b^1 & b^2 & b^3 \\ c^1 & c^2 & c^3 \end{pmatrix} \cdot \frac{1}{D} \cdot$$

$$\det \begin{pmatrix} a_1 & a_2 & a_3 \\ b_1 & b_2 & b_3 \\ c_1 & c_2 & c_3 \end{pmatrix} \qquad \left| \begin{array}{l} \det M = \det M^T \\ \det M \cdot \det N = \det (M \cdot N) \end{array} \right.$$

$$= \det \left(\begin{pmatrix} a^1 & a^2 & a^3 \\ b^1 & b^2 & b^3 \\ c^1 & c^2 & c^3 \end{pmatrix} \cdot \begin{pmatrix} a_1 & b_1 & c_1 \\ a_2 & b_2 & c_2 \\ a_3 & b_3 & c_3 \end{pmatrix} \right)$$

$$\left(\left(\vec{a} \times \vec{b}\right) \cdot \vec{c}\right)^2 = \det \begin{pmatrix} \vec{a} \cdot \vec{a} & \vec{a} \cdot \vec{b} & \vec{a} \cdot \vec{c} \\ \vec{b} \cdot \vec{a} & \vec{b} \cdot \vec{b} & \vec{b} \cdot \vec{c} \\ \vec{c} \cdot \vec{a} & \vec{c} \cdot \vec{b} & \vec{c} \cdot \vec{c} \end{pmatrix} \tag{4.74}$$

Verwenden wir (4.74) für $\vec{a} = \overrightarrow{g_1}$, $\vec{b} = \overrightarrow{g_2}$ und $\vec{c} = \overrightarrow{g_3}$, dann ergibt sich mit (4.66)

$$\left(\left(\overrightarrow{g_1} \times \overrightarrow{g_2}\right) \cdot \overrightarrow{g_3}\right)^2 = D^2 = \det \begin{pmatrix} g_{11} & g_{12} & g_{13} \\ g_{21} & g_{22} & g_{23} \\ g_{31} & g_{32} & g_{33} \end{pmatrix} = g. \tag{4.75}$$

Wir haben zur Abkürzung gesetzt

$$g = \det \begin{pmatrix} g_{11} & g_{12} & g_{13} \\ g_{21} & g_{22} & g_{23} \\ g_{31} & g_{32} & g_{33} \end{pmatrix}. \tag{4.76}$$

Viele Räume besitzen eine Metrik, für welche die Determinante g des metrischen Tensors G eine positive Zahl darstellt. Es gibt aber auch Räume (z. B. den Minkowski-Raum der Speziellen Relativitätstheorie), bei denen g negativ werden kann. In diesen Fällen hängt es von der Art der mathematischen Modellierung ab, ob (4.75) als Beziehung mit komplexen Zahlen aufgefasst wird oder ob mit dem absoluten Betrag von g gearbeitet wird, um im Reellen rechnen zu können.

Besonders wichtig für viele Anwendungen ist der **Sonderfall dreidimensionaler kartesischer Koordinatensysteme**, bei dem die Basis $(\overrightarrow{g_1}, \ldots, \overrightarrow{g_N})$ zu $(\overrightarrow{e_1}, \overrightarrow{e_2}, \overrightarrow{e_3})$ und $(\overrightarrow{g^1}, \ldots, \overrightarrow{g^N})$ zu $(\overrightarrow{e^1}, \overrightarrow{e^2}, \overrightarrow{e^3})$ wird.

D ergibt sich aus (4.75):

$$D = \sqrt{g} = \sqrt{\det\begin{pmatrix} g_{11} & g_{12} & g_{13} \\ g_{21} & g_{22} & g_{23} \\ g_{31} & g_{32} & g_{33} \end{pmatrix}} = \sqrt{\det\begin{pmatrix} \vec{e_1}\cdot\vec{e_1} & \vec{e_1}\cdot\vec{e_2} & \vec{e_1}\cdot\vec{e_3} \\ \vec{e_2}\cdot\vec{e_1} & \vec{e_2}\cdot\vec{e_2} & \vec{e_2}\cdot\vec{e_3} \\ \vec{e_3}\cdot\vec{e_1} & \vec{e_3}\cdot\vec{e_2} & \vec{e_3}\cdot\vec{e_3} \end{pmatrix}}$$

$$D = \sqrt{\det\begin{pmatrix} 1 & 0 & 0 \\ 0 & 1 & 0 \\ 0 & 0 & 1 \end{pmatrix}} = \sqrt{1} = 1 \tag{4.77}$$

Damit vereinfacht sich (4.67) zu

$$\begin{aligned} &\vec{e^1} = \vec{e_2} \times \vec{e_3},\ \vec{e^2} = \vec{e_3} \times \vec{e_1},\ \vec{e^3} = \vec{e_1} \times \vec{e_2},\ \text{d. h.} \\ &\vec{e^k} = \varepsilon^{ijk} \cdot \vec{e_i} \times \vec{e_j} \end{aligned} \tag{4.78}$$

und aus (4.69) folgt

$$\vec{e^i} \times \vec{e^j} = \varepsilon^{ijk} \cdot \vec{e_k}. \tag{4.79}$$

Da nach (4.45) die Beziehung $\vec{e^i} = \vec{e_i}$ gilt, darf (4.78) auch in der Form (4.29) geschrieben werden, die wir in Abschn. 4.2.1 verwendet haben. Natürlich ist die kompakte Darstellung von jeweils neun Gleichungen durch $\vec{e^k} = \varepsilon^{ijk} \cdot \vec{e_i} \times \vec{e_j}$ bzw. $\vec{e^i} \times \vec{e^j} = \varepsilon^{ijk} \cdot \vec{e_k}$ ästhetisch befriedigender als die separate Notation aller einzelnen Fälle.

Für das Vektorprodukt nach (4.71) und das Spatprodukt nach (4.73) ergeben sich die in Formelsammlungen stehenden Beziehungen für dreidimensionale kartesische Koordinaten:

$$\vec{a} \times \vec{b} = a_i \cdot b_j \cdot \varepsilon^{ijk} \cdot \vec{e_k} = \begin{vmatrix} \vec{e_1} & \vec{e_2} & \vec{e_3} \\ a_1 & a_2 & a_3 \\ b_1 & b_2 & b_3 \end{vmatrix} = \begin{vmatrix} \vec{e_1} & a_1 & b_1 \\ \vec{e_2} & a_2 & b_2 \\ \vec{e_3} & a_3 & b_3 \end{vmatrix}, \tag{4.80}$$

$$\left(\vec{a} \times \vec{b}\right) \cdot \vec{c} = \det\begin{pmatrix} a_1 & a_2 & a_3 \\ b_1 & b_2 & b_3 \\ c_1 & c_2 & c_3 \end{pmatrix}. \tag{4.81}$$

Die einprägsame Darstellung von (4.80) als Determinante wird durch Entwickeln der Determinante bestätigt. Eine Verallgemeinerung der Beziehung (4.80) für $(N-1)$ Vektoren der Dimension N ist möglich, wird hier aber nicht weiter verfolgt.

Tensorprodukt (dyadisches Produkt) in Koordinatendarstellung
Mithilfe der Bilinearität des Tensorprodukts ergibt sich aus (4.15) und (4.16) dessen Koordinatendarstellung

$$\begin{aligned}\vec{a} \otimes \vec{b} &= \left(a^1 \cdot \vec{g_1} + a^2 \cdot \vec{g_2} + a^3 \cdot \vec{g_3}\right) \otimes \left(b^1 \cdot \vec{g_1} + b^2 \cdot \vec{g_2} + b^3 \cdot \vec{g_3}\right) \\ &= a^1 \cdot b^1 \cdot \vec{g_1} \otimes \vec{g_1} + a^1 \cdot b^2 \cdot \vec{g_1} \otimes \vec{g_2} + a^1 \cdot b^3 \cdot \vec{g_1} \otimes \vec{g_3} + \\ &\quad + a^2 \cdot b^1 \cdot \vec{g_2} \otimes \vec{g_1} + a^2 \cdot b^2 \cdot \vec{g_2} \otimes \vec{g_2} + a^2 \cdot b^3 \cdot \vec{g_2} \otimes \vec{g_3} + \\ &\quad + a^3 \cdot b^1 \cdot \vec{g_3} \otimes \vec{g_1} + a^3 \cdot b^2 \cdot \vec{g_3} \otimes \vec{g_2} + a^3 \cdot b^3 \cdot \vec{g_3} \otimes \vec{g_3}\end{aligned} \tag{4.82}$$

Unter Nutzung der Einstein'schen Summenkonvention (2.4) ergibt sich eine kompaktere Schreibweise für das Tensorprodukt in Koordinatendarstellung:

$$\vec{a} \otimes \vec{b} = a^i \cdot \vec{g_i} \otimes b^j \cdot \vec{g_j} = a^i \cdot b^j \cdot \vec{g_i} \otimes \vec{g_j}. \tag{4.83}$$

Die Koeffizienten der Summanden lassen sich wie bei Verwendung kartesischer Koordinaten in (4.35) übersichtlich darstellen, wenn wir die Matrizen der Koordinatenvektoren in geeigneter Weise miteinander multiplizieren:

$$\begin{pmatrix} a^1 \\ a^2 \\ a^3 \end{pmatrix} \bullet \begin{pmatrix} b^1 & b^2 & b^3 \end{pmatrix} = \begin{pmatrix} a^1 \cdot b^1 & a^1 \cdot b^2 & a^1 \cdot b^3 \\ a^2 \cdot b^1 & a^2 \cdot b^2 & a^2 \cdot b^3 \\ a^3 \cdot b^1 & a^3 \cdot b^2 & a^3 \cdot b^3 \end{pmatrix} = a \bullet b^T. \tag{4.84}$$

Für das Skalarprodukt aus einem Tensorprodukt und einem Vektor ergibt sich aus (4.83)

$$\begin{aligned}\vec{a} \otimes \vec{b} \bullet \vec{c} &= a^i \cdot b^j \cdot \vec{g_i} \otimes \vec{g_j} \bullet c^k \cdot \vec{g_k} \\ &= a^i \cdot b^j \cdot c^k \cdot \vec{g_i} \otimes \underbrace{\vec{g_j} \cdot \vec{g_k}}_{g_{jk}} = a^i \cdot b^j \cdot c^k \cdot g_{jk} \cdot \vec{g_i}.\end{aligned}$$

Wir haben nun den Vektorkalkül vollständig aufgebaut. Ein abschließendes Beispiel soll das Rechnen mit Vektoren in Koordinatendarstellung demonstrieren und den Sinn der Unterscheidung zwischen kovarianten und kontravarianten Koordinaten zeigen. Dazu beweisen wir die bereits in Abschn. 4.1.3 allgemein hergeleitete Graßmann-Identität (BAC-CAB-Formel) für dreidimensionale Vektoren im euklidischen Anschauungsraum. In der folgenden Herleitung verwenden wir einige Beziehungen, die in Anhang 4.3 hergeleitet werden:

$$\begin{aligned}\vec{a} \times \left(\vec{b} \times \vec{c}\right) &= a^i \cdot \vec{e_i} \times \left(b^j \cdot \vec{e_j} \times c^k \cdot \vec{e_k}\right) && \left|\vec{e_j} \times \vec{e_k} = \varepsilon_{jkm} \cdot \vec{e^m}\right. \\ &= a^i \cdot b^j \cdot c^k \cdot \vec{e_i} \times \left(\varepsilon_{jkm} \cdot \vec{e^m}\right) && \left|\vec{e_i} = g_{in} \cdot \vec{e^n}\right. \\ &= a^i \cdot b^j \cdot c^k \cdot \varepsilon_{jkm} \cdot g_{in} \cdot \vec{e^n} \times \vec{e^m} && \left|\vec{e^n} \times \vec{e^m} = \varepsilon^{nmp} . \vec{e_p}\right. \\ &= a^i \cdot b^j \cdot c^k \cdot \varepsilon_{jkm} \cdot g_{in} \cdot \varepsilon^{nmp} \cdot \vec{e_p} && \left|\varepsilon_{jkm} = \varepsilon_{mjk};\ \varepsilon^{nmp} = \varepsilon^{mpn}\right. \\ &= a^i \cdot b^j \cdot c^k \cdot g_{in} \cdot \varepsilon_{mjk} \cdot \varepsilon^{mpn} \cdot \vec{e_p} && \left|\varepsilon_{mjk} \cdot \varepsilon^{mpn} = \delta^p_j \cdot \delta^n_k - \delta^n_j \cdot \delta^p_k\right.\end{aligned}$$

$$
\begin{aligned}
&= a^i \cdot b^j \cdot c^k \cdot g_{in} \cdot \left(\delta_j^p \cdot \delta_k^n - \delta_j^n \cdot \delta_k^p\right) \cdot \vec{e_p} \\
&= a^i \cdot b^j \cdot c^k \cdot g_{ik} \cdot \vec{e_j} - a^i \cdot b^j \cdot c^k \cdot g_{ij} \cdot \vec{e_k} \qquad |c^k \cdot g_{ik} = c_i; b^j \cdot g_{ij} = b_i \\
&= a^i \cdot b^j \cdot c_i \cdot \vec{e_j} - a^i \cdot b_i \cdot c^k \cdot \vec{e_k} \\
&= a^i \cdot c_i \cdot b^j \cdot \vec{e_j} - a^i \cdot b_i \cdot c^k \cdot \vec{e_k}
\end{aligned}
$$

$$
\vec{a} \times \left(\vec{b} \times \vec{c}\right) = \vec{a} \bullet \vec{c} \otimes \vec{b} - \vec{a} \bullet \vec{b} \otimes \vec{c} = \vec{b} \otimes \vec{a} \bullet \vec{c} - \vec{c} \otimes \vec{a} \bullet \vec{b}
$$

Transformation der Koordinaten bei Verwendung zweier affiner Koordinatensysteme

Wir beginnen unsere Betrachtungen mit einem einfach zu beherrschenden Sachverhalt, indem wir die Transformation der Koordinaten von Verbindungsvektoren der Geometrie beim Wechsel von einem affinen Koordinatensystem in ein anderes betrachten, weil wir dabei die Gleichheit der Koordinaten von Punkten und Ortsvektoren nutzen können. Anschließend bringen wir unsere Ergebnisse in eine Form, die eine Verallgemeinerung auf kompliziertere Koordinatentransformationen und auf vektorielle physikalische Größen zulässt.

In diesem Abschnitt bezeichnen wir die Basisvektoren mit $\vec{b_i}$, da wir keine Komponenten des metrischen Tensors berechnen werden und die für Literaturstudien benötigte Flexibilität im Umgang mit unterschiedlichen Bezeichnungsweisen fördern möchten. Wir verwenden für die transformierten Basisvektoren bzw. Koordinaten die **Schreibweise** $\vec{b_{i'}}$ bzw. $v^{i'}$. Lediglich die speziellen Transformationen von einer vorgegebenen Basis in die dazu duale Basis charakterisieren wir weiterhin mithilfe der Stellung der Indizes, d. h.,

- statt $\vec{b_{i'}}$ für die zu $\vec{b_i}$ gehörende duale Basis schreiben wir weiterhin $\vec{b^i}$,
- statt $v^{i'}$ für die Koordinaten des Vektors bezüglich der dualen Basis schreiben wir weiterhin v_i.

Wir beginnen unsere Betrachtungen mit der **Transformation kontravarianter Koordinaten** von Verbindungsvektoren der Geometrie beim Wechsel der affinen Basis.

Abbildung 4.42 zeigt anschaulich, dass der Vektor $\vec{v}$ in der Basis $(\vec{b_1}, \vec{b_2})$ andere Koordinaten besitzt als in der Basis $(\vec{b_{1'}}, \vec{b_{2'}})$.

Der Vektor $\vec{v}$ lässt sich in unterschiedlichen Basen beschreiben, dabei gilt die als **Invarianz von Vektoren gegenüber Koordinatentransformationen** bezeichnete Beziehung

$$
\vec{v} = v^i \cdot \vec{b_i} = v^{i'} \cdot \vec{b_{i'}}. \tag{4.85}
$$

Wir gehen analog zu Abschn. 4.2.2 vor. Für unsere Berechnungen stellen wir die Basisvektoren in einem **einheitlichen Vergleichssystem** dar, wir verwenden dafür die Standardbasis E. Analog zur Schreibweise der Koordinaten des Vektors $\vec{v}$ in der

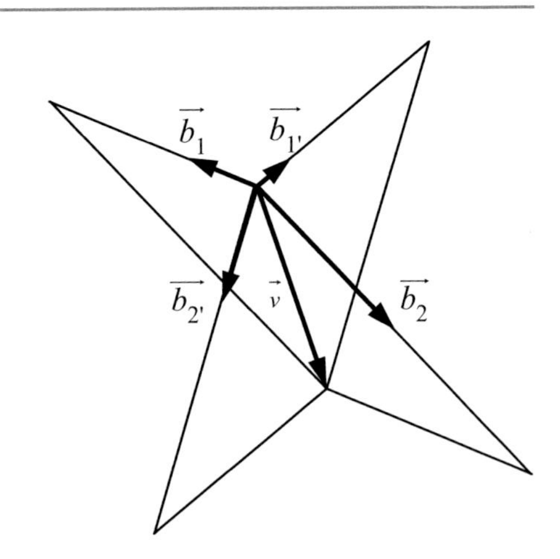

Abb. 4.42 Darstellung eines Vektors in unterschiedlichen Basen

Form v^i bzw. $v^{i'}$ bezüglich der Basis $\overrightarrow{b_i}$ bzw. $\overrightarrow{b_{i'}}$ schreiben wir die Basisvektoren als Koordinatenvektoren bezüglich der Basis E:

$$\overrightarrow{b_i} = \begin{pmatrix} b_i{}^1 \\ \vdots \\ b_i{}^N \end{pmatrix}_E, \text{ d. h. } \overrightarrow{b_1} = \begin{pmatrix} b_1{}^1 \\ \vdots \\ b_1{}^N \end{pmatrix}_E, \ldots, \overrightarrow{b_N} = \begin{pmatrix} b_N{}^1 \\ \vdots \\ b_N{}^N \end{pmatrix}_E, \tag{4.86}$$

$$\overrightarrow{b_{i'}} = \begin{pmatrix} b_{i'}{}^1 \\ \vdots \\ b_{i'}{}^N \end{pmatrix}_E, \text{ d. h. } \overrightarrow{b_{1'}} = \begin{pmatrix} b_{1'}{}^1 \\ \vdots \\ b_{1'}{}^N \end{pmatrix}_E, \ldots, \overrightarrow{b_{N'}} = \begin{pmatrix} b_{N'}{}^1 \\ \vdots \\ b_{N'}{}^N \end{pmatrix}_E. \tag{4.87}$$

Wir bilden in diesem Abschnitt ebenfalls Matrizen, deren Spalten aus den Koordinatenvektoren der Basisvektoren bestehen. Diese Matrizen bezeichnen wir wieder ebenso wie die zugehörigen Basen:

$$B = \begin{pmatrix} \overrightarrow{b_1} & \cdots & \overrightarrow{b_N} \\ | & \cdots & | \end{pmatrix}_E = \begin{pmatrix} b_1{}^1 & \cdots & b_N{}^1 \\ \vdots & \ddots & \vdots \\ b_1{}^N & \cdots & b_N{}^N \end{pmatrix}_E = (b_i{}^j)_E, \tag{4.88}$$

$$B' = \begin{pmatrix} \overrightarrow{b_{1'}} & \cdots & \overrightarrow{b_{N'}} \\ | & \cdots & | \end{pmatrix}_E = \begin{pmatrix} b_{1'}{}^1 & \cdots & b_{N'}{}^1 \\ \vdots & \ddots & \vdots \\ b_{1'}{}^N & \cdots & b_{N'}{}^N \end{pmatrix}_E = (b_{i'}{}^j)_E. \tag{4.89}$$

Die Transformation der Basisvektoren wird mithilfe einer **Transformationsmatrix** α beschrieben, die bei der hier betrachteten speziellen Transformation auch als **Basiswechselmatrix** bezeichnet und folgendermaßen definiert wird:

$$B = B' \cdot \alpha. \tag{4.90}$$

Schreibweisen für die Transformationsmatrix in der Literatur: $\alpha = T = T_{B'}^{B} = {}_{B}T_{B'}$.

Wir verwenden für die Transformationsmatrix und ihre Inverse die Darstellung mit hoch- und tiefgestellten Indizes, um die Einstein'sche Summenkonvention anwenden zu können:

$$\alpha = \left(\alpha^{i'}{}_{j}\right) = \begin{pmatrix} \alpha^{1'}{}_{1} & \cdots & \alpha^{1'}{}_{N} \\ \vdots & \ddots & \vdots \\ \alpha^{N'}{}_{1} & \cdots & \alpha^{N'}{}_{N} \end{pmatrix} \quad \text{und}$$
$$\alpha^{-1} = \left(\left(\alpha^{-1}\right)^{j}{}_{i'}\right) = \begin{pmatrix} \left(\alpha^{-1}\right)^{1}{}_{1'} & \cdots & \left(\alpha^{-1}\right)^{1}{}_{N'} \\ \vdots & \ddots & \vdots \\ \left(\alpha^{-1}\right)^{N}{}_{1'} & \cdots & \left(\alpha^{-1}\right)^{N}{}_{N'} \end{pmatrix}. \tag{4.91}$$

Das Vorgehen bei einer Koordinatentransformation erfolgt in verallgemeinerbarer Form anhand des folgenden Beispiels, dessen Veranschaulichung in Abb. 4.42 bereits angegeben ist.

Beispiel 4.5

(s. Abb. 4.42)

Gegeben:

Basis $(\vec{b_1}, \vec{b_2})$ durch $\vec{b_1} = \begin{pmatrix} -2 \\ 1 \end{pmatrix}_E = -2 \cdot \vec{e_1} + 1 \cdot \vec{e_2}$ und $\vec{b_2} = \begin{pmatrix} 4 \\ -5 \end{pmatrix}_E = 4 \cdot \vec{e_1} - 5 \cdot \vec{e_2}$,

Basis $(\vec{b_{1'}}, \vec{b_{2'}})$ durch $\vec{b_{1'}} = \begin{pmatrix} 1 \\ 1 \end{pmatrix}_E = 1 \cdot \vec{e_1} + 1 \cdot \vec{e_2}$ und $\vec{b_{2'}} = \begin{pmatrix} -1 \\ -4 \end{pmatrix}_E = -1 \cdot \vec{e_1} - 4 \cdot \vec{e_2}$,

Koordinaten eines Vektors $\vec{v}$ in der Basis $(\vec{b_1}, \vec{b_2})$ durch $\begin{pmatrix} v^1 \\ v^2 \end{pmatrix}_B = \begin{pmatrix} 3 \\ 2 \end{pmatrix}_B$,

gesucht:

Basiswechselmatrix α und ihre Inverse α^{-1},

Koordinaten des Vektors $\vec{v}$ in der Basis $(\vec{b_{1'}}, \vec{b_{2'}})$, d. h. $\begin{pmatrix} v^{1'} \\ v^{2'} \end{pmatrix}_{B'}$.

Lösung:

Bildung der Matrizen B und B' aus den Koordinatenvektoren der Basisvektoren:

$$B = \begin{pmatrix} \vec{b_1} & \vec{b_2} \\ | & | \end{pmatrix} = \begin{pmatrix} -2 & 4 \\ 1 & -5 \end{pmatrix}_E ; B' = \begin{pmatrix} \vec{b_{1'}} & \vec{b_{2'}} \\ | & | \end{pmatrix} = \begin{pmatrix} 1 & -1 \\ 1 & -4 \end{pmatrix}_E .$$

Basiswechselmatrix und ihre Inverse aus (4.90):

$$B = B' \cdot \alpha \qquad \Big| (B')^{-1} \cdot$$

$$(B')^{-1} \cdot B = \underbrace{(B')^{-1} \cdot B'}_{E} \cdot \alpha$$

$$\alpha = (B')^{-1} \cdot B = \begin{pmatrix} 1 & -1 \\ 1 & -4 \end{pmatrix}_E^{-1} \cdot \begin{pmatrix} -2 & 4 \\ 1 & -5 \end{pmatrix}_E = \begin{pmatrix} -3 & 7 \\ -1 & 3 \end{pmatrix}_E = \begin{pmatrix} \alpha^{1'}{}_1 & \alpha^{1'}{}_2 \\ \alpha^{2'}{}_1 & \alpha^{2'}{}_2 \end{pmatrix}$$

$$\alpha^{-1} = \begin{pmatrix} -3 & 7 \\ -1 & 3 \end{pmatrix}_E^{-1} = \begin{pmatrix} -3/2 & 7/2 \\ -1/2 & 3/2 \end{pmatrix}_E = \begin{pmatrix} (\alpha^{-1})^1{}_{1'} & (\alpha^{-1})^1{}_{2'} \\ (\alpha^{-1})^2{}_{1'} & (\alpha^{-1})^2{}_{2'} \end{pmatrix}$$

Die Koordinaten des Vektors $\vec{v}$ in der Basis $(\overrightarrow{b_{1'}}, \overrightarrow{b_{2'}})$ ergeben sich aus der Invarianz des Vektors gegenüber Koordinatentransformationen:

$$\begin{aligned} \vec{v} &= \begin{pmatrix} v^1 \\ v^2 \end{pmatrix}_B = v^1 \cdot \overrightarrow{b_1} + v^2 \cdot \overrightarrow{b_2} = \begin{pmatrix} 3 \\ 2 \end{pmatrix}_B \\ &= 3 \cdot \begin{pmatrix} -2 \\ 1 \end{pmatrix}_E + 2 \cdot \begin{pmatrix} 4 \\ -5 \end{pmatrix}_E = \begin{pmatrix} 2 \\ -7 \end{pmatrix}_E, \\ \vec{v} &= \begin{pmatrix} v^{1'} \\ v^{2'} \end{pmatrix}_{B'} = v^{1'} \cdot \overrightarrow{b_{1'}} + v^{2'} \cdot \overrightarrow{b_{2'}} \\ &= v^{1'} \cdot \begin{pmatrix} 1 \\ 1 \end{pmatrix}_E + v^{2'} \cdot \begin{pmatrix} -1 \\ -4 \end{pmatrix}_E = \begin{pmatrix} 1 \cdot v^{1'} - 1 \cdot v^{2'} \\ 1 \cdot v^{1'} - 4 \cdot v^{2'} \end{pmatrix}_E. \end{aligned}$$

Das Lineare Gleichungssystem $\begin{pmatrix} 2 \\ -7 \end{pmatrix}_E = \begin{pmatrix} 1 \cdot v^{1'} - 1 \cdot v^{2'} \\ 1 \cdot v^{1'} - 4 \cdot v^{2'} \end{pmatrix}_E$ hat die Lösung $v^{1'} = 5; v^{2'} = 3$.

Probe: $v^{1'} \cdot \overrightarrow{b_{1'}} + v^{2'} \cdot \overrightarrow{b_{2'}} = 5 \cdot \begin{pmatrix} 1 \\ 1 \end{pmatrix}_E + 3 \cdot \begin{pmatrix} -1 \\ -4 \end{pmatrix}_E = \begin{pmatrix} 2 \\ -7 \end{pmatrix}_E = \vec{v}$.

Aus (4.90) ergibt sich $B' = B \cdot \alpha^{-1}$. Da in der Matrix B' die Basisvektoren jeweils in den Spalten stehen, können $\overrightarrow{b_{1'}}$ und $\overrightarrow{b_{2'}}$ aus B' „herausgeholt" werden durch:

$$\overrightarrow{b_{1'}} = B' \cdot \begin{pmatrix} 1 \\ 0 \end{pmatrix} = B \cdot \alpha^{-1} \cdot \begin{pmatrix} 1 \\ 0 \end{pmatrix} = \begin{pmatrix} -2 & 4 \\ 1 & -5 \end{pmatrix} \cdot \begin{pmatrix} -3 & 7 \\ -1 & 3 \end{pmatrix}^{-1} \cdot \begin{pmatrix} 1 \\ 0 \end{pmatrix} = \begin{pmatrix} 1 \\ 1 \end{pmatrix},$$

$$\overrightarrow{b_{2'}} = B' \cdot \begin{pmatrix} 0 \\ 1 \end{pmatrix} = B \cdot \alpha^{-1} \cdot \begin{pmatrix} 0 \\ 1 \end{pmatrix} = \begin{pmatrix} -2 & 4 \\ 1 & -5 \end{pmatrix} \cdot \begin{pmatrix} -3 & 7 \\ -1 & 3 \end{pmatrix}^{-1} \cdot \begin{pmatrix} 0 \\ 1 \end{pmatrix} = \begin{pmatrix} -1 \\ -4 \end{pmatrix}.$$

Eine tiefere Einsicht in die Zusammenhänge ergibt sich, wenn wir bei den Basisvektoren und Matrizen zur Koordinatendarstellung übergehen. Für den zweidimensionalen affinen Raum leiten wir verallgemeinerbare Beziehungen für die Transformation der Koordinaten der Basisvektoren und der Vektorkoordinaten bei Basiswechsel her.

Beziehungen für die **Transformation der Koordinaten der Basisvektoren**: Aus (4.90) ergibt sich mit (4.88), (4.89) und (4.91):

$$B = B' \cdot \alpha$$

$$\begin{pmatrix} \overrightarrow{b_1} & \overrightarrow{b_2} \\ | & | \end{pmatrix} = \begin{pmatrix} \overrightarrow{b_{1'}} & \overrightarrow{b_{2'}} \\ | & | \end{pmatrix} \cdot \begin{pmatrix} \alpha^{1'}{}_1 & \alpha^{1'}{}_2 \\ \alpha^{2'}{}_1 & \alpha^{2'}{}_2 \end{pmatrix}$$

$$\begin{pmatrix} b_1{}^1 & b_2{}^1 \\ b_1{}^2 & b_2{}^2 \end{pmatrix} = \begin{pmatrix} b_{1'}{}^1 & b_{2'}{}^1 \\ b_{1'}{}^2 & b_{2'}{}^2 \end{pmatrix} \cdot \begin{pmatrix} \alpha^{1'}{}_1 & \alpha^{1'}{}_2 \\ \alpha^{2'}{}_1 & \alpha^{2'}{}_2 \end{pmatrix}$$

$$\begin{pmatrix} b_1{}^1 & b_2{}^1 \\ b_1{}^2 & b_2{}^2 \end{pmatrix} = \begin{pmatrix} b_{1'}{}^1 \cdot \alpha^{1'}{}_1 + b_{2'}{}^1 \cdot \alpha^{2'}{}_1 & b_{1'}{}^1 \cdot \alpha^{1'}{}_2 + b_{2'}{}^1 \cdot \alpha^{2'}{}_2 \\ b_{1'}{}^2 \cdot \alpha^{1'}{}_1 + b_{2'}{}^2 \cdot \alpha^{2'}{}_1 & b_{1'}{}^2 \cdot \alpha^{1'}{}_2 + b_{2'}{}^2 \cdot \alpha^{2'}{}_2 \end{pmatrix}$$

Aus $\overrightarrow{b_1} = \begin{pmatrix} b_1{}^1 \\ b_1{}^2 \end{pmatrix}_E = \begin{pmatrix} b_{1'}{}^1 \cdot \alpha^{1'}{}_1 + b_{2'}{}^1 \cdot \alpha^{2'}{}_1 \\ b_{1'}{}^2 \cdot \alpha^{1'}{}_1 + b_{2'}{}^2 \cdot \alpha^{2'}{}_1 \end{pmatrix} = \begin{pmatrix} b_{1'}{}^1 \\ b_{1'}{}^2 \end{pmatrix}_E \cdot \alpha^{1'}{}_1 + \begin{pmatrix} b_{2'}{}^1 \\ b_{2'}{}^2 \end{pmatrix}_E \cdot \alpha^{2'}{}_1$

folgt

$$\overrightarrow{b_1} = \overrightarrow{b_{1'}} \cdot \alpha^{1'}{}_1 + \overrightarrow{b_{2'}} \cdot \alpha^{2'}{}_1 = \overrightarrow{b_{i'}} \cdot \alpha^{i'}{}_1. \tag{4.92}$$

Aus $\overrightarrow{b_2} = \begin{pmatrix} b_2{}^1 \\ b_2{}^2 \end{pmatrix}_E = \begin{pmatrix} b_{1'}{}^1 \cdot \alpha^{1'}{}_2 + b_{2'}{}^1 \cdot \alpha^{2'}{}_2 \\ b_{1'}{}^2 \cdot \alpha^{1'}{}_2 + b_{2'}{}^2 \cdot \alpha^{2'}{}_2 \end{pmatrix} = \begin{pmatrix} b_{1'}{}^1 \\ b_{1'}{}^2 \end{pmatrix}_E \cdot \alpha^{1'}{}_2 + \begin{pmatrix} b_{2'}{}^1 \\ b_{2'}{}^2 \end{pmatrix}_E \cdot \alpha^{2'}{}_2$

folgt

$$\overrightarrow{b_2} = \overrightarrow{b_{1'}} \cdot \alpha^{1'}{}_2 + \overrightarrow{b_{2'}} \cdot \alpha^{2'}{}_2 = \overrightarrow{b_{i'}} \cdot \alpha^{i'}{}_2. \tag{4.93}$$

Ergebnis Die Basisvektoren einer Basis ergeben sich als Linearkombination der Basisvektoren der anderen Basis.

An der Darstellung der Ergebnisse zeigt sich die Zweckmäßigkeit der Schreibweise für die Elemente der Matrix α.

Die Herleitung wird mit der Notation $B = \begin{pmatrix} \overrightarrow{b_1} & \overrightarrow{b_2} \\ | & | \end{pmatrix} =: \begin{pmatrix} \overrightarrow{b_1} & \overrightarrow{b_2} \end{pmatrix}$ bzw. $B' = \begin{pmatrix} \overrightarrow{b_{1'}} & \overrightarrow{b_{2'}} \\ | & | \end{pmatrix} = \begin{pmatrix} \overrightarrow{b_{1'}} & \overrightarrow{b_{2'}} \end{pmatrix}$ wesentlich kürzer:

$$B = B' \cdot \alpha$$

$$\begin{pmatrix} \overrightarrow{b_1} & \overrightarrow{b_2} \\ | & | \end{pmatrix} = \begin{pmatrix} \overrightarrow{b_{1'}} & \overrightarrow{b_{2'}} \\ | & | \end{pmatrix} \cdot \begin{pmatrix} \alpha^{1'}{}_1 & \alpha^{1'}{}_2 \\ \alpha^{2'}{}_1 & \alpha^{2'}{}_2 \end{pmatrix}$$

$$\begin{pmatrix}\overrightarrow{b_1} & \overrightarrow{b_2}\end{pmatrix} = \begin{pmatrix}\overrightarrow{b_{1'}} & \overrightarrow{b_{2'}}\end{pmatrix} \cdot \begin{pmatrix}\alpha^{1'}{}_1 & \alpha^{1'}{}_2 \\ \alpha^{2'}{}_1 & \alpha^{2'}{}_2\end{pmatrix}$$
$$= \begin{pmatrix}\overrightarrow{b_{1'}} \cdot \alpha^{1'}{}_1 + \overrightarrow{b_{2'}} \cdot \alpha^{2'}{}_1 & \overrightarrow{b_{1'}} \cdot \alpha^{1'}{}_2 + \overrightarrow{b_{2'}} \cdot \alpha^{2'}{}_2\end{pmatrix}$$

Eine für den unten durchgeführten Vergleich mit der Transformation der Vektorkoordinaten benötigte Darstellung ergibt sich durch Transponieren.

Mit der Schreibweise $\begin{pmatrix}\overrightarrow{b_1} & \overrightarrow{b_2}\end{pmatrix}^T = \begin{pmatrix}\overrightarrow{b_1} & \overrightarrow{b_2} \\ | & |\end{pmatrix}^T = \begin{pmatrix}\overrightarrow{b_1} & - \\ \overrightarrow{b_2} & -\end{pmatrix} =: \begin{pmatrix}\overrightarrow{b_1} \\ \overrightarrow{b_2}\end{pmatrix}$ bzw. $\begin{pmatrix}\overrightarrow{b_{1'}} & \overrightarrow{b_{2'}}\end{pmatrix}^T =: \begin{pmatrix}\overrightarrow{b_{1'}} \\ \overrightarrow{b_{2'}}\end{pmatrix}$ erhalten wir:

$$\begin{pmatrix}\overrightarrow{b_1} & \overrightarrow{b_2}\end{pmatrix}^T = \left(\begin{pmatrix}\overrightarrow{b_{1'}} & \overrightarrow{b_{2'}}\end{pmatrix} \cdot \begin{pmatrix}\alpha^{1'}{}_1 & \alpha^{1'}{}_2 \\ \alpha^{2'}{}_1 & \alpha^{2'}{}_2\end{pmatrix}\right)^T = \alpha^T \cdot \begin{pmatrix}\overrightarrow{b_{1'}} & \overrightarrow{b_{2'}}\end{pmatrix}^T$$

$$\begin{pmatrix}\overrightarrow{b_1} \\ \overrightarrow{b_2}\end{pmatrix} = \alpha^T \cdot \begin{pmatrix}\overrightarrow{b_{1'}} \\ \overrightarrow{b_{2'}}\end{pmatrix} \tag{4.94}$$

Eine analoge Beziehung ergibt sich aus $B' = B \cdot \alpha^{-1}$:

$$B' = B \cdot \alpha^{-1}$$
$$\begin{pmatrix}\overrightarrow{b_{1'}} & \overrightarrow{b_{2'}} \\ | & |\end{pmatrix} = \begin{pmatrix}\overrightarrow{b_1} & \overrightarrow{b_2} \\ | & |\end{pmatrix} \cdot \begin{pmatrix}(\alpha^{-1})^1{}_{1'} & (\alpha^{-1})^1{}_{2'} \\ (\alpha^{-1})^2{}_{1'} & (\alpha^{-1})^2{}_{2'}\end{pmatrix}$$
$$\begin{pmatrix}\overrightarrow{b_{1'}} & \overrightarrow{b_{2'}}\end{pmatrix} = \begin{pmatrix}\overrightarrow{b_1} & \overrightarrow{b_2}\end{pmatrix} \cdot \begin{pmatrix}(\alpha^{-1})^1{}_{1'} & (\alpha^{-1})^1{}_{2'} \\ (\alpha^{-1})^2{}_{1'} & (\alpha^{-1})^2{}_{2'}\end{pmatrix}$$
$$\begin{pmatrix}\overrightarrow{b_{1'}} & \overrightarrow{b_{2'}}\end{pmatrix} = \begin{pmatrix}\overrightarrow{b_1} \cdot (\alpha^{-1})^1{}_{1'} + \overrightarrow{b_2} \cdot (\alpha^{-1})^2{}_{1'} & \overrightarrow{b_1} \cdot (\alpha^{-1})^1{}_{2'} + \overrightarrow{b_2} \cdot (\alpha^{-1})^2{}_{2'}\end{pmatrix}$$

$$\overrightarrow{b_{1'}} = \begin{pmatrix}b_{1'}{}^1 \\ b_{1'}{}^2\end{pmatrix}_E = \overrightarrow{b_1} \cdot (\alpha^{-1})^1{}_{1'} + \overrightarrow{b_2} \cdot (\alpha^{-1})^2{}_{1'} = \overrightarrow{b_i} \cdot (\alpha^{-1})^i{}_{1'}$$
$$\overrightarrow{b_{2'}} = \begin{pmatrix}b_{2'}{}^1 \\ b_{2'}{}^2\end{pmatrix}_E = \overrightarrow{b_1} \cdot (\alpha^{-1})^1{}_{2'} + \overrightarrow{b_2} \cdot (\alpha^{-1})^2{}_{2'} = \overrightarrow{b_i} \cdot (\alpha^{-1})^i{}_{2'}$$

An der Darstellung der Ergebnisse zeigt sich die Zweckmäßigkeit der Schreibweise für die Elemente der Matrix α^{-1}.

Nach dem Transponieren ergibt sich:

$$\begin{pmatrix}\overrightarrow{b_{1'}} & \overrightarrow{b_{2'}}\end{pmatrix}^T = \left(\begin{pmatrix}\overrightarrow{b_1} & \overrightarrow{b_2}\end{pmatrix} \cdot \begin{pmatrix}(\alpha^{-1})^1{}_{1'} & (\alpha^{-1})^1{}_{2'} \\ (\alpha^{-1})^2{}_{1'} & (\alpha^{-1})^2{}_{2'}\end{pmatrix}\right)^T$$

$$\begin{pmatrix}\overrightarrow{b_{1'}} \\ \overrightarrow{b_{2'}}\end{pmatrix} = (\alpha^{-1})^T \cdot \begin{pmatrix}\overrightarrow{b_1} \\ \overrightarrow{b_2}\end{pmatrix} \tag{4.95}$$

Für die Herleitung von Beziehungen für die Transformation der Vektorkoordinaten schreiben wir die Bedingung (4.85) für die Invarianz des Vektors gegenüber Koordinatentransformationen als Matrizengleichung um:

$$\vec{v} = v^1 \cdot \overrightarrow{b_1} + v^2 \cdot \overrightarrow{b_2} = v^{1'} \cdot \overrightarrow{b_{1'}} + v^{2'} \cdot \overrightarrow{b_{2'}}$$

$$\begin{pmatrix}\overrightarrow{b_1} & \overrightarrow{b_2}\end{pmatrix} \cdot \begin{pmatrix}v^1 \\ v^2\end{pmatrix}_B = \begin{pmatrix}\overrightarrow{b_{1'}} & \overrightarrow{b_{2'}}\end{pmatrix} \cdot \begin{pmatrix}v^{1'} \\ v^{2'}\end{pmatrix}_{B'}$$

$$B \cdot \begin{pmatrix}v^1 \\ v^2\end{pmatrix}_B = B' \cdot \begin{pmatrix}v^{1'} \\ v^{2'}\end{pmatrix}_{B'}$$

Damit ergibt sich mit (4.90) für die **Transformationen der Vektorkoordinaten**:

$$\begin{pmatrix}v^{1'} \\ v^{2'}\end{pmatrix}_{B'} = \underbrace{(B')^{-1} \cdot B}_{\alpha} \cdot \begin{pmatrix}v^1 \\ v^2\end{pmatrix}_B = \alpha \cdot \begin{pmatrix}v^1 \\ v^2\end{pmatrix}_B, \quad \text{d. h.} \quad v^{i'} = \alpha^{i'}{}_i \cdot v^i, \tag{4.96}$$

$$\begin{pmatrix}v^1 \\ v^2\end{pmatrix}_B = \alpha^{-1} \cdot \begin{pmatrix}v^{1'} \\ v^{2'}\end{pmatrix}_{B'} \quad \text{d. h.} \quad v^i = (\alpha^{-1})^i{}_{i'} \cdot v^{i'}. \tag{4.97}$$

Ein Vergleich von (4.95) mit (4.96) ergibt die Ergebnisse für den Wechsel der Basis von $(\overrightarrow{b_1}, \overrightarrow{b_2})$ nach $(\overrightarrow{b_{1'}}, \overrightarrow{b_{2'}})$:

Die Basisvektoren transformieren sich mit der Matrix $(\alpha^{-1})^T$, die Koordinaten des Vektors mit der dazu kontragredienten Matrix α, die als Basiswechselmatrix bezeichnet wird.

Diese Aussage gilt wegen $(((\alpha^{-1})^T)^T)^{-1} = ((\alpha^{-1}))^{-1} = \alpha$.

Unter der Voraussetzung der Invarianz eines Vektors $\vec{v}$ gegenüber Koordinatentransformationen transformieren sich die Koordinaten v^i des Vektors „entgegengesetzt“ (d. h. mit der kontragredienten Matrix) wie die zugehörigen Basisvektoren $\overrightarrow{b_i}$. Wegen dieses Transformationsverhaltens werden die Koordinaten v^i als **kontravariante Koordinaten** bezeichnet. Bereits seit Beginn dieses Abschnitts haben wir Koordinaten mit hochgestelltem Index kontravariant genannt, nun kennen wir den Hintergrund für diese Begriffsbildung.

Ein Vergleich von (4.94) mit (4.97) ergibt ein analoges Ergebnis für den Wechsel der Basis von $(\overrightarrow{b_{1'}}, \overrightarrow{b_{2'}})$ nach $(\overrightarrow{b_1}, \overrightarrow{b_2})$:

Die Basisvektoren transformieren sich mit der Matrix α^T, die Koordinaten des Vektors mit der dazu kontragredienten Matrix α^{-1}.

Diese Aussage gilt wegen $((\alpha^T)^T)^{-1} = \alpha^{-1}$.

Bemerkung 1 Eine alternative Herleitung der Beziehung (4.96) kann folgendermaßen realisiert werden:

$$\vec{v} = \begin{pmatrix} v^1 \\ v^2 \end{pmatrix}_B = v^1 \cdot \overrightarrow{b_1} + v^2 \cdot \overrightarrow{b_2}$$

$$\overrightarrow{b_1} = \overrightarrow{b_{1'}} \cdot \alpha^{1'}{}_1 + \overrightarrow{b_{2'}} \cdot \alpha^{2'}{}_1 \text{ nach (4.92)}$$

$$\overrightarrow{b_2} = \overrightarrow{b_{1'}} \cdot \alpha^{1'}{}_2 + \overrightarrow{b_{2'}} \cdot \alpha^{2'}{}_2 \text{ nach (4.93)}$$

$$\vec{v} = v^1 \cdot (\overrightarrow{b_{1'}} \cdot \alpha^{1'}{}_1 + \overrightarrow{b_{2'}} \cdot \alpha^{2'}{}_1) + v^2 \cdot (\overrightarrow{b_{1'}} \cdot \alpha^{1'}{}_2 + \overrightarrow{b_{2'}} \cdot \alpha^{2'}{}_2)$$

$$\vec{v} = \overrightarrow{b_{1'}} \cdot (v^1 \cdot \alpha^{1'}{}_1 + v^2 \cdot \alpha^{1'}{}_2) + \overrightarrow{b_{2'}} \cdot (v^1 \cdot \alpha^{2'}{}_1 + v^2 \cdot \alpha^{2'}{}_2)$$

Aus der Invarianz des Vektors gegenüber Koordinatentransformationen ergibt sich

$$\vec{v} = \overrightarrow{v'}$$

$$\overrightarrow{b_{1'}} \cdot (v^1 \cdot \alpha^{1'}{}_1 + v^2 \cdot \alpha^{1'}{}_2) + \overrightarrow{b_{2'}} \cdot (v^1 \cdot \alpha^{2'}{}_1 + v^2 \cdot \alpha^{2'}{}_2) = \overrightarrow{b_{1'}} \cdot v^{1'} + \overrightarrow{b_{2'}} \cdot v^{2'}.$$

Wegen der Eindeutigkeit der Darstellung eines Vektors als Linearkombination der Basisvektoren gilt:

$$\begin{pmatrix} v^{1'} \\ v^{2'} \end{pmatrix}_{B'} = \begin{pmatrix} v^1 \cdot \alpha^{1'}{}_1 + v^2 \cdot \alpha^{1'}{}_2 \\ v^1 \cdot \alpha^{2'}{}_1 + v^2 \cdot \alpha^{2'}{}_2 \end{pmatrix} = \begin{pmatrix} \alpha^{1'}{}_1 & \alpha^{1'}{}_2 \\ \alpha^{2'}{}_1 & \alpha^{2'}{}_2 \end{pmatrix} \cdot \begin{pmatrix} v^1 \\ v^2 \end{pmatrix}_B = \alpha \cdot \begin{pmatrix} v^1 \\ v^2 \end{pmatrix}_B.$$

Bemerkung 2 Mit den hergeleiteten Beziehungen ergeben sich im obigen Beispiel weitere Überprüfungsmöglichkeiten für die Ergebnisse:

$$\overrightarrow{b_{1'}} = \begin{pmatrix} b_{1'}{}^1 \\ b_{1'}{}^2 \end{pmatrix}_E = \overrightarrow{b_1} \cdot (\alpha^{-1})^1{}_{1'} + \overrightarrow{b_2} \cdot (\alpha^{-1})^2{}_{1'}$$

$$= \begin{pmatrix} -2 \\ 1 \end{pmatrix} \cdot \left(-\frac{3}{2}\right) + \begin{pmatrix} 4 \\ -5 \end{pmatrix} \cdot \left(-\frac{1}{2}\right) = \begin{pmatrix} 1 \\ 1 \end{pmatrix},$$

$$\overrightarrow{b_{2'}} = \begin{pmatrix} b_{2'}{}^1 \\ b_{2'}{}^2 \end{pmatrix}_E = \overrightarrow{b_1} \cdot (\alpha^{-1})^1{}_{2'} + \overrightarrow{b_2} \cdot (\alpha^{-1})^2{}_{2'}$$

$$= \begin{pmatrix} -2 \\ 1 \end{pmatrix} \cdot \frac{7}{2} + \begin{pmatrix} 4 \\ -5 \end{pmatrix} \cdot \frac{3}{2} = \begin{pmatrix} -1 \\ -4 \end{pmatrix},$$

$$\begin{pmatrix} v^{1'} \\ v^{2'} \end{pmatrix}_{B'} = \alpha \cdot \begin{pmatrix} v^1 \\ v^2 \end{pmatrix}_B = \begin{pmatrix} -3 & 7 \\ -1 & 3 \end{pmatrix} \cdot \begin{pmatrix} 3 \\ 2 \end{pmatrix}_B = \begin{pmatrix} 5 \\ 3 \end{pmatrix}_{B'},$$

$$\begin{pmatrix} v^1 \\ v^2 \end{pmatrix}_B = \alpha^{-1} \cdot \begin{pmatrix} v^{1'} \\ v^{2'} \end{pmatrix}_{B'} = \begin{pmatrix} -3 & 7 \\ -1 & 3 \end{pmatrix}^{-1} \cdot \begin{pmatrix} 5 \\ 3 \end{pmatrix}_{B'} = \begin{pmatrix} 3 \\ 2 \end{pmatrix}_B.$$

In Anhang 4.4 wird ein weiteres Beispiel aus der Physik für eine Koordinatentransformation zwischen zwei affinen Koordinatensystemen angegeben. Dabei wird mit dem Minkowski-Raum ein in der Speziellen Relativitätstheorie verwendeter Raum verwendet, in dem jedoch die hergeleiteten Beziehungen alle gelten.

Die **Transformation kovarianter Koordinaten** beim Wechsel der dualen affinen Basis lässt sich analog zur Transformation kontravarianter Koordinaten beschreiben.

Wir haben bereits Folgendes kennengelernt:

- Die zur Basis $(\overrightarrow{b_i})$ gehörenden Koordinaten des Vektors $\vec{v}$ werden als kontravariante Koordinaten bezeichnet und mit hochgestellten Indizes als v^i symbolisiert.
- Zu jeder Basis $(\overrightarrow{b_i})$ kann eine duale Basis $(\overrightarrow{b^j})$ angegeben werden, wobei zwischen den Basisvektoren die Beziehung (4.39) gilt: $\overrightarrow{b_i} \bullet \overrightarrow{b^j} = \delta_i^j$. Bezüglich der aus den Basisvektoren gebildeten Matrix B und der aus den Basisvektoren der dualen Basis gebildeten Matrix B^* gilt die Beziehung (4.44): $B^* = (B^T)^{-1}$.
- Die zur Basis $(\overrightarrow{b^j})$ gehörenden Koordinaten des Vektors $\vec{v}$ werden als kovariante Koordinaten bezeichnet und mit tiefgestellten Indizes als v_j symbolisiert.
- Wegen der Invarianz des Vektors gegenüber Koordinatentransformationen gilt: $\vec{v} = v^i \cdot \overrightarrow{b_i} = v_j \cdot \overrightarrow{b^j}$.

Nun untersuchen wir die Transformation kovarianter Koordinaten beim Wechsel von einer dualen Basis in eine andere. Da die dualen Basisvektoren über (4.44) mit den Basisvektoren der „ursprünglichen" Basis verknüpft sind, ist zu erwarten, dass sich die Transformation kovarianter Koordinaten mithilfe der Basiswechselmatrix α darstellen lässt. Zunächst wird jedoch davon ausgegangen, dass sich die Koordinaten $v_{i'}$ aus den Koordinaten v_i mittels einer Matrix β ergeben:

$$\begin{pmatrix} v_{1'} \\ v_{2'} \end{pmatrix}_{B^{*\prime}} = \beta \cdot \begin{pmatrix} v_1 \\ v_2 \end{pmatrix}_{B^*} = \begin{pmatrix} \beta_{1'}{}^1 & \beta_{1'}{}^2 \\ \beta_{2'}{}^1 & \beta_{2'}{}^2 \end{pmatrix} \cdot \begin{pmatrix} v_1 \\ v_2 \end{pmatrix}_{B^*}, \quad \text{d. h.} \quad v_{i'} = \beta_{i'}{}^j \cdot v_j. \tag{4.98}$$

Für die Elemente der Transformationsmatrix wurde die Hoch- bzw. Tiefstellung der Indizes so gewählt, dass die Einstein'sche Summenkonvention anwendbar ist.

Die Beziehung zwischen den Matrizen α und β wird mithilfe der Invarianz des Skalarprodukts aus einem beliebigen Vektor $\vec{v}$ mit kovarianten Koordinaten und einem beliebigen Vektor $\vec{w}$ mit kontravarianten Koordinaten hergeleitet. Unsere für zweidimensionale Räume geführte Herleitung ist auf N Dimensionen verallgemeinerbar:

$$v_i \cdot w^i = v_{i'} \cdot w^{i'}.$$

Die Komponenten auf der rechten Seite der Gleichung werden substituiert:
$v_{i'} = \beta_{i'}{}^{m} \cdot v_m$ wird verwendet.
$w^{i'} = \alpha^{i'}{}_{j} \cdot w^j$ ist denkbar, aber nicht zielführend, deshalb Umformung

$$\begin{pmatrix} w^{1'} \\ w^{2'} \end{pmatrix} = \alpha \cdot \begin{pmatrix} w^{1} \\ w^{2} \end{pmatrix} = \begin{pmatrix} \alpha^{1'}{}_1 & \alpha^{1'}{}_2 \\ \alpha^{2'}{}_1 & \alpha^{2'}{}_2 \end{pmatrix} \cdot \begin{pmatrix} w^{1} \\ w^{2} \end{pmatrix}.$$

Wir transponieren und berücksichtigen dabei (2.2):

$$\begin{pmatrix} w^{1'} & w^{2'} \end{pmatrix} = \begin{pmatrix} w^{1} & w^{2} \end{pmatrix} \cdot \alpha^T = \begin{pmatrix} w^{1} & w^{2} \end{pmatrix} \cdot \begin{pmatrix} \left(\alpha^T\right)_1{}^{1'} & \left(\alpha^T\right)_1{}^{2'} \\ \left(\alpha^T\right)_2{}^{1'} & \left(\alpha^T\right)_2{}^{2'} \end{pmatrix}$$

$$w^{i'} = w^j \cdot \left(\alpha^T\right)_j{}^{i'}$$

Nun substituieren wir:

$$v_i \cdot w^i = v_{i'} \cdot w^{i'}$$

$$v_i \cdot w^i = \beta_{i'}{}^{m} \cdot v_m \cdot w^j \cdot (\alpha^T)_j{}^{i'}$$

$$v_m \cdot w^j \cdot \delta_j^m = v_m \cdot w^j \cdot (\alpha^T)_j{}^{i'} \cdot \beta_{i'}{}^{m} \quad \text{| links formale Umformung, dann Vergleich}$$

$$\delta_j^m = (\alpha^T)_j{}^{i'} \cdot \beta_{i'}{}^{m}$$

$$\beta = (\alpha^T)^{-1} = (\alpha^{-1})^T$$

Durch Einsetzen in (4.98) ergibt sich:

$$\begin{pmatrix} v_{1'} \\ v_{2'} \end{pmatrix}_{B^{*\prime}} = \left(\alpha^{-1}\right)^T \cdot \begin{pmatrix} v_1 \\ v_2 \end{pmatrix}_{B^*}. \tag{4.99}$$

Ein Vergleich dieser Beziehung mit (4.95) zeigt, dass sich die Vektorkoordinaten v_i genauso transformieren wie die Basisvektoren $\overrightarrow{b_i}$, daher stammt die Bezeichnung **kovariante Koordinaten** für die Vektorkoordinaten v_i.

Durch Transponieren formen wir (4.99) um:

$$\begin{pmatrix} v_{1'} & v_{2'} \end{pmatrix} = \begin{pmatrix} v_1 & v_2 \end{pmatrix} \cdot \left(\alpha^{-1}\right) = \begin{pmatrix} v_1 & v_2 \end{pmatrix} \cdot \begin{pmatrix} \left(\alpha^{-1}\right)^1{}_{1'} & \left(\alpha^{-1}\right)^1{}_{2'} \\ \left(\alpha^{-1}\right)^2{}_{1'} & \left(\alpha^{-1}\right)^2{}_{2'} \end{pmatrix}$$

$$v_{i'} = v_i \cdot \left(\alpha^{-1}\right)^i{}_{i'}. \tag{4.100}$$

Für die **Transformation in der umgekehrten Richtung** ergibt sich:

$$\begin{pmatrix} v_{1'} \\ v_{2'} \end{pmatrix}_{B^{*\prime}} = \left(\alpha^{-1}\right)^T \cdot \begin{pmatrix} v_1 \\ v_2 \end{pmatrix}_{B^*} = \left(\alpha^T\right)^{-1} \cdot \begin{pmatrix} v_1 \\ v_2 \end{pmatrix}_{B^*} \qquad \Big| \left(\alpha^T\right) \cdot$$

$$\begin{pmatrix} v_1 \\ v_2 \end{pmatrix}_{B^*} = (\alpha^T) \cdot \begin{pmatrix} v_{1'} \\ v_{2'} \end{pmatrix}_{B^{*\prime}} \qquad | \text{ Transponieren}$$

$$\begin{pmatrix} v_1 & v_2 \end{pmatrix} = \begin{pmatrix} v_{1'} & v_{2'} \end{pmatrix} \cdot \alpha = \begin{pmatrix} v_{1'} & v_{2'} \end{pmatrix} \cdot \begin{pmatrix} \alpha^{1'}{}_1 & \alpha^{1'}{}_2 \\ \alpha^{2'}{}_1 & \alpha^{2'}{}_2 \end{pmatrix}$$

$$v_i = v_{i'} \cdot \alpha^{i'}{}_i . \tag{4.101}$$

Es ist zu erwarten, dass sich die in der Matrix $B^{*'}$ stehenden Basisvektoren aus den in der Matrix B^* stehenden Basisvektoren mithilfe von α ergeben:

$$\vec{v} = v_1 \cdot \overrightarrow{b^1} + v_2 \cdot \overrightarrow{b^2} = v_{1'} \cdot \overrightarrow{b^{1'}} + v_{2'} \cdot \overrightarrow{b^{2'}}$$

$$\begin{pmatrix} \overrightarrow{b^1} & \overrightarrow{b^2} \\ | & | \end{pmatrix} \cdot \begin{pmatrix} v_1 \\ v_2 \end{pmatrix} = \begin{pmatrix} \overrightarrow{b^{1'}} & \overrightarrow{b^{2'}} \\ | & | \end{pmatrix} \cdot \begin{pmatrix} v_{1'} \\ v_{2'} \end{pmatrix}$$

$$B^* \cdot \begin{pmatrix} v_1 \\ v_2 \end{pmatrix} = B^{*'} \cdot \begin{pmatrix} v_{1'} \\ v_{2'} \end{pmatrix} \qquad \Big| \begin{pmatrix} v_{1'} \\ v_{2'} \end{pmatrix} = (\alpha^{-1})^T \cdot \begin{pmatrix} v_1 \\ v_2 \end{pmatrix}$$

$$B^* \cdot \begin{pmatrix} v_1 \\ v_2 \end{pmatrix} = B^{*'} \cdot (\alpha^{-1})^T \cdot \begin{pmatrix} v_1 \\ v_2 \end{pmatrix} \qquad \Big| \begin{pmatrix} v_1 \\ v_2 \end{pmatrix} \text{beliebig}$$

$$B^* = B^{*'} \cdot (\alpha^{-1})^T = B^{*'} \cdot (\alpha^T)^{-1}$$

$$B^{*'} = B^* \cdot (\alpha^T) \tag{4.102}$$

Im folgenden Komplexbeispiel verdeutlichen wir die Transformationen von Basisvektoren und zugehörigen Koordinaten, und wir weisen die Gültigkeit der Beziehungen (4.99), (4.101) sowie (4.102) nach. Als Vergleichssystem verwenden wir wieder ein kartesisches Koordinatensystem.

Beispiel 4.6

(Komplexbeispiel)
Gegeben:

$$B = \begin{pmatrix} \overrightarrow{b_1} & \overrightarrow{b_2} \\ | & | \end{pmatrix}_E = \begin{pmatrix} -3/2 & 2 \\ 1 & -1/2 \end{pmatrix}_E ,$$

$$\text{d. h. } \overrightarrow{b_1} = \begin{pmatrix} -3/2 \\ 1 \end{pmatrix}_E , \overrightarrow{b_2} = \begin{pmatrix} 2 \\ -1/2 \end{pmatrix}_E ,$$

$$B' = \begin{pmatrix} \overrightarrow{b_{1'}} & \overrightarrow{b_{2'}} \\ | & | \end{pmatrix}_E = \begin{pmatrix} 3 & 3 \\ -2 & 1 \end{pmatrix}_E, \quad \text{d. h.} \quad \overrightarrow{b_{1'}} = \begin{pmatrix} 3 \\ -2 \end{pmatrix}_E, \overrightarrow{b_{2'}} = \begin{pmatrix} 3 \\ 1 \end{pmatrix}_E,$$

$$\begin{pmatrix} v^1 \\ v^2 \end{pmatrix} = \begin{pmatrix} 4 \\ 2 \end{pmatrix}_E,$$

gesucht: $\vec{v}$, $B^* = \begin{pmatrix} \overrightarrow{b^1} & \overrightarrow{b^2} \\ | & | \end{pmatrix}$, $B^{*'} = \begin{pmatrix} \overrightarrow{b^{1'}} & \overrightarrow{b^{2'}} \\ | & | \end{pmatrix}$, $\begin{pmatrix} v^{1'} \\ v^{2'} \end{pmatrix}$, $\begin{pmatrix} v_1 \\ v_2 \end{pmatrix}$, $\begin{pmatrix} v_{1'} \\ v_{2'} \end{pmatrix}$.

Lösung:
Zuerst bestimmen wir die Koordinaten des Vektors $\vec{v}$ im Vergleichssystem:

$$\vec{v} = v^1 \cdot \overrightarrow{b_1} + v^2 \cdot \overrightarrow{b_2} = 4 \cdot \begin{pmatrix} -3/2 \\ 1 \end{pmatrix}_E + 2 \cdot \begin{pmatrix} 2 \\ -1/2 \end{pmatrix}_E = \begin{pmatrix} -2 \\ 3 \end{pmatrix}_E.$$

B^* ermitteln wir wie in Abschn. 4.2.2 aus B mithilfe von (4.44):

$$B^* = \left(B^T\right)^{-1} = \left(\begin{pmatrix} -3/2 & 2 \\ 1 & -1/2 \end{pmatrix}^T\right)^{-1}$$

$$= \begin{pmatrix} 2/5 & 4/5 \\ 8/5 & 6/5 \end{pmatrix}_E \Rightarrow \overrightarrow{b^1} = \begin{pmatrix} 2/5 \\ 8/5 \end{pmatrix}_E ; \overrightarrow{b^2} = \begin{pmatrix} 4/5 \\ 6/5 \end{pmatrix}_E.$$

Analog bestimmen wir $B^{*'}$ aus B':

$$B^{*'} = \left((B')^T\right)^{-1} = \left(\begin{pmatrix} 3 & 3 \\ -2 & 1 \end{pmatrix}^T\right)^{-1}$$

$$= \begin{pmatrix} 1/9 & 2/9 \\ -1/3 & 1/3 \end{pmatrix}_E \Rightarrow \overrightarrow{b^{1'}} = \begin{pmatrix} 1/9 \\ -1/3 \end{pmatrix}_E ; \overrightarrow{b^{2'}} = \begin{pmatrix} 2/9 \\ 1/3 \end{pmatrix}_E.$$

Zur Berechnung von $\begin{pmatrix} v^{1'} \\ v^{2'} \end{pmatrix}$ mit (4.96) benötigen wir die Transformationsmatrix α, die wir mit (4.90) bestimmen:

$$B = B' \cdot \alpha \Rightarrow \alpha = (B')^{-1} \cdot B$$

$$= \begin{pmatrix} 3 & 3 \\ -2 & 1 \end{pmatrix}^{-1} \cdot \begin{pmatrix} -3/2 & 2 \\ 1 & -1/2 \end{pmatrix} = \begin{pmatrix} -1/2 & 7/18 \\ 0 & 5/18 \end{pmatrix}_E,$$

$$\begin{pmatrix} v^{1'} \\ v^{2'} \end{pmatrix}_{B'} = \alpha \cdot \begin{pmatrix} v^1 \\ v^2 \end{pmatrix}_B = \begin{pmatrix} -1/2 & 7/18 \\ 0 & 5/18 \end{pmatrix} \cdot \begin{pmatrix} 4 \\ 2 \end{pmatrix} = \begin{pmatrix} -11/9 \\ 5/9 \end{pmatrix}_{B'}.$$

Probe: $v^{1'} \cdot \overrightarrow{b_{1'}} + v^{2'} \cdot \overrightarrow{b_{2'}} = -\frac{11}{9} \cdot \begin{pmatrix} 3 \\ -2 \end{pmatrix}_E + \frac{5}{9} \cdot \begin{pmatrix} 3 \\ 1 \end{pmatrix}_E = \begin{pmatrix} -2 \\ 3 \end{pmatrix}_E = \vec{v} \ldots$ korrekt.

Berechnung der kovarianten Koordinaten des Vektors $\vec{v}$ bezüglich der Basis B^* :

$$\vec{v} = v_1 \cdot \overrightarrow{b^1} + v_2 \cdot \overrightarrow{b^2}$$

$$\begin{pmatrix} -2 \\ 3 \end{pmatrix}_E = \begin{pmatrix} v_1 \cdot 2/5 + v_2 \cdot 4/5 \\ v_1 \cdot 8/5 + v_2 \cdot 6/5 \end{pmatrix} \Rightarrow \begin{pmatrix} v_1 \\ v_2 \end{pmatrix} = \begin{pmatrix} 6 \\ -11/2 \end{pmatrix}_{B^*}$$

Probe: $v_1 \cdot \overrightarrow{b^1} + v_2 \cdot \overrightarrow{b^2} = 6 \cdot \begin{pmatrix} 2/5 \\ 8/5 \end{pmatrix}_E - \frac{11}{2} \cdot \begin{pmatrix} 4/5 \\ 6/5 \end{pmatrix}_E = \begin{pmatrix} -2 \\ 3 \end{pmatrix}_E = \vec{v} \ldots$ korrekt.

Analog berechnen wir die kovarianten Koordinaten des Vektors $\vec{v}$ bezüglich der Basis $B^{*'}$:

$$\vec{v} = v_{1'} \cdot \overrightarrow{b^{1'}} + v_{2'} \cdot \overrightarrow{b^{2'}}$$

$$\begin{pmatrix} -2 \\ 3 \end{pmatrix}_E = \begin{pmatrix} v_{1'} \cdot 1/9 + v_{2'} \cdot 2/9 \\ v_{1'} \cdot (-1/3) + v_{2'} \cdot 1/3 \end{pmatrix} \Rightarrow \begin{pmatrix} v_{1'} \\ v_{2'} \end{pmatrix} = \begin{pmatrix} -12 \\ -3 \end{pmatrix}_{B^{*'}}$$

Probe: $v_{1'} \cdot \overrightarrow{b^{1'}} + v_{2'} \cdot \overrightarrow{b^{2'}} = -12 \cdot \begin{pmatrix} 1/9 \\ -1/3 \end{pmatrix}_E - 3 \cdot \begin{pmatrix} 2/9 \\ 1/3 \end{pmatrix} = \begin{pmatrix} -2 \\ 3 \end{pmatrix}_E = \vec{v} \ldots$ korrekt.

Test der Beziehung (4.99):

$$(\alpha^{-1})^T \cdot \begin{pmatrix} v_1 \\ v_2 \end{pmatrix}_{B^*} = \left(\begin{pmatrix} -1/2 & 7/18 \\ 0 & 5/18 \end{pmatrix}^{-1} \right)^T \cdot \begin{pmatrix} 6 \\ -11/2 \end{pmatrix}_{B^*} = \begin{pmatrix} -12 \\ -3 \end{pmatrix}_E = \begin{pmatrix} v_{1'} \\ v_{2'} \end{pmatrix}_{B^{*'}}.$$

Test der Beziehung (4.101):

$$\alpha^T \cdot \begin{pmatrix} v_{1'} \\ v_{2'} \end{pmatrix}_{B^{*'}} = \begin{pmatrix} -1/2 & 7/18 \\ 0 & 5/18 \end{pmatrix}^T \cdot \begin{pmatrix} -12 \\ -3 \end{pmatrix}_{B^*} = \begin{pmatrix} 6 \\ -11/2 \end{pmatrix}_E = \begin{pmatrix} v_1 \\ v_2 \end{pmatrix}_{B^*}.$$

Test der Beziehung (4.102):

$$B^* \cdot (\alpha^T) = \begin{pmatrix} 2/5 & 4/5 \\ 8/5 & 6/5 \end{pmatrix} \cdot \begin{pmatrix} -1/2 & 7/18 \\ 0 & 5/18 \end{pmatrix}^T = \begin{pmatrix} 1/9 & 2/9 \\ -1/3 & 1/3 \end{pmatrix}_E = B^{*'}.$$

In der **Literatur** wird zuweilen die geordnete Basis $(\overrightarrow{b_i})$ als **kovariante Basis** bezeichnet und der Koordinatenvektor mit kontravarianten Koordinaten als **kontravarianter Vektor**. Analoge Bezeichnungen existieren für die geordnete Basis $(\overrightarrow{b^j})$. Die folgende Tabelle verdeutlicht die in der Physik übliche Begrifflichkeit für den Vektor $\vec{v} = v^i \cdot \overrightarrow{b_i} = v_j \cdot \overrightarrow{b^j}$:

v^i	kontravariante Koordinaten	v_j	kovariante Koordinaten
$\overrightarrow{b_i}$	kovariante Basisvektoren	$\overrightarrow{b^j}$	kontravariante Basisvektoren
$\begin{pmatrix} v^1 \\ \vdots \\ v^N \end{pmatrix}$	kontravarianter Vektor	$\begin{pmatrix} v_1 \\ \vdots \\ v_N \end{pmatrix}$	kovarianter Vektor

Merkregel
Tiefgestellte Indizes bedeuten kovariant, hochgestellte kontravariant.

Bemerkung In der Literatur wird zuweilen der Vektor aus den kovarianten Koordinaten als Zeilenvektor $(v_1 \quad \ldots \quad v_N)$ geschrieben. Der Grund für diese Gepflogenheit scheint darin zu liegen, dass sich damit das Skalarprodukt nach (4.53) folgendermaßen darstellen lässt:

$$\vec{v} \cdot \vec{w} = v_i \cdot w^i = v_1 \cdot w^1 + \ldots + v_N \cdot w^N = (v_1 \quad \ldots \quad v_N) \cdot \begin{pmatrix} w^1 \\ \vdots \\ w^N \end{pmatrix}.$$

Diese Darstellung ist mit **Vorsicht** zu verwenden, da eine analoge Betrachtung mit der Darstellung $\vec{v} \cdot \vec{w} = v^i \cdot w_i$ für das Skalarprodukt zu einem falschen Ergebnis führt:

$$\begin{pmatrix} v^1 \\ \vdots \\ v^N \end{pmatrix} \cdot (w_1 \quad \ldots \quad w_N) = \begin{pmatrix} v^1 \cdot w_1 & \ldots & v^1 \cdot w_N \\ \vdots & \ddots & \vdots \\ v^N \cdot w_1 & \ldots & v^N \cdot w_N \end{pmatrix}.$$

Zusammenfassung
Basisvektoren sind linear unabhängig: $a^1 \cdot \overrightarrow{b_1} + \ldots + a^N \cdot \overrightarrow{b_N} = \vec{0} \Leftrightarrow a^1 = \ldots = a^N = 0$

Die Zerlegung eines Vektors als Linearkombination der Basisvektoren ist eindeutig:

$$\vec{v} = v^1 \cdot \overrightarrow{b_1} + \ldots + v^N \cdot \overrightarrow{b_N}$$

Basis $B = (\overrightarrow{b_i})$ und zugehörige Dualbasis $B^* = (\overrightarrow{b^j}) : \overrightarrow{b_i} \cdot \overrightarrow{b^j} = \delta_i^j$

Bei kartesischen Koordinatensystemen gilt speziell: $\overrightarrow{e^i} = \overrightarrow{e_i}$

Komponenten der metrischen Tensoren: $\vec{g_i} \cdot \vec{g_j} = g_{ij}$ bzw. $\vec{g^i} \cdot \vec{g^j} = g^{ij}$

Indexzieher: $a_j = a^i \cdot g_{ij}, a^j = a_i \cdot g^{ij}, \vec{g^i} = g^{ij} \cdot \vec{g_j}, \vec{g_i} = g_{ij} \cdot \vec{g^j}$

Skalarprodukt zweier Vektoren in Koordinatendarstellung:

$$\vec{a} \cdot \vec{b} = a^i \cdot b^j \cdot g_{ij} = a^i \cdot b_i = a_i \cdot b^i = a_i \cdot b_j \cdot g^{ij}$$

Vektorprodukt in Koordinatendarstellung:

$$\vec{a} \times \vec{b} = a^i \cdot b^j \cdot \vec{g_i} \times \vec{g_j} = a_i \cdot b_j \cdot \vec{g^i} \times \vec{g^j}$$

Im dreidimensionalen kartesischen Raum gelten speziell:

$\vec{e^k} = \varepsilon^{ijk} \cdot \vec{e_i} \times \vec{e_j}$ und $\vec{e^i} \times \vec{e^j} = \varepsilon^{ijk} \cdot \vec{e_k}$

$$\vec{a} \times \vec{b} = a_i \cdot b_j \cdot \varepsilon^{ijk} \cdot \vec{e_k} = \begin{vmatrix} \vec{e_1} & \vec{e_2} & \vec{e_3} \\ a_1 & a_2 & a_3 \\ b_1 & b_2 & b_3 \end{vmatrix} = \begin{vmatrix} \vec{e_1} & a_1 & b_1 \\ \vec{e_2} & a_2 & b_2 \\ \vec{e_3} & a_3 & b_3 \end{vmatrix}$$

$$(\vec{a} \times \vec{b}) \cdot \vec{c} = \det \begin{pmatrix} a_1 & a_2 & a_3 \\ b_1 & b_2 & b_3 \\ c_1 & c_2 & c_3 \end{pmatrix}$$

Koordinatentransformation:

Matrizen mit Spalten aus Basisvektoren:

$B = \begin{pmatrix} \vec{b_1} & \cdots & \vec{b_N} \\ | & \cdots & | \end{pmatrix}_E = (b_i{}^j)_E$ und $B' = \begin{pmatrix} \vec{b_{1'}} & \cdots & \vec{b_{N'}} \\ | & \cdots & | \end{pmatrix}_E = (b_{i'}{}^j)_E$

Basiswechselmatrix $\alpha : B = B' \cdot \alpha$

Transformationen der Vektorkoordinaten:

$$B \cdot \begin{pmatrix} v^1 \\ v^2 \end{pmatrix}_B = B' \cdot \begin{pmatrix} v^{1'} \\ v^{2'} \end{pmatrix}_{B'}$$

$$v^{i'} = \alpha^{i'}{}_i \cdot v^i; v^i = (\alpha^{-1})^i{}_{i'} \cdot v^{i'}; v_{i'} = v_i \cdot (\alpha^{-1})^i{}_{i'}; v_i = v_{i'} \cdot \alpha^{i'}{}_i$$

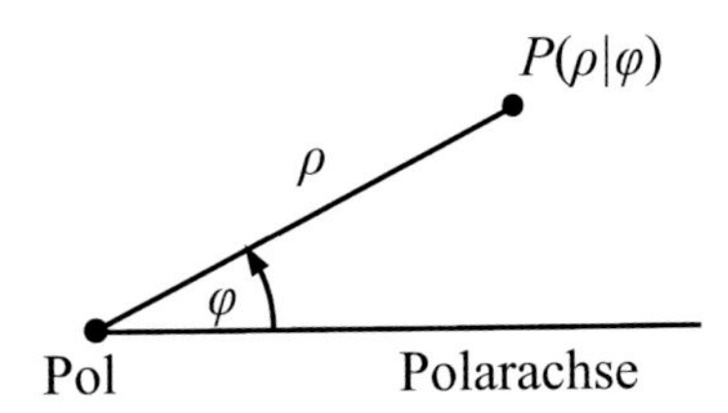

Abb. 4.43 Polarkoordinatensystem, $\rho > 0, -\pi < \varphi \leq \pi$ oder $0 \leq \varphi < 2 \cdot \pi$

4.2.3 Verwendung von Polar-, Zylinder- und Kugelkoordinaten

Charakterisierung von Polar-, Zylinder- und Kugelkoordinatensystemen
Es gibt unterschiedliche Gründe, nichtaffine Koordinaten zu verwenden, z. B.:

- Wenn sich in einem Sachzusammenhang die Positionen von Punkten in einer Ebene jeweils durch die Angabe des Abstandes von einem festen Punkt und des Winkels von einer festen Halbgeraden (einem Strahl) sinnvoll beschreiben lassen, dann werden **Polarkoordinaten** verwendet.
- Im dreidimensionalen Anschauungsraum sind bei Vorliegen einer Axialsymmetrie **Zylinderkoordinaten** und bei Vorliegen einer Zentralsymmetrie **Kugelkoordinaten** zweckmäßig, weil dadurch eine einfache mathematische Modellierung möglich ist.

Für die häufig genutzten Polar-, Zylinder- und Kugelkoordinatensysteme existieren spezifische Messvorschriften, mit denen die Koordinaten von Punkten ermittelt werden.

Bei **Polarkoordinaten** werden die Punkte einer Ebene charakterisiert durch den Abstand ρ von einem festen Punkt (dem **Pol**) und den Winkel φ bezüglich eines festen Strahls (der **Polarachse**), der vom Pol ausgeht. Der Abstand ρ wird als **Radius oder Radialkoordinate** bezeichnet, der Winkel φ als **Polarwinkel**.

Abbildung 4.43 veranschaulicht ein Polarkoordinatensystem.

Für den Pol existieren keine Polarkoordinaten, da für diesen Punkt der Polarwinkel unbestimmt ist.

In der Geodäsie und bei der Navigation wird die Winkelkoordinate als **Azimut** bezeichnet und von der Nordrichtung aus in Richtung Ost gemessen (d. h. im Uhrzeigersinn).

Zylinderkoordinaten ergeben sich aus Polarkoordinaten durch Hinzufügen einer dritten Koordinate, die parallel zur Symmetrieachse des Zylinders gemessen wird. Die Ebene, in der die Polarkoordinaten gemessen werden, verläuft orthogonal zur Symmetrieachse des Zylinders.

Abb. 4.44 Zylinderkoordinatensystem

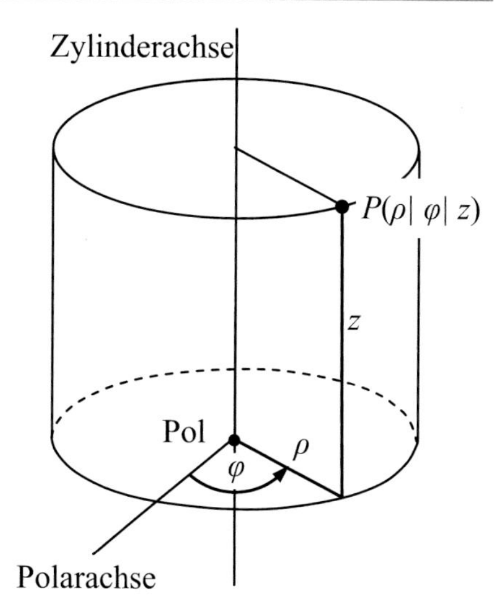

Abbildung 4.44 zeigt ein Zylinderkoordinatensystem.

Die Koordinate ρ gibt bei Zylinderkoordinaten den Abstand eines Punktes von der Zylinderachse an und nicht vom Pol wie bei Polarkoordinaten.

Für die Punkte auf der Zylinderachse existieren keine Zylinderkoordinaten, da für diese Punkte der Polarwinkel unbestimmt ist.

Kugelkoordinaten werden durch einen Punkt (das **Zentrum**) und zwei Achsen (die **Polachse** und die in der Äquatorebene liegende **Azimutachse**) bestimmt, die zueinander orthogonal sind und durch das Zentrum verlaufen.

Die Kugelkoordinaten werden als **Radius** r, **Polarwinkel** ϑ und **Azimutwinkel** φ bezeichnet.

Abbildung 4.45 veranschaulicht ein Kugelkoordinatensystem.

Für die Punkte auf der Polachse existieren keine Kugelkoordinaten, da für diese Punkte der Azimutwinkel unbestimmt ist.

In der Geografie wird der Polarwinkel ϑ durch die geografische Breite ersetzt.

Die Abgrenzung der Polar-, Zylinder- und Kugelkoordinatensysteme von den affinen Koordinatensystemen kann mithilfe von Koordinatenlinien und Koordinatenflächen erfolgen.

Wird eine der Koordinaten x^i eines Punktes P variiert und werden dabei alle anderen Koordinaten konstant gehalten, dann beschreibt der Punkt eine Kurve, die als x^i-**Koordinatenlinie** durch Punkt P bezeichnet wird. In

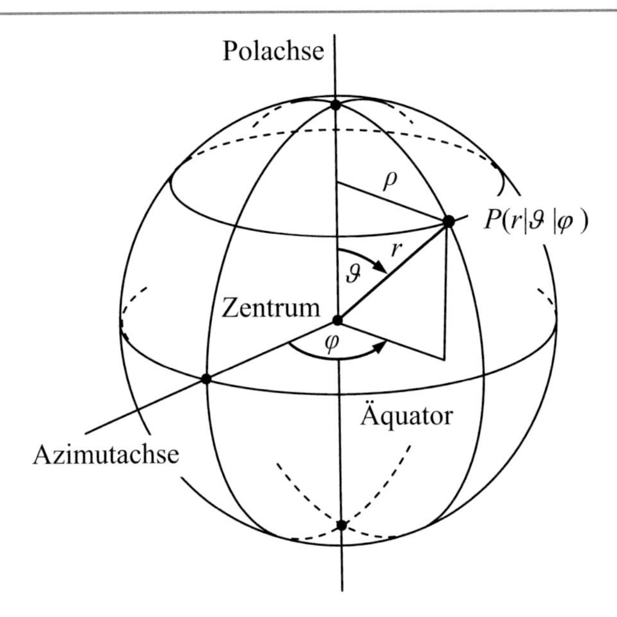

Abb. 4.45 Kugelkoordinatensystem

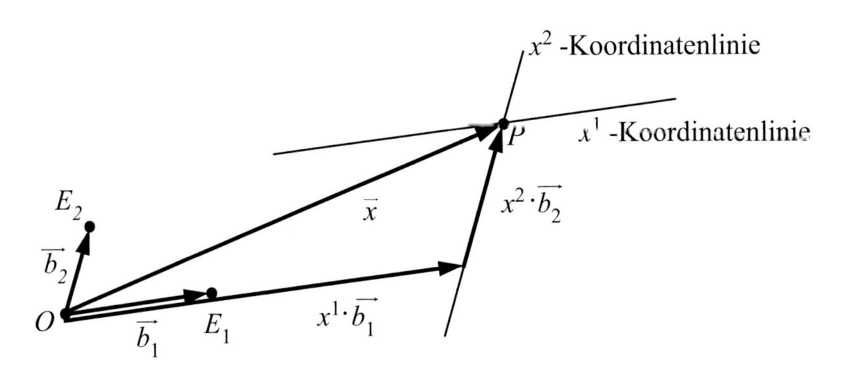

Abb. 4.46 Koordinatenlinien in einem zweidimensionalen affinen Koordinatensystem

Koordinatensystemen mit mehr als zwei Koordinaten werden auch $x^i - x^j$-**Koordinatenflächen** im Punkt P betrachtet, die dadurch entstehen, dass die Koordinaten x^i und x^j variiert und alle anderen Koordinaten konstant gehalten werden (in diesem Fall ergeben sich die Koordinatenlinien jeweils auch als Schnitt zweier Koordinatenflächen).

Die Abb. 4.46, 4.47 und 4.48 stellen Koordinatenlinien und Koordinatenflächen für verschiedene Koordinatensysteme dar.

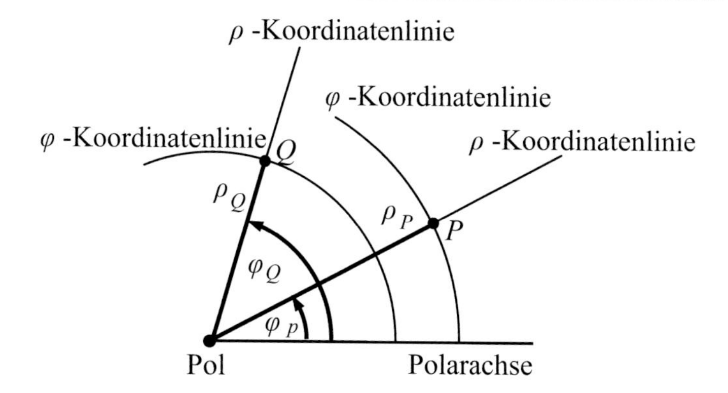

Abb. 4.47 Koordinatenlinien in einem Polarkoordinatensystem

Die häufig verwendeten Koordinatensysteme besitzen folgende Koordinatenlinien und Koordinatenflächen:

	Koordinatenlinien	Koordinatenflächen
Affine Koordinaten (zweidimensional)	x^1: Gerade parallel zu $\overrightarrow{b_1}$	./.
	x^2: Gerade parallel zu $\overrightarrow{b_2}$	
Polarkoordinaten	ρ: Halbgerade ab Pol	./.
	φ: Kreis mit Pol als Mittelpunkt	
Zylinderkoordinaten	ρ: Halbgerade ab Zylinderachse und senkrecht dazu	$\rho - \varphi$: Ebene senkrecht zur Zylinderachse
	φ: Kreis mit Mittelpunkt auf Zylinderachse und senkrecht dazu	$\rho - z$: Halbebene ab Zylinderachse
	z: Mantellinie des Zylinders	$\varphi - z$: Mantelfläche des Zylinders
Kugelkoordinaten	r: Halbgerade ab Zentrum	$r - \vartheta$: Halbebene an Polachse
	ϑ: Großkreis mit Polachse als Durchmesser	$r - \varphi$: Mantelfläche des Kegels mit Spitze im Zentrum und Polachse als Symmetrieachse
	φ: Kleinkreis senkrecht zur Polachse	$\vartheta - \varphi$: **Sphäre** (Kugeloberfläche)

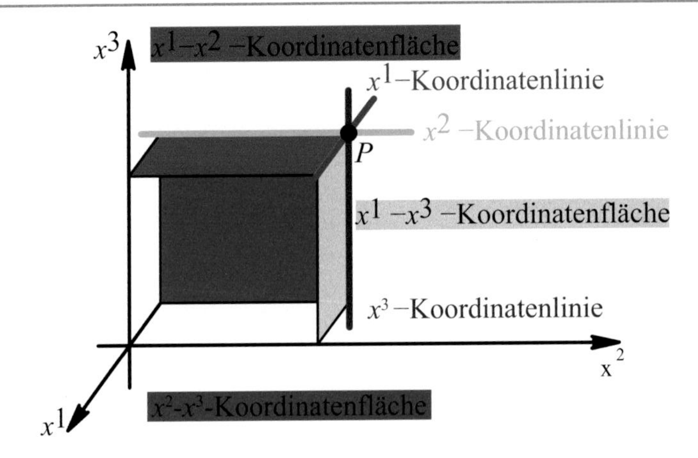

Abb. 4.48 Koordinatenlinien und Koordinatenflächen in einem dreidimensionalen kartesischen Koordinatensystem

Fazit
Bei affinen (und damit auch kartesischen) Koordinatensystemen verlaufen die Koordinatenlinien geradlinig, bei nichtaffinen Koordinatensystemen (z. B. Polar-, Zylinder- oder Kugelkoordinatensystemen) ist mindestens eine der Koordinatenlinien krummlinig. Deshalb werden Koordinatensysteme zuweilen unterteilt in **geradlinige und krummlinige Koordinatensysteme**.

Wenn wir die Punkte der Ebene bzw. des Anschauungsraumes, welche sich vom Pol, der Zylinderachse bzw. der Polachse unterscheiden, als **reguläre Punkte** bezeichnen, dann gelten folgende Aussagen:

- Jedem regulären Punkt können Koordinaten zugeordnet werden, deren Größe nach der jeweils geltenden Messvorschrift eindeutig bestimmt ist.
- Aus den Koordinaten eines regulären Punktes kann ein Koordinatenvektor gebildet werden.

Die **krummlinigen Koordinatensysteme** mit Pol-, Zylinder- oder Kugelkoordinaten weisen folgende **Besonderheit** auf:

Bei alleiniger Verwendung eines krummlinigen Koordinatensystems können wir die **Koordinatenvektoren nicht als Linearkombination von unveränderlichen Basisvektoren mit den Koordinaten als Koeffizienten darstellen**, da es keine global geltende Basis für das krummlinige Koordinatensystem gibt. Am Beispiel von Polarkoordinaten verdeutlichen wir diese Aussage:

Der rein formal denkbare Ansatz $\rho \cdot \begin{pmatrix} 1 \\ 0 \end{pmatrix} + \varphi \cdot \begin{pmatrix} 0 \\ 1 \end{pmatrix}$ für den Koordinatenvektor $\vec{x}(\rho, \varphi) = \begin{pmatrix} \rho \\ \varphi \end{pmatrix}$ eines beliebigen regulären Punktes scheitert daran, dass $\begin{pmatrix} 0 \\ 1 \end{pmatrix}$ keinen Basisvektor darstellt, da diesem Vektor der Pol zugeordnet ist, für den keine Polarkoordinaten existieren.

Der **Ausweg** aus der Situation, dass wir für krummlinige Koordinatensysteme keine globale Basis angeben können, sieht folgendermaßen aus:

Wir bilden in jedem regulären Punkt der Ebene bzw. des Anschauungsraumes mithilfe der Koordinatenlinien und Koordinatenflächen **lokale Koordinatensysteme**, indem wir die folgenden **lokalen Basisvektoren** verwenden:

- Tangentialvektoren an die Koordinatenlinien,
- Normalvektoren an die Koordinatenflächen (im Fall der zweidimensionalen Polarkoordinatensysteme verwenden wir Normalvektoren an die Koordinatenlinien).

Durch dieses Vorgehen erhalten wir „auf natürliche Weise" für jeden Punkt des Raumes zwei zueinander duale **natürliche Basen**. Die so gebildeten Basisvektoren werden in der Regel mittels $\overrightarrow{g_i}$ und $\overrightarrow{g^i}$ symbolisiert.

Um die Vektoren der lokalen Basis auch analytisch beschreiben zu können, führen wir **zusätzlich zum krummlinigen Koordinatensystem** ein **kartesisches Koordinatensystem** ein und stellen Beziehungen zur Transformation der Koordinaten bereit.

Unsere weiteren Betrachtungen werden zeigen, dass die Hinzunahme eines kartesischen Koordinatensystems analytisch zu einer **Mischform in der Darstellung** führt, wenn die globalen Basisvektoren des kartesischen Koordinatensystems und die substituierten Koordinaten des krummlinigen Koordinatensystems gemeinsam verwendet werden. Diese zentrale Vorgehensweise wird in der Literatur meist nicht erwähnt, wodurch das Verständnis für die Nutzung krummliniger Koordinatensysteme erheblich erschwert wird.

Aus der Anschauung ist verständlich, dass bei Polar-, Zylinder- und Kugelkoordinatensystemen die beiden in einem Punkt existierenden lokalen natürlichen Basen übereinstimmen, doch für allgemeine krummlinige Koordinatensysteme unterscheiden sich diese Basen in der Regel.

Wir werden für die aus den Tangentialvektoren an die Koordinatenlinien gebildeten lokalen Basisvektoren die Schreibweise $\overrightarrow{g_i}$ verwenden, in der Literatur ist die Bezeichnung nicht einheitlich.

In den Abb. 4.49 bis 4.52 werden für die betrachteten Koordinatensysteme jeweils für ein oder zwei Punkte die lokalen Basisvektoren eingezeichnet.

Aus Abb. 4.49 ist ersichtlich, dass **natürliche Basen affiner Koordinatensysteme globale Koordinatensysteme** kennzeichnen, da für jeden Punkt des Raumes die natürlichen Basisvektoren gleich sind (dies ist der Grund dafür, dass Vektoren in der Geometrie in affinen Räumen parallel verschoben werden dürfen).

Die **Reihenfolge der Punktkoordinaten** $P(\rho\,|\varphi\,|z\,)$ bei Zylinderkoordinaten bzw. $P(r\,|\vartheta\,|\varphi\,)$ bei Kugelkoordinaten wurde so gewählt, dass die lokalen Basisvektoren $(\overrightarrow{g_\rho}, \overrightarrow{g_\varphi}, \overrightarrow{g_z})$ bzw. $(\overrightarrow{g_r}, \overrightarrow{g_\vartheta}, \overrightarrow{g_\varphi})$ jeweils ein Rechtssystem bilden. In der Literatur existieren auch Schreibweisen mit einer anderen Reihenfolge, die sich zum Teil auf Linkssysteme beziehen.

Abb. 4.49 Natürliche Basis bei affinen Koordinatensystemen

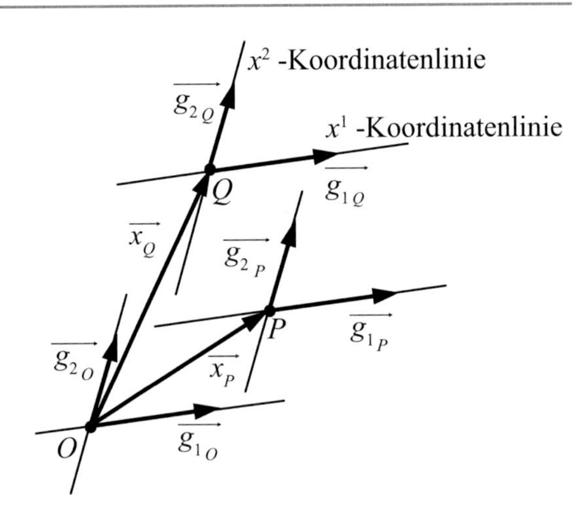

Produkte von Vektoren in Polar-, Zylinder- und Kugelkoordinaten
Bei Verwendung von Polar-, Zylinder- und Kugelkoordinaten nutzen wir die natürlichen Basen, mit denen wir bereits in Abschn. 4.2.2 gerechnet haben. Im Unterschied zu affinen Koordinaten sind die Polar-, Zylinder- und Kugelkoordinaten ortsabhängig. Dieser Unterschied ist bedeutsam beim Bilden von Ableitungen, die wir zur Darstellung der lokalen Basis benötigen.

Transformation der Koordinaten beim Wechsel zwischen Polarkoordinaten und kartesischen Koordinaten
Mit der Transformation zwischen kartesischen Koordinaten und Polarkoordinaten beschäftigen wir uns ausführlich, da der dabei beschrittene Gedankengang analog auf die Transformation zwischen kartesischen Koordinaten und Zylinder- bzw. Kugelkoordinaten übertragbar ist und außerdem das Fundament für Verallgemeinerungen zur Transformation allgemeiner Koordinaten bildet.

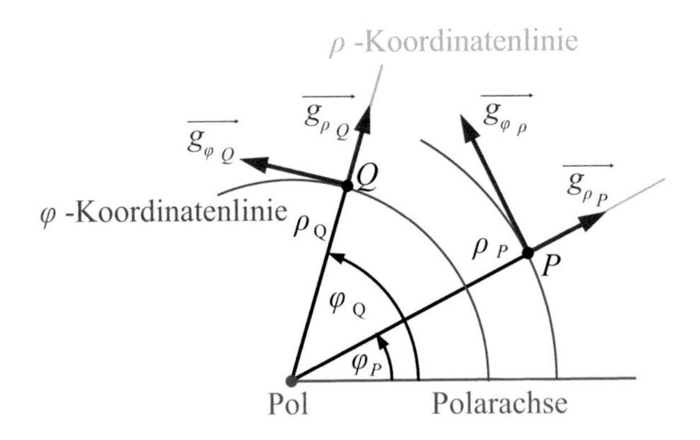

Abb. 4.50 Natürliche Basis bei Polarkoordinatensystemen

Abb. 4.51 Natürliche Basis bei Zylinderkoordinatensystemen

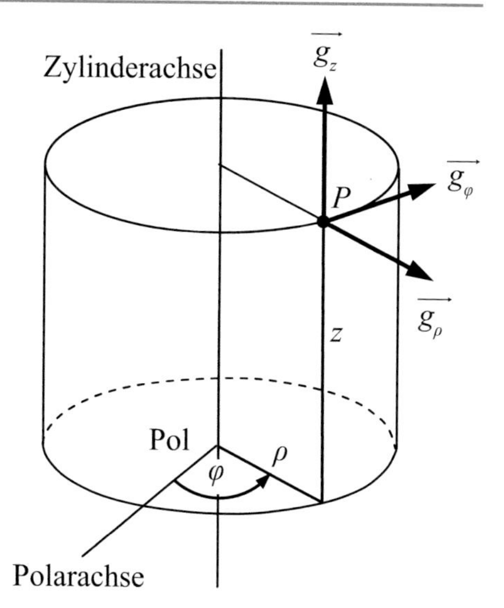

Zur Herleitung von Transformationsbeziehungen müssen das Polarkoordinatensystem und das zusätzlich verwendete kartesische Koordinatensystem zunächst zueinander positioniert werden. Wir wählen die in Abb. 4.53 gezeigte Lage der Koordinatensysteme, die meist auch in der Literatur verwendet wird (in Anhang 4.5 zeigen wir an einem Beispiel, dass es zuweilen sinnvoll ist, die Koordinatensysteme anders anzuordnen).

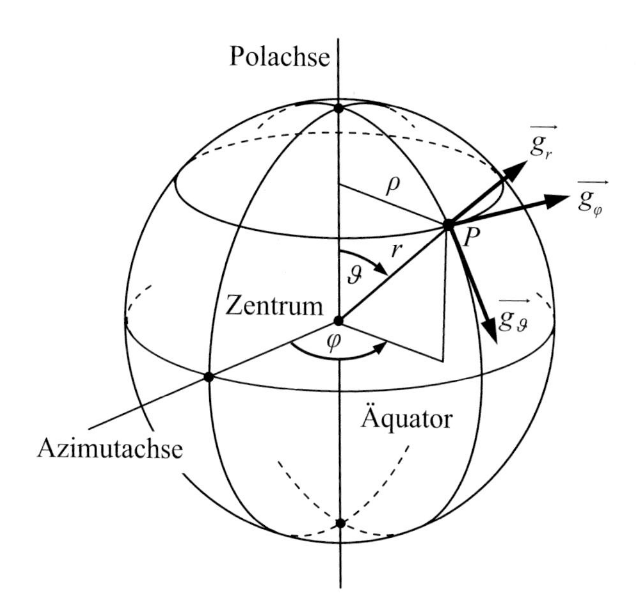

Abb. 4.52 Natürliche Basis bei Kugelkoordinatensystemen

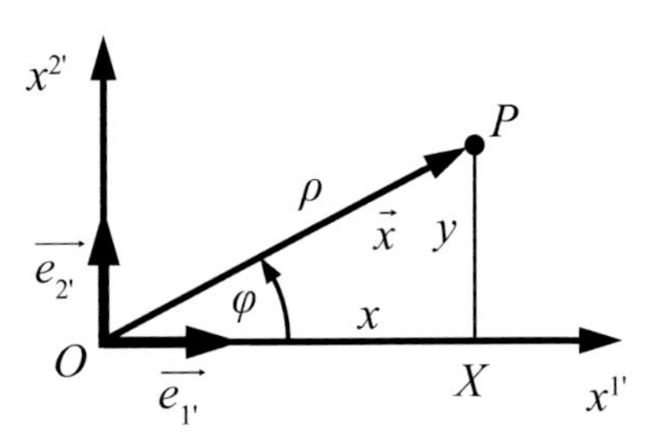

Abb. 4.53 Polarkoordinaten und kartesische Koordinaten

Ohne Beschränkung der Allgemeinheit bezeichnen wir das krummlinige Koordinatensystem mit KS und das kartesische Koordinatensystem mit KS$'$ oder E'.

Für das Polarkoordinatensystem gilt:

- Koordinaten des Punktes P : $x^1 = \rho$ und $x^2 = \varphi$, d. h. $P(x^1 \,|x^2)$ bzw. $P(\rho \,|\varphi)$ (der Winkel φ wird in Bogenmaß gemessen),
- Koordinatenvektor des Punktes P : $\begin{pmatrix} x^1 \\ x^2 \end{pmatrix}_{\text{KS}}$ bzw. $\begin{pmatrix} \rho \\ \varphi \end{pmatrix}_{\text{KS}}$.

Für das kartesische Koordinatensystem gilt:

- Koordinaten des Punktes P : $x^{1'} = x$ und $x^{2'} = y$, d. h. $P(x^{1'} \,|x^{2'})$ bzw. $P(x \,|y)$,
- globale geordnete Basis $(\overrightarrow{e_{1'}}, \overrightarrow{e_{2'}})$,
- Ortsvektor des Punktes P:

$$\vec{x}(x^{1'}, x^{2'}) = x^{1'} \cdot \overrightarrow{e_{1'}} + x^{2'} \cdot \overrightarrow{e_{2'}} = \begin{pmatrix} x^{1'} \\ x^{2'} \end{pmatrix}_{\text{KS}'}$$

$$\text{bzw.} \quad \vec{x}(x, y) = x \cdot \overrightarrow{e_{1'}} + y \cdot \overrightarrow{e_{2'}} = \begin{pmatrix} x \\ y \end{pmatrix}_{\text{KS}'}. \tag{4.103}$$

Im Folgenden lassen wir den Bezug zu den Koordinatensystemen weg, da anhand der Bezeichnung die Koordinaten unterschieden werden können.

Die Koordinatentransformationen erhalten wir aus Abb. 4.53 für die angegebene Lage der Koordinatensysteme durch Beziehungen im rechtwinkligen Dreieck OXP:

- von Polarkoordinaten zu kartesischen Koordinaten

$$x = \rho \cdot \cos\varphi \quad \text{sowie} \quad y = \rho \cdot \sin\varphi, \tag{4.104}$$

- von kartesischen Koordinaten zu Polarkoordinaten

$$\rho = \sqrt{x^2 + y^2} \quad \text{sowie} \quad \varphi = \arccos\frac{x}{\sqrt{x^2 + y^2}} = \arcsin\frac{y}{\sqrt{x^2 + y^2}} = \arctan\frac{y}{x}. \tag{4.105}$$

Zur Berechnung der Koordinate $x^2 = \varphi$ stehen mehrere Möglichkeiten zur Verfügung.

Nun wenden wir den üblichen **Trick** an, indem wir in der Gleichung (4.103) die kartesischen Koordinaten durch die krummlinigen Koordinaten substituieren. Das Ergebnis stellt eine **Mischform** dar, da wir eine Beziehung erhalten, welche für die Darstellung des Ortsvektors die Basisvektoren des kartesischen und die Koordinaten des krummlinigen Koordinatensystems verwendet:

$\vec{x}(x,y) = x \cdot \overrightarrow{e_{1'}} + y \cdot \overrightarrow{e_{2'}}$ geht durch Substitution der Koordinaten x und y über in

$$\vec{x}(\rho,\varphi) = \rho \cdot \cos\varphi \cdot \overrightarrow{e_{1'}} + \rho \cdot \sin\varphi \cdot \overrightarrow{e_{2'}} = \begin{pmatrix} \rho \cdot \cos\varphi \\ \rho \cdot \sin\varphi \end{pmatrix} = \rho \cdot \begin{pmatrix} \cos\varphi \\ \sin\varphi \end{pmatrix}. \tag{4.106}$$

In allgemeiner Notation geht $\vec{x}(x^{1'}, x^{2'}) = x^{1'} \cdot \overrightarrow{e_{1'}} + x^{2'} \cdot \overrightarrow{e_{2'}} = x^{i'} \cdot \overrightarrow{e_{i'}}$ durch Substitution der Koordinaten $x^{i'}$ durch $x^{i'}(x^1, x^2)$ über in

$$\vec{x}(x^1,x^2) = x^{1'}(x^1,x^2) \cdot \overrightarrow{e_{1'}} + x^{2'}(x^1,x^2) \cdot \overrightarrow{e_{2'}} = x^{i'}(x^1,x^2) \cdot \overrightarrow{e_{i'}}. \tag{4.107}$$

Durch die Substitution wurden die kartesischen Koordinaten $x^{i'}$ verändert zu **Koordinatenfunktionen** $x^{i'}(x^1,x^2)$, welche von den Polarkoordinaten abhängig sind.

Da die Koordinatenlinien durch Variieren genau einer Koordinate bei Konstanthalten aller anderen Koordinaten entstehen und die **natürlichen Basisvektoren** $\overrightarrow{g_i}$ tangential zu den Koordinatenlinien verlaufen, ergeben sich die natürlichen Basisvektoren analytisch durch partielle Differentiation des Ortsvektors an der betrachteten Stelle: $\overrightarrow{g_1} = \frac{\partial\vec{x}(x^1,x^2)}{\partial x^1}$ und $\overrightarrow{g_2} = \frac{\partial\vec{x}(x^1,x^2)}{\partial x^2}$.

Im vorliegenden Fall ergibt sich speziell:

$$\overrightarrow{g_1} = \frac{\partial\vec{x}(\rho,\varphi)}{\partial\rho} = \frac{\partial(\rho \cdot \cos\varphi \cdot \overrightarrow{e_{1'}} + \rho \cdot \sin\varphi \cdot \overrightarrow{e_{2'}})}{\partial\rho},$$
$$\overrightarrow{g_2} = \frac{\partial\vec{x}(\rho,\varphi)}{\partial\varphi} = \frac{\partial(\rho \cdot \cos\varphi \cdot \overrightarrow{e_{1'}} + \rho \cdot \sin\varphi \cdot \overrightarrow{e_{2'}})}{\partial\varphi}.$$

Bei der Bildung der partiellen Ableitungen des Ortsvektors nutzen wir aus, dass die Basisvektoren $\overrightarrow{e_{i'}}$ der kartesischen Basis konstant sind (der oben beschriebene Trick zahlt sich bereits aus; würden wir ausschließlich mit den ortsabhängigen natürlichen Basisvektoren arbeiten, dann wäre der hohe Aufwand zu betreiben, den wir in Anhang 3.2 in Ermangelung von Alternativen realisieren mussten):

$$\begin{aligned}
\overrightarrow{g_1} &= \frac{\partial\vec{x}(\rho,\varphi)}{\partial\rho} = \cos\varphi \cdot \overrightarrow{e_{1'}} + \sin\varphi \cdot \overrightarrow{e_{2'}} = \begin{pmatrix} \cos\varphi \\ \sin\varphi \end{pmatrix}, \\
\overrightarrow{g_2} &= \frac{\partial\vec{x}(\rho,\varphi)}{\partial\varphi} = -\rho \cdot \sin\varphi \cdot \overrightarrow{e_{1'}} + \rho \cdot \cos\varphi \cdot \overrightarrow{e_{2'}} \\
&= \begin{pmatrix} -\rho \cdot \sin\varphi \\ \rho \cdot \cos\varphi \end{pmatrix} = \rho \cdot \begin{pmatrix} -\sin\varphi \\ \cos\varphi \end{pmatrix}.
\end{aligned} \tag{4.108}$$

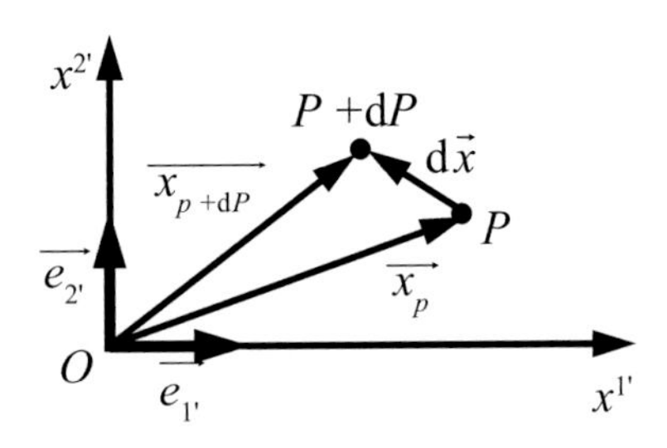

Abb. 4.54 Infinitesimale Umgebung des Punktes P

Eigenschaften der natürlichen Basis:

$$\begin{aligned} \overrightarrow{g_1} \cdot \overrightarrow{g_2} &= (\cos\varphi \cdot \overrightarrow{e_{1'}} + \sin\varphi \cdot \overrightarrow{e_{2'}}) \cdot (-\rho \cdot \sin\varphi \cdot \overrightarrow{e_{1'}} + \rho \cdot \cos\varphi \cdot \overrightarrow{e_{2'}}) = 0, \\ \left|\overrightarrow{g_1}\right| &= \sqrt{\overrightarrow{g_1} \cdot \overrightarrow{g_1}} = \sqrt{\cos^2\varphi + \sin^2\varphi} = 1, \\ \left|\overrightarrow{g_2}\right| &= \sqrt{\overrightarrow{g_2} \cdot \overrightarrow{g_2}} = \rho \cdot \sqrt{(-\sin\varphi)^2 + \cos^2\varphi} = \rho. \end{aligned} \tag{4.109}$$

Die Beträge der Basisvektoren haben wir mithilfe von (4.6) bestimmt.
Ergebnis: $(\overrightarrow{g_1}, \overrightarrow{g_2})$ ist eine **Orthogonalbasis, aber keine Orthonormalbasis**.
In allgemeiner Notation ergibt sich:

$$\overrightarrow{g_i} = \frac{\partial \vec{x}(x^1, x^2)}{\partial x^i}. \tag{4.110}$$

Um den Bezug zu den verwendeten Koordinaten herzustellen, wird zuweilen $\overrightarrow{g_1}$ als $\overrightarrow{g_\rho}$ und $\overrightarrow{g_2}$ als $\overrightarrow{g_\varphi}$ bezeichnet.

(4.108) bietet eine Möglichkeit, den Ortsvektor auch in der natürlichen Basis darzustellen: $\vec{x}(\rho, \varphi) = \rho \cdot \cos\varphi \cdot \overrightarrow{e_{1'}} + \rho \cdot \sin\varphi \cdot \overrightarrow{e_{2'}} = \rho \cdot \overrightarrow{g_\rho}$.

Für die Beschreibung der in Abb. 4.54 veranschaulichten infinitesimalen Umgebung des Punktes P benötigen wir eine **Beziehung für das Differenzial des Ortsvektors**, die sich in Polarkoordinaten aus (4.106), d. h. aus $\vec{x}(\rho, \varphi) = \rho \cdot \cos\varphi \cdot \overrightarrow{e_{1'}} + \rho \cdot \sin\varphi \cdot \overrightarrow{e_{2'}}$, ergibt:

$$\mathrm{d}\vec{x}(\rho, \varphi) = \frac{\partial \vec{x}(\rho, \varphi)}{\partial \rho} \cdot \mathrm{d}\rho + \frac{\partial \vec{x}(\rho, \varphi)}{\partial \varphi} \cdot \mathrm{d}\varphi = \overrightarrow{g_\rho} \cdot \mathrm{d}\rho + \overrightarrow{g_\varphi} \cdot \mathrm{d}\varphi \tag{4.111}$$

$$\begin{aligned} \mathrm{d}\vec{x}(\rho, \varphi) &= (\cos\varphi \cdot \overrightarrow{e_{1'}} + \sin\varphi \cdot \overrightarrow{e_{2'}}) \cdot \mathrm{d}\rho \\ &\quad + (-\rho \cdot \sin\varphi \cdot \overrightarrow{e_{1'}} + \rho \cdot \cos\varphi \cdot \overrightarrow{e_{2'}}) \cdot \mathrm{d}\varphi \\ \mathrm{d}\vec{x}(\rho, \varphi) &= (\cos\varphi \cdot \mathrm{d}\rho - \rho \cdot \sin\varphi \cdot \mathrm{d}\varphi) \cdot \overrightarrow{e_{1'}} \\ &\quad + (\sin\varphi \cdot \mathrm{d}\rho + \rho \cdot \cos\varphi \cdot \mathrm{d}\varphi) \cdot \overrightarrow{e_{2'}} \end{aligned} \tag{4.112}$$

$$d\vec{x}(\rho,\varphi) = \begin{pmatrix} \cos\varphi \cdot d\rho - \rho \cdot \sin\varphi \cdot d\varphi \\ \sin\varphi \cdot d\rho + \rho \cdot \cos\varphi \cdot d\varphi \end{pmatrix}$$

$$d\vec{x}(\rho,\varphi) = \begin{pmatrix} \cos\varphi & -\rho \cdot \sin\varphi \\ \sin\varphi & \rho \cdot \cos\varphi \end{pmatrix} \cdot \begin{pmatrix} d\rho \\ d\varphi \end{pmatrix} \tag{4.113}$$

In allgemeiner Notation ergibt sich:

$$\begin{aligned} d\vec{x}(x^1,x^2) &= \frac{\partial \vec{x}(x^1,x^2)}{\partial x^1} \cdot dx^1 + \frac{\partial \vec{x}(x^1,x^2)}{\partial x^2} \cdot dx^2 \\ &= \overrightarrow{g_1} \cdot dx^1 + \overrightarrow{g_2} \cdot dx^2 \end{aligned} \tag{4.114}$$

bzw.

$$\begin{aligned} d\vec{x}\left(x^1,x^2\right) &= d\left(x^{1'}\left(x^1,x^2\right) \cdot \overrightarrow{e_{1'}} + x^{2'}\left(x^1,x^2\right) \cdot \overrightarrow{e_{2'}}\right) \\ &= d\left(x^{1'}\left(x^1,x^2\right) \cdot \overrightarrow{e_{1'}}\right) + d\left(x^{2'}\left(x^1,x^2\right) \cdot \overrightarrow{e_{2'}}\right) \\ &= \overrightarrow{e_{1'}} \cdot dx^{1'}\left(x^1,x^2\right) + \overrightarrow{e_{2'}} \cdot dx^{2'}\left(x^1,x^2\right) \\ &= \overrightarrow{e_{1'}} \cdot \left(\frac{\partial x^{1'}\left(x^1,x^2\right)}{\partial x^1} \cdot dx^1 + \frac{\partial x^{1'}\left(x^1,x^2\right)}{\partial x^2} \cdot dx^2\right) + \\ &\quad + \overrightarrow{e_{2'}} \cdot \left(\frac{\partial x^{2'}\left(x^1,x^2\right)}{\partial x^1} \cdot dx^1 + \frac{\partial x^{2'}\left(x^1,x^2\right)}{\partial x^2} \cdot dx^2\right) \end{aligned}$$

$$d\vec{x}\left(x^1,x^2\right) = \begin{pmatrix} \dfrac{\partial x^{1'}\left(x^1,x^2\right)}{\partial x^1} \cdot dx^1 + \dfrac{\partial x^{1'}\left(x^1,x^2\right)}{\partial x^2} \cdot dx^2 \\ \dfrac{\partial x^{2'}\left(x^1,x^2\right)}{\partial x^1} \cdot dx^1 + \dfrac{\partial x^{2'}\left(x^1,x^2\right)}{\partial x^2} \cdot dx^2 \end{pmatrix}$$

$$d\vec{x}\left(x^1,x^2\right) = \begin{pmatrix} \dfrac{\partial x^{1'}\left(x^1,x^2\right)}{\partial x^1} & \dfrac{\partial x^{1'}\left(x^1,x^2\right)}{\partial x^2} \\ \dfrac{\partial x^{2'}\left(x^1,x^2\right)}{\partial x^1} & \dfrac{\partial x^{2'}\left(x^1,x^2\right)}{\partial x^2} \end{pmatrix} \cdot \begin{pmatrix} dx^1 \\ dx^2 \end{pmatrix} \tag{4.115}$$

Die **Komponenten des metrischen Tensors** ergeben sich aus der Definition der Komponenten des metrischen Tensors und den Eigenschaften der natürlichen Basis (4.109):

$$\begin{aligned} g_{11} &= \overrightarrow{g_1} \cdot \overrightarrow{g_1} = \left|\overrightarrow{g_1}\right|^2 = 1, \\ g_{22} &= \overrightarrow{g_2} \cdot \overrightarrow{g_2} = \left|\overrightarrow{g_2}\right|^2 = \rho^2, \\ g_{12} &= g_{21} = 0, \quad \text{da} \quad \overrightarrow{g_1} \cdot \overrightarrow{g_2} = \overrightarrow{g_2} \cdot \overrightarrow{g_1} = 0, \end{aligned}$$

$$G = (g_{ij}) = \begin{pmatrix} g_{11} & g_{12} \\ g_{21} & g_{22} \end{pmatrix} = \begin{pmatrix} 1 & 0 \\ 0 & \rho^2 \end{pmatrix}. \tag{4.116}$$

Determinante des metrischen Tensors: $g = \det G = \rho^2$.

Die Komponenten des metrischen Tensors erhalten wir auch aus dem Skalarprodukt des Differenzials des Ortsvektors mit sich selbst. Dazu drücken wir dieses Skalarprodukt sowohl in der kartesischen als auch in der natürlichen Basis aus und nutzen aus, dass die Ergebnisse gleich sein müssen, da das Quadrat eines jeden Vektors nach (4.6) gleich dem Quadrat seines Betrages ist:

$$\begin{aligned} \mathrm{d}\vec{x} \bullet \mathrm{d}\vec{x} &= \big((\cos\varphi \cdot \mathrm{d}\rho - \rho \cdot \sin\varphi \cdot \mathrm{d}\varphi) \cdot \overrightarrow{e_{1'}} + (\sin\varphi \cdot \mathrm{d}\rho + \rho \cdot \cos\varphi \cdot \mathrm{d}\varphi) \cdot \overrightarrow{e_{2'}}\big) \bullet \\ &\quad \bullet \big((\cos\varphi \cdot \mathrm{d}\rho - \rho \cdot \sin\varphi \cdot \mathrm{d}\varphi) \cdot \overrightarrow{e_{1'}} + (\sin\varphi \cdot \mathrm{d}\rho + \rho \cdot \cos\varphi \cdot \mathrm{d}\varphi) \cdot \overrightarrow{e_{2'}}\big) \\ &= \left(\cos^2\varphi \cdot (\mathrm{d}\rho)^2 - 2 \cdot \rho \cdot \sin\varphi \cdot \cos\varphi \cdot \mathrm{d}\rho \cdot \mathrm{d}\varphi + \rho^2 \cdot \sin^2\varphi \cdot (\mathrm{d}\varphi)^2\right) + \\ &\quad + \left(\sin^2\varphi \cdot (\mathrm{d}\rho)^2 + 2 \cdot \rho \cdot \sin\varphi \cdot \cos\varphi \cdot \mathrm{d}\rho \cdot \mathrm{d}\varphi + \rho^2 \cdot \cos^2\varphi \cdot (\mathrm{d}\varphi)^2\right) \\ \mathrm{d}\vec{x} \bullet \mathrm{d}\vec{x} &= 1 \cdot (\mathrm{d}\rho)^2 + \rho^2 \cdot (\mathrm{d}\varphi)^2 \end{aligned}$$

In der Darstellung mit der natürlichen Basis verwenden wir $\overrightarrow{g_1} \bullet \overrightarrow{g_2} = \overrightarrow{g_2} \bullet \overrightarrow{g_1} = 0$:

$$\mathrm{d}\vec{x} \bullet \mathrm{d}\vec{x} = (\overrightarrow{g_1} \cdot \mathrm{d}\rho + \overrightarrow{g_2} \cdot \mathrm{d}\varphi) \bullet (\overrightarrow{g_1} \cdot \mathrm{d}\rho + \overrightarrow{g_2} \cdot \mathrm{d}\varphi) = g_{11} \cdot (\mathrm{d}\rho)^2 + g_{22} \cdot (\mathrm{d}\varphi)^2.$$

Wir haben die Quadrate der Koordinatendifferenziale als $(\mathrm{d}\rho)^2$ bzw. $(\mathrm{d}\varphi)^2$ geschrieben.

In allgemeiner Notation ergibt sich eine nützliche Beziehung für das Skalarpro dukt des Differenzials des Ortsvektors mit sich selbst. Im verallgemeinerbaren Fall von zwei Dimensionen gilt:

$$\begin{aligned} \mathrm{d}\vec{x} \bullet \mathrm{d}\vec{x} &= \overrightarrow{g_i} \cdot \mathrm{d}x^i \bullet \overrightarrow{g_j} \cdot \mathrm{d}x^j = \overrightarrow{g_i} \bullet \overrightarrow{g_j} \cdot \mathrm{d}x^i \cdot \mathrm{d}x^j = g_{ij} \cdot \mathrm{d}x^i \cdot \mathrm{d}x^j \\ &= g_{11} \cdot \left(\mathrm{d}x^1\right)^2 + g_{12} \cdot \mathrm{d}x^1 \cdot \mathrm{d}x^2 + g_{21} \cdot \mathrm{d}x^2 \cdot \mathrm{d}x^1 + g_{22} \cdot \left(\mathrm{d}x^2\right)^2 \end{aligned}$$

$$\mathrm{d}\vec{x} \bullet \mathrm{d}\vec{x} = \begin{pmatrix} \mathrm{d}x^1 & \mathrm{d}x^2 \end{pmatrix} \bullet \begin{pmatrix} g_{11} & g_{12} \\ g_{21} & g_{22} \end{pmatrix} \bullet \begin{pmatrix} \mathrm{d}x^1 \\ \mathrm{d}x^2 \end{pmatrix} = \mathrm{d}\vec{x}^T \bullet G \bullet \mathrm{d}\vec{x} \tag{4.117}$$

Die **Liniendifferenziale** ergeben sich aus den natürlichen Basisvektoren, mit $\overrightarrow{g_1} = \overrightarrow{g_\rho}$ und $\overrightarrow{g_2} = \overrightarrow{g_\varphi}$ gilt:

$$\begin{aligned} \mathrm{d}\overrightarrow{x_\rho} &= \overrightarrow{g_\rho} \cdot \mathrm{d}\rho = (\cos\varphi \cdot \overrightarrow{e_{1'}} + \sin\varphi \cdot \overrightarrow{e_{2'}}) \cdot \mathrm{d}\rho = \cos\varphi \cdot \mathrm{d}\rho \cdot \overrightarrow{e_{1'}} + \sin\varphi \cdot \mathrm{d}\rho \cdot \overrightarrow{e_{2'}}, \\ \mathrm{d}\overrightarrow{x_\varphi} &= \overrightarrow{g_\varphi} \cdot \mathrm{d}\varphi = -\rho \cdot \sin\varphi \cdot \mathrm{d}\varphi \cdot \overrightarrow{e_{1'}} + \rho \cdot \cos\varphi \cdot \mathrm{d}\varphi \cdot \overrightarrow{e_{2'}}. \end{aligned} \tag{4.118}$$

Das **Flächendifferenzial** ergibt sich als Betrag des Vektorprodukts der Liniendifferenziale. Damit wir das Vektorprodukt bilden können, erweitern wir die Vektoren um eine zusätzliche Koordinate, die wir jeweils null setzen:

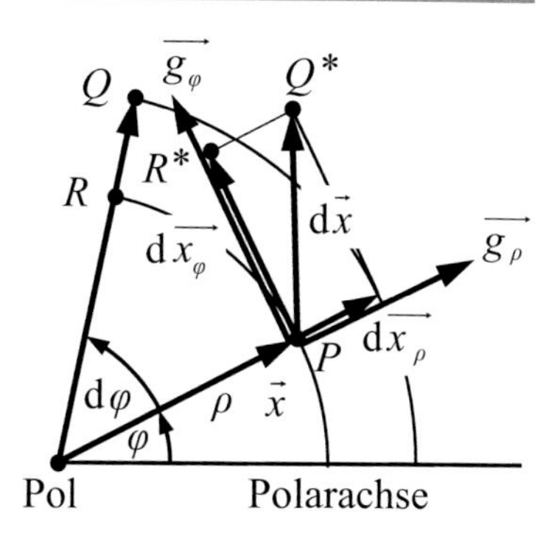

Abb. 4.55 Geometrische Interpretation der Differenziale

$$\mathrm{d}\,A' = \mathrm{abs}\,\left(\overrightarrow{g_\rho}\cdot\mathrm{d}\,\rho\times\overrightarrow{g_\varphi}\cdot\mathrm{d}\,\varphi\right) = \mathrm{abs}\left(\begin{pmatrix}\cos\varphi\cdot\mathrm{d}\,\rho\\ \sin\varphi\cdot\mathrm{d}\,\rho\\ 0\end{pmatrix}\times\begin{pmatrix}-\rho\cdot\sin\varphi\cdot\mathrm{d}\,\varphi\\ \rho\cdot\cos\varphi\cdot\mathrm{d}\,\varphi\\ 0\end{pmatrix}\right)$$

$$= \mathrm{abs}\begin{pmatrix}0\\0\\ \rho\cdot\cos^2\varphi\cdot\mathrm{d}\,\rho\cdot\mathrm{d}\,\varphi+\rho\cdot\sin^2\varphi\cdot\mathrm{d}\,\rho\cdot\mathrm{d}\,\varphi\end{pmatrix} = \mathrm{abs}\begin{pmatrix}0\\0\\ \rho\cdot\mathrm{d}\,\rho\cdot\mathrm{d}\,\varphi\end{pmatrix}$$

$$\mathrm{d}\,A' = \rho\cdot\mathrm{d}\,\rho\cdot\mathrm{d}\,\varphi \tag{4.119}$$

Mithilfe der Abb. 4.55 verdeutlichen wir die Beziehungen für die Differenziale anhand einer **geometrischen Interpretation**:

Aus dem Übergang von einem Punkt $P(\rho\,|\varphi)$ in den differenziell benachbarten Punkt $Q(\rho+\mathrm{d}\,\rho\,|\varphi+\mathrm{d}\,\varphi)$ ergeben sich das Differenzial des Ortsvektors $\mathrm{d}\,\vec{x}$ und der differenzielle Flächeninhalt $\mathrm{d}\,A'$.

Die Zerlegung des Differenzials $\mathrm{d}\,\vec{x}$ des Ortsvektors in die Liniendifferenziale $\mathrm{d}\,\overrightarrow{x_\rho}$ und $\mathrm{d}\,\overrightarrow{x_\varphi}$ in Richtung der natürlichen Basisvektoren führt dazu, dass wir den Zielpunkt Q nicht exakt erreichen, sondern einen Punkt Q^*, der sich bei differenziellen Änderungen $\mathrm{d}\,\rho$ und $\mathrm{d}\,\varphi$ allerdings „sehr nah" am Zielpunkt befindet. In der Rechnung nähern wir den Bogen $\widehat{PR}$ durch $\left|\mathrm{d}\,\overrightarrow{x_\varphi}\right|$ an:

$$\mathrm{d}\,\vec{x} = \mathrm{d}\,\overrightarrow{x_\rho}+\mathrm{d}\,\overrightarrow{x_\varphi} = \overrightarrow{g_\rho}\cdot\mathrm{d}\,\rho+\overrightarrow{g_\varphi}\cdot\mathrm{d}\,\varphi$$

$$\left|\mathrm{d}\,\overrightarrow{x_\rho}\right| = \mathrm{d}\,\rho$$

$$\left|\mathrm{d}\,\overrightarrow{x_\rho}\right| = \left|\overrightarrow{g_\rho}\cdot\mathrm{d}\,\rho\right| = \left|\overrightarrow{g_\rho}\right|\cdot\mathrm{d}\,\rho \Rightarrow \left|\overrightarrow{g_\rho}\right| = 1$$

$$\mathrm{d}\varphi = \frac{\widehat{PR}}{\rho} = \frac{\left|\mathrm{d}\overrightarrow{x_\varphi}\right|}{\rho} \Rightarrow \left|\mathrm{d}\overrightarrow{x_\varphi}\right| = \rho\cdot\mathrm{d}\varphi$$

$$\left|\mathrm{d}\overrightarrow{x_\varphi}\right| = \left|\overrightarrow{g_\varphi}\cdot\mathrm{d}\varphi\right| = \left|\overrightarrow{g_\varphi}\right|\cdot\mathrm{d}\varphi \Rightarrow \left|\overrightarrow{g_\varphi}\right| = \rho$$

$$\mathrm{d}\,A' = \left|\mathrm{d}\,\overrightarrow{x_\rho}\right|\cdot\left|\mathrm{d}\,\overrightarrow{x_\varphi}\right|$$

$$\mathrm{d}\,A' = \rho\cdot\mathrm{d}\,\rho\cdot\mathrm{d}\,\varphi$$

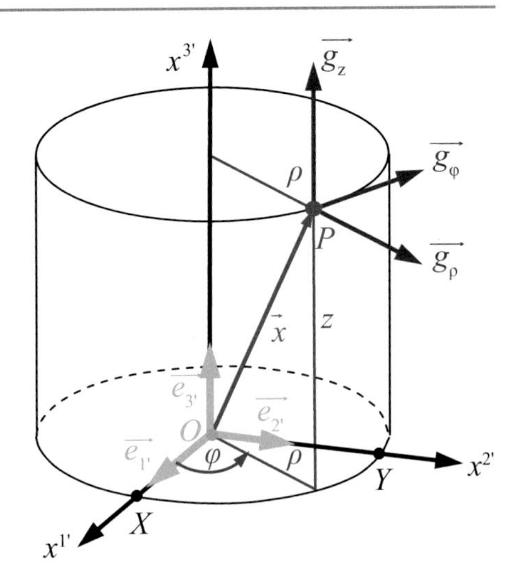

Abb. 4.56 Zylinderkoordinaten und kartesische Koordinaten

Die folgenden Koordinatentransformationen beim Wechsel zwischen Zylinder- bzw. Kugelkoordinaten und kartesischen Koordinaten können analog zu den soeben betrachteten Koordinatentransformationen durchgeführt werden. Deshalb fassen wir uns kürzer als in diesem einleitenden Abschnitt.

Transformation der Koordinaten beim Wechsel zwischen Zylinderkoordinaten und kartesischen Koordinaten
Wir ordnen das Zylinderkoordinatensystem und das kartesische Koordinatensystem so an, wie in Abb. 4.56 angegeben:

Ortsvektor in kartesischen Koordinaten:

$$\vec{x}(x, y, z) = x \cdot \overrightarrow{e_{1'}} + y \cdot \overrightarrow{e_{2'}} + z \cdot \overrightarrow{e_{3'}}.$$

Koordinatentransformationen:

- von Zylinderkoordinaten zu kartesischen Koordinaten

$$\begin{aligned} x &= \rho \cdot \cos\varphi, \\ y &= \rho \cdot \sin\varphi, \\ z &= z, \end{aligned} \tag{4.120}$$

- von kartesischen Koordinaten zu Zylinderkoordinaten

$$\begin{aligned} \rho &= \sqrt{x^2 + y^2}, \\ \varphi &= \arccos\frac{x}{\sqrt{x^2 + y^2}} = \arcsin\frac{y}{\sqrt{x^2 + y^2}} = \arctan\frac{y}{x}. \end{aligned} \tag{4.121}$$

Ortsvektor mit krummlinigen Koordinaten (Mischform):

$$\vec{x}(\rho, \varphi, z) = \rho \cdot \cos\varphi \cdot \overrightarrow{e_{1'}} + \rho \cdot \sin\varphi \cdot \overrightarrow{e_{2'}} + z \cdot \overrightarrow{e_{3'}} \tag{4.122}$$

Differenzial des Ortsvektors und natürliche Basisvektoren:

$$\mathrm{d}\,\vec{x}(\rho,\varphi,z) = \frac{\partial\vec{x}}{\partial\rho}\cdot\mathrm{d}\,\rho + \frac{\partial\vec{x}}{\partial\varphi}\cdot\mathrm{d}\,\varphi + \frac{\partial\vec{x}}{\partial z}\cdot\mathrm{d}z = \overrightarrow{g_\rho}\cdot\mathrm{d}\,\rho + \overrightarrow{g_\varphi}\cdot\mathrm{d}\,\varphi + \overrightarrow{g_z}\cdot\mathrm{d}z$$

ergibt mit (4.122):

$$\begin{aligned}\mathrm{d}\,\vec{x}(\rho,\varphi,z) &= (\cos\varphi\cdot\mathrm{d}\,\rho - \rho\cdot\sin\varphi\cdot\mathrm{d}\,\varphi)\cdot\overrightarrow{e_{1'}} \\ &\quad + (\sin\varphi\cdot\mathrm{d}\,\rho + \rho\cdot\cos\varphi\cdot\mathrm{d}\,\varphi)\cdot\overrightarrow{e_{2'}} + \mathrm{d}z\cdot\overrightarrow{e_{3'}} \\ \mathrm{d}\,\vec{x}(\rho,\varphi,z) &= \begin{pmatrix}\cos\varphi\cdot\mathrm{d}\,\rho - \rho\cdot\sin\varphi\cdot\mathrm{d}\,\varphi \\ \sin\varphi\cdot\mathrm{d}\,\rho + \rho\cdot\cos\varphi\cdot\mathrm{d}\,\varphi \\ \mathrm{d}z\end{pmatrix}\end{aligned}$$

$$\mathrm{d}\,\vec{x}(\rho,\varphi,z) = \begin{pmatrix}\cos\varphi & -\rho\cdot\sin\varphi & 0 \\ \sin\varphi & \rho\cdot\cos\varphi & 0 \\ 0 & 0 & 1\end{pmatrix}\cdot\begin{pmatrix}\mathrm{d}\,\rho \\ \mathrm{d}\,\varphi \\ \mathrm{d}z\end{pmatrix} \tag{4.123}$$

$$\overrightarrow{g_1} = \overrightarrow{g_\rho} = \frac{\partial\vec{x}(\rho,\varphi,z)}{\partial\rho} = \cos\varphi\cdot\overrightarrow{e_{1'}} + \sin\varphi\cdot\overrightarrow{e_{2'}} = \begin{pmatrix}\cos\varphi \\ \sin\varphi \\ 0\end{pmatrix}$$

$$\begin{aligned}\overrightarrow{g_2} = \overrightarrow{g_\varphi} &= \frac{\partial\vec{x}(\rho,\varphi,z)}{\partial\varphi} = -\rho\cdot\sin\varphi\cdot\overrightarrow{e_{1'}} + \rho\cdot\cos\varphi\cdot\overrightarrow{e_{2'}} \\ &= \begin{pmatrix}-\rho\cdot\sin\varphi \\ \rho\cdot\cos\varphi \\ 0\end{pmatrix} = \rho\cdot\begin{pmatrix}-\sin\varphi \\ \cos\varphi \\ 0\end{pmatrix}\end{aligned}$$

$$\overrightarrow{g_3} = \overrightarrow{g_z} = \frac{\delta\vec{x}(\rho,\varphi,z)}{\delta z} = \overrightarrow{e_{3'}}, = \begin{pmatrix}0 \\ 0 \\ 1\end{pmatrix}$$

Eigenschaften der natürlichen Basis:

$$\begin{aligned}|\overrightarrow{g_1}| &= |\overrightarrow{g_\rho}| = \sqrt{\cos^2\varphi + \sin^2\varphi} = 1, \\ |\overrightarrow{g_2}| &= |\overrightarrow{g_\varphi}| = \rho\cdot\sqrt{(-\sin\varphi)^2 + \cos^2\varphi} = \rho, \\ |\overrightarrow{g_3}| &= |\overrightarrow{g_z}| = 1.\end{aligned}$$

Ergebnis: $(\overrightarrow{g_\rho}, \overrightarrow{g_\varphi}, \overrightarrow{g_z})$ ist eine **Orthogonalbasis, aber keine Orthonormalbasis**.

Darstellung des Ortsvektors in der kartesischen und in der natürlichen Basis:

$$\vec{x}(\rho,\varphi,z) = \rho\cdot\cos\varphi\cdot\overrightarrow{e_{1'}} + \rho\cdot\sin\varphi\cdot\overrightarrow{e_{2'}} + z\cdot\overrightarrow{e_{3'}} = \rho\cdot\overrightarrow{g_\rho} + z\cdot\overrightarrow{g_z}.$$

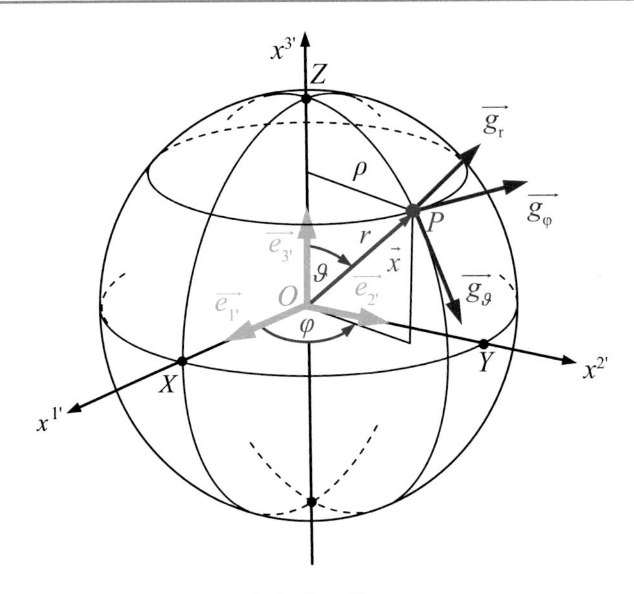

Abb. 4.57 Kugelkoordinaten und kartesische Koordinaten

Metrischer Tensor G:

Die Komponenten des metrischen Tensors ergeben sich aus dem Differenzial des Ortsvektors oder aus der natürlichen Basis:

$$g_{11} = \overrightarrow{g_1} \cdot \overrightarrow{g_1} = 1\ ;\ g_{22} = \overrightarrow{g_2} \cdot \overrightarrow{g_2} = \rho^2;\ g_{33} = \overrightarrow{g_3} \cdot \overrightarrow{g_3} = 1;\ \text{ sonst } g_{ij} = 0,$$

$$G = (g_{ij}) = \begin{pmatrix} 1 & 0 & 0 \\ 0 & \rho^2 & 0 \\ 0 & 0 & 1 \end{pmatrix} \tag{4.124}$$

Determinante des metrischen Tensors: $g = \det G = \rho^2$.

Transformation der Koordinaten beim Wechsel zwischen Kugelkoordinaten und kartesischen Koordinaten

Wir ordnen das Kugelkoordinatensystem und das kartesische Koordinatensystem so an, wie in Abb. 4.57 angegeben:

Ortsvektor in kartesischen Koordinaten:

$$\vec{x}(x, y, z) = x \cdot \overrightarrow{e_{1'}} + y \cdot \overrightarrow{e_{2'}} + z \cdot \overrightarrow{e_{3'}} \quad \text{mit} \quad \rho = \sqrt{x^2 + y^2}$$

Koordinatentransformationen:

- von Kugelkoordinaten zu kartesischen Koordinaten

$$\begin{aligned} x &= r \cdot \sin\vartheta \cdot \cos\varphi \quad \text{mit} \quad \rho = r \cdot \sin\vartheta \\ y &= r \cdot \sin\vartheta \cdot \sin\varphi \\ z &= r \cdot \cos\vartheta \end{aligned} \tag{4.125}$$

- von kartesischen Koordinaten zu Kugelkoordinaten

$$\begin{aligned} r &= \sqrt{x^2 + y^2 + z^2} \qquad \left(\rho = \sqrt{x^2 + y^2}\right) \\ \vartheta &= \arccos \frac{z}{\sqrt{x^2 + y^2 + z^2}} \\ \varphi &= \arctan \frac{y}{x} \end{aligned} \tag{4.126}$$

Ortsvektor mit krummlinigen Koordinaten (Mischform):

$$\vec{x}(r, \vartheta, \varphi) = r \cdot \sin\vartheta \cdot \cos\varphi \cdot \overrightarrow{e_{1'}} + r \cdot \sin\vartheta \cdot \sin\varphi \cdot \overrightarrow{e_{2'}} + r \cdot \cos\vartheta \cdot \overrightarrow{e_{3'}} \tag{4.127}$$

Differenzial des Ortsvektors $\mathrm{d}\,\vec{x}$ und natürliche Basisvektoren:

$$\mathrm{d}\,\vec{x}(r, \vartheta, \varphi) = \frac{\partial \vec{x}}{\partial r} \cdot \mathrm{d}r + \frac{\partial \vec{x}}{\partial \vartheta} \cdot \mathrm{d}\,\vartheta + \frac{\partial \vec{x}}{\partial \varphi} \cdot \mathrm{d}\,\varphi = \overrightarrow{g_r} \cdot \mathrm{d}r + \overrightarrow{g_\vartheta} \cdot \mathrm{d}\,\vartheta + \overrightarrow{g_\varphi} \cdot \mathrm{d}\,\varphi$$

ergibt mit (4.127):

$$\begin{aligned} \mathrm{d}\,\vec{x}(r, \vartheta, \varphi) = {} & (\sin\vartheta \cdot \cos\varphi \cdot \mathrm{d}r + r \cdot \cos\vartheta \cdot \cos\varphi \cdot \mathrm{d}\,\vartheta - r \cdot \sin\vartheta \cdot \sin\varphi \cdot \mathrm{d}\,\varphi) \cdot \overrightarrow{e_{1'}} + \\ & + (\sin\vartheta \cdot \sin\varphi \cdot \mathrm{d}r + r \cdot \cos\vartheta \cdot \sin\varphi \cdot \mathrm{d}\,\vartheta + r \cdot \sin\vartheta \cdot \cos\varphi \cdot \mathrm{d}\,\varphi) \cdot \overrightarrow{e_{2'}} + \\ & + (\cos\vartheta \cdot \mathrm{d}r - r \cdot \sin\vartheta \cdot \mathrm{d}\,\vartheta) \cdot \overrightarrow{e_{3'}} \end{aligned}$$

$$\mathrm{d}\,\vec{x}(r, \vartheta, \varphi) = \begin{pmatrix} \sin\vartheta \cdot \cos\varphi \cdot \mathrm{d}r + r \cdot \cos\vartheta \cdot \cos\varphi \cdot \mathrm{d}\,\vartheta - r \cdot \sin\vartheta \cdot \sin\varphi \cdot \mathrm{d}\,\varphi \\ \sin\vartheta \cdot \sin\varphi \cdot \mathrm{d}r + r \cdot \cos\vartheta \cdot \sin\varphi \cdot \mathrm{d}\,\vartheta + r \cdot \sin\vartheta \cdot \cos\varphi \cdot \mathrm{d}\,\varphi \\ \cos\vartheta \cdot \mathrm{d}r - r \cdot \sin\vartheta \cdot \mathrm{d}\,\vartheta \end{pmatrix}$$

$$\mathrm{d}\,\vec{x}(r, \vartheta, \varphi) = \begin{pmatrix} \sin\vartheta \cdot \cos\varphi & r \cdot \cos\vartheta \cdot \cos\varphi & -r \cdot \sin\vartheta \cdot \sin\varphi \\ \sin\vartheta \cdot \sin\varphi & r \cdot \cos\vartheta \cdot \sin\varphi & r \cdot \sin\vartheta \cdot \cos\varphi \\ \cos\vartheta & -r \cdot \sin\vartheta & 0 \end{pmatrix} \cdot \begin{pmatrix} \mathrm{d}r \\ \mathrm{d}\,\vartheta \\ \mathrm{d}\,\varphi \end{pmatrix} \tag{4.128}$$

$$\overrightarrow{g_1} = \overrightarrow{g_r} = \frac{\partial \vec{x}(r,\vartheta,\varphi)}{\partial r}$$

$$= \sin\vartheta \cdot \cos\varphi \cdot \overrightarrow{e_{1'}} + \sin\vartheta \cdot \sin\varphi \cdot \overrightarrow{e_{2'}} + \cos\vartheta \cdot \overrightarrow{e_{3'}} = \begin{pmatrix} \sin\vartheta \cdot \cos\varphi \\ \sin\vartheta \cdot \sin\varphi \\ \cos\vartheta \end{pmatrix}$$

$$\overrightarrow{g_2} = \overrightarrow{g_\vartheta} = \frac{\partial \vec{x}(r,\vartheta,\varphi)}{\partial \vartheta} = r \cdot \cos\vartheta \cdot \cos\varphi \cdot \overrightarrow{e_{1'}}$$

$$+ r \cdot \cos\vartheta \cdot \sin\varphi \cdot \overrightarrow{e_{2'}} - r \cdot \sin\vartheta \cdot \overrightarrow{e_{3'}} = \begin{pmatrix} r \cdot \cos\vartheta \cdot \cos\varphi \\ r \cdot \cos\vartheta \cdot \sin\varphi \\ -r \cdot \sin\vartheta \end{pmatrix}$$

$$\overrightarrow{g_3} = \overrightarrow{g_\varphi} = \frac{\partial \vec{x}(r,\vartheta,\varphi)}{\partial \varphi}$$

$$= -r \cdot \sin\vartheta \cdot \sin\varphi \cdot \overrightarrow{e_{1'}} + r \cdot \sin\vartheta \cdot \cos\varphi \cdot \overrightarrow{e_{2'}} = \begin{pmatrix} -r \cdot \sin\vartheta \cdot \sin\varphi \\ r \cdot \sin\vartheta \cdot \cos\varphi \\ 0 \end{pmatrix}$$

Eigenschaften der natürlichen Basis:

$$|\overrightarrow{g_1}| = |\overrightarrow{g_r}| = \sqrt{\sin^2\vartheta \cdot (\cos^2\varphi + \sin^2\varphi) + \cos^2\vartheta} = 1,$$

$$|\overrightarrow{g_2}| = |\overrightarrow{g_\vartheta}| = r \cdot \sqrt{\cos^2\vartheta \cdot (\cos^2\varphi + \sin^2\varphi) + (-\sin^2\vartheta)} = r,$$

$$|\overrightarrow{g_3}| = |\overrightarrow{g_\varphi}| = r \cdot \sqrt{\sin^2\vartheta \cdot (\sin^2\varphi + \cos^2\varphi)} = r \cdot |\sin\vartheta| = r \cdot \sin\vartheta, \text{ da } 0 < \vartheta < \pi.$$

Ergebnis: $(\overrightarrow{g_r}, \overrightarrow{g_\vartheta}, \overrightarrow{g_\varphi})$ ist eine **Orthogonalbasis, aber keine Orthonormalbasis**.

Darstellung des Ortsvektors in der kartesischen und in der natürlichen Basis:

$$\vec{x}(r,\vartheta,\varphi) = r \cdot \sin\vartheta \cdot \cos\varphi \cdot \overrightarrow{e_{1'}} + r \cdot \sin\vartheta \cdot \sin\varphi \cdot \overrightarrow{e_{2'}} + r \cdot \cos\vartheta \cdot \overrightarrow{e_{3'}} = r \cdot \overrightarrow{g_r}.$$

Metrischer Tensor G:

Die Komponenten des metrischen Tensors ergeben sich aus dem Differenzial des Ortsvektors oder aus der natürlichen Basis:

$$\begin{aligned} g_{11} &= \overrightarrow{g_1} \cdot \overrightarrow{g_1} = \sin^2\vartheta \cdot \cos^2\varphi + \sin^2\vartheta \cdot \sin^2\varphi + \cos^2\vartheta \\ &= \sin^2\vartheta \cdot (\cos^2\varphi + \sin^2\varphi) + \cos^2\vartheta = 1 \\ g_{22} &= \overrightarrow{g_2} \cdot \overrightarrow{g_2} = r^2 \cdot \cos^2\vartheta \cdot \cos^2\varphi + r^2 \cdot \cos^2\vartheta \cdot \sin^2\varphi + r^2 \cdot \sin^2\vartheta \\ &= r^2 \cdot (\cos^2\vartheta \cdot (\cos^2\varphi + \sin^2\varphi) + \sin^2\vartheta) = r^2, \\ g_{33} &= \overrightarrow{g_3} \cdot \overrightarrow{g_3} = r^2 \cdot \sin^2\vartheta \cdot \sin^2\varphi + r^2 \cdot \sin^2\vartheta \cdot \cos^2\varphi \\ &= r^2 \cdot \sin^2\vartheta \cdot (\sin^2\varphi + \cos^2\varphi) \\ &= r^2 \cdot \sin^2\vartheta, \end{aligned}$$

sonst $g_{ij} = 0$,

$$G = (g_{ij}) = \begin{pmatrix} 1 & 0 & 0 \\ 0 & r^2 & 0 \\ 0 & 0 & r^2 \cdot \sin^2\vartheta \end{pmatrix}. \tag{4.129}$$

Determinante des metrischen Tensors: $g = \det G = r^4 \cdot \sin^2\vartheta$.

Zusammenfassung

Natürliche Basisvektoren: $\overrightarrow{g_i} = \frac{\partial\vec{x}(x^1,x^2)}{\partial x^i}$

Transformation zwischen Polarkoordinaten und kartesischen Koordinaten: $x = \rho \cdot \cos\varphi$ und $y = \rho \cdot \sin\varphi$

Ortsvektor (Mischform): $\vec{x}(\rho,\varphi) = \rho \cdot \cos\varphi \cdot \overrightarrow{e_{1'}} + \rho \cdot \sin\varphi \cdot \overrightarrow{e_{2'}}$

Differenzial des Ortsvektors: $\mathrm{d}\,\vec{x}(\rho,\varphi) = \begin{pmatrix} \cos\varphi & -\rho \cdot \sin\varphi \\ \sin\varphi & \rho \cdot \cos\varphi \end{pmatrix} \cdot \begin{pmatrix} \mathrm{d}\,\rho \\ \mathrm{d}\,\varphi \end{pmatrix}$

metrischer Tensor: $G = (g_{ij}) = \begin{pmatrix} 1 & 0 \\ 0 & \rho^2 \end{pmatrix}$

Transformation zwischen Zylinderkoordinaten und kartesischen Koordinaten:

$$x = \rho \cdot \cos\varphi$$
$$y = \rho \cdot \sin\varphi$$
$$z = z$$

Ortsvektor (Mischform):

$$\vec{x}(\rho,\varphi,z) = \rho \cdot \cos\varphi \cdot \overrightarrow{e_{1'}} + \rho \cdot \sin\varphi \cdot \overrightarrow{e_{2'}} + z \cdot \overrightarrow{e_{3'}}$$

Differenzial des Ortsvektors: $\mathrm{d}\,\vec{x}(\rho,\varphi,z) = \begin{pmatrix} \cos\varphi & -\rho \cdot \sin\varphi & 0 \\ \sin\varphi & \rho \cdot \cos\varphi & 0 \\ 0 & 0 & 1 \end{pmatrix} \cdot \begin{pmatrix} \mathrm{d}\,\rho \\ \mathrm{d}\,\varphi \\ \mathrm{d}z \end{pmatrix}$

metrischer Tensor: $G = (g_{ij}) = \begin{pmatrix} 1 & 0 & 0 \\ 0 & \rho^2 & 0 \\ 0 & 0 & 1 \end{pmatrix}$

Transformation zwischen Kugelkoordinaten und kartesischen Koordinaten:

$$x = r \cdot \sin\vartheta \cdot \cos\varphi \qquad \text{mit } \rho = \sqrt{x^2 + y^2} = r \cdot \sin\vartheta$$
$$y = r \cdot \sin\vartheta \cdot \sin\varphi$$
$$z = r \cdot \cos\vartheta$$

Ortsvektor (Mischform):
$\vec{x}(r,\vartheta,\varphi) = r\cdot\sin\vartheta\cdot\cos\varphi\cdot\overrightarrow{e_{1'}} + r\cdot\sin\vartheta\cdot\sin\varphi\cdot\overrightarrow{e_{2'}} + r\cdot\cos\vartheta\cdot\overrightarrow{e_{3'}}$
Differenzial des Ortsvektors:

$$\mathrm{d}\,\vec{x}(r,\vartheta,\varphi) = \begin{pmatrix} \sin\vartheta\cdot\cos\varphi & r\cdot\cos\vartheta\cdot\cos\varphi & -r\cdot\sin\vartheta\cdot\sin\varphi \\ \sin\vartheta\cdot\sin\varphi & r\cdot\cos\vartheta\cdot\sin\varphi & r\cdot\sin\vartheta\cdot\cos\varphi \\ \cos\vartheta & -r\cdot\sin\vartheta & 0 \end{pmatrix} \cdot \begin{pmatrix} \mathrm{d}r \\ \mathrm{d}\vartheta \\ \mathrm{d}\varphi \end{pmatrix}$$

$$\text{metrischer Tensor: } G = (g_{ij}) = \begin{pmatrix} 1 & 0 & 0 \\ 0 & r^2 & 0 \\ 0 & 0 & r^2\cdot\sin^2\vartheta \end{pmatrix}$$

4.2.4 Verwendung allgemeiner Koordinaten

Charakterisierung allgemeiner Koordinaten
In diesem Abschnitt erweitern wir unsere Kenntnisse über Vektoren, die wir bisher in affinen Koordinatensystemen sowie in Polar-, Zylinder- und Kugelkoordinatensystemen beschrieben haben, durch folgende Verallgemeinerungen:

- Wir betrachten beliebige ***N*-dimensionale Vektoren**. Höhere Dimensionen als drei können wir uns zwar nicht anschaulich vorstellen, doch wir können Berechnungen in derartigen Räumen ausführen (lediglich für grafische Darstellungen verwenden wir zweidimensionale Vektoren).
- Bei Verwendung affiner (und damit auch kartesischer) Koordinatensysteme können wir eine globale Basis und für jeden Punkt einen Ortsvektor angeben. Dabei besitzen der Punkt und der zugehörige Ortsvektor die gleichen Koordinaten bezüglich der verwendeten Basis. Diese Koordinaten können als Koeffizienten der Zerlegung des Ortsvektors in eine Linearkombination aus den globalen Basisvektoren interpretiert werden.
  Die Einführung krummliniger Koordinatensysteme erfordert die Aufgabe des Konzepts einer globalen Basis, da sich lediglich ortsabhängige lokale Basen definieren lassen. Die Koordinaten der Punkte werden nach einer spezifischen Messvorschrift ermittelt. Bei der Verwendung von Polar-, Zylinder- und Kugelkoordinatensystemen konnten wir dennoch mit Ortsvektoren arbeiten, da wir jeweils zusätzlich ein kartesisches Koordinatensystem eingeführt und entsprechende Transformationsbeziehungen erarbeitet hatten.
  Jetzt verallgemeinern wir das Vorgehen, indem wir von der Art der Bestimmung der Koordinaten abstrahieren und darauf vertrauen, dass es eine Messvorschrift gibt, die jedem Punkt des Raumes auf eindeutige Weise ein N-Tupel von Zahlen

zuordnet und umgekehrt. Diese Zahlen betrachten wir als Koordinaten des Punktes. Werden unterschiedliche Messvorschriften M und M' benutzt, dann werden dem gleichen Punkt verschiedene Koordinaten zugeordnet, die bei Erfordernis ineinander umgerechnet werden müssen. Wir bestimmen allgemeine Beziehungen für die **Transformation der Koordinaten von Punkten**. Dabei verwenden wir **Koordinatenvektoren**, da im allgemeinen Fall keine Ortsvektoren mehr definiert werden können.

- Die erarbeiteten Ergebnisse für die Transformation der Koordinaten von Punkten übertragen wir auf die **Transformation der Koordinaten beliebiger Vektoren**, insbesondere auf die Koordinaten von Vektoren der Physik.

Bei unseren Überlegungen greifen wir auf die ausführlichen Darstellungen und Verallgemeinerungen des Abschn. 4.2.3 zurück, wie wir das dort angekündigt haben.

Transformation zwischen allgemeinen Punktkoordinaten

Aus den Koordinaten eines Punktes P, die nach zwei unterschiedlichen Messvorschriften M und M' ermittelt wurden, bilden wir die Koordinatenvektoren

$$\begin{pmatrix} x^1 \\ \vdots \\ x^N \end{pmatrix}_M \quad \text{bzw.} \quad \begin{pmatrix} x^{1'} \\ \vdots \\ x^{N'} \end{pmatrix}_{M'} .$$

Im Folgenden verzichten wir auf die Angabe der Messvorschriften, da sich die Koordinaten wegen ihrer unterschiedlichen Bezeichnung unterscheiden lassen.

Analog zu Abschn. 4.2.3 drücken wir die Koordinaten $x^{i'}$ durch **Koordinatenfunktionen** in x^i, d. h. in der Form $x^{i'} = x^{i'}(x^1, \ldots, x^N)$ aus:

$$\begin{pmatrix} x^{1'} \\ \vdots \\ x^{N'} \end{pmatrix} \to \begin{pmatrix} x^{1'}\left(x^1, \ldots, x^N\right) \\ \vdots \\ x^{N'}\left(x^1, \ldots, x^N\right) \end{pmatrix}. \tag{4.130}$$

Der Koordinatenvektor (4.130) besitzt eine Form, welche analog zu (4.110) die Bestimmung der **Vektoren der natürlichen Basis** ermöglicht:

$$\overrightarrow{g_i} = \frac{\partial}{\partial x^i} \begin{pmatrix} x^{1'}\left(x^1, \ldots, x^N\right) \\ \vdots \\ x^{N'}\left(x^1, \ldots, x^N\right) \end{pmatrix} = \begin{pmatrix} \dfrac{\partial x^{1'}\left(x^1, \ldots, x^N\right)}{\partial x^i} \\ \vdots \\ \dfrac{\partial x^{N'}\left(x^1, \ldots, x^N\right)}{\partial x^i} \end{pmatrix}. \tag{4.131}$$

Analog zu (4.115) können wir das **Differenzial des Koordinatenvektors** bestimmen:

$$\mathrm{d}\begin{pmatrix} x^{1'}\left(x^1,\ldots,x^N\right) \\ \vdots \\ x^{N'}\left(x^1,\ldots,x^N\right) \end{pmatrix} = \begin{pmatrix} \mathrm{d}x^{1'}\left(x^1,\ldots,x^N\right) \\ \vdots \\ \mathrm{d}x^{N'}\left(x^1,\ldots,x^N\right) \end{pmatrix}$$

$$\begin{pmatrix} \mathrm{d}x^{1'}\left(x^1,\ldots,x^N\right) \\ \vdots \\ \mathrm{d}x^{N'}\left(x^1,\ldots,x^N\right) \end{pmatrix} =$$

$$\begin{pmatrix} \frac{\partial x^{1'}\left(x^1,\ldots,x^N\right)}{\partial x^1}\cdot \mathrm{d}x^1+\ldots+\frac{\partial x^{1'}\left(x^1,\ldots,x^N\right)}{\partial x^N}\cdot \mathrm{d}x^N \\ \vdots \\ \frac{\partial x^{N'}\left(x^1,\ldots,x^N\right)}{\partial x^1}\cdot \mathrm{d}x^1+\ldots+\frac{\partial x^{N'}\left(x^1,\ldots,x^N\right)}{\partial x^N}\cdot \mathrm{d}x^N \end{pmatrix}$$

$$\begin{pmatrix} \mathrm{d}x^{1'} \\ \vdots \\ \mathrm{d}x^{N'} \end{pmatrix} = \begin{pmatrix} \frac{\partial x^{1'}\left(x^1,\ldots,x^N\right)}{\partial x^1} & \cdots & \frac{\partial x^{1'}\left(x^1,\ldots,x^N\right)}{\partial x^N} \\ \vdots & \ddots & \vdots \\ \frac{\partial x^{N'}\left(x^1,\ldots,x^N\right)}{\partial x^1} & \cdots & \frac{\partial x^{N'}\left(x^1,\ldots,x^N\right)}{\partial x^N} \end{pmatrix} \cdot \begin{pmatrix} \mathrm{d}x^1 \\ \vdots \\ \mathrm{d}x^N \end{pmatrix} \quad (4.132)$$

Werden umgekehrt die Koordinaten x^i durch Koordinatenfunktionen in $x^{i'}$, d. h. in der Form $x^i = x^i(x^{1'},\ldots,x^{N'})$ ausgedrückt, dann ergibt sich analog:

$$\begin{pmatrix} \mathrm{d}x^{1} \\ \vdots \\ \mathrm{d}x^{N} \end{pmatrix} = \begin{pmatrix} \frac{\partial x^{1}\left(x^{1'},\ldots,x^{N'}\right)}{\partial x^{1'}} & \cdots & \frac{\partial x^{1}\left(x^{1'},\ldots,x^{N'}\right)}{\partial x^{N'}} \\ \vdots & \ddots & \vdots \\ \frac{\partial x^{N}\left(x^{1'},\ldots,x^{N'}\right)}{\partial x^{1'}} & \cdots & \frac{\partial x^{N}\left(x^{1'},\ldots,x^{N'}\right)}{\partial x^{N'}} \end{pmatrix} \cdot \begin{pmatrix} \mathrm{d}x^{1'} \\ \vdots \\ \mathrm{d}x^{N'} \end{pmatrix}. \quad (4.133)$$

Wir haben Beziehungen für die **Transformation der Koordinatendifferenziale** erhalten. Die in (4.132) vorkommende Matrix wird als **Jakobi-Matrix** oder **Funktionalmatrix** für die Koordinatenfunktionen $x^{i'}$, welche von den x^i abhängen, bezeichnet und folgendermaßen symbolisiert:

$$J = \begin{pmatrix} \frac{\partial x^{1'}\left(x^1,\ldots,x^N\right)}{\partial x^1} & \cdots & \frac{\partial x^{1'}\left(x^1,\ldots,x^N\right)}{\partial x^N} \\ \vdots & \ddots & \vdots \\ \frac{\partial x^{N'}\left(x^1,\ldots,x^N\right)}{\partial x^1} & \cdots & \frac{\partial x^{N'}\left(x^1,\ldots,x^N\right)}{\partial x^N} \end{pmatrix} =: \frac{\partial\left(x^{1'},\ldots,x^{N'}\right)}{\partial\left(x^1,\ldots,x^N\right)}. \quad (4.134)$$

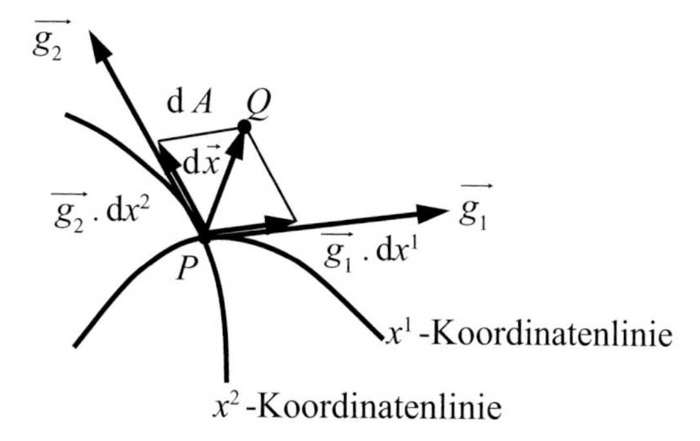

Abb. 4.58 Lokale Basis und infinitesimale Umgebung des Punktes P

Die Transformation in umgekehrter Richtung entsprechend (4.133) wird durch die Inverse der Matrix J realisiert, d. h. durch die **Jakobi-Matrix** oder **Funktionalmatrix** für die Koordinatenfunktionen x^i, welche von den $x^{i'}$ abhängen. Dabei gilt:

$$J^{-1} = \begin{pmatrix} \dfrac{\partial x^1\left(x^{1'},\ldots,x^{N'}\right)}{\partial x^{1'}} & \cdots & \dfrac{\partial x^1\left(x^{1'},\ldots,x^{N'}\right)}{\partial x^{N'}} \\ \vdots & \ddots & \vdots \\ \dfrac{\partial x^N\left(x^{1'},\ldots,x^{N'}\right)}{\partial x^{1'}} & \cdots & \dfrac{\partial x^N\left(x^{1'},\ldots,x^{N'}\right)}{\partial x^{N'}} \end{pmatrix} =: \frac{\partial\left(x^1,\ldots,x^N\right)}{\partial\left(x^{1'},\ldots,x^{N'}\right)}. \tag{4.135}$$

Abbildung 4.58 verdeutlicht den Sachverhalt für einen zweidimensionalen Raum. Wir haben die Koordinatenlinien durch Punkt P, die lokale Basis und einen Punkt Q, der sich in „unmittelbarer Nachbarschaft" zum Punkt P befindet, eingezeichnet. Außerdem haben wir noch das **Wegelement** d$\vec{x}$, die **Liniendifferenziale** $\overrightarrow{g_1}\cdot \mathrm{d}x^1$ und $\overrightarrow{g_2}\cdot \mathrm{d}x^2$ sowie das **Flächendifferenzial** dA dargestellt.

Das mit d$\vec{x}$ bezeichnete Wegelement hat hier die Bedeutung des Differenzials des Koordinatenvektors, in Abschn. 4.2.3 entsprach es dem Differenzial des Ortsvektors. Für das Quadrat des Wegelements ergibt sich analog zu (4.117):

$$\begin{aligned} \mathrm{d}\vec{x}\bullet\mathrm{d}\vec{x} &= |\mathrm{d}\vec{x}|^2 = (\mathrm{d}x)^2 = \overrightarrow{g_i}\cdot\mathrm{d}x^i\bullet\overrightarrow{g_j}\cdot\mathrm{d}x^j \\ &= \overrightarrow{g_i}\bullet\overrightarrow{g_j}\cdot\mathrm{d}x^i\cdot\mathrm{d}x^j = g_{ij}\cdot\mathrm{d}x^i\cdot\mathrm{d}x^j \end{aligned} \tag{4.136}$$

$$\mathrm{d}\vec{x}\bullet\mathrm{d}\vec{x} = \begin{pmatrix}\mathrm{d}x^1 & \ldots & \mathrm{d}x^N\end{pmatrix}\bullet\begin{pmatrix} g_{11} & \cdots & g_{1N} \\ \vdots & \ddots & \vdots \\ g_{N1} & \cdots & g_{NN}\end{pmatrix}\bullet\begin{pmatrix}\mathrm{d}x^1 \\ \vdots \\ \mathrm{d}x^2\end{pmatrix} = \mathrm{d}\vec{x}^T\bullet G\bullet\mathrm{d}\vec{x} \tag{4.137}$$

Die Interpretation des Quadrates des Wegelementes als Quadrat des Abstands zweier Punkte eröffnet die Möglichkeit, im betrachteten Raum eine **Metrik** zu definieren, und ist für die Bezeichnung der Gram'schen Matrix G als **metrischer** Tensor verantwortlich (die mit dem Tensorbegriff verbundene spezielle Transformation der Elemente dieser Matrix weisen wir in Abschn. 4.3 nach).

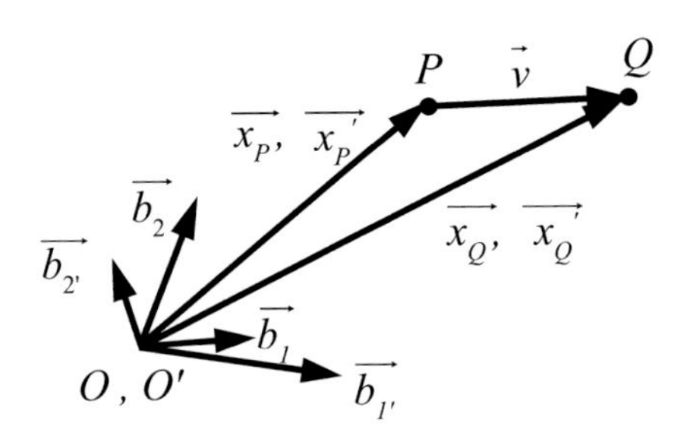

Abb. 4.59 Verbindungsvektor und Ortsvektoren in affinen Räumen

Die Berechnung von Flächen- und Volumendifferenzialen aus den Liniendifferenzialen für beliebige Räume thematisieren wir in Anhang 4.6, weil wir dafür eine Beziehung benötigen, die wir erst in Abschn. 4.3 herleiten.

Transformation zwischen allgemeinen Vektorkoordinaten

Wir praktizieren in diesem Abschnitt ein Vorgehen, welches besonders bei der Theoriebildung in der Physik häufig benutzt wird. Dazu gehen wir von einem speziellen Fall aus und leiten daraus durch Verallgemeinerung eine Beziehung ab, die keinen Bezug mehr zu den eingangs vereinbarten speziellen Bedingungen mehr besitzt. Anschließend prüfen wir, ob die hergeleitete Beziehung unabhängig von den speziellen Voraussetzungen gilt.

Wir gehen aus vom **speziellen Fall** der Transformation der Koordinaten von Verbindungsvektoren der Geometrie, die sich auf zwei affine Basen beziehen. In Abschn. 4.2.2 haben wir mit diesen Voraussetzungen unter Verwendung einer Transformationsmatrix (Basiswechselmatrix) α die Beziehungen (4.96), (4.97), (4.100) und (4.101) für die Transformationen kontravarianter und kovarianter Vektorkoordinaten hergeleitet, die wir hier nochmals angeben:

$$v^{i'} = \alpha^{i'}{}_i \cdot v^i \quad \text{und} \quad v^i = \left(\alpha^{-1}\right)^i{}_{i'} \cdot v^{i'} \quad \text{sowie}$$

$$v_{i'} = v_i \cdot \left(\alpha^{-1}\right)^i{}_{i'} \quad \text{und} \quad v_i = v_{i'} \cdot \alpha^{i'}{}_i . \tag{4.138}$$

Abbildung 4.59 verdeutlicht den Sachverhalt für zweidimensionale affine Räume.

Da Verbindungsvektoren bei Verwendung affiner Koordinatensysteme jeweils als Differenz zweier Ortsvektoren dargestellt werden können und die Koordinaten der Ortsvektoren mit den Punktkoordinaten übereinstimmen, gelten die angegebenen Transformationsformeln auch für die Punktkoordinaten. Wir verdeutlichen diesen Zusammenhang an der ersten in (4.138) angegebenen Gleichung und übertragen unser Ergebnis anschließend auf die anderen Gleichungen durch eine Analogiebetrachtung:

$$v^{i'} = \alpha^{i'}{}_i \cdot v^i \qquad | \; v^{i'} = \Delta x^{i'} = x_Q{}^{i'} - x_P{}^{i'} \text{ und } v^i = \Delta x^i = x_Q{}^i - x_P{}^i$$

$$x_Q{}^{i'} - x_P{}^{i'} = \alpha^{i'}{}_i \cdot x_Q{}^i - \alpha^{i'}{}_i \cdot x_P{}^i$$

Da P und Q beliebige Punkte sind, gilt die letzte Beziehung für beliebige Ortsvektoren und Punktkoordinaten.

Wenn wir als **Verallgemeinerung** annehmen, dass die Elemente der Transformationsmatrix ortsabhängig sind, dann erhalten wir:

$$x^{i'}(x^1, x^2) = \alpha^{i'}{}_i(x^1, x^2) \cdot x^i = \alpha^{i'}{}_1(x^1, x^2) \cdot x^1 + \alpha^{i'}{}_2(x^1, x^2) \cdot x^2. \qquad (4.139)$$

(4.139) erhalten wir auch auf direktem Weg, wenn wir $v^{i'}(x^1, x^2) = \alpha^{i'}{}_i(x^1, x^2) \cdot v^i$ für den Verbindungsvektor vom Ursprung zu einem beliebigen Punkt, d. h. für den entsprechenden Ortsvektor, anwenden.

Leiten wir (4.139) partiell nach der Koordinate x^1 ab, dann ergibt sich

$$\begin{aligned}\frac{\partial x^{i'}\left(x^1, x^2\right)}{\partial x^1} = & \frac{\partial \alpha^{i'}{}_1\left(x^1, x^2\right)}{\partial x^1} \cdot x^1 + \alpha^{i'}{}_1\left(x^1, x^2\right) \cdot 1 \\ & + \frac{\partial \alpha^{i'}{}_2\left(x^1, x^2\right)}{\partial x^1} \cdot x^2 + \alpha^{i'}{}_2\left(x^1, x^2\right) \cdot 0.\end{aligned}$$

An dieser Stelle gehen wir analog wie im Abschn. 3.1 vor, indem wir die infinitesimal benachbarte Umgebung des Punktes P betrachten, da wir annehmen dürfen, dass die ortsabhängigen Elemente der Transformationsmatrix α in dieser infinitesimalen Umgebung des Punktes P als konstant betrachtet werden können. Unter dieser Voraussetzung vereinfacht sich die letzte Gleichung zu $\frac{\partial x^{i'}}{\partial x^1} = \alpha^{i'}{}_1(x^1, x^2)$. Analog ergibt sich durch partielles Ableiten von (4.139) nach der Koordinate x^2 die Beziehung $\frac{\partial x^{i'}}{\partial x^2} = \alpha^{i'}{}_2(x^1, x^2)$.

Gehen wir bei den anderen Gleichungen in (4.138) in gleicher Weise vor, dann erkennen wir, dass die **Elemente der Transformationsmatrix mit den Elementen der Jakobi-Matrix übereinstimmen**:

$$\alpha^{i'}{}_i = \frac{\partial x^{i'}}{\partial x^i} = \frac{\partial x_i}{\partial x_{i'}} \quad \text{und} \quad \left(\alpha^{-1}\right)^i{}_{i'} = \frac{\partial x^i}{\partial x^{i'}} = \frac{\partial x_{i'}}{\partial x_i}. \qquad (4.140)$$

Bemerkung Die Gültigkeit von $\alpha^{i'}{}_i = \frac{\partial x^{i'}}{\partial x^i}$ ergibt sich ebenfalls durch eine etwas saloppe Argumentation, indem wir wieder davon ausgehen, dass Verbindungsvektoren jeweils als Differenz zweier Ortsvektoren dargestellt werden können und deshalb die angegebenen Transformationsformeln auch für Differenzen und Differenziale (infinitesimal kleine Differenzen) von Ortsvektoren sowie Punktkoordinaten gelten. Für die erste Gleichung in (4.138) ergibt sich damit:

$$v^{i'} = \alpha^{i'}{}_i \cdot v^i \qquad \Big| v^{i'} = \Delta x^{i'} = x_Q{}^{i'} - x_P{}^{i'} \text{ und } v^i = \Delta x^i = x_Q{}^i - x_P{}^i$$

$$\Delta x^{i'} = \alpha^{i'}{}_i \cdot \Delta x^i \quad \text{bzw.}$$

$$\mathrm{d}x^{i'} = \alpha^{i'}{}_i \cdot \mathrm{d}x^i = \alpha^{i'}{}_1 \cdot \mathrm{d}x^1 + \alpha^{i'}{}_2 \cdot \mathrm{d}x^2$$

In der letzten Beziehung können wir wieder davon ausgehen, dass die ortsabhängigen Elemente der Transformationsmatrix α in der infinitesimalen Umgebung des Punktes P als konstant betrachtet werden können.

In Abschn. 3.1 ergab sich für eine einstellige Funktion aus $\mathrm{d}y = \text{const}\cdot \mathrm{d}x$ die Konstante durch Ableiten: $\text{const} = \frac{\mathrm{d}y}{\mathrm{d}x}$. Analog ergeben sich die in der betrachteten infinitesimalen Umgebung des Punktes P konstanten Elemente der Transformationsmatrix mithilfe von Ableitungen. Wir müssen nur beachten, dass partiell abzuleiten ist, da mehrere unabhängige Variable existieren: $\alpha^{i'}{}_i = \frac{\partial x^{i'}}{\partial x^i}$.

Die Darstellungen in (4.140) besitzen keinen Bezug mehr zur Dimension und Besonderheit des Raumes oder zu Verbindungsvektoren der Geometrie. Deshalb bilden wir durch Verallgemeinerung eine **Hypothese** für beliebige N–dimensionale Räume und beliebige Vektoren, d. h. auch für gerichtete physikalische Größen:

Die **kontravarianten und kovarianten Koordinaten** eines N-dimensionalen Verbindungsvektors der Geometrie oder einer gerichteten physikalischen Größe transformieren sich wie die Koordinatendifferenziale an der betrachteten Stelle gemäß der folgenden Beziehungen:

$$v^{i'} = \alpha^{i'}{}_i \cdot v^i = \frac{\partial x^{i'}}{\partial x^i} \cdot v^i = \frac{\partial x_i}{\partial x_{i'}} \cdot v^i \quad \text{und}$$

$$v^i = \left(\alpha^{-1}\right)^i{}_{i'} \cdot v^{i'} = \frac{\partial x^i}{\partial x^{i'}} \cdot v^{i'} = \frac{\partial x_{i'}}{\partial x_i} \cdot v^{i'}, \tag{4.141}$$

$$v_{i'} = \left(\alpha^{-1}\right)^i{}_{i'} \cdot v_i = \frac{\partial x^i}{\partial x^{i'}} \cdot v_i = \frac{\partial x_{i'}}{\partial x_i} \cdot v_i \quad \text{und}$$

$$v_i = \alpha^{i'}{}_i \cdot v_{i'} = \frac{\partial x^{i'}}{\partial x^i} \cdot v_{i'} = \frac{\partial x_i}{\partial x_{i'}} \cdot v_{i'}. \tag{4.142}$$

In der Literatur werden die Elemente der ortsabhängigen Transformationsmatrizen bevorzugt mit kontravarianten Koordinatendifferenzialen angegeben.

Da in Anwendungen die Berechnung der Jakobi-Matrizen aufwendig und damit störanfällig ist, stellen Computer-Algebra-Systeme entsprechende Routinen bereit.

Unter Verwendung von Jakobi-Matrizen leiten wir eine Eigenschaft linearer Abbildungen und eine Beziehung für Koordinatendifferenziale her.

Jakobi-Matrix einer linearen Abbildung in kartesischen Koordinaten

Bei einer linearen Abbildung nimmt die Jakobi-Matrix (Transformationsmatrix) eine besonders einfache Form an, da diese Abbildung analytisch durch $\overrightarrow{x'} = A \cdot \vec{x}$ beschrieben wird, wobei die Elemente von A Zahlen darstellen. Wir betrachten diesen speziellen Fall der Jakobi-Matrix dennoch genauer, da er uns zu einem häufig genutzten Ergebnis führt:

Aus $\alpha^{i'}{}_i = \frac{\partial x^{i'}}{\partial x^i} = \text{const} =: k$, d. h. $\mathrm{d}x^{i'} = k \cdot \mathrm{d}x^i$, erhalten wir durch Integration $x^{i'} = k \cdot x^i + C$, wenn wir die Integrationskonstante wie üblich mit C bezeichnen. Die letzte Gleichung beschreibt eine affine Abbildung der Koordinaten, die in eine lineare Abbildung übergeht, wenn aus $x^i = 0$ folgt, dass auch $x^{i'} = 0$ gilt. Analytisch führt diese Bedingung zu $C = 0$, inhaltlich zur Eigenschaft der Abbildung, dass der Ursprung auf sich selbst abgebildet wird (damit ist er ein Fixpunkt der Abbildung).

Wir erhalten $x^{i'} = k \cdot x^i$, d. h. $\frac{x^{i'}}{x^i} = k = \alpha^{i'}{}_i = \frac{\partial x^{i'}}{\partial x^i}$.

Bei einer linearen Abbildung in kartesischen Koordinaten transformieren sich die Koordinatendifferenziale wie die Koordinaten, wenn der Ursprung ein Fixpunkt der Abbildung ist.

Beziehung für Koordinatendifferenziale

Am verallgemeinerbaren zweidimensionalen Fall leiten wir eine nützliche Beziehung für Koordinatendifferenziale her, indem wir davon ausgehen, dass die beiden Jakobi-Matrizen $\begin{pmatrix} \frac{\partial x^{1'}}{\partial x^1} & \frac{\partial x^{1'}}{\partial x^2} \\ \frac{\partial x^{2'}}{\partial x^1} & \frac{\partial x^{2'}}{\partial x^2} \end{pmatrix}$ und $\begin{pmatrix} \frac{\partial x^1}{\partial x^{1'}} & \frac{\partial x^1}{\partial x^{2'}} \\ \frac{\partial x^2}{\partial x^{1'}} & \frac{\partial x^2}{\partial x^{2'}} \end{pmatrix}$ invers zueinander sind, da ihre Elemente mit den Elementen der Matrizen α bzw. α^{-1} übereinstimmen. Da das Produkt der beiden Matrizen die Einheitsmatrix ergeben muss, erhalten wir:

$$\begin{pmatrix} \frac{\partial x^{1'}}{\partial x^1} & \frac{\partial x^{1'}}{\partial x^2} \\ \frac{\partial x^{2'}}{\partial x^1} & \frac{\partial x^{2'}}{\partial x^2} \end{pmatrix} \cdot \begin{pmatrix} \frac{\partial x^1}{\partial x^{1'}} & \frac{\partial x^1}{\partial x^{2'}} \\ \frac{\partial x^2}{\partial x^{1'}} & \frac{\partial x^2}{\partial x^{2'}} \end{pmatrix}$$

$$= \begin{pmatrix} \frac{\partial x^{1'}}{\partial x^1} \cdot \frac{\partial x^1}{\partial x^{1'}} + \frac{\partial x^{1'}}{\partial x^2} \cdot \frac{\partial x^2}{\partial x^{1'}} & \frac{\partial x^{1'}}{\partial x^1} \cdot \frac{\partial x^1}{\partial x^{2'}} + \frac{\partial x^{1'}}{\partial x^2} \cdot \frac{\partial x^2}{\partial x^{2'}} \\ \frac{\partial x^{2'}}{\partial x^1} \cdot \frac{\partial x^1}{\partial x^{1'}} + \frac{\partial x^{2'}}{\partial x^2} \cdot \frac{\partial x^2}{\partial x^{1'}} & \frac{\partial x^{2'}}{\partial x^1} \cdot \frac{\partial x^1}{\partial x^{2'}} + \frac{\partial x^{2'}}{\partial x^2} \cdot \frac{\partial x^2}{\partial x^{2'}} \end{pmatrix}$$

$$= \begin{pmatrix} \frac{\partial x^{1'}}{\partial x^k} \cdot \frac{\partial x^k}{\partial x^{1'}} & \frac{\partial x^{1'}}{\partial x^k} \cdot \frac{\partial x^k}{\partial x^{2'}} \\ \frac{\partial x^{2'}}{\partial x^k} \cdot \frac{\partial x^k}{\partial x^{1'}} & \frac{\partial x^{2'}}{\partial x^k} \cdot \frac{\partial x^k}{\partial x^{2'}} \end{pmatrix} = E = \begin{pmatrix} 1 & 0 \\ 0 & 1 \end{pmatrix}$$

Ergebnis:

$$\frac{\partial x^{i'}}{\partial x^k} \cdot \frac{\partial x^k}{\partial x^{j'}} = \delta^{i'}_{j'} \quad \text{mit Summation über } k. \tag{4.143}$$

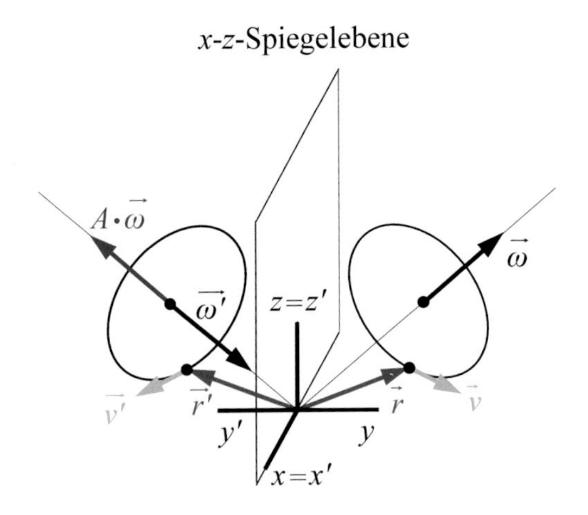

Abb. 4.60 Spiegelung einer gleichförmigen Kreisbewegung

Bemerkung Eine formale Betrachtung führt von (4.141) und (4.142) zur **symbolischen Darstellung von Differenzialoperatoren:**

$$v^{i'} = \frac{\partial x^{i'}}{\partial x^i} \cdot v^i = v^i \cdot \frac{\partial x^{i'}}{\partial x^i} = v^i \cdot \frac{\partial}{\partial x^i} x^{i'} =: v^i \cdot \partial_i x^{i'} \Rightarrow \frac{\partial}{\partial x^i} =: \partial_i , \tag{4.144}$$

$$v_{i'} = \frac{\partial x_{i'}}{\partial x_i} \cdot v_i = v_i \cdot \frac{\partial x_{i'}}{\partial x_i} = v_i \cdot \frac{\partial}{\partial x_i} x_{i'} =: v_i \cdot \partial^i x_{i'} \Rightarrow \frac{\partial}{\partial x_i} =: \partial^i . \tag{4.145}$$

Wir haben noch die **Überprüfung der Hypothese** zur Transformation allgemeiner Vektorkoordinaten zu realisieren. Diese Vorsichtsmaßnahme ist für Mathematiker, Naturwissenschaftler, Techniker und Informatiker auch dann eine Selbstverständlichkeit, wenn ihre Vermutung „offensichtlich korrekt" sein müsste. Und siehe da: Ein kritischer Test der Transformation gerichteter physikalischer Größen hält eine Überraschung bereit.

Zur Illustration betrachten wir die gleichförmige Bewegung eines Punktes auf einer Kreisbahn, die wir in einem kartesischen x-y-z-Koordinatensystem durch den zeitabhängigen Ortsvektor $\vec{r}$, die zeitabhängige Bahngeschwindigkeit $\vec{v}$ (die Richtung von $\vec{v}$ ist zeitabhängig, der Betrag ist konstant, d. h., es gilt $|\vec{v}| = v = \text{const}$) und die konstante Winkelgeschwindigkeit $\overrightarrow{\omega}$ mithilfe der Beziehung $\vec{v} = \overrightarrow{\omega} \times \vec{r}$ beschreiben. Wird als spezielle Transformation eine in Abb. 4.60 dargestellte Spiegelung an der x-z-Ebene durchgeführt, dann verändern sich die Koordinaten und die betrachteten gerichteten physikalischen Größen.

Im vorliegenden Beispiel verzichten wir auf die Hochstellung von Indizes, da wir die Einstein'sche Summenkonvention nicht verwenden werden. Die transformierten Koordinaten drücken wir in den ursprünglichen Koordinaten aus. Mithilfe der Abb. 4.60 ergibt sich:

$$\begin{pmatrix} x' \\ y' \\ z' \end{pmatrix} = \begin{pmatrix} x \\ -y \\ z \end{pmatrix} = \begin{pmatrix} 1 & 0 & 0 \\ 0 & -1 & 0 \\ 0 & 0 & 1 \end{pmatrix} \cdot \begin{pmatrix} x \\ y \\ z \end{pmatrix}, \text{ d. h., die Transformationsmatrix}$$

lautet $A = \begin{pmatrix} 1 & 0 & 0 \\ 0 & -1 & 0 \\ 0 & 0 & 1 \end{pmatrix}$.

Die Abbildung verdeutlicht, dass sich die Koordinaten der gerichteten physikalischen Größen $\vec{r}$ und $\vec{v}$ ebenso transformieren wie die Koordinaten:

$$\begin{pmatrix} r_{x'} \\ r_{y'} \\ r_{z'} \end{pmatrix} = \begin{pmatrix} r_x \\ -r_y \\ r_z \end{pmatrix} = \begin{pmatrix} 1 & 0 & 0 \\ 0 & -1 & 0 \\ 0 & 0 & 1 \end{pmatrix} \cdot \begin{pmatrix} r_x \\ r_y \\ r_z \end{pmatrix}, \text{ d. h. } \overrightarrow{r'} = A \cdot \vec{r},$$

$$\begin{pmatrix} v_{x'} \\ v_{y'} \\ v_{z'} \end{pmatrix} = \begin{pmatrix} v_x \\ -v_y \\ v_z \end{pmatrix} = \begin{pmatrix} 1 & 0 & 0 \\ 0 & -1 & 0 \\ 0 & 0 & 1 \end{pmatrix} \cdot \begin{pmatrix} v_x \\ v_y \\ v_z \end{pmatrix}, \text{ d. h. } \overrightarrow{v'} = A \cdot \vec{v}.$$

Bezüglich der gerichteten physikalischen Größe $\vec{\omega}$ liegt der Verdacht nahe, dass sie sich anders transformiert als die Koordinaten, da $A \cdot \vec{\omega}$ den Umlaufsinn der Bewegung nicht korrekt modelliert.

Um die Invarianz der Beziehung $\vec{v} = \vec{\omega} \times \vec{r}$ zu sichern, muss $\overrightarrow{\omega'}$ folgendermaßen bestimmt werden:

$$\overrightarrow{\omega'} = -A \cdot \vec{\omega} \Rightarrow \begin{pmatrix} \omega_{x'} \\ \omega_{y'} \\ \omega_{z'} \end{pmatrix} = - \begin{pmatrix} 1 & 0 & 0 \\ 0 & -1 & 0 \\ 0 & 0 & 1 \end{pmatrix} \cdot \begin{pmatrix} \omega_x \\ \omega_y \\ \omega_z \end{pmatrix} = \begin{pmatrix} -\omega_x \\ \omega_y \\ -\omega_z \end{pmatrix}.$$

Begründung:

$$\vec{v} = \vec{\omega} \times \vec{r} = \begin{pmatrix} \omega_x \\ \omega_y \\ \omega_z \end{pmatrix} \times \begin{pmatrix} r_x \\ r_y \\ r_z \end{pmatrix} = \begin{pmatrix} \omega_y \cdot r_z - \omega_z \cdot r_y \\ \omega_z \cdot r_x - \omega_x \cdot r_z \\ \omega_x \cdot r_y - \omega_y \cdot r_x \end{pmatrix} = \begin{pmatrix} v_x \\ v_y \\ v_z \end{pmatrix},$$

$$\overrightarrow{\omega'} \times \overrightarrow{r'} = \begin{pmatrix} -\omega_x \\ \omega_y \\ -\omega_z \end{pmatrix} \times \begin{pmatrix} r \\ -r_y \\ r_z \end{pmatrix} = \begin{pmatrix} \omega_y \cdot r_z - \omega_z \cdot r_y \\ \omega_x \cdot r_z - \omega_z \cdot r_x \\ \omega_x \cdot r_y - \omega_y \cdot r_x \end{pmatrix}$$

$$= \begin{pmatrix} \omega_y \cdot r_z - \omega_z \cdot r_y \\ -(\omega_z \cdot r_x - \omega_x \cdot r_z) \\ \omega_x \cdot r_y - \omega_y \cdot r_x \end{pmatrix} = \begin{pmatrix} v_x \\ -v_y \\ v_z \end{pmatrix} \stackrel{!}{=} \overrightarrow{v'}.$$

Da sich die Winkelgeschwindigkeit bei einer Spiegelung anders transformiert als die Koordinatendifferenziale (bei der vorliegenden linearen Abbildung mit dem Ursprung als Fixpunkt müssten sich Vektorkoordinaten sogar wie die Koordinaten transformieren), wird diese Größe in der Physik als **Pseudovektor** oder als **axialer Vektor** bezeichnet. Auch andere mithilfe des Vektorprodukts gebildete Größen wie der Drehimpuls $\vec{L}$ und das Magnetfeld $\vec{B}$ sind Pseudovektoren, sie werden bei Spiegelungen analog zur Winkelgeschwindigkeit $\vec{\omega}$ transformiert.

In der Physik sind besonders die Vektoren interessant, deren Koordinaten sich gemäß (4.141) und (4.142) transformieren, da mit ihnen physikalische Gesetze invariant, d. h. in koordinatenunabhängiger Form, formuliert werden können. Da es mit den Pseudovektoren auch gerichtete physikalische Größen gibt, die sich nicht gemäß diesen Beziehungen transformieren, ist eine begriffliche Unterscheidung sinnvoll. Diese wird in Abschn. 4.3 vorgenommen. Zuvor beschäftigen wir uns mit einigen Anwendungen von Vektoren in Koordinatendarstellung.

Zusammenfassung

Koordinaten eines Punktes im N-dimensionalen Raum: $P(x^1 | \ldots | x^N)$

Koordinatenvektor: $\begin{pmatrix} x^1 \\ \vdots \\ x^N \end{pmatrix}_M$ bzw. $\begin{pmatrix} x^{1'} \\ \vdots \\ x^{N'} \end{pmatrix}_{M'}$

natürliche Basis: $\vec{g_i} = \frac{\partial}{\partial x^i} \begin{pmatrix} x^{1'}\left(x^1, \ldots, x^N\right) \\ \vdots \\ x^{N'}\left(x^1, \ldots, x^N\right) \end{pmatrix} = \begin{pmatrix} \dfrac{\partial x^{1'}\left(x^1, \ldots, x^N\right)}{\partial x^i} \\ \vdots \\ \dfrac{\partial x^{N'}\left(x^1, \ldots, x^N\right)}{\partial x^i} \end{pmatrix}$

$= \begin{pmatrix} \alpha^{1'}{}_i\left(x^i\right) \\ \vdots \\ \alpha^{N'}{}_i\left(x^i\right) \end{pmatrix}$

Wegelement: $\mathrm{d}\vec{x} = \vec{g_i} \cdot \mathrm{d}x^i$

quadrierter Betrag des Wegelementes:

$\mathrm{d}\vec{x} \cdot \mathrm{d}\vec{x} = |\mathrm{d}\vec{x}|^2 = (\mathrm{d}x)^2 = g_{ij} \cdot \mathrm{d}x^i \cdot \mathrm{d}x^j$ mit $g_{ij} = \vec{g_i} \cdot \vec{g_j}$

metrischer Tensor: (g_{ij})

Elemente der Transformationsmatrix:

$\alpha^{i'}{}_i = \frac{\partial x^{i'}}{\partial x^i} = \frac{\partial x_i}{\partial x_{i'}}$ und $(\alpha^{-1})^i{}_{i'} = \frac{\partial x^i}{\partial x^{i'}} = \frac{\partial x_{i'}}{\partial x_i}$

Transformation kontravarianter und kovarianter Koordinaten:

$$v^{i'} = \frac{\partial x^{i'}}{\partial x^i} \cdot v^i = \frac{\partial x_i}{\partial x_{i'}} \cdot v^i \text{ und } v^i = \frac{\partial x^i}{\partial x^{i'}} \cdot v^{i'} = \frac{\partial x_{i'}}{\partial x_i} \cdot v^{i'}$$

$$v_{i'} = \frac{\partial x^i}{\partial x^{i'}} \cdot v_i = \frac{\partial x_{i'}}{\partial x_i} \cdot v_i \text{ und } v_i = \frac{\partial x^{i'}}{\partial x^i} \cdot v_{i'} = \frac{\partial x_i}{\partial x_{i'}} \cdot v_{i'}$$

symbolische Darstellung von Differenzialoperatoren: $\frac{\partial}{\partial x^i} =: \partial_i$ und $\frac{\partial}{\partial x_i} =: \partial^i$

Jakobi-Matrix (Funktionalmatrix):

$$J = \begin{pmatrix} \frac{\partial x^{1'}\left(x^1, \ldots, x^N\right)}{\partial x^1} & \cdots & \frac{\partial x^{1'}\left(x^1, \ldots, x^N\right)}{\partial x^N} \\ \vdots & \ddots & \vdots \\ \frac{\partial x^{N'}\left(x^1, \ldots, x^N\right)}{\partial x^1} & \cdots & \frac{\partial x^{N'}\left(x^1, \ldots, x^N\right)}{\partial x^N} \end{pmatrix}$$

$$= \begin{pmatrix} \alpha^{1'}{}_1 & \cdots & \alpha^{1'}{}_N \\ \vdots & \ddots & \vdots \\ \alpha^{N'}{}_1 & \cdots & \alpha^{N'}{}_N \end{pmatrix} =: \frac{\partial\left(x^{1'}, \ldots, x^{N'}\right)}{\partial\left(x^1, \ldots, x^N\right)}$$

Beziehung für Koordinatendifferenziale: $\frac{\partial x^{i'}}{\partial x^k} \cdot \frac{\partial x^k}{\partial x^{j'}} = \delta^{i'}_{j'}$

4.2.5 Anwendungen von Vektoren in Koordinatendarstellung

Schleppkurven und Parallelkurven

An Kreuzungen schmaler Straßen befindet sich die Haltelinie der Linksabbiegespur vor der Haltelinie der Geradeausspur, damit Rechts- und Linksabbieger der kreuzenden Straße genügend Platz haben. Aus demselben Grund ist die Fahrbahn in scharfen Kurven deutlich breiter als auf den geradeaus führenden Abschnitten.

Wir bestimmen den Platzbedarf eines Holztransporters mit überhängender Fracht, indem wir folgende Modellannahmen festlegen:

- Die Straße besitzt einen sinusförmigen Verlauf und wird von links nach rechts durchfahren,
- die Fracht hängt tangential zum Straßenverlauf nach hinten über.

Parameterdarstellung des Ortsvektors des Straßenverlaufs (Ausgangskurve):

$$\vec{x}(t) = \begin{pmatrix} t \\ \sin t \end{pmatrix}.$$

Mit den in Abb. 4.61 verwendeten Bezeichnungen bestimmen wir zunächst einen Tangentenvektor $\vec{T}$ an eine beliebige Kurve k in einem Punkt P mithilfe eines Grenzüberganges aus dem Sekantenvektor $\overrightarrow{PQ}$.

$$\Delta\vec{x}(t) = \vec{x}(t + \Delta t) - \vec{x}(t) \ldots \textbf{Sekantenvektor}. \tag{4.146}$$

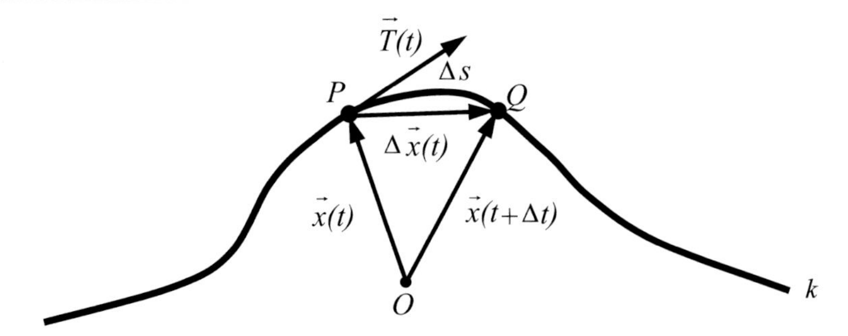

Abb. 4.61 Sekantenvektor und Tangentenvektor an eine Kurve

Im Fall stetig differenzierbarer (glatter) Kurvenstücke gelten für den Übergang zu kleinen Parameteränderungen, d. h. für $\Delta t \to \mathrm{d}t$, folgende Beziehungen:

- Der Punkt Q bewegt sich in „unmittelbare Nähe" des Punktes P, d. h. $Q \to P$.
- Der Sekantenvektor geht in einen Tangentenvektor über, d. h. $\Delta\vec{x}(t) \to \mathrm{d}\vec{x}(t)$.

Umformung:

$$\mathrm{d}\vec{x}(t) = \vec{x}(t+\mathrm{d}t) - \vec{x}(t) = \frac{\vec{x}(t+\mathrm{d}t) - \vec{x}(t)}{\mathrm{d}t} \cdot \mathrm{d}t$$

$$\mathrm{d}\vec{x}(t) = \overrightarrow{x'}(t) \cdot \mathrm{d}t \ldots \textbf{Tangentenvektor}. \tag{4.147}$$

$$|\mathrm{d}\vec{x}(t)| = |\vec{x}(t+\mathrm{d}t) - \vec{x}(t)| = \mathrm{d}s \ldots \textbf{Differenzial der Bogenlänge} \tag{4.148}$$

Da $\mathrm{d}\vec{x}(t)$ einen Tangentenvektor und $\mathrm{d}t$ einen Skalar darstellt, ist wegen (4.147) auch $\overrightarrow{x'}(t)$ ein Tangentenvektor, d. h., es gilt

$$\overrightarrow{x'}(t) \ldots \textbf{Tangentenvektor}. \tag{4.149}$$

Der Tangentenvektor $\mathrm{d}\vec{x}(t)$ besitzt einen infinitesimal kleinen Betrag. In Abb. 4.61 wurde ein makroskopischer Tangentenvektor $\vec{T}$ eingezeichnet.

Hierfür eignet sich der Tangenteneinheitsvektor $\frac{\mathrm{d}\vec{x}(t)}{|\mathrm{d}\vec{x}(t)|}$ oder der Tangentenvektor $\overrightarrow{x'}(t) = \frac{\mathrm{d}\vec{x}(t)}{\mathrm{d}t}$.

Schreibweise: $\frac{\mathrm{d}\vec{x}(t)}{\mathrm{d}t} = \overrightarrow{x'}(t) = \dot{\vec{x}}(t)$.

Berechnung eines Tangentenvektors

An einem Beispiel aus dem zweidimensionalen Raum erarbeiten wir eine Regel für die Berechnung eines Tangentenvektors für den Fall, dass alle Koordinaten des Vektors vom gleichen Parameter abhängig sind:

$$\begin{aligned}
\vec{x}(t) &= x^i(t) \cdot \overrightarrow{e_i} = x^1(t) \cdot \overrightarrow{e_1} + x^2(t) \cdot \overrightarrow{e_2} \\
\overrightarrow{x'}(t) = \dot{\vec{x}}(t) &= \frac{\mathrm{d}}{\mathrm{d}t}(x^1(t) \cdot \overrightarrow{e_1} + x^2(t) \cdot \overrightarrow{e_2}) \\
&= \frac{\mathrm{d}x^1(t)}{\mathrm{d}t} \cdot \overrightarrow{e_1} + \frac{\mathrm{d}x^2(t)}{\mathrm{d}t} \cdot \overrightarrow{e_2} = \frac{\mathrm{d}x^i(t)}{\mathrm{d}t} \cdot \overrightarrow{e_i}
\end{aligned}$$

Regel: Sind alle Koordinaten eines Vektors vom gleichen Parameter abhängig, dann ergibt sich ein Tangentenvektor durch Ableiten jeder Koordinate nach dem Parameter.

Interpretation: Wird der Parameter t als Zeit aufgefasst, dann stellt der Tangentenvektor $\dot{\vec{x}}(t)$ die Geschwindigkeit dar.

Nach dieser Vorüberlegung können wir für das betrachtete Beispiel die Parameterdarstellung eines Tangentenvektors an die Ausgangskurve ermitteln:

$$\vec{T}(t) = \frac{\mathrm{d}\,\vec{x}(t)}{\mathrm{d}t} = \frac{\mathrm{d}}{\mathrm{d}t}(t \cdot \overrightarrow{e_x} + \sin t \cdot \overrightarrow{e_y}) = 1 \cdot \overrightarrow{e_x} + \cos t \cdot \overrightarrow{e_y} = \begin{pmatrix} 1 \\ \cos t \end{pmatrix}.$$

Die Schleppkurve ergibt sich durch Addition eines Tangentenvektors zum Ortsvektor der Ausgangskurve, da die Fracht tangential zum Straßenverlauf überhängen soll. Als Tangentenvektor wählen wir den mit einem Faktor k multiplizierten Tangenteneinheitsvektor. In unserem Beispiel ist $k < 0$, da die Fracht hinten überhängt.

Parameterdarstellung der **Schleppkurve**: $\vec{S}(t) = \begin{pmatrix} t \\ \sin t \end{pmatrix} + k \cdot \frac{\vec{T}(t)}{\left|\vec{T}(t)\right|}$.

Abbildung 4.62 zeigt den Straßenverlauf gestrichelt, die Schleppkurve der überhängenden Fracht mit großer Linienstärke durchgezogen und ein zugeordnetes Punktepaar (für den Faktor k haben wir $-3{,}5$ gewählt).

Aus Abb. 4.62 ist ersichtlich, dass die Schleppkurve keine Sinuskurve darstellt. Dieser Sachverhalt wird verständlich, wenn wir uns verdeutlichen, dass bei der Berechnung der y-Koordinate des Ortsvektors der Schleppkurve eine Sinusfunktion und eine gestreckte Kosinusfunktion zu addieren sind. Auch geometrisch ist die Deformation der Ausgangskurve plausibel, da die Punkte der Ausgangskurve in unterschiedliche Richtungen verschoben werden.

Die Beziehung zwischen Ausgangskurve und Schleppkurve wirft die Frage auf, ob bei Verschiebung einer Kurve in Normalenrichtung die entstehende **Parallelkurve** den gleichen Charakter wie die Ausgangskurve besitzt oder nicht. Diese Untersuchung führen wir für die Normalparabel durch, d. h., die Ausgangskurve ist gegeben durch

$$\vec{x}(t) = \begin{pmatrix} t \\ t^2 \end{pmatrix}.$$

Für den Tangentialvektor $\vec{T}$ ergibt sich

$$\vec{T}(t) = \frac{\mathrm{d}\,\vec{x}(t)}{\mathrm{d}t} = \begin{pmatrix} 1 \\ 2 \cdot t \end{pmatrix}.$$

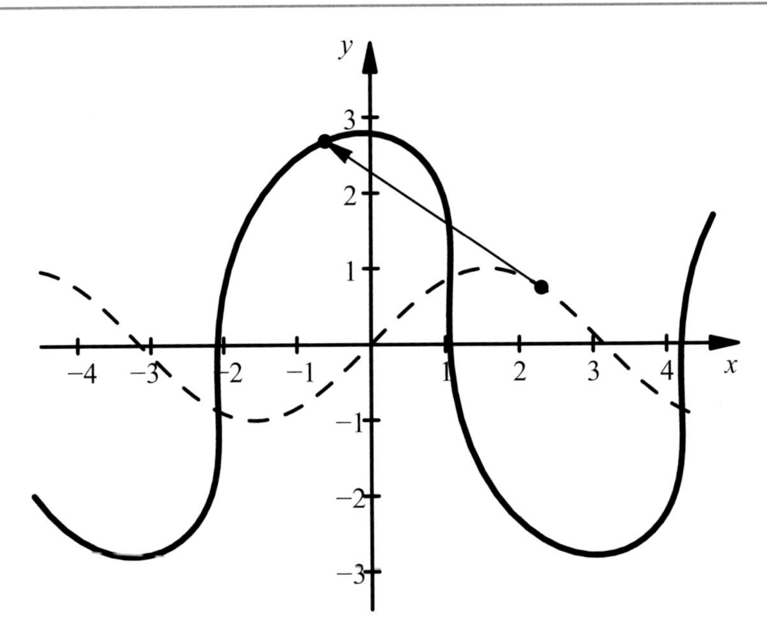

Abb. 4.62 Schleppkurve

Aus dem Tangentialvektor $\vec{T}$ ergibt sich der **Normalenvektor** $\vec{N}$ durch Vertauschen der Koordinaten und Wechsel eines Vorzeichens (der Nachweis der Orthogonalität von $\vec{T}$ und $\vec{N}$ ergibt sich durch Bildung des Skalarprodukts, welches für alle Werte des Parameters null ergibt), d. h., wir erhalten für den nach außen bzw. innen gerichteten Normalenvektor

$$\overrightarrow{N_1}(t) = \begin{pmatrix} 2 \cdot t \\ -1 \end{pmatrix} \text{ bzw. } \overrightarrow{N_2}(t) = \begin{pmatrix} -2 \cdot t \\ 1 \end{pmatrix}.$$

Abbildung 4.63 zeigt die Ausgangskurve gestrichelt, eine innere und eine äußere Parallelkurve mit großer Linienstärke durchgezogen sowie die Abbildung eines Punktes der Ausgangskurve auf jeweils einen Punkt der Parallelkurven.

Die Richtungsabhängigkeit des Normalenvektors führt auch beim Übergang einer Ausgangs- zur Parallelkurve dazu, dass sich der Charakter der Kurve verändert. Das Beispiel zeigt, wie groß diese Veränderung sein kann, denn die innere Parallelkurve zur Normalparabel ist nicht an allen Stellen differenzierbar.

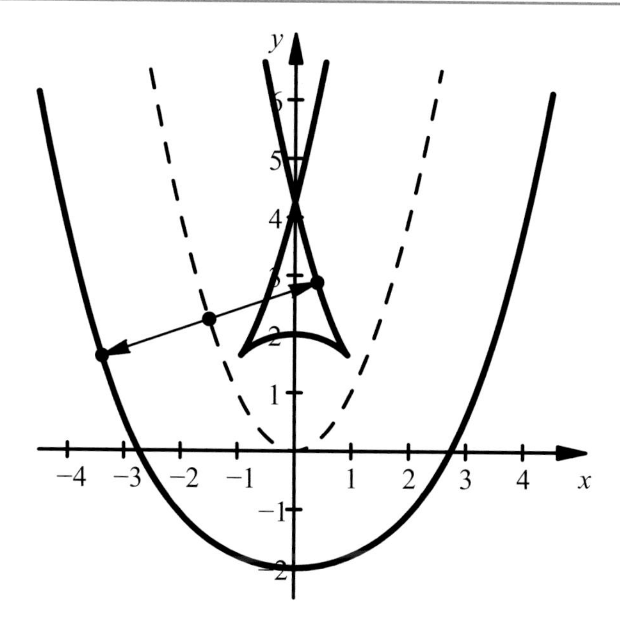

Abb. 4.63 Äußere und innere Parallelkurve

Schnittkurven und Malen auf Flächen

Wir betrachten das innermathematische Problem der Bestimmung der **Schnittkurve zweier Flächen**, indem wir die Sphäre (Oberfläche einer Kugel) mit der Mantelfläche eines Kreiszylinders zum Schnitt bringen.

Zur analytischen Beschreibung verwenden wir ein kartesisches Koordinatensystem, welches wir folgendermaßen orientieren:

- Der Mittelpunkt der Kugel mit Radius r befindet sich im Ursprung des kartesischen Koordinatensystems.
- Die Achse des Kreiszylinders mit Radius ρ verläuft parallel zur z-Achse und schneidet die x-y-Ebene im Punkt $(a\,|0\,|0\,)$ mit $a > 0$.

Wenn wir ohne Beschränkung der Allgemeinheit den Radius ρ des Kreiszylinders kleiner als den Radius r der Kugel wählen, dann können wir folgende Fälle unterscheiden:

Fall 1: Zwischen Kugel und Kreiszylinder findet keine Durchdringung statt, d. h., es existiert keine Schnittkurve.

Fall 2: Kugel und Kreiszylinder durchdringen einander so, dass zwei Schnittkurven entstehen.

Fall 3: Kugel und Kreiszylinder durchdringen einander so, dass eine Schnittkurve entsteht.

Für uns ist Fall 1 uninteressant, deshalb betrachten wir zunächst Fall 2 und danach die spezielle Lage zwischen Kugel und Kreiszylinder, bei der Fall 2 in den Fall 3 übergeht.

Wir substituieren die kartesischen Koordinaten durch Zylinder- und Kugelkoordinaten ohne die Einheitsvektoren des kartesischen Koordinatensystems zu verändern. Die Koordinaten der Punkte der Schnittkurve können in kartesischen Koordinaten, Kugel- und Zylinderkoordinaten angegeben werden, dabei ergibt sich unter Berücksichtigung von (4.120) und (4.125):

$$\vec{x} = \begin{pmatrix} x \\ y \\ z \end{pmatrix}_{\text{kartesische Koordinaten}} = \begin{pmatrix} a + \rho \cdot \cos\varphi \\ \rho \cdot \sin\varphi \\ z \end{pmatrix}_{\text{Zylinderkoordinaten}}$$
$$= \begin{pmatrix} r \cdot \sin\vartheta \cdot \cos\varphi \\ r \cdot \sin\vartheta \cdot \sin\varphi \\ r \cdot \cos\vartheta \end{pmatrix}_{\text{Kugelkoordinaten}} .$$

Wir verwenden Zylinderkoordinaten und bestimmen die z-Koordinaten der Punkte der Schnittkurven mithilfe der Darstellung der Sphäre in kartesischen Koordinaten:

$$x^2 + y^2 + z^2 = r^2 \Rightarrow z_{1/2} = \pm\sqrt{r^2 - x^2 - y^2}$$

$$\vec{x}_{1/2}(\varphi) = \begin{pmatrix} a + \rho \cdot \cos\varphi \\ \rho \cdot \sin\varphi \\ \pm\sqrt{r^2 - (a + \rho \cdot \cos\varphi)^2 - (\rho \cdot \sin\varphi)^2} \end{pmatrix} \quad r, \rho \text{ und } a \text{ werden vorgegeben}$$

Wir formen die z-Koordinaten mithilfe von (1.9), d. h. $\sin^2\varphi + \cos^2\varphi = 1$, um. Es ergeben sich die Ortsvektoren der beiden Schnittkurven für Fall 2:

$$\vec{x}_{1/2}(\varphi) = \begin{pmatrix} a + \rho \cdot \cos\varphi \\ \rho \cdot \sin\varphi \\ \pm\sqrt{r^2 - a^2 - \rho^2 - 2 \cdot a \cdot \rho \cdot \cos\varphi} \end{pmatrix} \quad r, \rho \text{ und } a \text{ werden vorgegeben.}$$

Für die spezielle Lage zwischen Kugel und Kreiszylinder, bei der Fall 2 in den Fall 3 übergeht, ergibt sich eine spezielle Beziehung zwischen r, ρ und a, die wir mithilfe zweier Lösungswege herleiten.

Lösungsweg 1: Geometrische Überlegungen

Die spezielle Lage zwischen Kugel und Kreiszylinder ist dadurch charakterisiert, dass sich die Oberfläche der Kugel und die Mantelfläche des Kreiszylinders in einem Punkt berühren und dabei der Kreiszylinder die Kugel durchdringt. Durch „Kopfgeometrie“ oder nach Betrachtung der Draufsicht in Abb. 4.64 erhalten wir die gesuchte Beziehung: $r = a + \rho$.

Lösungsweg 2: Algebraische Betrachtungen

Rechnerisch sollte dieser spezielle Fall modelliert werden können, indem wir die z-Koordinaten der Schnittkurven so umformen, dass die Beziehung

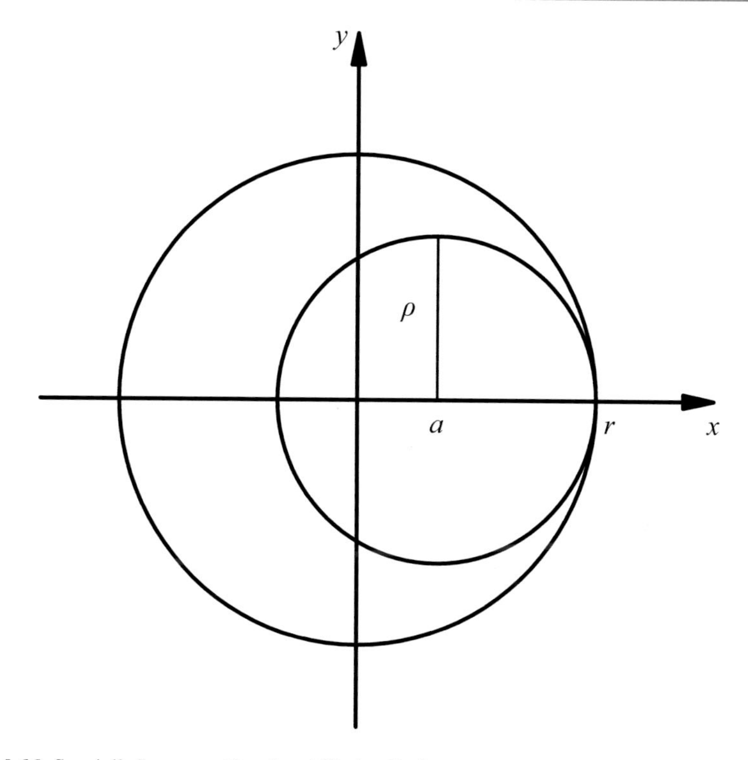

Abb. 4.64 Spezielle Lage von Kugel und Kreiszylinder

$\sqrt{\frac{1-\cos\alpha}{2}} = \sin\left(\frac{\alpha}{2}\right)$ anwendbar ist. Da die Werte der Sinusfunktion für unterschiedliche Argumente verschiedene Vorzeichen besitzen, sollten sich beide Wurzeln durch eine Sinusfunktion ersetzen lassen. Formen wir also um:

$$z = \sqrt{r^2 - a^2 - \rho^2 - 2 \cdot a \cdot \rho \cdot \cos\varphi} = \sqrt{4 \cdot a \cdot \rho} \cdot \sqrt{\frac{r^2 - a^2 - \rho^2}{4 \cdot a \cdot \rho} - \frac{\cos\varphi}{2}}.$$

Unter folgender Bedingung können wir die gewünschte Substitution vornehmen:

$$\frac{r^2 - a^2 - \rho^2}{4 \cdot a \cdot \rho} = \frac{1}{2}$$
$$r^2 = a^2 + 2 \cdot a \cdot \rho + \rho^2 = (a + \rho)^2 \quad |r > 0; (a + \rho) > 0$$
$$r = a + \rho$$

Wir haben den Lösungsweg 2 mit angeführt, da er zwar umständlicher erscheint, aber von uns ebenfalls als interessant und lehrreich eingeschätzt wird.

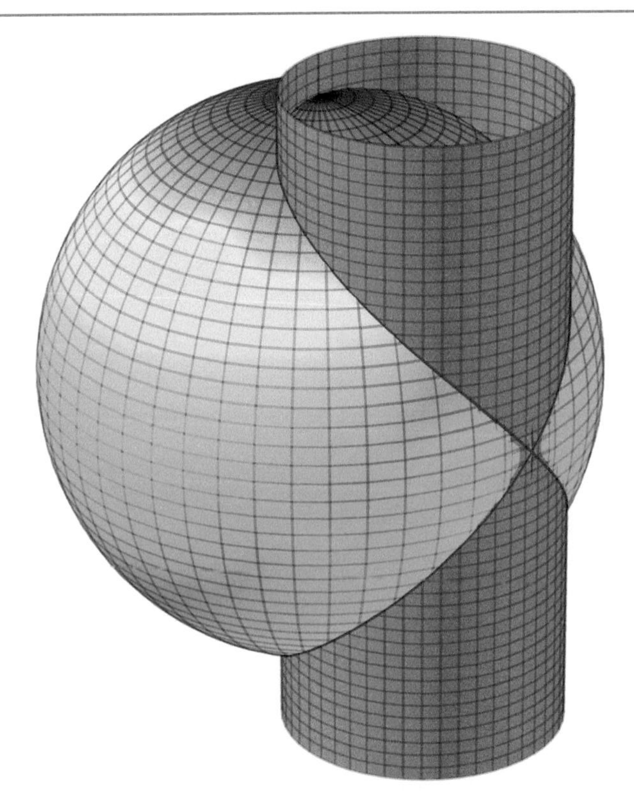

Abb. 4.65 Schnitt zwischen Sphäre und Kreiszylinder

Durch Einsetzen der gefundenen Beziehung in die Gleichung für die Ortsvektoren der Schnittkurven erhalten wir die Gleichung für den Ortsvektor für den Fall, dass beide Schnittkurven zu einer einzigen Kurve „verschmelzen“:

$$\vec{x}(\varphi) = \begin{pmatrix} a + \rho \cdot \cos\varphi \\ \rho \cdot \sin\varphi \\ \sqrt{4 \cdot a \cdot \rho} \cdot \sin\left(\frac{\varphi}{2}\right) \end{pmatrix} \text{ mit } r = a + \rho;\ \rho \text{ und } a \text{ werden vorgegeben.}$$

Die Kurve für $\rho = 1$ und $a = 1$ (und damit $r = a + \rho = 2$) wird als **Viviani-Kurve** bezeichnet. Wir stellen sie mit den leistungsfähigen Grafikwerkzeugen eines Computer-Algebra-Systems in Abb. 4.65 als Schnittkurve zwischen Kugel und Kreiszylinder und in Abb. 4.66 mit ihren Projektionen auf die Koordinatenebenen dar.

Den Nachweis, dass es sich bei den Projektionen der Viviani-Kurve in die Koordinatenebenen um einen Kreis, eine quadratische Parabel und eine Lemniskate handelt, überlassen wir dem interessierten Leser. Eine Recherche im Internet wird ausdrücklich empfohlen.

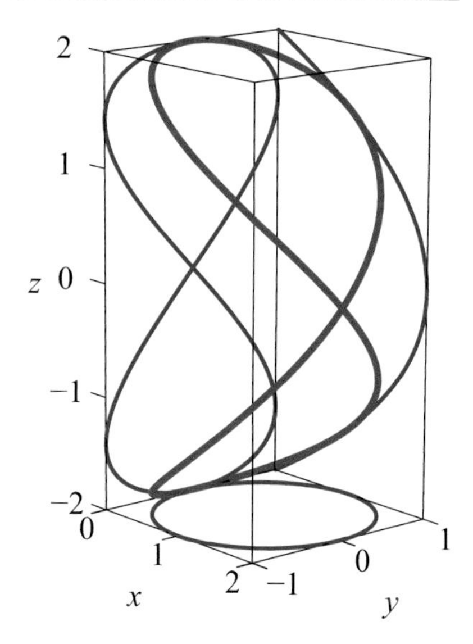

Abb. 4.66 Viviani-Kurve und ihre Projektionen auf die Koordinatenebenen

Abb. 4.67 Malen auf einer Sphäre

Im betrachteten Beispiel haben wir auf eine Kugeloberfläche bzw. die Mantelfläche eines Kreiszylinders eine Kurve gemalt. Das **Malen auf Flächen** können wir realisieren, indem wir die Koordinaten des Ortsvektors so parametrisieren, dass sie nur noch von einer einzigen Variablen abhängen. Die Ortsvektoren der Punkte einer Kurve auf einer Sphäre können z. B. folgendermaßen festgelegt werden:

$$\vec{x}(a) = \begin{pmatrix} r \cdot \sin(\vartheta(a)) \cdot \cos(\varphi(a)) \\ r \cdot \sin(\vartheta(a)) \cdot \sin(\varphi(a)) \\ r \cdot \cos(\vartheta(a)) \end{pmatrix} \text{ mit } \varphi(a) = 5 \cdot \pi \cdot a,$$

$$\vartheta(a) = 4 \cdot \pi \cdot a \text{ und } r = 5.$$

Die Darstellung mit einem Computer-Algebra-System zeigt Abb. 4.67.

Etwas schwieriger gestaltet sich das Malen auf Flächen, wenn zwei Punkte auf der Fläche durch Kurven mit einer bestimmten Eigenschaft verbunden werden sollen. Wir verdeutlichen das prinzipielle Vorgehen, indem wir auf die in Abschn. 4.2.1 dargestellte Fläche mit einer Falte einige Kurven zeichnen.

Beispiel 4.7

Wir betrachten den Ortsvektor zu einem beliebigen Punkt auf der Fläche: $\vec{x}(u,v) = F(u,v) = \begin{pmatrix} u \\ v \\ u^3 + u \cdot v \end{pmatrix}$ sowie die Ortsvektoren zweier spezieller Punkte $P1$ und $P2$ auf der Fläche:

$$\vec{x}_{P1} = F(-1{,}2, -0{,}6) = \begin{pmatrix} -1{,}2 \\ -0{,}6 \\ -1{,}008 \end{pmatrix}; \vec{x}_{P2} = F(1{,}1) = \begin{pmatrix} 1 \\ 1 \\ 2 \end{pmatrix}.$$

Die erste Kurve $k1$ zwischen den Punkten $P1$ und $P2$ soll durch lineare Ansätze in t für die Parameter u und v der Fläche charakterisiert sein, d. h., für die Ortsvektoren zu den Punkten der Kurve $k1$ soll gelten:

$$k1\,(t) = \begin{pmatrix} u1\,(t) \\ v1\,(t) \\ (u1\,(t))^3 + u1\,(t) \cdot v1\,(t) \end{pmatrix} \quad \text{mit} \quad u1\,(t) = a \cdot t + b \quad \text{und}$$

$$v1\,(t) = c \cdot t + d.$$

Wir bestimmen die Konstanten a, b, c und d durch die Forderungen, dass sich für $t = 0$ die Parameter des Punktes $P1$ und für $t = 1$ diejenigen des Punktes $P2$ ergeben sollen. Das zugehörige Gleichungssystem

$$\begin{array}{ll|} u1\,(0) = b & = -1{,}2 \\ v1\,(0) = d & = -0{,}6 \\ u1\,(1) = a + b = 1 & \\ v1\,(1) = c + d = 1 & \\ \hline \end{array}$$

besitzt die Lösungen $a = 2{,}2$; $b = -1{,}2$; $c = 1{,}6$ und $d = -0{,}6$. Damit erhalten wir die parametrisierten Ortsvektoren der Punkte der Kurve $k1$:

$$k1\,(t) = \begin{pmatrix} 2{,}2 \cdot t - 1{,}2 \\ 1{,}6 \cdot t - 0{,}6 \\ (2{,}2 \cdot t - 1{,}2)^3 + (2{,}2 \cdot t - 1{,}2) \cdot (1{,}6 \cdot t - 0{,}6) \end{pmatrix}.$$

Analog bestimmen wir die parametrisierten Ortsvektoren der Punkte für zwei andere Kurven auf der Fläche F.

Die zweite Kurve $k2$ zwischen den Punkten $P1$ und $P2$ soll durch trigonometrische Ansätze in t für die Parameter u und v der Fläche charakterisiert sein, d. h., für die Ortsvektoren zu den Punkten der Kurve $k2$ soll gelten:

$$k2(t) = \begin{pmatrix} u2(t) \\ v2(t) \\ (u2(t))^3 + u2(t) \cdot v2(t) \end{pmatrix} \quad \text{mit} \quad u2(t) = a \cdot \sin(t) + b \quad \text{und}$$
$$v2(t) = c \cdot \cos(t) + d.$$

Die Konstanten a, b, c und d ergeben sich aus den Forderungen, dass sich für $t = 0$ die Parameter des Punktes $P1$ und für $t = \pi/2$ diejenigen des Punktes $P2$ ergeben sollen, zu: $a = 2{,}2$; $b = -1{,}2$; $c = -1{,}6$ und $d = 1$.

Die dritte Kurve $k3$ zwischen den Punkten $P1$ und $P2$ soll durch ganzrationale Ansätze in t für die Parameter u und v der Fläche charakterisiert sein, d. h., für die Ortsvektoren zu den Punkten der Kurve $k3$ soll gelten:

$$k3(t) = \begin{pmatrix} u3(t) \\ v3(t) \\ (u3(t))^3 + u3(t) \cdot v3(t) \end{pmatrix} \quad \text{mit} \quad u3(t) = a \cdot t^3 + b \quad \text{und}$$
$$v3(t) = c \cdot t + d.$$

Die Konstanten a, b, c und d ergeben sich aus den Forderungen, dass sich für $t = 0$ die Parameter des Punktes $P1$ und für $t = 1$ diejenigen des Punktes $P2$ ergeben sollen, zu: $a = 2{,}2$; $b = -1{,}2$; $c = 1{,}6$ und $d = -0{,}6$.

Die Darstellung der Kurven $k1$ (in Hellblau), $k2$ (in Grün) und $k3$ (in Weiß) in Abb. 4.68 zeigt, dass alle drei Kurven auf der Fläche F liegen und die Punkte $P1$ und $P2$ miteinander verbinden.

Bemerkung Es kann gezeigt werden, dass die Kurve $k1$ die **Geodätische** (Kurve mit optimaler Länge, die hier minimal ist) auf der Fläche F zwischen den Punkten $P1$ und $P2$ darstellt. Dies wird verständlich, da wir für die Parameterfunktionen einen linearen Ansatz gewählt haben (dadurch wurde eine Gerade an die Fläche F „angepasst").

Die leistungsfähigen algebraischen und grafischen Möglichkeiten eines Computer-Algebra-Systems laden zum Experimentieren ein.

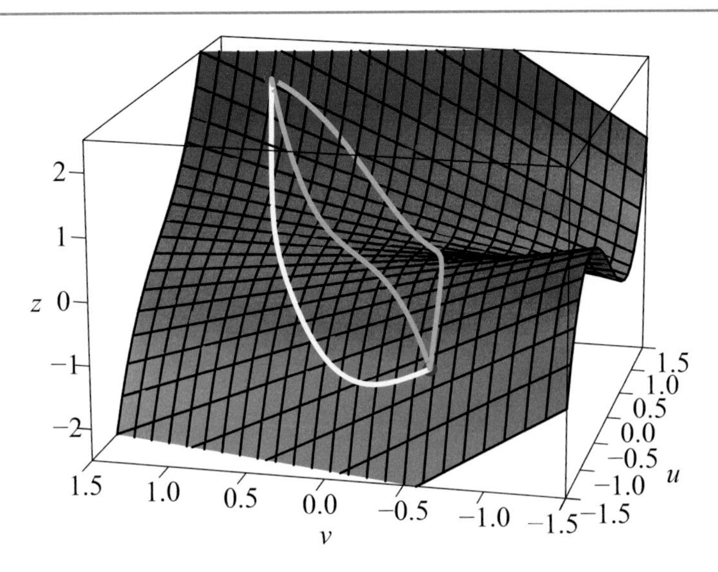

Abb. 4.68 Malen auf einer Fläche

Form und Länge eines frei hängenden Seils
Eine Hochspannungsleitung besitzt eine Form, die an eine gestauchte Parabel erinnert. Wir werden untersuchen, ob diese Vermutung zutrifft. Dazu bestimmen wir eine Gleichung der **Katenoide** (Kettenlinie), d. h. der Kurve, die ein frei hängendes Seil oder eine frei hängende Kette einnimmt. Außerdem leiten wir eine Beziehung zur Berechnung der Länge der Katenoide her.

Es wird sich zeigen, dass die Lösung dieses harmlos klingenden Problems einigen Aufwand erfordert. Wir stellen uns diesen Herausforderungen, da wir die erarbeiteten Eigenschaften von Vektoren mit physikalisch-technischen Betrachtungen kombinieren können. Dabei wählen wir eine Vorgehensweise, die für die klassische Differenzialgeometrie typisch ist, indem wir analytische Betrachtungen mit Differenzialen durchführen.

Um die Form des Seils mathematisch beschreiben zu können, verwenden wir in Abb. 4.69 ein kartesisches Koordinatensystem. Damit eine analytische Beschreibung ermöglicht wird, betrachten wir ein infinitesimal kleines Stück $\widehat{PQ}$ der Kurve (Abb. 4.69 ist nicht maßstäblich, auch die tatsächliche Form der Kurve ist noch nicht bekannt).

Das gesamte Seil soll die Länge s und die Masse m besitzen, damit hat es das Gewicht $\overrightarrow{F_G} = m \cdot g$ (g ist die Fallbeschleunigung). Wir können uns vorstellen, dass das Gewicht $\mathrm{d}\overrightarrow{F_G}$ des kleinen Seilstücks mit der Bogenlänge $\widehat{PQ} = \mathrm{d}s$ in dessen Mittelpunkt M angreift und folgenden Betrag besitzt:

$$\mathrm{d}F_G = \frac{m \cdot g}{s} \cdot \mathrm{d}s = k \cdot \mathrm{d}s \quad (k \text{ ist die Kraftdichte}). \tag{4.150}$$

Im Punkt P üben die tieferliegenden Seilstücke eine Zugkraft $\vec{F}$ auf den Querschnitt des Seils aus, die tangential zur Kurve im Punkt P verläuft. Auf den Querschnitt

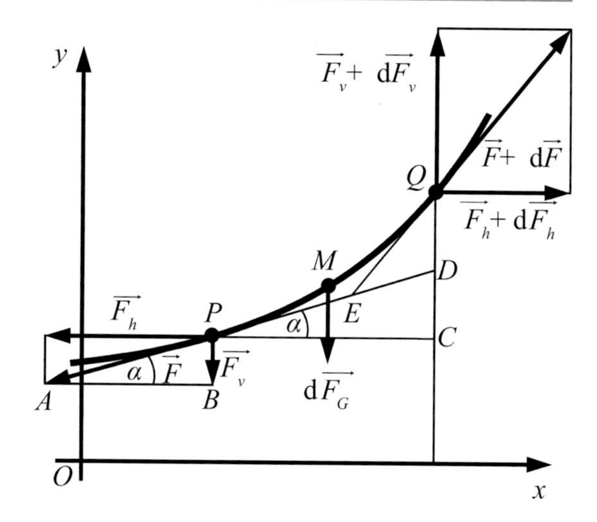

Abb. 4.69 Kräfte auf ein Seilstück

des Seils im Punkt Q wirkt ebenfalls eine Zugkraft tangential zur Kurve, die von der Aufhängung kompensiert wird. Im Punkt Q ist der Betrag der Zugkraft größer als im Punkt P, da das kleine Seilstück mit der Bogenlänge $\widehat{PQ} = \mathrm{d}s$ zusätzlich zur Belastung beiträgt. Deshalb setzen wir für die Zugkraft im Punkt Q den Term $\vec{F} + \mathrm{d}\vec{F}$ an.

Bei einem frei hängenden Seil müssen die Summe aller Kräfte und die Summe aller Drehmomente null ergeben (sonst würde sich das Seil in Richtung der Resultierenden bewegen).

Zur Betrachtung des Kräftegleichgewichts nutzen wir zunächst die Verschiebbarkeit von Vektoren längs ihrer Wirkungslinie, d. h., wir verschieben $\vec{F}$ und $\vec{F} + \mathrm{d}\,\vec{F}$ auf ihren Wirkungslinien bis zu deren Schnittpunkt E. Nun verwenden wir folgenden **Trick**: Die wirkenden Kräfte $\vec{F}$ und $\vec{F} + \mathrm{d}\,\vec{F}$ werden jeweils in eine horizontal und eine vertikal wirkende Teilkraft zerlegt (s. Abb. 4.69). Dieses Vorgehen ermöglicht es, die Gleichgewichtsbedingung formulieren zu können, obwohl der Winkel zwischen $\vec{F}$ und $\vec{F} + \mathrm{d}\,\vec{F}$ unbekannt ist. Bei der vertikalen Komponente können wir auch den Betrag des Gewichts $\mathrm{d}\,\overrightarrow{F_G}$ berücksichtigen, da der Punkt E „sehr dicht" am Punkt M liegt (wir nutzen in diesem Beispiel zum ersten Mal den differenziellen Ansatz). Wir erhalten

$$\text{horizontal}: \quad 0 = -F_h + (F_h + \mathrm{d}F_h), \tag{4.151}$$

$$\text{vertikal}: \quad 0 = -F_v - k \cdot \mathrm{d}s + (F_v + \mathrm{d}\,F_v). \tag{4.152}$$

Zur Betrachtung des Drehmomentgleichgewichts müssen wir einen Drehpunkt festlegen. Wir wählen dafür zunächst Punkt P und bezeichnen rechtsdrehende Momente positiv und linksdrehende negativ. Unter erneuter Nutzung des differenziellen Ansatzes erhalten wir mit $\overline{PC} = \mathrm{d}x$ und $\overline{CQ} \approx \overline{CD} = \mathrm{d}y$:

$$0 = (k \cdot \mathrm{d}s) \cdot \frac{\mathrm{d}x}{2} + (F_h + \mathrm{d}\,F_h) \cdot \mathrm{d}y - (F_v + \mathrm{d}\,F_v) \cdot \mathrm{d}x. \tag{4.153}$$

Schlussfolgerungen aus der Gleichgewichtsbedingung:

Aus (4.151) folgt:

$$0 = \mathrm{d}F_h \Rightarrow F_h = \text{const}, \tag{4.154}$$

aus (4.152) folgt:

$$k \cdot \mathrm{d}s = \mathrm{d}F_v \Rightarrow \mathrm{d}F_v \underset{(4.150)}{=} \mathrm{d}F_G. \tag{4.155}$$

Zur Auswertung von (4.153) wenden wir eine **Näherung** an :

Das Produkt zweier Differenziale kann gegenüber Vielfachen von Differenzialen vernachlässigt werden (Rechnen mit kleinen Größen).

Damit ergibt sich aus (4.153):

$$0 = F_h \cdot \mathrm{d}y - F_v \cdot \mathrm{d}x \Rightarrow \frac{\mathrm{d}y}{\mathrm{d}x} = \frac{F_v}{F_h}. \tag{4.156}$$

Bemerkung Die erhaltenen Ergebnisse sind anschaulich verständlich: Die Konstanz der horizontalen Kraftkomponente nach (4.154) wird durch die freie Aufhängung des Seils bedingt, die Änderung der vertikalen Kraftkomponente beim Übergang von Punkt *P* nach Punkt *Q* wird durch das Gewicht dieses Seilstücks hervorgerufen (4.155), das Ergebnis (4.156) aus dem Drehmomentgleichgewicht ergibt sich auch aus der Ähnlichkeit der Dreiecke *ABP* und *PCD*.

Das Ergebnis (4.156) aus dem Drehmomentgleichgewicht ergibt sich auch bei anderer Wahl des Drehpunktes:

Ansatz für Drehpunkt *M*: $0 = F_h \cdot \frac{\mathrm{d}y}{2} + (F_h + \mathrm{d}F_h) \cdot \frac{\mathrm{d}y}{2} - F_v \cdot \frac{\mathrm{d}x}{2} - (F_v + \mathrm{d}F_v) \cdot \frac{\mathrm{d}x}{2}$,

Ansatz für Drehpunkt *Q*: $0 = F_h \cdot \mathrm{d}y - F_v \cdot \mathrm{d}x - (k \cdot \mathrm{d}s) \cdot \frac{\mathrm{d}x}{2}$.

Beide Ansätze führen nach Vernachlässigung der Produkte der Differenziale wieder auf (4.156).

Wir leiten aus den hergeleiteten Beziehungen (4.150), (4.154), (4.155) und (4.156) eine Beziehung für die Katenoide her. Zunächst setzen wir (4.155) in (4.150) ein und erhalten

$$\mathrm{d}F_v = k \cdot \mathrm{d}s. \tag{4.157}$$

Das Differenzial $\mathrm{d}F_v$ können wir durch Ableiten aus (4.156) bestimmen, dabei nutzen wir die Konstanz von F_h nach (4.154):

$$\frac{\mathrm{d}y}{\mathrm{d}x} = y' = \frac{F_v}{F_h} \qquad \Bigg| \frac{\mathrm{d}}{\mathrm{d}x}$$

$$y'' = \frac{\mathrm{d}}{\mathrm{d}x}\left(\frac{F_v}{F_h}\right) = \frac{1}{F_h} \cdot \frac{\mathrm{d}F_v}{\mathrm{d}x} \tag{4.158}$$

Einsetzen von (4.157) in (4.158) liefert $y'' = \frac{k}{F_h} \cdot \frac{\mathrm{d}s}{\mathrm{d}x}$. Die Konstante $\frac{k}{F_h}$ wird zur Konstanten $\frac{1}{a}$ zusammengefasst (diese Substitution sichert uns später ein formschönes Endergebnis):

$$y'' = \frac{1}{a} \cdot \frac{\mathrm{d}s}{\mathrm{d}x}. \tag{4.159}$$

Für das Differenzial der Bogenlänge ds verwenden wir (3.4):

Einsetzen von $\mathrm{d}s = \sqrt{1 + \left(\frac{\mathrm{d}y}{\mathrm{d}x}\right)^2} \cdot \mathrm{d}x$ in (4.159) liefert schließlich eine **Differenzialgleichung der Katenoide**

$$y'' = \frac{1}{a} \cdot \sqrt{1 + \left(\frac{\mathrm{d}y}{\mathrm{d}x}\right)^2} = \frac{1}{a} \cdot \sqrt{1 + y'^2}. \tag{4.160}$$

Die Bestimmung von $y(x)$ aus der Beziehung (4.160) führt uns in das riesige Gebiet der Lösung von Differenzialgleichungen. Bei der vorliegenden Differenzialgleichung handelt es sich um eine sogenannte gewöhnliche Differenzialgleichung ODE (*ordinary differential equation*). Wir sollten uns angewöhnen, beim Lösen von ODE auf Computer-Algebra-Systeme oder Formelsammlungen zurückzugreifen, da selbst bei „harmlos aussehenden" ODE oft nur trickreiche Umformungen zur Lösung führen (die vorliegende ODE ist „gutartig", da sie sich durch zweimaliges Integrieren lösen lässt, doch das ist eher die Ausnahme . . .).

Damit das Computer-Algebra-System die ODE lösen kann, substituieren wir in einem ersten Schritt $z(x) = y'(x)$ und legen ein Koordinatensystem so fest, dass an der Stelle $x = 0$ das lokale Extremum (Minimum) der Kurve liegt, d. h. $y'(0) = z(0) = 0$. Für die Rücksubstitution des Teilergebnisses verwenden wir als Randbedingung $y(0) = a$, um ein besonders einfaches Ergebnis zu erhalten. Es ergibt sich:

Die Lösung der Differenzialgleichung $z'(x) = \frac{1}{a} \cdot \sqrt{1 + (z(x))^2}$ unter der Nebenbedingung $z(0) = 0$ lautet $z(x) = \sinh\left(\frac{x}{a}\right)$.

Nach Rücksubstitution erhalten wir die Differenzialgleichung $y'(x) = \sinh\left(\frac{x}{a}\right)$, welche unter der Nebenbedingung $y(0) = a$ folgende Lösung besitzt:

$$y(x) = \frac{a \cdot \mathrm{e}^{\frac{x}{a}} + a \cdot \mathrm{e}^{-\frac{x}{a}}}{2}.$$

Bemerkung Das Teilergebnis ergibt eine Funktion, die in der Schulmathematik nicht thematisiert wird. Sie besitzt den stolzen Namen **Sinus Hyperbolicus** und ist analog zur Funktion **Kosinus Hyperbolicus** mithilfe der Exponentialfunktion definiert

$$\sinh(x) = \frac{\mathrm{e}^x - \mathrm{e}^{-x}}{2} \quad \text{bzw.} \quad \cosh(x) = \frac{\mathrm{e}^x + \mathrm{e}^{-x}}{2}.$$

Abbildung 4.70 zeigt die Graphen der beiden hyperbolischen Funktionen (Sinus Hyperbolicus punktiert, Kosinus Hyperbolicus durchgezogen).

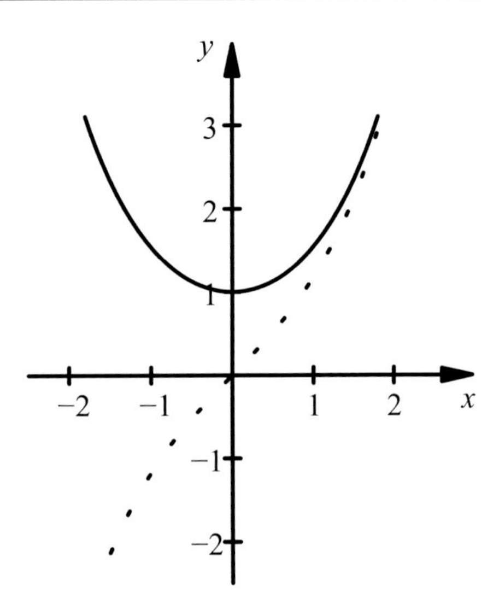

Abb. 4.70 Graphen der hyperbolischen Funktionen

Unter Nutzung der Definitionen der hyperbolischen Funktionen ergibt sich für die **Gleichung der Katenoide**

$$y(x) = a \cdot \cosh\left(\frac{x}{a}\right). \tag{4.161}$$

Der Ansatz für die Bogenlänge der Katenoide ergibt sich mit der ermittelten Lösung für $z(x) = y'(x) = \sinh\left(\frac{x}{a}\right)$ zu

$$\mathrm{d}s = \sqrt{1 + \left(\frac{\mathrm{d}y}{\mathrm{d}x}\right)^2} \cdot \mathrm{d}x = \sqrt{1 + \sinh^2\left(\frac{x}{a}\right)} \cdot \mathrm{d}x.$$

Wir nutzen die Beziehung $1 + \sinh^2\left(\frac{x}{a}\right) = \cosh^2\left(\frac{x}{a}\right)$ und die Eigenschaft des Kosinus Hyperbolicus, dass diese Funktion ausschließlich positive Funktionswerte besitzt:

$$\mathrm{d}s = \cosh\left(\frac{x}{a}\right) \cdot \mathrm{d}x \qquad \Big| \int$$

$$s(x) = a \cdot \sinh\left(\frac{x}{a}\right) + C$$

Wenn wir die Bogenlänge ab dem Minimum der Kurve messen, d. h., wenn $s(0) = 0$ gilt, dann ergibt sich für die Integrationskonstante C der Wert null. Damit erhalten wir als Beziehung für die **Bogenlänge der Katenoide** (die halbe Seillänge bei symmetrischer Aufhängung).

$$s(x) = a \cdot \sinh\left(\frac{x}{a}\right). \tag{4.162}$$

Ergebnis:
Unsere eingangs formulierte Vermutung, dass eine Hochspannungsleitung die Form einer gestauchten Parabel besitzen könnte, hat sich als nicht zutreffend erwiesen. Außerdem gestaltete sich die Untersuchung der Katenoide als erstaunlich kompliziert.
Als Schlüssel zur Lösung des Problems erwies sich wieder einmal der Grundgedanke der Differenzialrechnung, zunächst infinitesimale Abstände zu untersuchen, weil differenzielle Beziehungen in der Regel erfolgreich durch einfach beherrschbare lineare Ansätze modelliert werden können. Im zweiten Schritt kam der Grundgedanke der Integralrechnung zum Tragen, der durch Summation von Differenzialen, d. h. durch Integration, wieder zu makroskopischen Größen führte.

Eine nähere Beschäftigung mit der Katenoide sowie mit den hyperbolischen Funktionen und ihren Umkehrfunktionen ist ausgesprochen beziehungsreich und bietet interessante Einblicke in die Ästhetik und Leistungsfähigkeit der Differenzialgeometrie. Wir hoffen, dass wir beim Leser das Interesse für eigene Recherchen wecken konnten.

4.3 Vektoren als Tensoren

Die speziellen gerichteten physikalischen Größen, deren Strukturelemente sich bei einem Wechsel des Koordinatensystems wie Koordinatendifferenziale transformieren, haben eine herausragende Bedeutung in der Physik, da sich mit ihnen die Naturgesetze invariant formulieren lassen (d. h., die mathematische Beschreibung der Naturgesetze hat bei ausschließlicher Verwendung derartiger Größen in allen Koordinatensystemen die gleiche Form). Deshalb wurde für diese Größen mit dem Begriff **Tensor** eine eigene Bezeichnung geschaffen. Gerichtete physikalische Größen mit einem anderen Transformationsverhalten werden **Pseudovektoren** oder **axiale Vektoren** genannt.

Mit der Bezeichnung **Komponenten** für die Strukturelemente der Tensoren erhalten wir folgende Definitionen für Tensoren erster Stufe (d. h. einfach indizierter Größen):

Definition 4.3
Eine gerichtete physikalische Größe $\vec{v}$ wird als **Tensor erster Stufe mit kontravarianten Komponenten** bezeichnet, wenn sich seine kontravarianten Komponenten v^i bei beliebigen Koordinatentransformationen folgendermaßen transformieren:

$$v^{i'} = \alpha^{i'}{}_i \cdot v^i = \frac{\partial x^{i'}}{\partial x^i} \cdot v^i = \frac{\partial x_i}{\partial x_{i'}} \cdot v^i \quad \text{und}$$

$$v^i = \left(\alpha^{-1}\right)^i{}_{i'} \cdot v^{i'} = \frac{\partial x^i}{\partial x^{i'}} \cdot v^{i'} = \frac{\partial x_{i'}}{\partial x_i} \cdot v^{i'}. \qquad (4.163)$$

Eine gerichtete physikalische Größe $\vec{v}$ wird als **Tensor erster Stufe mit kovarianten Komponenten** bezeichnet, wenn sich seine kovarianten Komponenten v_i bei beliebigen Koordinatentransformationen folgendermaßen transformieren:

$$v_{i'} = \left(\alpha^{-1}\right)^{i}_{\ i'} \cdot v_i = \frac{\partial x^i}{\partial x^{i'}} \cdot v_i = \frac{\partial x_{i'}}{\partial x_i} \cdot v_i \quad \text{und}$$

$$v_i = \alpha^{i'}_{\ i} \cdot v_{i'} = \frac{\partial x^{i'}}{\partial x^i} \cdot v_{i'} = \frac{\partial x_i}{\partial x_{i'}} \cdot v_{i'}. \tag{4.164}$$

Wir haben die angegebenen Transformationsbeziehungen bereits in Abschn. 4.2.4 als (4.141) und (4.142) erarbeitet.

In physikalischen Fachtexten werden **Tensoren erster Stufe mit kontravarianten bzw. kovarianten Komponenten** zuweilen als **kontravariante bzw. kovariante Vektoren** bezeichnet. Wenn dafür etwas ungenau der Begriff **Vektoren** verwendet wird, dann muss aus dem Kontext geschlossen werden, was mit dem Begriff „Vektor" gemeint ist (außerdem ist zu beachten, dass Vektoren Koordinaten, aber Tensoren Komponenten besitzen).

Da wir uns in diesem Abschnitt mit Tensoren befassen, werden wir den Begriff **Komponenten** für deren Strukturelemente benutzen.

Der Tensorbegriff wird in der Physik verallgemeinert, da die Beschreibung physikalischer Sachverhalte häufig die Definition mehrfach indizierter Größen erfordert.

Beispiel 4.8

Die mechanische Spannung P im Inneren eines Körpers wird bestimmt durch die infinitesimale Kraft $\mathrm{d}\vec{F}$, die auf eine infinitesimale Fläche $\mathrm{d}\vec{A}$ wirkt (der Betrag von $\mathrm{d}\vec{A}$ ist gleich dem infinitesimalen Flächeninhalt, die Richtung dieses Vektors ist gleich der Flächennormalen, der Richtungssinn wird vereinbart – häufig ist er „nach außen" gerichtet). Da sowohl die Kraft als auch die Fläche durch jeweils drei Komponenten charakterisiert werden, sind insgesamt neun Angaben erforderlich, um den mechanischen Spannungszustand für einen Punkt im Inneren eines Körpers zu beschreiben (aus Symmetriegründen reduziert sich diese Anzahl im vorliegenden Fall, doch das gilt nicht allgemein).

Die mathematische Modellierung dieses Sachverhaltes erfolgt mithilfe eines doppelt indizierten Spannungstensors, dessen Komponenten in einer 3×3-Matrix angeordnet werden können:

$$P_{ik} = \frac{\mathrm{d}F_k}{\mathrm{d}A_i} = \begin{cases} \sigma_{ii} & \text{für } i = k, \\ \tau_{ik} & \text{für } i \neq k. \end{cases}$$

$$P_{ik} = \begin{pmatrix} \sigma_{11} & \tau_{12} & \tau_{13} \\ \tau_{21} & \sigma_{22} & \tau_{23} \\ \tau_{31} & \tau_{32} & \sigma_{33} \end{pmatrix}.$$

Definition 4.4
In der **Physik** wird ein Objekt als **(*p*, *q*) -Tensor** der Stufe $(p+q)$ bezeichnet, wenn sich die Transformation seiner Komponenten mit p kontravarianten und q kovarianten Indizes mithilfe der kontravarianten Koordinatendifferenziale wie folgt beschreiben lässt:

$$T^{j_{1'}\dots j_{p'}}_{k_{1'}\dots k_{q'}} = \frac{\partial x^{j_{1'}}}{\partial x^{j_1}} \cdot \ldots \cdot \frac{\partial x^{j_{p'}}}{\partial x^{j_p}} \cdot \frac{\partial x^{k_1}}{\partial x^{k_{1'}}} \cdot \ldots \cdot \frac{\partial x^{k_q}}{\partial x^{k_{q'}}} \cdot T^{j_1\dots j_p}_{k_1\dots k_q} \quad \text{bzw.}$$
$$T^{j_{1'}\dots j_{p'}}_{k_{1'}\dots k_{q'}} = \alpha^{j_{1'}}{}_{j_1} \cdot \ldots \cdot \alpha^{j_{p'}}{}_{j_p} \cdot (\alpha^{-1})^{k_1}{}_{k_{1'}} \cdot \ldots \cdot (\alpha^{-1})^{k_q}{}_{k_{q'}} \cdot T^{j_1\dots j_p}_{k_1\dots k_q} \tag{4.165}$$

und

$$T^{j_1\dots j_p}_{k_1\dots k_q} = \frac{\partial x^{j_1}}{\partial x^{j_{1'}}} \cdot \ldots \cdot \frac{\partial x^{j_p}}{\partial x^{j_{p'}}} \cdot \frac{\partial x^{k_{1'}}}{\partial x^{k_1}} \cdot \ldots \cdot \frac{\partial x^{k_{q'}}}{\partial x^{k_q}} \cdot T^{j_{1'}\dots j_{p'}}_{k_{1'}\dots k_{q'}} \quad \text{bzw.}$$
$$T^{j_1\dots j_p}_{k_1\dots k_q} = (\alpha^{-1})^{j_1}{}_{j_{1'}} \cdot \ldots \cdot (\alpha^{-1})^{j_p}{}_{j_{p'}} \cdot \alpha^{k_{1'}}{}_{k_1} \cdot \ldots \cdot \alpha^{k_{q'}}{}_{k_q} \cdot T^{j_{1'}\dots j_{p'}}_{k_{1'}\dots k_{q'}} \tag{4.166}$$

Der Tensorbegriff beruht in der Physik auf dem in der Definition angegebenen Transformationsverhalten. Dabei ist es bedeutsam, dass sich die kontravarianten und die kovarianten Komponenten des Tensors unabhängig voneinander in der jeweils typischen Weise transformieren.

Nachweis der Tensoreigenschaft der Koordinatendifferenziale
Die Tensoreigenschaft der kontravarianten Koordinatendifferenziale ergibt sich direkt durch Bilden des totalen Differenzials der Koordinatenfunktionen und Vergleichen mit der Definition von Tensoren:

$$x^{i'} = x^{i'}\left(x^1, \ldots, x^N\right) \Rightarrow \mathrm{d}x^{i'} = \frac{\partial x^{i'}}{\partial x^i} \cdot \mathrm{d}x^i.$$

Der Nachweis der Tensoreigenschaft der kovarianten Koordinatendifferenziale erfolgt analog, dabei formulieren wir den Differenzialquotienten mithilfe von kontravarianten Koordinaten, um den Vergleich mit der Definition von Tensoren zu erleichtern:

$$\mathrm{d}x_{i'} = \frac{\partial x_{i'}}{\partial x_i} \cdot \mathrm{d}x_i = \frac{\partial x^i}{\partial x^{i'}} \cdot \mathrm{d}x_i.$$

Nachweis der Tensoreigenschaft der metrischen Tensoren
Die Tensoreigenschaft der Elemente der Matrix $G = (g_{ij})$ lässt sich mit der Invarianz des Skalarprodukts zweier Vektoren bei Koordinatentransformationen nachweisen.

$$\vec{A} \cdot \vec{B} = A^i \cdot \vec{g_i} \cdot B^j \cdot \vec{g_j} = A^i \cdot B^j \cdot g_{ij} \stackrel{!}{=} A^{i'} \cdot B^{j'} \cdot g_{i'j'} \quad \text{da Skalarprodukt invariant}$$

$$\left(\left(\alpha^{-1}\right)^i_{\ i'} \cdot A^{i'}\right) \cdot \left(\left(\alpha^{-1}\right)^j_{\ j'} \cdot B^{j'}\right) \cdot g_{ij} = A^{i'} \cdot B^{j'} \cdot g_{i'j'} \quad | \text{Transformation } A^i \text{ und } B^j$$

$$A^{i'} \cdot B^{j'} \cdot \left(\alpha^{-1}\right)^i_{\ i'} \cdot \left(\alpha^{-1}\right)^j_{\ j'} \cdot g_{ij} = A^{i'} \cdot B^{j'} \cdot g_{i'j'} \quad | A^{i'} \text{ und } B^{j'} \text{beliebig}$$

$$g_{i'j'} = (\alpha^{-1})^i_{\ i'} \cdot (\alpha^{-1})^j_{\ j'} \cdot g_{ij} \tag{4.167}$$

Analog gilt

$$\vec{A} \cdot \vec{B} = A^i \cdot \vec{g_i} \cdot B^j \cdot \vec{g_j} = A^i \cdot B^j \cdot g_{ij} \stackrel{!}{=} A^{i'} \cdot B^{j'} \cdot g_{i'j'} \quad \text{da Skalarprodukt invariant}$$

$$A^i \cdot B^j \cdot g_{ij} = \left(\alpha^{i'}_{\ i} \cdot A^i\right) \cdot \left(\alpha^{j'}_{\ j} \cdot B^j\right) \cdot g_{i'j'} \quad | \text{Transformation } A^{i'} \text{und} B^{j'}$$

$$A^i \cdot B^j \cdot g_{ij} = A^i \cdot B^j \cdot \alpha^{i'}_{\ i} \cdot \alpha^{j'}_{\ j} \cdot g_{i'j'} \quad | A^i \text{ und } B^j \text{ beliebig}$$

$$g_{ij} = \alpha^{i'}_{\ i} \cdot \alpha^{j'}_{\ j} \cdot g_{i'j'} \tag{4.168}$$

Ergebnis: $G = (g_{ij})$ ist ein Tensor, da sich jeder Index wie ein Vektor mit gleich indizierten (hier kovarianten) Komponenten transformiert.

Analog erfolgt der Nachweis, dass auch (g^{ij}) ein Tensor ist.

$$\vec{A} \cdot \vec{B} = A_i \cdot \vec{g^i} \cdot B_j \cdot \vec{g^j} = A_i \cdot B_j \cdot g^{ij} \stackrel{!}{=} A_{i'} \cdot B_{j'} \cdot g^{i'j'} \quad | \text{Invarianz Skalarprodukt}$$

$$\left(\alpha^{i'}_{\ i} \cdot A_{i'}\right) \cdot \left(\alpha^{j'}_{\ j} \cdot B_{j'}\right) \cdot g^{ij} = A_{i'} \cdot B_{j'} \cdot g^{i'j'} \quad | \text{Transformation } A_i \text{ und } B_j$$

$$A_{i'} \cdot B_{j'} \cdot \alpha^{i'}_{\ i} \cdot \alpha^{j'}_{\ j} \cdot g^{ij} = A_{i'} \cdot B_{j'} \cdot g^{i'j'} \quad | A_{i'} \text{ und } B_{j'} \text{ beliebig}$$

$$g^{i'j'} = \alpha^{i'}_{\ i} \cdot \alpha^{j'}_{\ j} \cdot g^{ij} \tag{4.169}$$

Analog gilt

$$\vec{A} \cdot \vec{B} = A_i \cdot \vec{g^i} \cdot B_j \cdot \vec{g^j} = A_i \cdot B_j \cdot g^{ij} \stackrel{!}{=} A_{i'} \cdot B_{j'} \cdot g^{i'j'} \quad | \text{InvarianzSkalarprodukt}$$

$$A_i \cdot B_j \cdot g^{ij} = \left(\left(\alpha^{-1}\right)^i_{\ i'} \cdot A_i\right) \cdot \left(\left(\alpha^{-1}\right)^j_{\ j'} \cdot B_j\right) \cdot g^{i'j'} \quad | \text{Transformation } A_{i'} \text{ und } B_{j'}$$

$$A_i \cdot B_j \cdot g^{ij} = A_i \cdot B_j \cdot \left(\alpha^{-1}\right)^i_{\ i'} \cdot \left(\alpha^{-1}\right)^j_{\ j'} \cdot g^{i'j'} \quad | A_i \text{ und } B_j \text{ beliebig}$$

$$g^{ij} = \left(\alpha^{-1}\right)^i_{\ i'} \cdot (\alpha^{-1})^j_{\ j'} \cdot g^{i'j'} \tag{4.170}$$

Ergebnis: (g^{ij}) ist ein Tensor, da sich jeder Index wie ein Vektor mit gleich indizierten (hier kontravarianten) Komponenten transformiert.

Wenn wir (4.167) $g_{i'j'} = (\alpha^{-1})^i_{\ i'} \cdot (\alpha^{-1})^j_{\ j'} \cdot g_{ij}$ in Matrixschreibweise darstellen, dann können wir eine nützliche **Beziehung für die Determinanten der metrischen Tensoren** herleiten. Zunächst nutzen wir aus, dass für die ortsabhängigen Funktionen $(\alpha^{-1})^i_{\ i'}$ bzw. Zahlen g_{ij} das Kommutativgesetz der Multiplikation gilt: $g_{i'j'} = (\alpha^{-1})^i_{\ i'} \cdot g_{ij} \cdot (\alpha^{-1})^j_{\ j'}$. Wir schreiben die rechte Seite der Gleichung mithilfe von (2.2) so um, dass wir dieses Produkt gemäß (2.4) als Matrizenprodukt interpretieren können:

$$g_{i'j'} = \left(\left(\alpha^{-1}\right)^T\right)_{i'}^{\ i} \cdot g_{ij} \cdot \left(\alpha^{-1}\right)^j_{\ j'}$$

$$\left(g_{i'j'}\right) = \left(\left(\left(\alpha^{-1}\right)^T\right)_{i'}^{\ i}\right) \bullet \left(g_{ij}\right) \bullet \left(\left(\alpha^{-1}\right)^j_{\ j'}\right)$$

$$G' = \left(\alpha^{-1}\right)^T \bullet G \bullet \alpha^{-1} \tag{4.171}$$

Bilden wir nun die Determinante, dann erhalten wir

$$\det G' = \det\left(\left(\alpha^{-1}\right)^T \bullet G \bullet \alpha^{-1}\right) \quad \left| \begin{aligned} \det(A \bullet B) &= \det A \cdot \det B \\ \det A^T &= \det A \end{aligned}\right.$$

$$\det G' = \det G \cdot \det\left(\alpha^{-1}\right) \cdot \det\left(\alpha^{-1}\right)$$

Mit den **Abkürzungen**:

$$\det\left(g_{ij}\right) = \det G =: g \quad \text{und} \quad \det\left(g_{i'j'}\right) = \det G' =: g' \tag{4.172}$$

ergibt sich

$$g' = g \cdot \det\left(\alpha^{-1}\right) \cdot \det\left(\alpha^{-1}\right). \tag{4.173}$$

Wir berücksichtigen, dass α und α^{-1} zueinander inverse Matrizen sind. Deshalb gilt die in Abschn. 2.3.4 hergeleitete Beziehung (2.21), die jetzt folgende Form annimmt:

$$\alpha \bullet \alpha^{-1} = E$$

$$\det\alpha \cdot \det\left(\alpha^{-1}\right) = \det E \qquad |\det E = 1$$

$$\det\alpha \cdot \det\left(\alpha^{-1}\right) = 1 \tag{4.174}$$

Setzen wir (4.174) in (4.173) ein und ziehen die Quadratwurzel, dann ergibt sich die gesuchte Beziehung (im Falle negativer Determinanten steht es uns frei, mit Beträgen zu arbeiten oder komplexe Modellierungen zu verwenden):

$$\sqrt{g'} = \det\left(\alpha^{-1}\right) \cdot \sqrt{g} = \frac{\sqrt{g}}{\det\alpha}. \tag{4.175}$$

Mit der Beziehung (4.175) bestimmen wir in Anhang 4.6 Flächen- und Volumendifferenziale für allgemeine Räume, und wir leiten in Anhang 4.7 Epsilon-Tensoren aus den Epsilon-Symbolen her.

Wir testen die Beziehung (4.171) am Beispiel 4.6 (Komplexbeispiel) aus Abschn. 4.2.2:

Es war gegeben:

$$B = \begin{pmatrix} \vec{b_1} & \vec{b_2} \\ | & | \end{pmatrix}_E = \begin{pmatrix} -3/2 & 2 \\ 1 & -1/2 \end{pmatrix}_E, \quad \text{d. h.} \quad \vec{b_1} = \vec{g_1} = \begin{pmatrix} -3/2 \\ 1 \end{pmatrix}_E, \vec{b_2} = \vec{g_2} = \begin{pmatrix} 2 \\ -1/2 \end{pmatrix}_E,$$

$$B' = \begin{pmatrix} \vec{b_{1'}} & \vec{b_{2'}} \\ | & | \end{pmatrix}_E = \begin{pmatrix} 3 & 3 \\ -2 & 1 \end{pmatrix}_E, \quad \text{d. h.} \quad \vec{b_{1'}} = \vec{g_{1'}} = \begin{pmatrix} 3 \\ -2 \end{pmatrix}_E, \vec{b_{2'}} = \vec{g_{2'}} = \begin{pmatrix} 3 \\ 1 \end{pmatrix}_E.$$

Wir erhalten:

$$\alpha = \left(B'\right)^{-1} \cdot B = \begin{pmatrix} 3 & 3 \\ -2 & 1 \end{pmatrix}^{-1} \cdot \begin{pmatrix} -3/2 & 2 \\ 1 & -1/2 \end{pmatrix} = \begin{pmatrix} -1/2 & 7/18 \\ 0 & 5/18 \end{pmatrix}_E,$$

$$G = \begin{pmatrix} g_{11} & g_{12} \\ g_{21} & g_{22} \end{pmatrix} = \begin{pmatrix} \vec{g_1} \cdot \vec{g_1} & \vec{g_1} \cdot \vec{g_2} \\ \vec{g_2} \cdot \vec{g_1} & \vec{g_2} \cdot \vec{g_2} \end{pmatrix} = \begin{pmatrix} 13/4 & -7/2 \\ -7/2 & 17/4 \end{pmatrix},$$

$$G' = \begin{pmatrix} g_{1'1'} & g_{1'2'} \\ g_{2'1'} & g_{2'2'} \end{pmatrix} = \begin{pmatrix} \vec{g_{1'}} \cdot \vec{g_{1'}} & \vec{g_{1'}} \cdot \vec{g_{2'}} \\ \vec{g_{2'}} \cdot \vec{g_{1'}} & \vec{g_{2'}} \cdot \vec{g_{2'}} \end{pmatrix} = \begin{pmatrix} 13 & 7 \\ 7 & 10 \end{pmatrix},$$

$$\left(\alpha^{-1}\right)^T \cdot G \cdot \alpha^{-1} = \begin{pmatrix} 13 & 7 \\ 7 & 10 \end{pmatrix} = G' \ \ldots \text{ das Ergebnis ist korrekt.}$$

Rechenoperationen mit Tensoren

Die **Indexzieher-Eigenschaften** der Komponenten der metrischen Tensoren werden von Vektorindizes (s. Abschn. 4.2.2) auf beliebige Indizes von Tensoren übertragen.

Die **Addition und Subtraktion** ist nur für Tensoren gleichen Typs definiert, indem einander entsprechende Komponenten addiert bzw. subtrahiert werden. Der Typ und die Stufe des gebildeten Tensors stimmen mit Typ und Stufe der Ausgangstensoren überein.

Beispiel: $\begin{pmatrix} T_1{}^1 & T_1{}^2 \\ T_2{}^1 & T_2{}^2 \end{pmatrix} + \begin{pmatrix} U_1{}^1 & U_1{}^2 \\ U_2{}^1 & U_2{}^2 \end{pmatrix} = \begin{pmatrix} T_1{}^1 + U_1{}^1 & T_1{}^2 + U_1{}^2 \\ T_2{}^1 + U_2{}^1 & T_2{}^2 + U_2{}^2 \end{pmatrix}.$

Die Kombination dieser einfachen Regel mit dem per Definition festgelegten Transformationsverhalten von Tensoren sichert die **Invarianz** von Gleichungen, die unter ausschließlicher Verwendung von Tensoren formuliert sind, gegenüber Koordinatentransformationen:

- In einem Koordinatensystem soll die Tensorgleichung $A = B$ gelten.
- Damit gilt in diesem Koordinatensystem die Tensorgleichung $A - B = \mathbf{0}$ mit dem Nulltensor $\mathbf{0}$, dessen Komponenten alle den Wert null besitzen.
- Wegen des Transformationsverhaltens von Tensoren ergibt sich nach einer Koordinatentransformation des Nulltensors wieder der Nulltensor (ein Produkt ist null, wenn ein Faktor null ist).
- Nach der Transformation gilt deshalb $A' - B' = \mathbf{0}$, d. h. $A' = B'$ ... Invarianz zur Tensorgleichung im ursprünglichen Koordinatensystem (im Allgemeinen gelten $A \neq A'$ und $B \neq B'$ doch aus $A = B$ folgt stets $A' = B'$).

Die **Multiplikation eines Tensors mit einem Skalar** erfolgt komponentenweise wie bei einer Matrix. Der Typ und die Stufe des gebildeten Tensors stimmen mit Typ und Stufe des Ausgangstensors überein.

Beispiel: $\lambda \cdot \begin{pmatrix} {T_1}^1 & {T_1}^2 \\ {T_2}^1 & {T_2}^2 \end{pmatrix} = \begin{pmatrix} \lambda \cdot {T_1}^1 & \lambda \cdot {T_1}^2 \\ \lambda \cdot {T_2}^1 & \lambda \cdot {T_2}^2 \end{pmatrix}$.

Die **Verjüngung** oder **Kontraktion** eines Tensors erfolgt durch Gleichsetzen von einem kovariant und einem kontravariant stehenden Index und Anwenden der Einstein'schen Summenkonvention (2.4). Die Stufe des verjüngten Tensors ist um zwei niedriger als die des Ausgangstensors.

Beispiel 4.9

Der zweistufige Tensor $D = \begin{pmatrix} a_1 \cdot c^1 & a_1 \cdot c^2 & a_1 \cdot c^3 \\ a_2 \cdot c^1 & a_2 \cdot c^2 & a_2 \cdot c^3 \\ a_3 \cdot c^1 & a_3 \cdot c^2 & a_3 \cdot c^3 \end{pmatrix}$ mit den Komponenten $a_i \cdot c^j$, der aus dem Produkt der beiden Tensoren erster Stufe $A = \begin{pmatrix} a_1 & a_2 & a_3 \end{pmatrix}$ und $C = \begin{pmatrix} c^1 \\ c^2 \\ c^3 \end{pmatrix}$ entstanden ist, ergibt durch Verjüngung über die Indizes i und j einen Tensor nullter Stufe (also einen Skalar) mit der Komponente $a_i \cdot c^i = a_1 \cdot c^1 + a_2 \cdot c^2 + a_3 \cdot c^3$, der folgendermaßen interpretiert werden kann:

- Skalarprodukt der Tensoren erster Stufe bzw. Vektoren A und C,
- Spur der aus den Komponenten gebildeten Matrix.

Beispiel 4.10

Fassen wir einen beliebigen Skalar S als Kontraktion eines Tensors ${S^m}_n$ auf, d. h. als $S = {S^n}_n$ (dies ist möglich, da sich eine Zahl stets als Summe mehrerer Zahlen darstellen lässt), dann können wir die **Invarianz von Skalaren** bei Koordinatentransformationen nachweisen. Dazu transformieren wir den Tensor ${S^m}_n$ und führen anschließend eine Kontraktion durch:

$$
\begin{aligned}
{S^{m'}}_{n'} &= \frac{\partial x^{m'}}{\partial x^m} \cdot \frac{\partial x^n}{\partial x^{n'}} \cdot {S^m}_n && \mid \text{kontrahieren} \\
{S^{n'}}_{n'} &= \frac{\partial x^{n'}}{\partial x^m} \cdot \frac{\partial x^n}{\partial x^{n'}} \cdot {S^m}_n && \left| \frac{\partial x^{n'}}{\partial x^m} \cdot \frac{\partial x^n}{\partial x^{n'}} = \delta^n_m \quad \text{nach (4.143)} \right. \\
{S^{n'}}_{n'} &= \delta^n_m \cdot {S^m}_n = {S^n}_n \\
S' &= S
\end{aligned}
$$

Bei der **tensoriellen Multiplikation** vererben sich die Tensoreigenschaften, die Stufe des gebildeten Tensors ergibt sich als Summe der Stufen der miteinander multiplizierten Tensoren.

Beispiel 4.11

Gegeben: $T = T^i \cdot \vec{g_i} = T^1 \cdot \vec{g_1} + T^2 \cdot \vec{g_2}$, $U = U_j \cdot \vec{g^j} = U_1 \cdot \vec{g^1} + U_2 \cdot \vec{g^2} + U_3 \cdot \vec{g^3}$,

gesucht: $V = T \otimes U$.

Lösung:

$$\begin{aligned} V = T \otimes U &= \left(T^1 \cdot \vec{g_1} + T^2 \cdot \vec{g_2}\right) \otimes \left(U_1 \cdot \vec{g^1} + U_2 \cdot \vec{g^2} + U_3 \cdot \vec{g^3}\right) \\ &= T^1 \cdot U_1 \cdot \vec{g_1} \otimes \vec{g^1} + T^1 \cdot U_2 \cdot \vec{g_1} \otimes \vec{g^2} + T^1 \cdot U_3 \cdot \vec{g_1} \otimes \vec{g^3} + \\ &\quad + T^2 \cdot U_1 \cdot \vec{g_2} \otimes \vec{g^1} + T^2 \cdot U_2 \cdot \vec{g_2} \otimes \vec{g^2} + T^2 \cdot U_3 \cdot \vec{g_2} \otimes \vec{g^3} \\ &= V^1{}_1 \cdot \vec{g_1} \otimes \vec{g^1} + V^1{}_2 \cdot \vec{g_1} \otimes \vec{g^2} + V^1{}_3 \cdot \vec{g_1} \otimes \vec{g^3} + \\ &\quad + V^2{}_1 \cdot \vec{g_2} \otimes \vec{g^1} + V^2{}_2 \cdot \vec{g_2} \otimes \vec{g^2} + V^2{}_3 \cdot \vec{g_2} \otimes \vec{g^3} \\ V &= V^i{}_j \cdot \vec{g_i} \otimes \vec{g^j} \end{aligned}$$

Die speziellen Transformationseigenschaften der Komponenten T^i und U_j übertragen sich auf jeden Index von $V^i{}_j$:

$$\begin{aligned} V^{i'}{}_{j'} = T^{i'} \cdot U_{j'} &= \frac{\partial x^{i'}}{\partial x^i} \cdot T^i \cdot \frac{\partial x^j}{\partial x^{j'}} \cdot U_j \\ &= \frac{\partial x^{i'}}{\partial x^i} \cdot \frac{\partial x^j}{\partial x^{j'}} \cdot T^i \cdot U_j = \frac{\partial x^{i'}}{\partial x^i} \cdot \frac{\partial x^j}{\partial x^{j'}} \cdot V^i{}_j . \end{aligned}$$

Bezüglich der Typen und der Stufen der im Beispiel vorkommenden Tensoren gilt:

Tensor	Typ des Tensors	Stufe des Tensors
$T = T^i \cdot \vec{g_i}$	(1,0)	1
$U = U_j \cdot \vec{g^j}$	(0,1)	1
$V = T \otimes U$	(1,1)	2

Im Beispiel wurde der Tensor V durch tensorielle Multiplikation der Vektoren T und U (die beide die Transformationseigenschaften eines Tensors besitzen und deshalb Tensoren erster Stufe darstellen) gebildet. Deshalb kann in diesem Fall beim Tensor V zwischen den **Komponenten** $V^i{}_j$ und der **Basis** $(\vec{g_i} \otimes \vec{g^j})$ unterschieden werden. Im Unterschied dazu ist z. B. der **metrische Tensor** G mit den Komponenten g_{ij} gemäß (4.168) ausschließlich über das Transformationsverhalten seiner Komponenten definiert, d. h., für diesen Tensor **existiert keine Basis**.

Beispiel für einen (2,1)-Tensor A dritter Stufe mit Basis:

$$A = A^{a}{}_{c}{}^{d} \cdot \overrightarrow{e_a} \otimes \overrightarrow{e^c} \otimes \overrightarrow{e_d} = A^{1}{}_{1}{}^{1} \cdot \overrightarrow{e_1} \otimes \overrightarrow{e^1} \otimes \overrightarrow{e_1} + \ldots + A^{3}{}_{3}{}^{3} \cdot \overrightarrow{e_3} \otimes \overrightarrow{e^3} \otimes \overrightarrow{e_3}.$$

Sind die Tensoren A und B jeweils von erster Stufe (also vektoriell), dann wird deren Tensorprodukt **dyadisches Produkt** genannt.

Für die tensorielle Multiplikation gelten das Assoziativ- und Distributivgesetz, das Kommutativgesetz gilt nicht (Analogie zur Multiplikation von Matrizen):

$$(A \otimes B) \otimes C = A \otimes (B \otimes C)$$
$$A \otimes (B + C) = A \otimes B + A \otimes C$$
$$A \otimes B \neq B \otimes A$$

Da Koordinatendifferenziale $\mathrm{d}x_i$ und $\mathrm{d}x^j$ Tensoren sind, können wir durch tensorielle Multiplikation folgenden Tensor bilden: $T_i{}^j = \mathrm{d}x_i \otimes \mathrm{d}x^j$. Weil Koordinatendifferenziale Skalare sind, geht die tensorielle Multiplikation in die Multiplikation von Zahlen über, d. h. $T_i{}^j = \mathrm{d}x_i \cdot \mathrm{d}x^j$. Die Kontraktion dieses Tensors liefert einen Skalar S, da Produkte von Zahlen zu addieren sind: $T_j{}^j = \mathrm{d}x_j \cdot \mathrm{d}x^j =: S$. Mit der Substitution $\mathrm{d}x_j = g_{ij} \cdot \mathrm{d}x^i$ erhalten wir $S = g_{ij} \cdot \mathrm{d}x^i \cdot \mathrm{d}x^j$. In Abschn. 4.2.4 haben wir den soeben berechneten Term $g_{ij} \cdot \mathrm{d}x^i \cdot \mathrm{d}x^j$ in (4.136) als Quadrat des Wegelements kennengelernt. Jetzt können wir auf die **Invarianz des Quadrats des Wegelements** schließen, da es sich um eine skalare Größe handelt, die koordinatenunabhängig ist.

In der Literatur ist es üblich, von der **Überschiebung** zweier Tensoren zu sprechen, wenn diese zunächst tensoriell multipliziert und danach verjüngt werden.

Als Beispiele für **Skalarprodukte von Tensoren** wählen wir Skalarprodukte eines Tensors mit kartesischen Einheitsvektoren im Anschauungsraum, da diese Produkte von besonderer praktischer Bedeutung sind. Wir gehen dabei aus von einem Tensor $T = T^{ij} \cdot \overrightarrow{e_i} \otimes \overrightarrow{e_j}$ und bilden das Skalarprodukt mit einem Einheitsvektor, um zu zeigen, dass für dieses Produkt das Kommutativgesetz nicht gilt. Danach zeigen wir an einem Beispiel, wie analog zum Vorgehen bei Vektoren eine Komponente eines Tensors ermittelt werden kann.

$$T = T^{ij} \cdot \overrightarrow{e_i} \otimes \overrightarrow{e_j} \qquad \left|\overrightarrow{e_k} \bullet \right. \qquad \left| \bullet \overrightarrow{e_k} \right.$$

$$\overrightarrow{e_k} \bullet T = T^{ij} \cdot \underbrace{\overrightarrow{e_k} \bullet \overrightarrow{e_i}}_{\delta_{ki}} \otimes \overrightarrow{e_j} = T^{kj} \cdot \overrightarrow{e_j}$$

$$T \bullet \overrightarrow{e_k} = T^{ij} \cdot \overrightarrow{e_i} \otimes \underbrace{\overrightarrow{e_j} \bullet \overrightarrow{e_k}}_{\delta_{jk}} = T^{ik} \cdot \overrightarrow{e_i}$$

Besonders deutlich sehen wir die Unterschiedlichkeit der Skalarprodukte, wenn wir für $\overrightarrow{e_k}$ einen speziellen Vektor einsetzen:

$$\begin{aligned}
\overrightarrow{e_2} \bullet T &= T^{2j} \cdot \overrightarrow{e_j} = T^{21} \cdot \overrightarrow{e_1} + T^{22} \cdot \overrightarrow{e_2} + T^{23} \cdot \overrightarrow{e_3}, \\
T \bullet \overrightarrow{e_2} &= T^{i2} \cdot \overrightarrow{e_i} = T^{12} \cdot \overrightarrow{e_1} + T^{22} \cdot \overrightarrow{e_2} + T^{32} \cdot \overrightarrow{e_3}.
\end{aligned}$$

Ergebnis:
Das Skalarprodukt ist nur dann kommutativ, wenn der Tensor T symmetrisch ist.
Ermittlung einer Komponente des Tensors:

$$\begin{aligned}
T &= T^{ij} \cdot \overrightarrow{e_i} \otimes \overrightarrow{e_j} \qquad \left|\overrightarrow{e_m}\bullet \right. \qquad \left|\bullet\overrightarrow{e_n}\right. \\
\overrightarrow{e_m} \bullet T \bullet \overrightarrow{e_n} &= T^{ij} \cdot \underbrace{\overrightarrow{e_m} \bullet \overrightarrow{e_i}}_{\delta_{mi}} \otimes \underbrace{\overrightarrow{e_j} \bullet \overrightarrow{e_n}}_{\delta_{jn}} = T^{mn}
\end{aligned}$$

Achtung:
Bei Mehrfachanwendungen von Skalarprodukten mit Tensoren höherer Stufe wird in der Literatur nicht einheitlich vorgegangen: Manche Autoren führen die Produktbildungen symmetrisch zum Multiplikationszeichen aus, andere von hinten nach vorn.

Ersetzung von Pseudovektoren durch Tensoren
Wir greifen unsere Überlegungen aus Abschn. 4.2.4 zum Charakter der Winkelgeschwindigkeit $\overrightarrow{\omega}$ als Pseudovektor wieder auf und zeigen, wie für den euklidischen Anschauungsraum die Bildung eines Tensors Ω für diese Größe erfolgen kann. Dazu betrachten wir die Komponentendarstellung der Beziehung $\vec{v} = \overrightarrow{\omega} \times \vec{r}$ mit dem Levi-Civitta-Symbol:

$$\begin{aligned}
v^i &= \varepsilon^{ijk} \cdot \omega_j \cdot r_k =: \Omega^{ik} \cdot r_k \\
\Omega^{ik} &= \varepsilon^{ijk} \cdot \omega_j \\
\Omega^{11} &= \varepsilon^{1j1} \cdot \omega_j = 0 \\
\Omega^{12} &= \varepsilon^{1j2} \cdot \omega_j = \varepsilon^{112} \cdot \omega_1 + \varepsilon^{122} \cdot \omega_2 + \varepsilon^{132} \cdot \omega_3 \\
&= 0 + 0 + (-1) \cdot \omega_3 = -\omega_3 = -\omega_z \\
\Omega^{13} &= \varepsilon^{1j3} \cdot \omega_j = \varepsilon^{123} \cdot \omega_2 = \omega_y \text{ usw.}
\end{aligned}$$

$$\left(\Omega^{ik}\right) = \begin{pmatrix} 0 & -\omega_z & \omega_y \\ \omega_z & 0 & -\omega_x \\ -\omega_y & \omega_x & 0 \end{pmatrix}$$

$$\begin{pmatrix} v^x \\ v^y \\ v^z \end{pmatrix} = \begin{pmatrix} 0 & -\omega_z & \omega_y \\ \omega_z & 0 & -\omega_x \\ -\omega_y & \omega_x & 0 \end{pmatrix} \bullet \begin{pmatrix} r_x \\ r_y \\ r_z \end{pmatrix} = \begin{pmatrix} \omega_y \cdot r_z - \omega_z \cdot r_y \\ \omega_z \cdot r_x - \omega_x \cdot r_z \\ \omega_x \cdot r_y - \omega_y \cdot r_x \end{pmatrix} \Rightarrow \vec{v} = \Omega \bullet \vec{r}$$

Für den Nachweis der Invarianz der Beziehung für die Geschwindigkeit gegenüber Koordinatentransformationen ist zu zeigen, dass in dem einen Koordinatensystem $\vec{v} = \Omega \cdot \vec{r}$ und in einem anderen $\overrightarrow{v'} = \Omega' \cdot \overrightarrow{r'}$ gilt. Damit muss für die Koordinaten der Geschwindigkeit in dem einen Koordinatensystem $v^i = \Omega^{ik} \cdot r_k$ und in dem anderen $v^{i'} = \Omega^{i'k'} \cdot r_{k'}$ gelten. Da die Bahngeschwindigkeit $\vec{v}$ und der Ortsvektor $\vec{r}$ Tensoren sind, ist deren Transformationsverhalten bekannt. Für das Transformationsverhalten der Elemente der Matrix (Ω^{ik}) ergibt sich schließlich:

$$v^{i'} = \frac{\partial x^{i'}}{\partial x^i} \cdot v^i = \frac{\partial x^{i'}}{\partial x^i} \cdot \left(\Omega^{ik} \cdot r_k\right) = \frac{\partial x^{i'}}{\partial x^i} \cdot \Omega^{ik} \cdot r_k = \frac{\partial x^{i'}}{\partial x^i} \cdot \Omega^{ik} \cdot \left(\frac{\partial x^{k'}}{\partial x^k} \cdot r_{k'}\right)$$

$$v^{i'} = \frac{\partial x^{i'}}{\partial x^i} \cdot \frac{\partial x^{k'}}{\partial x^k} \cdot \Omega^{ik} \cdot r_{k'}$$

Durch Vergleich mit $v^{i'} = \Omega^{i'k'} \cdot r_{k'}$ ergibt sich $\Omega^{i'k'} = \frac{\partial x^{i'}}{\partial x^i} \cdot \frac{\partial x^{k'}}{\partial x^k} \cdot \Omega^{ik}$, d. h., die eingeführte Größe Ω ist ein antisymmetrischer zweistufiger (2,0)-Tensor, da die Komponenten Ω^{ik} das entsprechende Transformationsverhalten besitzen und $\Omega^{ik} = -\Omega^{ki}$ gilt.

Es ist bemerkenswert, dass der Tensor Ω, der den Pseudovektor $\vec{\omega}$ ersetzt, mit der aus den Koordinaten von $\vec{\omega}$ gebildeten **Kreuzproduktmatrix** übereinstimmt, die wir in Abschn. 4.2.1 kennengelernt haben.

Zusammenfassung

Transformation der Komponenten eines Tensors:

$$T^{j_{1'}\dots j_{p'}}_{k_{1'}\dots k_{q'}} = \frac{\partial x^{j_{1'}}}{\partial x^{j_1}} \cdot \ldots \cdot \frac{\partial x^{j_{p'}}}{\partial x^{j_p}} \cdot \frac{\partial x^{k_1}}{\partial x^{k_{1'}}} \cdot \ldots \cdot \frac{\partial x^{k_q}}{\partial x^{k_{q'}}} \cdot T^{j_1\dots j_p}_{k_1\dots k_q} \quad \text{bzw.}$$

$$T^{j_{1'}\dots j_{p'}}_{k_{1'}\dots k_{q'}} = \alpha^{j_{1'}}{}_{j_1} \cdot \ldots \cdot \alpha^{j_{p'}}{}_{j_p} \cdot \left(\alpha^{-1}\right)^{k_1}{}_{k_{1'}} \cdot \ldots \cdot \left(\alpha^{-1}\right)^{k_q}{}_{k_{q'}} \cdot T^{j_1\dots j_p}_{k_1\dots k_q}$$

$$T^{j_1\dots j_p}_{k_1\dots k_q} = \frac{\partial x^{j_1}}{\partial x^{j_{1'}}} \cdot \ldots \cdot \frac{\partial x^{j_p}}{\partial x^{j_{p'}}} \cdot \frac{\partial x^{k_{1'}}}{\partial x^{k_1}} \cdot \ldots \cdot \frac{\partial x^{k_{q'}}}{\partial x^{k_q}} \cdot T^{j_{1'}\dots j_{p'}}_{k_{1'}\dots k_{q'}} \quad \text{bzw.}$$

$$T^{j_1\dots j_p}_{k_1\dots k_q} = \left(\alpha^{-1}\right)^{j_1}{}_{j_{1'}} \cdot \ldots \cdot \left(\alpha^{-1}\right)^{j_p}{}_{j_{p'}} \cdot \alpha^{k_{1'}}{}_{k_1} \cdot \ldots \cdot \alpha^{k_{q'}}{}_{k_q} \cdot T^{j_{1'}\dots j_{p'}}_{k_{1'}\dots k_{q'}}$$

Beispiele für Tensoren:

Skalare, Koordinatendifferenziale, Gram'sche Matrix (metrischer Tensor) $g_{i'j'} = (\alpha^{-1})^i{}_{i'} \cdot (\alpha^{-1})^j{}_{j'} \cdot g_{ij}$ und $g_{ij} = \alpha^{i'}{}_i \cdot \alpha^{j'}{}_j \cdot g_{i'j'}$

Beziehung zwischen den Determinanten der metrischen Tensoren $\det(g_{ij}) = \det G =: g$ und $\det(g_{i'j'}) = \det G' =: g'$ sowie der Transformationsmatrix α :

$$\sqrt{g'} = \det\left(\alpha^{-1}\right) \cdot \sqrt{g} = \frac{\sqrt{g}}{\det \alpha}$$

Rechenoperationen mit Tensoren:

- Addition und Subtraktion von Tensoren gleichen Typs

$$\begin{pmatrix} T_1{}^1 & T_1{}^2 \\ T_2{}^1 & T_2{}^2 \end{pmatrix} + \begin{pmatrix} U_1{}^1 & U_1{}^2 \\ U_2{}^1 & U_2{}^2 \end{pmatrix} = \begin{pmatrix} T_1{}^1 + U_1{}^1 & T_1{}^2 + U_1{}^2 \\ T_2{}^1 + U_2{}^1 & T_2{}^2 + U_2{}^2 \end{pmatrix}$$

- Multiplikation eines Tensors mit einem Skalar

$$\lambda \cdot \begin{pmatrix} T_1{}^1 & T_1{}^2 \\ T_2{}^1 & T_2{}^2 \end{pmatrix} = \begin{pmatrix} \lambda \cdot T_1{}^1 & \lambda \cdot T_1{}^2 \\ \lambda \cdot T_2{}^1 & \lambda \cdot T_2{}^2 \end{pmatrix}$$

- Verjüngung (Kontraktion)

$$\left(T_i{}^j\right) = \begin{pmatrix} T_1{}^1 & T_1{}^2 \\ T_2{}^1 & T_2{}^2 \end{pmatrix} \Rightarrow T_i{}^i = T_1{}^1 + T_2{}^2$$

Rechengesetze für Tensoren:

$$\begin{aligned} &(A \otimes B) \otimes C = A \otimes (B \otimes C) \\ &A \otimes (B + C) = A \otimes B + A \otimes C \\ &A \otimes B \neq B \otimes A \end{aligned}$$

Pseudovektoren können durch Tensoren ersetzt werden.

4.4 Vektoren als Elemente eines Vektorraums

Die Beobachtung, dass mit Matrizen, Polynomen, Vektoren und einigen weiteren mathematischen Objekten in ähnlicher Weise gerechnet werden kann, lässt die Schlussfolgerung zu, dass sich ein Oberbegriff für diese Objekte bilden lässt. Dazu kann folgendermaßen vorgegangen werden:

- Betrachtet wird eine Menge V von Objekten, die durch eine Rechenoperation, welche festgelegte Rechengesetze erfüllt, strukturiert wird. Die Rechenoperation wird als Addition bezeichnet und mittels $+$ symbolisiert. Sie soll folgende Gesetze erfüllen:
  - (E) Existenz und Eindeutigkeit (Abgeschlossenheit):
    Die Addition zweier beliebiger Elemente von V ist stets möglich und ergibt ein eindeutiges Ergebnis, welches wieder ein Element der Menge V ist, d. h. $\forall a, b \in V : a + b \in V$.

- (A) Assoziativgesetz: $\forall a, b, c \in V : (a + b) + c = a + (b + c)$
- (N) Existenz eines neutralen Elementes:
  Die Menge V enthält ein mit 0 bezeichnetes Element, welches sich bei der Addition in V neutral verhält, d. h. die folgende Gleichung erfüllt:
  $\exists 0 \in V : \forall a \in V : a + 0 = 0 + a = a.$
- (I) Existenz eines inversen Elementes für jedes Element a der Menge V:
  Für jedes Element a der Menge V existiert ein mit $(-a)$ bezeichnetes inverses Element, das nach Addition mit a das neutrale Element 0 ergibt:
  $\forall a \in V : \exists (-a) \in V : a + (-a) = (-a) + a = 0.$
- (K) Kommutativgesetz: $\forall a, b \in V : a + b = b + a$

Zusammenfassung Schritt 1
Die Struktur $(V, +)$ aus der Menge V, für deren Elemente eine Addition $+$ definiert ist, welche die angegebenen Rechengesetze erfüllt, bildet eine **kommutative Gruppe (abelsche Gruppe)**.

- Um auch Vielfache von Objekten der Menge V angeben zu können, wird eine weitere Menge K benötigt, aus der diese Vielfachen stammen sollen. Die Menge K wird durch zwei Rechenoperationen, welche festgelegte Rechengesetze erfüllen, strukturiert (in den meisten Fällen handelt es sich bei K um die Menge $\mathbb{R}$ der reellen Zahlen oder um die Menge $\mathbb{C}$ der komplexen Zahlen). Die Rechenoperationen in der Menge K werden als Addition und Multiplikation bezeichnet und mittels $+$ bzw. $\cdot$ symbolisiert.

Achtung:
Die Verwendung des gleichen Symbols $+$ für die Addition in den Mengen V und K ist sehr unschön (aber allgemein üblich), da diese Vorgehensweise leicht zu Verwechslungen oder Verständnisschwierigkeiten führen kann.
Die Rechenoperationen für die Elemente der Menge K sollen folgende Gesetze erfüllen:

- bezüglich der Addition EANIK, d. h.

  (E) $\forall \alpha, \beta \in K : \alpha + \beta \in K,$
  (A) $\forall \alpha, \beta, \gamma \in K : (\alpha + \beta) + \gamma = \alpha + (\beta + \gamma),$
  (N) für das mit 0 bezeichnete neutrale Element der Addition in K gilt:
  $\exists 0 \in K : \forall \alpha \in K : \alpha + 0 = 0 + \alpha = \alpha,$
  (I) für das zu α inverse Element $(-\alpha)$ der Addition gilt:
  $\forall \alpha \in K : \exists (-\alpha) \in K : \alpha + (-\alpha) = (-\alpha) + \alpha = 0,$
  (K) $\forall \alpha, \beta \in K : \alpha + \beta = \beta + \alpha,$

- bezüglich der Multiplikation EANI*K, d. h.

  (E) $\forall \alpha, \beta \in K : \alpha \cdot \beta \in K,$
  (A) $\forall \alpha, \beta, \gamma \in K : (\alpha \cdot \beta) \cdot \gamma = \alpha \cdot (\beta \cdot \gamma),$
  (N) für das mit 1 bezeichnete neutrale Element der Multiplikation in K gilt:
  $\exists 1 \in K : \forall \alpha \in K : \alpha \cdot 1 = 1 \cdot \alpha = \alpha,$

(I*) mit Ausnahme des neutralen Elements 0 der Addition existiert für jedes Element α der Menge K ein mit α^{-1} bezeichnetes inverses Element der Multiplikation, das nach Multiplikation mit α das neutrale Element 1 ergibt. $\forall\alpha \in K/\{0\} : \exists\alpha^{-1} \in K : \alpha \cdot \alpha^{-1} = \alpha^{-1} \cdot \alpha = 1,$

(K) $\forall\alpha, \beta \in K : \alpha \cdot \beta = \beta \cdot \alpha.$

Zusammenfassung Schritt 2

Die Struktur $(K, +, \cdot)$ aus der Menge K, für deren Elemente eine Addition $+$ und eine Multiplikation $\cdot$ definiert sind, welche die angegebenen Rechengesetze erfüllen, bildet einen **Körper**.

- Die Verknüpfung von Elementen der Menge V mit Elementen der Menge K wird durch Definition einer Operation (die Vielfachenbildung) sowie durch festgelegte Verträglichkeitsaxiome geregelt. Wir symbolisieren die Vielfachenbildung zunächst mit $*$ und definieren sie als Links- und Rechtsmultiplikation:
  Linksmultiplikation L: $* : K \times V \to V$, d. h.$\forall\lambda \in K$und $\forall a \in V : \lambda * a \in V$,
  Rechtsmultiplikation R: $* : V \times K \to V$, d. h.$\forall\lambda \in K$und $\forall a \in V : a * \lambda \in V$.
  Die Vielfachenbildung ist eindeutig, d. h., $\lambda * a$ bzw. $a * \lambda$ ergibt ein eindeutig bestimmtes Element aus der Menge V.
  Es sollen folgende Verträglichkeitsaxiome zwischen der Operation $*$ und den Operationen $\cdot$ und $+$ gelten (**Achtung**: $+$ bezieht sich auf die Addition in K oder V):

  - (ALR) „Assoziativgesetz“ für Links- und Rechtsmultiplikation
    $\forall\lambda, \mu \in K$ und $\forall a \in V$:
    $(\lambda \cdot \mu) * a = \lambda * (\mu * a)$ und $a * (\lambda \cdot \mu) = (a * \lambda) * \mu,$
  - (DLR) „Distributivgesetz“ für Links- und Rechtsmultiplikation
    $\forall\lambda, \mu \in K$und $\forall a, b \in V$:
    $\lambda * (a + b) = \lambda * a + \lambda * b$ und $(\lambda + \mu) * a = \lambda * a + \mu * a,$
    $(a + b) * \lambda = a * \lambda + b * \lambda$ und $a * (\lambda + \mu) = a * \lambda + a * \mu,$
  - (N) Neutralität des neutralen Elements von K bei der Operation $*$
    $\forall a \in V$ und $1 \in K : 1 * a = a.$

Zusammenfassung Schritt 3

Die Definition einer Verknüpfungsoperation zwischen Elementen der Mengen V und K sowie von Verträglichkeitsaxiomen ermöglicht die Vielfachenbildung der Elemente der Menge V.
Nun sind alle Vorbereitungen für die gewünschte Verallgemeinerung getroffen.

Definition 4.5

Eine abelsche Gruppe V, für deren Elemente neben der Gruppenoperation Addition auch eine Vielfachenbildung mit den Elementen eines Körpers K definiert ist, welche die o. g. Verträglichkeitsaxiome erfüllt, wird **Vektorraum über dem Körper *K*** oder ***K*-Vektorraum** genannt. Die Elemente des Vektorraums V werden als **Vektoren**, die Elemente des zugeordneten Körpers K als **Skalare** bezeichnet.

Bemerkung In der Literatur wird die Vielfachenbildung oft als **Skalarmultiplikation** bezeichnet, diese Begriffsbildung birgt die Verwechslungsgefahr mit dem Skalarprodukt zweier Vektoren in sich.

Es ist bemerkenswert, dass der Begriff des Vektorraums mithilfe der zentralen algebraischen Strukturen Gruppe und Körper definiert wird (durch Modifizieren der für Gruppen bzw. Körper geltenden Rechenoperationen werden in der linearen Algebra viele weitere Strukturen wie Halbgruppen, Monoide oder Quasigruppen bzw. Ringe, Halbringe, Halbkörper oder Schiefkörper gebildet).

Hinsichtlich der **Schreibweise** ist zu beachten, dass in der linearen Algebra Vektoren, d. h. die Elemente eines Vektorraums, in der Regel ohne Pfeildarstellung geschrieben werden. Dies erfordert Aufmerksamkeit bei der Unterscheidung zwischen Vektoren des Vektorraums und Skalaren aus dem Skalarkörper. Außerdem besteht die **gewöhnungsbedürftige Gepflogenheit**, gleiche Symbole für analoge Operationen mit Objekten aus unterschiedlichen Mengen zu verwenden. Dieses Vorgehen kann zu Verständnisschwierigkeiten und Interpretationsfehlern führen. Um die Kompatibilität zu anderen Quellen zu gewährleisten, sind wir bezüglich der Addition dieser Gewohnheit gefolgt (allerdings haben wir explizit darauf hingewiesen), und wir werden künftig auch die Multiplikation eines Skalars mit einem Vektor mit dem Symbol $\cdot$ bezeichnen. Im Zeitalter von Wortvariablen sollte das in der Literatur übliche Weglassen aller Multiplikationszeichen allerdings nicht länger toleriert werden.

Wir stellen einige Beispiele für häufig genutzte Vektorräume vor.

Beispiel 4.12

Vektorraum der N-Tupel bzw. Koordinatenvektoren

In Abschn. 4.2.1 haben wir bereits erwähnt, dass aus N-Tupeln reeller oder komplexer Zahlen $\mathbb{R}^N$ bzw. $\mathbb{C}^N$ Vektoren gebildet werden können, wenn für diese ***N*-Tupel** geeignete Operationen definiert werden, mit denen die Vektorraumeigenschaften erfüllt werden. Folgende Operationen genügen diesen Forderungen:

- Addition: $(a_1, \ldots, a_N) + (b_1, \ldots, b_N) = (a_1 + b_1, \ldots, a_N + b_N)$,
- Multiplikation mit einem Skalar aus einem Körper K: $\lambda \cdot (a_1, \ldots, a_N) = (\lambda \cdot a_1, \ldots, \lambda \cdot a_N)$.

Das neutrale Element bezüglich der definierten Addition lautet $0 = (0, \ldots, 0)$, die geordnete Standardbasis dieses Vektorraums ist

$$((1,0, \ldots, 0), (0,1,0, \ldots, 0), \ldots, (0, \ldots, 0,1)).$$

Die aus N-Tupeln reeller oder komplexer Zahlen $\mathbb{R}^N$ bzw. $\mathbb{C}^N$ gebildeten Vektorräume haben eine große Bedeutung, da in der linearen Algebra nachgewiesen wird, dass diese Vektorräume isomorph (d. h. strukturerhaltend) zu allen endlichdimensionalen Vektorräumen sind. Wegen ihrer bequemen Handhabbarkeit werden sie häufig als Modellobjekte für beliebige endlichdimensionale Vektorräume genutzt.

Wir haben ab Abschn. 4.2 bereits aus N-Tupeln gebildete Vektoren benutzt, indem wir für die Komponenten der N-Tupel die Koordinaten von Vektoren bezüglich einer Basis B verwendet haben. Die auf diese Weise aus kontravarianten oder kovarianten Koordinaten gebildeten **Koordinatenvektoren** haben wir in der Regel als Spaltenvektoren geschrieben, und wir haben die genannten Rechenoperationen für N-Tupel verwendet, z. B. gilt für Koordinatenvektoren mit kontravarianten Koordinaten zur Basis B:

$$\begin{pmatrix} x^1 \\ \vdots \\ x^N \end{pmatrix}_B + \begin{pmatrix} y^1 \\ \vdots \\ y^N \end{pmatrix}_B = \begin{pmatrix} x^1 + y^1 \\ \vdots \\ x^N + y^N \end{pmatrix}_B \quad \text{und} \quad \lambda \cdot \begin{pmatrix} x^1 \\ \vdots \\ x^N \end{pmatrix}_B = \begin{pmatrix} \lambda \cdot x^1 \\ \vdots \\ \lambda \cdot x^N \end{pmatrix}_B .$$

Diese Vorgehensweise ermöglichte das Überführen der Berechnungen mit Vektoren in **Berechnungen mit Koordinaten** bezüglich einer Basis B, welches in der Physik häufig praktiziert wird. Die Menge der N-Tupel der Koordinaten aus dem Körper K zur Basis B wird **Koordinatenraum** K^B genannt.

Achtung:
Der spezielle Fall $N = 1$ zeigt, dass auch die Mengen der 1-Tupel reeller oder komplexer Zahlen Vektorräume bilden. Wenn wie üblich die 1-Tupel als Zahlen aufgefasst werden, dann sind reelle und komplexe Zahlen aus algebraischer Sicht als Vektoren zu begreifen. An dieser Stelle zeigt sich wieder einmal die **unterschiedliche Sicht der Mathematik und Physik auf den Begriff Vektor**, denn in der Physik wird streng zwischen Vektoren und Skalaren unterschieden (erst mit dem Tensorbegriff werden auch in der Physik Vektoren und Skalare zusammengefasst).

Beispiel 4.13

Vektorraum der Polynome dritten Grades mit reellen Koeffizienten $\mathbb{R}[X]_3$

Die Polynome dritten Grades mit reellen Koeffizienten $\mathbb{R}[X]_3$ bilden einen 4-dimensionalen Vektorraum, da in der Menge dieser Polynome eine Addition von Polynomen und die Multiplikation eines Polynoms mit einer reellen Zahl so definiert sind, dass diese Menge die Eigenschaften eines Vektorraums besitzt.

Analog zu Abschn. 4.2.2 betrachten wir für einen vorgegebenen Vektor X die Koordinatentransformation beim Wechsel der Basis. Dabei bezeichnen wir die aus den Koordinaten der Basisvektoren gebildeten Matrizen wieder so, wie die Basen selbst.

Gegeben:

Basis 1 (Standardbasis): $B = \left(\overrightarrow{b_1}, \overrightarrow{b_2}, \overrightarrow{b_3}, \overrightarrow{b_4}\right) = \left(1, x, x^2, x^3\right)$,

Basis 2: $B' = \left(\overrightarrow{b_{1'}}, \overrightarrow{b_{2'}}, \overrightarrow{b_{3'}}, \overrightarrow{b_{4'}}\right) = \left(2 \cdot x - 3, x^2 + 4 \cdot x - 1, -4 \cdot x^3 + 2 \cdot x^2, 4 \cdot x^3 - x^2 + 2 \cdot x\right)$,

Polynom: $X = -4 + 2 \cdot x - 3 \cdot x^2 + 5 \cdot x^3$,

gesucht: Koordinatenvektor von X zur Basis B'.

Lösung:
Um mit Matrizen rechnen zu können, werden zunächst alle Vektoren als Koordinatenvektoren bezüglich der Basis B geschrieben:

$$\overrightarrow{b_1} = 1 \cdot \overrightarrow{b_1} + 0 \cdot \overrightarrow{b_2} + 0 \cdot \overrightarrow{b_3} + 0 \cdot \overrightarrow{b_4} = \begin{pmatrix} 1 \\ 0 \\ 0 \\ 0 \end{pmatrix}_B ;$$

$$\overrightarrow{b_2} = \begin{pmatrix} 0 \\ 1 \\ 0 \\ 0 \end{pmatrix}_B ; \overrightarrow{b_3} = \begin{pmatrix} 0 \\ 0 \\ 1 \\ 0 \end{pmatrix}_B ; \overrightarrow{b_4} = \begin{pmatrix} 0 \\ 0 \\ 0 \\ 1 \end{pmatrix}_B ;$$

$$\overrightarrow{b_{1'}} = -3 \cdot \overrightarrow{b_1} + 2 \cdot \overrightarrow{b_2} + 0 \cdot \overrightarrow{b_3} + 0 \cdot \overrightarrow{b_4} = \begin{pmatrix} -3 \\ 2 \\ 0 \\ 0 \end{pmatrix}_B ;$$

$$\overrightarrow{b_{2'}} = \begin{pmatrix} -1 \\ 4 \\ 1 \\ 0 \end{pmatrix}_B ; \overrightarrow{b_{3'}} = \begin{pmatrix} 0 \\ 0 \\ 2 \\ -4 \end{pmatrix}_B ; \overrightarrow{b_{4'}} = \begin{pmatrix} 0 \\ 2 \\ -1 \\ 4 \end{pmatrix}_B ;$$

$$X = -4 + 2 \cdot x - 3 \cdot x^2 + 5 \cdot x^3 = -4 \cdot \overrightarrow{b_1} + 2 \cdot \overrightarrow{b_2} - 3 \cdot \overrightarrow{b_3} + 5 \cdot \overrightarrow{b_4}$$

$$= X^i \cdot \overrightarrow{b_i} \quad \text{mit} \quad \begin{pmatrix} X^1 \\ X^2 \\ X^3 \\ X^4 \end{pmatrix} = \begin{pmatrix} -4 \\ 2 \\ -3 \\ 5 \end{pmatrix}_B .$$

Matrizen aus den Koordinaten der Basisvektoren:

$$B = \begin{pmatrix} \overrightarrow{b_1} & \cdots & \overrightarrow{b_4} \\ | & & | \end{pmatrix} = \begin{pmatrix} 1 & 0 & 0 & 0 \\ 0 & 1 & 0 & 0 \\ 0 & 0 & 1 & 0 \\ 0 & 0 & 0 & 1 \end{pmatrix}_B = E_4$$

$$B' = \begin{pmatrix} \overrightarrow{b_{1'}} & \cdots & \overrightarrow{b_{4'}} \\ | & & | \end{pmatrix} = \begin{pmatrix} -3 & -1 & 0 & 0 \\ 2 & 4 & 0 & 2 \\ 0 & 1 & 2 & -1 \\ 0 & 0 & -4 & 4 \end{pmatrix}_B$$

Basiswechselmatrix:

$$\alpha = (B')^{-1} \cdot B = \begin{pmatrix} -1/2 & -1/4 & 1/2 & 1/4 \\ 1/2 & 3/4 & -3/2 & -3/4 \\ -1/2 & -3/4 & 5/2 & 1 \\ -1/2 & -3/4 & 5/2 & 5/4 \end{pmatrix}$$

Berechnung des Koordinatenvektors von X zur Basis B':

Wegen der Invarianz von Vektoren gegenüber Koordinatentransformationen gilt $X = X^i \cdot \overrightarrow{b_i} = X^{i'} \cdot \overrightarrow{b_{i'}}$. Die Koordinaten $X^{i'}$ des Vektors X bezüglich der Basis B' ergeben sich aus (4.96):

$$\begin{pmatrix} X^{1'} \\ X^{2'} \\ X^{3'} \\ X^{4'} \end{pmatrix}_{B'} = \alpha \cdot \begin{pmatrix} X^1 \\ X^2 \\ X^3 \\ X^4 \end{pmatrix}_B$$

$$= \begin{pmatrix} -1/2 & -1/4 & 1/2 & 1/4 \\ 1/2 & 3/4 & -3/2 & -3/4 \\ -1/2 & -3/4 & 5/2 & 1 \\ -1/2 & -3/4 & 5/2 & 5/4 \end{pmatrix} \cdot \begin{pmatrix} -4 \\ 2 \\ -3 \\ 5 \end{pmatrix}_B = \begin{pmatrix} 5/4 \\ 1/4 \\ -2 \\ -3/4 \end{pmatrix}_{B'} .$$

Probe:

$$\begin{aligned} X^{i'} \cdot \overrightarrow{b_{i'}} &= \frac{5}{4} \cdot (2 \cdot x - 3) + \frac{1}{4} \cdot (x^2 + 4 \cdot x - 1) \\ &\quad - 2 \cdot (-4 \cdot x^3 + 2 \cdot x^2) - \frac{3}{4} \cdot (4 \cdot x^3 - x^2 + 2 \cdot x) \\ &= -4 + 2 \cdot x - 3 \cdot x^2 + 5 \cdot x^3 \\ X^{i'} \cdot \overrightarrow{b_{i'}} &= X \end{aligned}$$

Beispiel 4.14

Vektorraum der Matrizen vom Typ (n, m)

Die Addition und die Vervielfachung von Matrizen sind so definiert, dass die Menge der Matrizen mit diesen Operationen einen Vektorraum bildet.

Beispielsweise gilt für 2×2-Matrizen reeller Zahlen:

Das neutrale Element bezüglich der Addition ist die Nullmatrix $0 = \begin{pmatrix} 0 & 0 \\ 0 & 0 \end{pmatrix}$,

die geordnete Standardbasis dieses Vektorraums ist $\left(\begin{pmatrix} 1 & 0 \\ 0 & 0 \end{pmatrix}, \begin{pmatrix} 0 & 1 \\ 0 & 0 \end{pmatrix}, \begin{pmatrix} 0 & 0 \\ 1 & 0 \end{pmatrix}, \begin{pmatrix} 0 & 0 \\ 0 & 1 \end{pmatrix}\right)$.

Ein Vorteil der Bildung des Begriffs Vektorraum besteht darin, dass sich Eigenschaften von Vektoren angeben lassen, die in allen Vektorräumen gelten (natürlich sind Mathematiker kritisch genug, diese Eigenschaften zusätzlich für die speziellen Vektorräume zu beweisen). Zur Illustration führen wir einige Sätze für beliebige Vektoren an und beweisen sie mithilfe der in Vektorräumen geltenden Rechengesetze.

Satz 1: Das für jedes Element a des Vektorraums existierende inverse Element $(-a)$ ist eindeutig bestimmt.

Beweis für Satz 1:

Es wird angenommen, dass für das Element a des Vektorraums die inversen Elemente $(-a_1)$ und $(-a_2)$ existieren. Zu zeigen ist, dass $(-a_1) = (-a_2)$ gilt.

(N):	$(-a_1) = (-a_1) + 0$	$\mid 0 = a + (-a_2)$ laut Annahme und (I)
substituieren:	$(-a_1) = (-a_1) + (a + (-a_2))$	
(A):	$(-a_1) = ((-a_1) + a) + (-a_2)$	$\mid (-a_1) + a = 0$ laut Annahme und (I)
substituieren:	$(-a_1) = 0 + (-a_2)$	$\mid 0 + (-a_2) = (-a_2)$ wegen (N)
substituieren:	$(-a_1) = (-a_2)$	q.e.d.

Kurzschreibweise: $a + (-b) =: a - b$.

Satz 2: Das Nullelement 0 eines Vektorraums ist eindeutig bestimmt.

Beweis für Satz 2:

Es wird angenommen, dass im Vektorraum die Nullelemente 0_1 und 0_2 existieren. Zu zeigen ist, dass $0_1 = 0_2$ gilt.

0_2 ist Nullelement:	$0_1 = 0_1 + 0_2$	$\mid 0_1$ ist Nullelement : $0_1 + 0_2 = 0_2$
substituieren:	$0_1 = 0_2$	q.e.d.

Satz 3: Es gilt $\lambda \cdot v = 0 \Leftrightarrow \lambda = 0$ oder $v = 0$.

Beweis für Satz 3:
Beweis $\Leftarrow$ für Fall $\lambda = 0$
Zu zeigen ist $0 = \lambda \cdot v$.
Nach Voraussetzung gilt $\lambda \cdot v = 0 \cdot v$.

(N):	$0 \cdot v = (0 + 0) \cdot v$	$\vert$(DLR) anwenden
	$0 \cdot v = 0 \cdot v + 0 \cdot v$	$\vert +(-0 \cdot v)$
(I):	$0 = 0 \cdot v$	$\vert 0 = \lambda$ nach Voraussetzung
substituieren:	$0 = \lambda \cdot v$	q.e.d.

Beweis $\Leftarrow$ für Fall $v = 0$
Zu zeigen ist $0 = \lambda \cdot v$.
Nach Voraussetzung gilt $\lambda \cdot v = \lambda \cdot 0$.

(N):	$\lambda \cdot 0 = \lambda \cdot (0 + 0)$	$\vert$ (DLR) anwenden
	$\lambda \cdot 0 = \lambda \cdot 0 + \lambda \cdot 0$	$\vert +(-\lambda \cdot 0)$
(I):	$0 = \lambda \cdot 0$	$\vert\ 0 = v$ nach Voraussetzung
substituieren:	$0 = \lambda \cdot v$	q.e.d.

Beweis $\Rightarrow$ für Fall $\lambda = 0$ und $v = 0$ nicht erforderlich.
Beweis $\Rightarrow$ für Fall $\lambda \neq 0$
Zu zeigen ist $v = 0$.
Wegen $\lambda \neq 0$ existiert im Körper K der zu λ inverse Skalar λ^{-1} bezüglich der Multiplikation in K.

Voraussetzg	$\lambda \cdot v = 0$	$\vert \lambda^{-1} \cdot$
	$\lambda^{-1} \cdot (\lambda \cdot v) = \lambda^{-1} \cdot 0$	$\vert \lambda^{-1} \cdot 0 = 0$ nach $\Leftarrow$ für $v = 0$
(A) in K:	$(\lambda^{-1} \cdot \lambda) \cdot v = 0$	$\vert \lambda^{-1} \cdot \lambda = 1$ nach (I*) in K
	$1 \cdot v = 0$	$\vert 1 \cdot v = v$ nach (N)
substituieren:	$v = 0$	q.e.d.

Beweis $\Rightarrow$ für Fall $v \neq 0$
Zu zeigen ist $\lambda = 0$.

Voraussetzg	$\lambda \cdot v = 0$	$\vert +v$
	$\lambda \cdot v + v = 0 + v$	
(N) in V:	$\lambda \cdot v + v = v$	$\vert\ v = 1 \cdot v$ nach (N) in K
	$\lambda \cdot v + 1 \cdot v = 1 \cdot v$	
(DLV):	$(\lambda + 1) \cdot v = 1 \cdot v$	$\vert$ Eindeutigkeit der Vielfachenbildung
	$\lambda + 1 = 1$	$\vert$ Rechnen in K
	$\lambda = 0$	q.e.d.

Bemerkung Bei allen algebraischen Beweisen dürfen ausschließlich die per Definition geforderten Beziehungen sowie bereits bewiesene Sätze verwendet werden (in der Literatur sind leider auch andere „Beweise" zu finden).

Eine Verallgemeinerung des Längenbegriffs führt zum Begriff der Norm für beliebige Vektorräume. Einer ausgeprägten Vorliebe von Mathematikern folgend, wird die Norm als Abbildung mit speziellen Eigenschaften definiert:

Definition 4.6
In einem Vektorraum V über dem Körper K der reellen oder komplexen Zahlen wird eine Abbildung von V in die Menge der nichtnegativen reellen Zahlen $\|\cdot\| : V \to \mathbb{R}^+, x \mapsto \|x\|$ als **Norm** bezeichnet, wenn für alle Vektoren $x, y \in V$ und alle Skalare $\alpha \in K$ folgende Eigenschaften gelten:
1. $\|x\| = 0 \Rightarrow x = 0$ Definitheit,
2. $\|\alpha \cdot x\| = |\alpha| \cdot \|x\|$ absolute Homogenität ($|\cdot|$ ... Betrag des Skalars),
3. $\|x + y\| \leq \|x\| + \|y\|$ Dreiecksungleichung (Subadditivität).

Wird auf die Definitheit verzichtet, dann handelt es sich um eine **Halbnorm** (**Seminorm**).

Eine Norm ordnet jedem Element eines Vektorraumes (d. h. jedem Vektor) eine nichtnegative reelle Zahl zu (die als „Länge" des Vektors aufgefasst wird).

Aus den geforderten drei Eigenschaften (Axiomen) der Norm lassen u. a. sich folgende Sätze herleiten:

$x = 0 \Rightarrow \|x\| = 0$, deshalb $\|x\| = 0 \Leftrightarrow x = 0$

$\|-x\| = \|x\|$, damit auch $\|x - y\| = \|y - x\|$ ... Symmetrie bei Vorzeichenumkehr,

$\|x\| \geq 0$ ... die Norm ist nichtnegativ,

$|\|x\| - \|y\|| \leq \|x - y\|$ ... umgekehrte Dreiecksungleichung.

Ein Vektorraum V mit einer Norm ist ein **normierter Raum** $(V, \|\cdot\|)$. Konvergiert in einem normierten Raum jede Cauchy-Folge gegen einen Grenzwert in diesem Raum, dann handelt es sich um einen **Banachraum** (vollständiger normierter Raum). Ein Banachraum, dessen Norm durch ein Skalarprodukt (s. u.) induziert ist, heißt **Hilbertraum**.

Beispiele für Normen in N-dimensionalen Vektorräumen:

- p-Norm: $\forall p \in \mathbb{R}$ mit $p \geq 1: \ \|x\|_p = \left(\sum_{i=1}^{N} |x_i|^p \right)^{\frac{1}{p}}$.

  Spezielle p-Normen existieren für

$$p = 1: \ \|x\|_1 = \left(\sum_{i=1}^{N} |x_i|^1 \right)^{\frac{1}{1}} = \sum_{i=1}^{N} |x_i| \qquad \text{... Manhattan-, Summennorm, 1-Norm,}$$

$$p = 2: \ \|x\|_2 = \left(\sum_{i=1}^{N} |x_i|^2\right)^{\frac{1}{2}} = \sqrt{\sum_{i=1}^{N} |x_i|^2} \qquad \ldots \text{euklidische Norm, 2-Norm,}$$

$$p = \infty: \ \|x\|_\infty = \lim_{p\to\infty} \left(\sum_{i=1}^{N} |x_i|^p\right)^{\frac{1}{p}} = \max_{i=1\ldots n} |x_i| \qquad \ldots \text{Maximumsnorm, } \infty\text{-Norm.}$$

- Betragsnorm einer reellen Zahl z: $\|z\| = |z| = \sqrt{z^2} = \begin{cases} z & \text{für } z \geq 0, \\ -z & \text{für } z < 0. \end{cases}$
- Betragsnorm einer komplexen Zahl z: $\|z\| = |z| = \sqrt{z \cdot \bar{z}} = \sqrt{(\operatorname{Re} z)^2 + (\operatorname{Im} z)^2}$.
- Matrixnorm: Eine Matrixnorm kann über eine Vektornorm definiert werden, wenn die Elemente einer m x n-Matrix $A = (a_{ij})$ in einen Vektor geschrieben werden.
  Beispielsweise ergeben sich für Matrizen p-Normen aus
  $$\forall p \in \mathbb{R} \text{ mit p } \geq 1: \ \|A\|_p = \left(\sum_{i=1}^{N}\sum_{j=1}^{N} \left|a_{ij}\right|^p\right)^{\frac{1}{p}}.$$
  Spezielle Matrix-p-Normen existieren für
  $$p = 2: \ \|A\|_2 = \left(\sum_{i=1}^{N}\sum_{j=1}^{N} \left|a_{ij}\right|^2\right)^{\frac{1}{2}} = \sqrt{\sum_{i=1}^{N}\sum_{j=1}^{N} \left|a_{ij}\right|^2} \text{ Frobeniusnorm, 2-Norm,}$$
  $$p = \infty: \ \|A\|_\infty = \lim_{p\to\infty} \left(\sum_{i=1}^{N}\sum_{j=1}^{N} \left|a_{ij}\right|^p\right)^{\frac{1}{p}} = \max_{\substack{i=1\ldots n\\ j=1\ldots n}} \left|a_{ij}\right| \text{ Gesamtnorm, } \infty\text{-}$$
  Norm.
  Für Zeilen- und Spaltenmatrizen stimmt die Frobeniusnorm mit der euklidischen Norm überein.
- Norm, die durch ein Skalarprodukt induziert wird (s. u.).

Für einen gegebenen Vektor $x_0 \in V$ und einen Skalar $r \in K$ mit $r > 0$ existieren folgende **Bezeichnungen für spezielle Mengen**:

$$\{x \in V: \ \|x - x_0\| < r\} \qquad \text{offene Normkugel,}$$
$$\{x \in V: \ \|x - x_0\| \leq r\} \qquad \text{abgeschlossene Normkugel,}$$
$$\{x \in V: \ \|x - x_0\| = r\} \qquad \text{Normsphäre.}$$

Für $x_0 = 0$ und $r = 1$ werden die Normkugeln bzw. Normsphären als **Einheitskugeln** bzw. **Einheitssphären** bezeichnet.

Für N-dimensionale Räume ergeben sich folgende Einheitssphären bei Verwendung der p-Norm (wir verwenden eine Schreibweise mit kovarianten Koordinaten, um Verwechslungen mit dem Potenzieren mit p zu vermeiden):

$$r = \|x - x_0\| \quad | r = 1; x_0 = 0 \ \ x = (x_1, \ldots, x_N)$$
$$1 = \|x\| \qquad | \|x\| = \|x\|_p = \left(|x_1|^p + \ldots + |x_N|^p\right)^{\frac{1}{p}} = \sqrt[p]{|x_1|^p + \ldots + |x_N|^p}$$
$$1 = \sqrt[p]{|x_1|^p + \ldots + |x_N|^p}$$
$$1 = |x_1|^p + \ldots + |x_N|^p$$

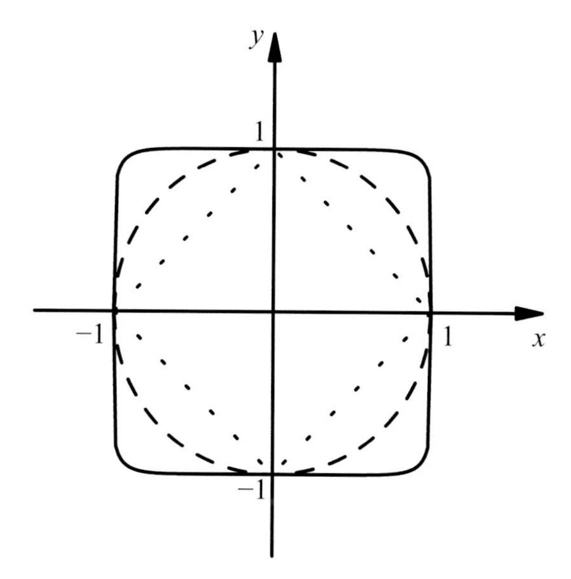

Abb. 4.71 Einheitssphären für $N = 2$ und $p = 1$ (*punktiert*), $p = 2$ (*gestrichelt*) sowie $p = 10$ (*durchgezogen*)

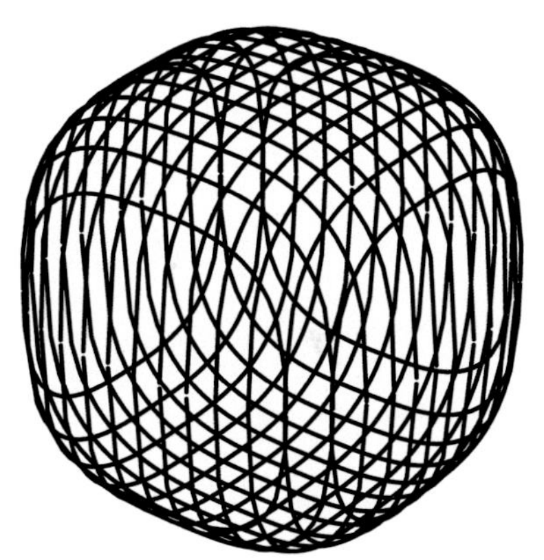

Abb. 4.72 Einheitssphäre für $N = 3$ und $p = 3$

Wir veranschaulichen Einheitssphären für $N = 2$ und $N = 3$, dazu verwenden wir die üblichen Koordinatenbezeichnungen $x_1 = x, x_2 = y$ und $x_3 = z$. Es ergeben sich die Beziehungen

$$N = 2 \ : |y| = \sqrt[p]{1 - |x|^p},$$

$$N = 3 \ : |z| = \sqrt[p]{1 - |x|^p - |y|^p}.$$

Abbildung 4.71 zeigt zweidimensionale Einheitssphären (d. h. „Einheitskreise") für unterschiedliche p-Werte, dabei ergibt sich für $p = 2$ ein Kreis. Abbildung 4.72 zeigt die dreidimensionale Einheitssphäre für $p = 3$ (für $p = 2$ würde sich eine Sphäre ergeben).

Die Darstellungen der Einheitssphären weichen in der Regel von der vertrauten Kreis- bzw. Kugelform ab.

Sehr häufig wird die Norm in N-dimensionalen Vektorräumen durch ein Skalarprodukt festgelegt. In der linearen Algebra lesen sich die Definitionen der Skalarprodukte über dem Körper der reellen bzw. komplexen Zahlen wie folgt:

Skalarprodukt

Ein **Skalarprodukt (inneres Produkt) auf einem reellen Vektorraum** V ist eine positiv definite symmetrische Bilinearform $\langle\cdot,\cdot\rangle : V \times V \to \mathbb{R}$, d. h., für $x, y, z \in V$ und $\lambda \in \mathbb{R}$ gelten folgende Beziehungen:

1. bilinear:
   $\langle x+y, z\rangle = \langle x, z\rangle + \langle y, z\rangle \wedge \langle \lambda \cdot x, y\rangle = \lambda \cdot \langle x, y\rangle$ ... linear im ersten Argument,
   $\langle x, y+z\rangle = \langle x, y\rangle + \langle x, z\rangle \wedge \langle x, \lambda \cdot y\rangle = \lambda \cdot \langle x, y\rangle$ ... linear im zweiten Argument,
2. symmetrisch: $\langle x, y\rangle = \langle y, x\rangle$,
3. positiv definit: $\forall x \neq 0 : \langle x, x\rangle > 0 \wedge \langle x, x\rangle = 0 \Leftrightarrow x = 0$.

Ein **Skalarprodukt (inneres Produkt) auf einem komplexen Vektorraum** V ist eine positiv definite hermitesche Sesquilinearform $\langle\cdot,\cdot\rangle : V \times V \to \mathbb{C}$, d. h., für $x, y, z \in V$ und $\lambda \in \mathbb{C}$ gelten folgende Beziehungen:

1. sesquilinear:
   Variante 1 (bevorzugt in der Mathematik und in unterschiedlichen CAS)
   $\langle x+y, z\rangle = \langle x, z\rangle + \langle y, z\rangle \wedge \langle \lambda \cdot x, y\rangle = \lambda \cdot \langle x, y\rangle$ ... linear im ersten Argument,
   $\langle x, y+z\rangle = \langle x, y\rangle + \langle x, z\rangle \wedge \langle x, \lambda \cdot y\rangle = \overline{\lambda} \cdot \langle x, y\rangle$ ... semilinear im zweiten Argument,
   Variante 2 (bevorzugt in der Physik)
   $\langle x+y, z\rangle = \langle x, z\rangle + \langle y, z\rangle \wedge \langle \lambda \cdot x, y\rangle = \overline{\lambda} \cdot \langle x, y\rangle$ ... semilinear im ersten Argument,
   $\langle x, y+z\rangle = \langle x, y\rangle + \langle x, z\rangle \wedge \langle x, \lambda \cdot y\rangle = \lambda \cdot \langle x, y\rangle$ ... linear im zweiten Argument,
2. hermitesch: $\langle x, y\rangle = \overline{\langle y, x\rangle}$,
3. positiv definit: $\forall x \neq 0 : \langle x, x\rangle > 0 \wedge \langle x, x\rangle = 0 \Leftrightarrow x = 0$.

Bemerkung Wir tasten uns schrittweise an die Bedeutung der verwendeten Schreibweisen und Fachtermini heran, um die abstrakt formulierten Definitionen verstehen zu können.

Die beiden Punkte in der Darstellung $\langle\cdot,\cdot\rangle$ sind lediglich Platzhalter für jeweils einen Vektor aus dem Vektorraum V, sie haben nichts mit Multiplikationszeichen zu tun.

Die Schreibweise $\overline{\lambda}$ bedeutet komplex konjugiert zu λ.

Bedeutung der verwendeten Fachtermini:

- Eine **Bilinearform** B ist eine Abbildung aus dem kartesischen Produkt zweier Vektorräume V und W über demselben Körper K in diesen Körper K, die in beiden Argumenten linear (d. h. additiv und homogen) ist.

$B\colon V \times W \to K, (v, w) \mapsto B(v, w) \in K$ mit folgenden Eigenschaften:
$\forall v_1, v_2, v_2 \in V, \mathrm{w}_1, w_2, w_2 \in W$ und $\lambda \in K$:

$$B(v_1 + v_2, w) = B(v_1, w) + B(v_2, w) \wedge B(\lambda \cdot v, w) = \lambda \cdot B(v, w),$$
$$B(v, w_1 + w_2) = B(v, w_1) + B(v, w_2) \wedge B(v, \lambda \cdot w) = \lambda \cdot B(v, w).$$

Wir betrachten hier den Fall $V = W$ und $K = \mathbb{R}$.

- Eine **Sesquilinearform** S ist eine Abbildung aus dem kartesischen Produkt zweier Vektorräume V und W über demselben Körper der komplexen Zahlen $\mathbb{C}$ in den Körper $\mathbb{C}$, die in einem Argument linear (d. h. additiv und homogen) und im anderen Argument semilinear (d. h. additiv und komplex konjugiert homogen) ist.
$S: V \times W \to \mathbb{C}, (v, w) \mapsto S(v, w) \in \mathbb{C}$ mit folgenden Eigenschaften:
$\forall v_1, v_2, v_2 \in V, \mathrm{w}_1, w_2, w_2 \in W$ und $\lambda \in C$:
Variante 1:
$S(v_1 + v_2, w) = S(v_1, w) + S(v_2, w) \wedge S(\lambda \cdot v, w) = \lambda \cdot S(v, w)$
... linear im ersten Argument,
$S(v, w_1 + w_2) = S(v, w_1) + S(v, w_2) \wedge S(v, \lambda \cdot w) = \overline{\lambda} \cdot S(v, w)$
... semilinear im zweiten Argument.
Variante 2:
$S(v_1 + v_2, w) = S(v_1, w) + S(v_2, w) \wedge S(\lambda \cdot v, w) = \overline{\lambda} \cdot S(v, w)$
... semilinear im ersten Argument,
$S(v, w_1 + w_2) = S(v, w_1) + S(v, w_2) \wedge S(v, \lambda \cdot w) = \lambda \cdot S(v, w)$
... linear im zweiten Argument.
Wir betrachten hier den Fall $V = W$.
Die Sesquilinearform ist linear in einem und halblinear (semilinear) im anderen Argument, d. h. anderthalbfach linear **(sesquilinear)**.
- Da die Eigenschaften symmetrisch, positiv definit und hermitesch in den Definitionen erklärt werden, sollten diese mit den gegebenen Erläuterungen verständlich sein.

Ein Skalarprodukt auf einem reellen bzw. komplexen Vektorraum wird auch **euklidisches bzw. unitäres Skalarprodukt** genannt. Der reelle bzw. komplexe Vektorraum heißt auch **euklidischer bzw. unitärer Vektorraum**. Ein reeller oder komplexer Vektorraum, in dem ein inneres Produkt definiert ist, heißt **Innenproduktraum (Prähilbertraum)**.

Auch bei unitären Skalarprodukten ist $\langle x, x \rangle$ reell, da $\langle x, x \rangle \underset{(2)}{=} \overline{\langle x, x \rangle}$.

Das Axiomensystem ist nicht minimal, da aus der Linearität in einem Argument und der Hermitezität die Semilinearität im anderen Argument folgt und umgekehrt.

Zum Beispiel ergibt sich nach Variante 1 der Definition aus der Linearität im ersten Argument und der Hermitezität die Semilinearität im zweiten Argument:

$\forall v, v', w \in V$ und $\lambda \in \mathbb{C}$

$$\langle v, w + w' \rangle \underset{(2)}{=} \overline{\langle w + w', v \rangle} \underset{(1)}{=} \overline{\langle w, v \rangle + \langle w', v \rangle} \underset{(2)}{=} \overline{\overline{\langle v, w \rangle} + \overline{\langle v, w' \rangle}} = \langle v, w \rangle + \langle v, w' \rangle,$$

$$\langle v, \lambda \cdot w \rangle \underset{(2)}{=} \overline{\langle \lambda \cdot w, v \rangle} \underset{(1)}{=} \overline{\lambda \cdot \langle w, v \rangle} = \overline{\lambda} \cdot \overline{\langle w, v \rangle} \underset{(2)}{=} \overline{\lambda} \cdot \langle v, w \rangle .$$

Da sowohl Bilinearformen als auch Sesquilinearformen als Abbildungen definiert sind, lassen sie sich jeweils durch **Darstellungsmatrizen** beschreiben:

Wir verwenden die Basis $B = (b_1, \ldots, b_N)$ des N-dimensionalen Vektorraums und verzichten auf das Hochstellen der Indizes für die kontravarianten Koordinaten und auf die Anwendung der Einstein'schen Summenkonvention.

In **euklidischen Vektorräumen** ergibt sich für das Skalarprodukt

$$\begin{aligned}\forall x, y \in V : \langle x, y\rangle &= \left\langle \sum_{i=1}^{N} x_i \cdot b_i, \sum_{j=1}^{N} y_j \cdot b_j \right\rangle = \sum_{i=1}^{N}\sum_{j=1}^{N} x_i \cdot y_j \cdot \langle b_i, b_j\rangle \\ &=: \sum_{i,j=1}^{N} x_i \cdot y_j \cdot g_{ij} \quad \text{mit} \quad g_{ij} = \langle b_i, b_j\rangle .\end{aligned}$$

Werden die Koordinatenvektoren zur Basis B als N x 1-Matrizen aufgefasst, dann kann das Skalarprodukt auch in **Matrixschreibweise** geschrieben werden:

$$\langle x, y\rangle = \sum_{i,j=1}^{N} x_i \cdot y_j \cdot g_{ij} = (x_1 \ldots x_N) \cdot \begin{pmatrix} g_{11} & \cdots & g_{1N} \\ \vdots & \ddots & \vdots \\ g_{N1} & \cdots & g_{NN} \end{pmatrix} \cdot \begin{pmatrix} y_1 \\ \vdots \\ y_N \end{pmatrix} = x^T \cdot G \cdot y.$$

Als darstellende Matrix ergibt sich die aus Abschn. 4.2.2 bekannte **Gram'sche Matrix** nach Gleichung (4.56). Setzen wir für G die Einheitsmatrix ein, dann ergibt sich das **euklidische Standardskalarprodukt (kanonische Skalarprodukt)**:

$$\langle x, y\rangle = \sum_{i=1}^{N} x_i \cdot y_i = (x_1 \ldots x_N) \cdot \begin{pmatrix} y_1 \\ \vdots \\ y_N \end{pmatrix} = (y_1 \ldots y_N) \cdot \begin{pmatrix} x_1 \\ \vdots \\ x_N \end{pmatrix} = x^T \cdot y = y^T \cdot x.$$

In **unitären Vektorräumen** ist das **unitäre Standardskalarprodukt (kanonische Skalarprodukt)** folgendermaßen definiert:

Variante 1 (Mathematik: linear im ersten, semilinear im zweiten Argument):

$$\langle x, y\rangle = \sum_{i=1}^{N} x_i \cdot \overline{y_i} = (x_1 \ldots x_N) \cdot \begin{pmatrix} \overline{y_1} \\ \vdots \\ \overline{y_N} \end{pmatrix} = (\overline{y_1} \ldots \overline{y_N}) \cdot \begin{pmatrix} x_1 \\ \vdots \\ x_N \end{pmatrix} = x^T \cdot \overline{y} = \overline{y}^T \cdot x.$$

Variante 2 (Physik: semilinear im ersten, linear im zweiten Argument):

$$\langle x, y\rangle = \sum_{i=1}^{N} \overline{x_i} \cdot y_i = (\overline{x_1} \ldots \overline{x_N}) \cdot \begin{pmatrix} y_1 \\ \vdots \\ y_N \end{pmatrix} = (y_1 \ldots y_N) \cdot \begin{pmatrix} \overline{x_1} \\ \vdots \\ \overline{x_N} \end{pmatrix} = \overline{x}^T \cdot y = y^T \cdot \overline{x}.$$

x^T ist der **transponierte** Vektor zu x (damit ist x^T eine Zeilenmatrix).

$\overline{x}^{\mathrm{T}} = \overline{x^T} = x^H$ ist **hermitesch adjungiert** zu x (transponiert und komplex konjugiert).

Die beim unitären Skalarprodukt gegenüber dem euklidischen Skalarprodukt modifizierte Symmetrieeigenschaft (2) verhindert, dass ein vom Nullvektor verschiedener Vektor „auf sich selbst senkrecht stehen“ kann. Diese Aussage wird an einem Beispiel verdeutlicht:

Beispiel 4.15

Gegeben: $x = \begin{pmatrix} \mathrm{i} \\ 1 \end{pmatrix}$,

gesucht: $x^T \cdot x; x^T \cdot \overline{x}; x^H \cdot x$.

Lösung:

$$x^T \cdot x = \begin{pmatrix} \mathrm{i} & 1 \end{pmatrix} \cdot \begin{pmatrix} \mathrm{i} \\ 1 \end{pmatrix} = -1 + 1 = 0$$

$$x^T \cdot \overline{x} = \begin{pmatrix} \mathrm{i} & 1 \end{pmatrix} \cdot \begin{pmatrix} -\mathrm{i} \\ 1 \end{pmatrix} = 1 + 1 = 2$$

$$x^H \cdot x = \overline{x}^T \cdot x = \begin{pmatrix} -\mathrm{i} & 1 \end{pmatrix} \cdot \begin{pmatrix} \mathrm{i} \\ 1 \end{pmatrix} = 1 + 1 = 2$$

Definition 4.7
Jedes Skalarprodukt in einem Vektorraum V induziert eine Norm durch:
$\forall x \in V : \ \|x\| = \sqrt{\langle x, x \rangle} \ldots$ **Hilbertnorm**.

Diese Definition ist sinnvoll, da die Wurzel wegen der positiven Definitheit des Skalarprodukts existiert.

Jede durch ein Skalarprodukt induzierte Norm erfüllt die **Cauchy-Schwarz-Ungleichung**:

$$\forall x, y \in V : \ |\langle x, y \rangle|^2 \leq \langle x, x \rangle \cdot \langle y, y \rangle .$$

Definition 4.8
In reellen Vektorräumen mit Skalarprodukt ist der **Winkel** φ **zwischen zwei Vektoren** definiert durch:

$$\varphi = \arccos \frac{\langle x, y \rangle}{\sqrt{\langle x, x \rangle} \cdot \sqrt{\langle y, y \rangle}} \qquad \forall x, y \in V, x \neq 0, y \neq 0.$$

Diese Definition ist sinnvoll, da der Betrag des vorkommenden Terms wegen der Gültigkeit der Cauchy-Schwarz-Ungleichung für das Skalarprodukt stets ≤ 1 ist.

Wir verdeutlichen die Berechnung des kanonischen Skalarprodukts an einem Beispiel des zweidimensionalen Vektorraums über den komplexen Zahlen.

Beispiel 4.16

Gegeben: $x = \begin{pmatrix} x_1 \\ x_2 \end{pmatrix} = \begin{pmatrix} 1 - 2 \cdot \mathrm{i} \\ -2 + \mathrm{i} \end{pmatrix}; \; y = \begin{pmatrix} y_1 \\ y_2 \end{pmatrix} = \begin{pmatrix} 2 + 3 \cdot \mathrm{i} \\ 1 - 2 \cdot \mathrm{i} \end{pmatrix}; \; \lambda = 3 + 2 \cdot \mathrm{i}$,

gesucht:

Konjugierte: $\overline{x}; \overline{y}; \overline{\lambda}$,

Vielfache: $\lambda \cdot x; \lambda \cdot \overline{x}; \overline{\lambda} \cdot x; \overline{\lambda} \cdot \overline{x}; \lambda \cdot y; \lambda \cdot \overline{y}; \overline{\lambda} \cdot y; \overline{\lambda} \cdot \overline{y}$,

Skalarprodukt nach Variante 1 (linear im ersten, semilinear im zweiten Argument: Ma):

$$\langle x, y \rangle\_\mathrm{Ma} = x^T \bullet \overline{y}; \; \lambda \cdot \langle x, y \rangle\_\mathrm{Ma}; \; \langle \lambda \cdot x, y \rangle\_\mathrm{Ma}; \; \langle x, \overline{\lambda} \cdot y \rangle\_\mathrm{Ma},$$

Skalarprodukt nach Variante 2 (semilinear im ersten, linear im zweiten Argument: Ph):

$$\langle x, y \rangle\_\mathrm{Ph} = \overline{x}^T \bullet y; \; \lambda \cdot \langle x, y \rangle\_\mathrm{Ph}; \; \langle \overline{\lambda} \cdot x, y \rangle\_\mathrm{Ph}; \; \langle x, \lambda \cdot y \rangle\_\mathrm{Ph}.$$

Lösungen:

$$\overline{x} = \begin{pmatrix} 1 + 2 \cdot \mathrm{i} \\ -2 - \mathrm{i} \end{pmatrix}; \; \overline{y} = \begin{pmatrix} 2 - 3 \cdot \mathrm{i} \\ 1 + 2 \cdot \mathrm{i} \end{pmatrix}; \; \overline{\lambda} = 3 - 2 \cdot \mathrm{i}$$

$$\lambda \cdot x = (3 + 2 \cdot \mathrm{i}) \cdot \begin{pmatrix} 1 - 2 \cdot \mathrm{i} \\ -2 + \mathrm{i} \end{pmatrix} = \begin{pmatrix} (3 + 2 \cdot \mathrm{i}) \cdot (1 - 2 \cdot \mathrm{i}) \\ (3 + 2 \cdot \mathrm{i}) \cdot (-2 + \mathrm{i}) \end{pmatrix}$$

$$= \begin{pmatrix} 7 - 4 \cdot \mathrm{i} \\ -8 - \mathrm{i} \end{pmatrix} \quad \text{analog} \quad \lambda \cdot \overline{x} = \begin{pmatrix} -1 + 8 \cdot \mathrm{i} \\ -4 - 7 \cdot \mathrm{i} \end{pmatrix}$$

$$\overline{\lambda} \cdot x = (3 - 2 \cdot \mathrm{i}) \cdot \begin{pmatrix} 1 - 2 \cdot \mathrm{i} \\ -2 + \mathrm{i} \end{pmatrix} = \begin{pmatrix} (3 - 2 \cdot \mathrm{i}) \cdot (1 - 2 \cdot \mathrm{i}) \\ (3 - 2 \cdot \mathrm{i}) \cdot (-2 + \mathrm{i}) \end{pmatrix}$$

$$= \begin{pmatrix} -1 - 8 \cdot \mathrm{i} \\ -4 + 7 \cdot \mathrm{i} \end{pmatrix} \quad \text{analog} \quad \overline{\lambda} \cdot \overline{x} = \begin{pmatrix} 7 + 4 \cdot \mathrm{i} \\ -8 + \mathrm{i} \end{pmatrix}$$

$$\lambda \cdot y = (3 + 2 \cdot \mathrm{i}) \cdot \begin{pmatrix} 2 + 3 \cdot \mathrm{i} \\ 1 - 2 \cdot \mathrm{i} \end{pmatrix} = \begin{pmatrix} (3 + 2 \cdot \mathrm{i}) \cdot (2 + 3 \cdot \mathrm{i}) \\ (3 + 2 \cdot \mathrm{i}) \cdot (1 - 2 \cdot \mathrm{i}) \end{pmatrix}$$

$$= \begin{pmatrix} 0 + 13 \cdot \mathrm{i} \\ 7 - 4 \cdot \mathrm{i} \end{pmatrix} \quad \text{analog} \quad \lambda \cdot \overline{y} = \begin{pmatrix} 12 - 5 \cdot \mathrm{i} \\ -1 + 8 \cdot \mathrm{i} \end{pmatrix}$$

$$\overline{\lambda} \cdot y = (3 - 2 \cdot \mathrm{i}) \cdot \begin{pmatrix} 2 + 3 \cdot \mathrm{i} \\ 1 - 2 \cdot \mathrm{i} \end{pmatrix} = \begin{pmatrix} (3 - 2 \cdot \mathrm{i}) \cdot (2 + 3 \cdot \mathrm{i}) \\ (3 - 2 \cdot \mathrm{i}) \cdot (1 - 2 \cdot \mathrm{i}) \end{pmatrix}$$

$$= \begin{pmatrix} 12 + 5 \cdot \mathrm{i} \\ -1 - 8 \cdot \mathrm{i} \end{pmatrix} \quad \text{analog} \quad \overline{\lambda} \cdot \overline{y} = \begin{pmatrix} 0 - 13 \cdot \mathrm{i} \\ 7 + 4 \cdot \mathrm{i} \end{pmatrix}$$

Skalarprodukt nach Variante 1 (Mathematik: erstes Argument linear, zweites Argument semilinear):

$$\langle x, y \rangle\_\mathrm{Ma} = x^T \bullet \overline{y} = (1 - 2 \cdot \mathrm{i}, -2 + \mathrm{i}) \bullet \begin{pmatrix} 2 - 3 \cdot \mathrm{i} \\ 1 + 2 \cdot \mathrm{i} \end{pmatrix}$$

$$= (1 - 2 \cdot \mathrm{i}) \cdot (2 - 3 \cdot \mathrm{i}) + (-2 + \mathrm{i}) \cdot (1 + 2 \cdot \mathrm{i})$$

$$\langle x, y \rangle\_\mathrm{Ma} = (-4 - 7 \cdot \mathrm{i}) + (-4 - 3 \cdot \mathrm{i}) = -8 - 10 \cdot \mathrm{i}$$

$$\lambda \cdot \langle x, y \rangle\_\mathrm{Ma} = (3 + 2 \cdot \mathrm{i}) \cdot (-8 - 10 \cdot \mathrm{i}) = -4 - 46 \cdot \mathrm{i}$$

$$\langle \lambda \cdot x, y \rangle\_\mathrm{Ma} = (\lambda \cdot x)^T \bullet \overline{y} = (7 - 4 \cdot \mathrm{i}, -8 - \mathrm{i}) \bullet \begin{pmatrix} 2 - 3 \cdot \mathrm{i} \\ 1 + 2 \cdot \mathrm{i} \end{pmatrix}$$

$$= (2 - 29 \cdot \mathrm{i}) + (-6 - 17 \cdot \mathrm{i}) = -4 - 46 \cdot \mathrm{i}$$

$$\langle x, \overline{\lambda} \cdot y \rangle\_\mathrm{Ma} = x^T \bullet \overline{(\overline{\lambda} \cdot y)} = (1 - 2 \cdot \mathrm{i}, -2 + \mathrm{i}) \bullet \overline{\begin{pmatrix} 12 + 5 \cdot \mathrm{i} \\ -1 - 8 \cdot \mathrm{i} \end{pmatrix}}$$

$$= (1 - 2 \cdot \mathrm{i}, -2 + \mathrm{i}) \bullet \begin{pmatrix} 12 - 5 \cdot \mathrm{i} \\ -1 + 8 \cdot \mathrm{i} \end{pmatrix}$$

$$= (2 - 29 \cdot \mathrm{i}) + (-6 - 17 \cdot \mathrm{i}) = -4 - 46 \cdot \mathrm{i}$$

oder

$$\langle x, \overline{\lambda} \cdot y \rangle\_\mathrm{Ma} = x^T \bullet \overline{(\overline{\lambda} \cdot y)} = x^T \bullet (\lambda \cdot \overline{y}) = (1 - 2 \cdot \mathrm{i}, -2 + \mathrm{i}) \bullet \begin{pmatrix} 12 - 5 \cdot \mathrm{i} \\ -1 + 8 \cdot \mathrm{i} \end{pmatrix}$$

$$= (2 - 29 \cdot \mathrm{i}) + (-6 - 17 \cdot \mathrm{i}) = -4 - 46 \cdot \mathrm{i}$$

oder

$$\langle x, \overline{\lambda} \cdot y \rangle\_\mathrm{Ma} = x^T \bullet \overline{(\overline{\lambda} \cdot y)} = x^T \bullet (\lambda \cdot \overline{y}) = \lambda \cdot x^T \bullet \overline{y}$$

$$= (3 + 2 \cdot \mathrm{i}) \cdot (1 - 2 \cdot \mathrm{i}, -2 + \mathrm{i}) \bullet \begin{pmatrix} 2 - 3 \cdot \mathrm{i} \\ 1 + 2 \cdot \mathrm{i} \end{pmatrix}$$

$$= (7 - 4 \cdot \mathrm{i}, -8 - \mathrm{i}) \bullet \begin{pmatrix} 2 - 3 \cdot \mathrm{i} \\ 1 + 2 \cdot \mathrm{i} \end{pmatrix}$$

$$= (2 - 29 \cdot \mathrm{i}) + (-6 - 17 \cdot \mathrm{i}) = -4 - 46 \cdot \mathrm{i}$$

Ergebnisse für Variante Mathematik (erstes Argument linear, zweites semilinear):

$$\langle x, y\rangle\_\mathrm{Ma} = x^T \bullet \overline{y},$$
$$\lambda \cdot \langle x, y\rangle\_\mathrm{Ma} = \langle \lambda \cdot x, y\rangle\_\mathrm{Ma} = (\lambda \cdot x)^T \bullet \overline{y},$$
$$\lambda \cdot \langle x, y\rangle\_\mathrm{Ma} = \langle x, \overline{\lambda} \cdot y\rangle\_\mathrm{Ma} = x^T \bullet \overline{(\overline{\lambda} \cdot y)} = x^T \bullet (\lambda \cdot \overline{y})$$
$$= \lambda \cdot x^T \bullet \overline{y} = (\lambda \cdot x)^T \bullet \overline{y}.$$

Skalarprodukt nach Variante 2 (Physik: erstes Argument semilinear, zweites Argument linear):

$$\langle x,\ y\rangle\_\mathrm{Ph} = \overline{x}^T \bullet y = (1 + 2 \cdot \mathrm{i},\ -2 - \mathrm{i}) \bullet \begin{pmatrix} 2 + 3 \cdot \mathrm{i} \\ 1 - 2 \cdot \mathrm{i} \end{pmatrix}$$
$$= (1 + 2 \cdot \mathrm{i}) \cdot (2 + 3 \cdot \mathrm{i}) + (-2 - \mathrm{i}) \cdot (1 - 2 \cdot \mathrm{i}) =$$
$$\langle x,\ y\rangle\_\mathrm{Ph} = (-4 + 7 \cdot \mathrm{i}) + (-4 + 3 \cdot \mathrm{i}) = -8 + 10 \cdot \mathrm{i} = \overline{\langle x,\ y\rangle\_\mathrm{Ma}}$$

$$\lambda \cdot \langle x, y\rangle\_\mathrm{Ph} = (3 + 2 \cdot \mathrm{i}) \cdot (-8 + 10 \cdot \mathrm{i}) = -44 + 14 \cdot \mathrm{i}$$
$$\langle x, \lambda \cdot y\rangle\_\mathrm{Ph} = \overline{x}^T \bullet (\lambda \cdot y) = (1 + 2 \cdot \mathrm{i}, -2 - \mathrm{i}) \bullet \begin{pmatrix} 0 + 13 \cdot \mathrm{i} \\ 7 - 4 \cdot \mathrm{i} \end{pmatrix}$$
$$= (-26 + 13 \cdot \mathrm{i}) + (-18 + \mathrm{i}) = -44 + 14 \cdot \mathrm{i}$$
$$\langle \overline{\lambda} \cdot x, y\rangle\_\mathrm{Ph} = \overline{\overline{\lambda} \cdot x}^T \bullet y = \overline{(\overline{\lambda} \cdot x)}^T \bullet y$$
$$= (-1 + 8 \cdot \mathrm{i}, -4 - 7 \cdot \mathrm{i}) \bullet \begin{pmatrix} 2 + 3 \cdot \mathrm{i} \\ 1 - 2 \cdot \mathrm{i} \end{pmatrix} =$$
$$= (-26 + 13 \cdot \mathrm{i}) + (-18 + \mathrm{i}) = -44 + 14 \cdot \mathrm{i}$$

oder

$$\langle \overline{\lambda} \cdot x, y\rangle\_\mathrm{Ph} = \overline{\overline{\lambda} \cdot x}^T \bullet y = \overline{(\overline{\lambda} \cdot x)}^T \bullet y = (\lambda \cdot \overline{x})^T \bullet y$$
$$= (-1 + 8 \cdot \mathrm{i}, -4 - 7 \cdot \mathrm{i}) \bullet \begin{pmatrix} 2 + 3 \cdot \mathrm{i} \\ 1 - 2 \cdot \mathrm{i} \end{pmatrix} \ldots \text{s. o.}$$

oder

$$\langle \overline{\lambda} \cdot x, y\rangle\_\mathrm{Ph} = \overline{\overline{\lambda} \cdot x}^T \bullet y = \overline{(\overline{\lambda} \cdot x)}^T \bullet y = \lambda \cdot \overline{x}^T \bullet y =$$
$$= (3 + 2 \cdot \mathrm{i}) \cdot (1 + 2 \cdot \mathrm{i}, -2 - \mathrm{i}) \bullet \begin{pmatrix} 2 + 3 \cdot \mathrm{i} \\ 1 - 2 \cdot \mathrm{i} \end{pmatrix}$$
$$= (-1 + 8 \cdot \mathrm{i}, -4 - 7 \cdot \mathrm{i}) \bullet \begin{pmatrix} 2 + 3 \cdot \mathrm{i} \\ 1 - 2 \cdot \mathrm{i} \end{pmatrix} \ldots \text{s. o.}$$

Ergebnisse für Variante Physik (erstes Argument semilinear, zweites linear):

$$\langle x, y \rangle\_\mathrm{Ph} = \overline{x}^T \bullet y = \overline{\langle x, y \rangle\_\mathrm{Ma}},$$
$$\lambda \cdot \langle x, y \rangle\_\mathrm{Ph} = \langle x, \lambda \cdot y \rangle\_\mathrm{Ph} = \overline{x}^T \bullet (\lambda \cdot y),$$
$$\lambda \cdot \langle x, y \rangle\_\mathrm{Ph} = \left\langle \overline{\lambda} \cdot x, y \right\rangle\_\mathrm{Ph} = \overline{\overline{\lambda} \cdot x}^T \bullet y = \overline{(\overline{\lambda} \cdot x)}^T \bullet y$$
$$= (\lambda \cdot \overline{x})^T \bullet y = \lambda \cdot \overline{x}^T \bullet y.$$

Gesamtergebnis
Unitäre Skalarprodukte von komplexen Koordinatenvektoren sollten entsprechend der verwendeten Definition als Matrizenprodukte umgeschrieben werden, da mit diesen wie üblich gerechnet werden kann.

In der linearen Algebra werden die hier vorgestellten Definitionen für Skalarprodukte noch verallgemeinert. Wir geben hier als Beispiel die Definition eines Skalarproduktes für einen unendlichdimensionalen Vektorraum an, da diese Begriffsbildung deshalb bemerkenswert ist, weil sich für unendlichdimensionale Vektorräume keine Basis angeben lässt (diese müsste aus unendlich vielen Basisvektoren bestehen, was per Definition ausgeschlossen wird).

Auf dem **unendlichdimensionalen Vektorraum** V der stetigen (reell- oder komplexwertigen) Funktionen auf dem Einheitsintervall ist ein **Skalarprodukt** definiert durch:

$$\forall f, g \in V : \langle f, g \rangle = \int_0^1 f(x) \cdot \overline{g(x)} \, \mathrm{d}x.$$

Eine Verallgemeinerung des Abstandsbegriffs führt zum Begriff der Metrik, der in Vektorräumen und bereits in allgemeineren Mengen gilt. Die Metrik wird als Abbildung mit speziellen Eigenschaften definiert:

Definition 4.9
Eine **Metrik** auf einer Menge X ist eine Abbildung $d : X \times X \to \mathbb{R}$ mit folgenden Eigenschaften $\forall x, y, z \in X$:
1. $d(x, y) \geq 0$ mit $d(x, y) = 0 \Leftrightarrow x = y$ Definitheit,
2. $d(x, y) = d(y, x)$ Symmetrie,
3. $d(x, y) \leq d(x, z) + d(z, y)$ Dreiecksungleichung.

Ein Tupel aus einer Menge X und einer Metrik d wird **metrischer Raum** (X, d) genannt.

Eine Metrik ist eine Funktion, die zwei Elementen der Menge (die als „Punkte“ aufgefasst werden) eine nichtnegative reelle Zahl zuordnet (die als „Abstand“ der beiden Punkte aufgefasst wird).

Zuweilen wird in der Definition der Metrik die Eigenschaft $d(x, y) \geq 0$ weggelassen, da sie aus den anderen Eigenschaften folgt.

Beispiele für Metriken:

- diskrete Metrik: $d(x, y) = \begin{cases} 0 & \text{für } x = y \\ 1 & \text{für } x \neq y \end{cases}$
- Metrik im Minkowski-Raum der Speziellen Relativitätstheorie: $\mathrm{d}s = \sqrt{-(c \cdot \mathrm{d}t)^2 + \mathrm{d}x^2 + \mathrm{d}y^2 + \mathrm{d}z^2}$
- Frechet-Metrik, die durch eine Norm auf einem Vektorraum induziert wird $\forall x, y \in V : d(x, y) := \|x - y\|$

Wir beenden unseren innermathematisch motivierten Ausflug zu den Vektorräumen mit der Auffassung der Mathematik zu dualen Vektoren und Dualräumen und stoßen damit ein Tor zu weiterführenden Betrachtungen im Rahmen der linearen Algebra auf. Inzwischen werden wir nicht mehr staunen, dass in der **Mathematik der Begriff des dualen Vektors** mithilfe einer speziellen Abbildung definiert wird. Im Folgenden führen wir einige Überlegungen an, welche die schwer zu durchschauende Begriffsbildung verständlich machen sollen.

In Abschn. 4.2 wurde die Beziehung zwischen den Vektoren zur geordneten Basis $(\overrightarrow{g_i})$ und den Vektoren der zu dieser Basis dualen geordneten Basis $(\overrightarrow{g^j})$ durch die Bedingung (4.46), d. h. durch $\overrightarrow{g_i} \cdot \overrightarrow{g^j} = \delta_i^j$, definiert. Wir verorten nun die Vektoren $\overrightarrow{g_i}$ und alle aus ihnen durch Linearkombinationen erzeugbaren Vektoren in einem Vektorraum V sowie die Vektoren $\overrightarrow{g^j}$ und alle aus ihnen durch Linearkombinationen erzeugbaren Vektoren im dazu dualen Vektorraum V^*. Die Vektorräume V und V^* besitzen die gleiche Dimension N und existieren über dem gleichen Körper K. Für das Skalarprodukt eines Vektors $a \in V$ des Vektorraums V mit einem dualen Vektor $b \in V^*$ aus dem zugehörigen Dualraum V^* ergibt sich:

$$\begin{aligned} a \cdot b &= \left(a^1 \cdot \overrightarrow{g_1} + \ldots + a^N \cdot \overrightarrow{g_N}\right) \cdot \left(b_1 \cdot \overrightarrow{g^1} + \ldots + b_N \cdot \overrightarrow{g^N}\right) \\ &= a^1 \cdot b_1 + \ldots + a^N \cdot b_N = a^i \cdot b_i \in K. \end{aligned}$$

Die letzte Beziehung kann interpretiert werden als lineare Abbildung des Vektors $a \in V$ in den Körper K dieses Vektorraums „unter Vermittlung" eines dualen Vektors $b \in V^*$ aus dem zu V dualen Raum V^* (eine lineare Abbildung von einem Vektorraum in einen Skalarkörper wird auch als **Funktional**, **Linearform** bzw. **1-Form** bezeichnet). Mit dieser Interpretation können duale Vektoren und Dualräume mithilfe linearer Abbildungen definiert werden, wenn per Definition dafür gesorgt wird, dass in der Menge dieser linearen Abbildungen eine Addition und eine Multiplikation mit Skalaren aus K so festgelegt werden, dass sie Vektorräume bilden. Der Sinn dieser Vorgehensweise besteht darin, dass der so gebildete Begriff des Dualraums auch für solche Vektorräume gültig ist, in denen kein Skalarprodukt definiert ist oder die unendlichdimensional sind.

Definition 4.10
Der **Dualraum** V^* von V ist die Menge der linearen Abbildungen φ von V nach K, in der eine Addition und eine Multiplikation mit einem Skalar aus K so definiert sind, dass die Menge dieser linearen Abbildungen ebenfalls einen Vektorraum darstellt:

$$\begin{aligned} V^* = \{\varphi : \; V \rightarrow K \,|\varphi \text{ ist linear, d. h. additiv und homogen}\} \\ \forall v, v_1, v_2 \in V \wedge \forall \lambda \in K : \\ \varphi(v_1 + v_2) = \varphi(v_1) + \varphi(v_2), \\ \varphi(\lambda \cdot v) = \lambda \cdot \varphi(v), \end{aligned}$$

Addition zweier Elemente aus V^*, d. h. $+ : V^* \times V^* \rightarrow V^*$:

$$\forall \varphi, \; \psi \in V^* \wedge \forall v \in V : \;\; (\varphi + \psi)\,(v) = \varphi\,(v) + \psi\,(v),$$

Multiplikation eines Elements aus V^* mit einem Skalar aus K, d. h. $\cdot : K \times V^* \rightarrow V^*$:

$$\forall \varphi \in V^* \wedge \forall v \in V \wedge \forall \lambda \in K : \;\; (\lambda \cdot \varphi)\,(v) = \lambda \cdot \varphi\,(v).$$

Die Elemente φ des Dualraums V^* von V sind Vektoren, da laut Definition der Dualraum ein Vektorraum ist. Die Vektoren des Dualraums V^* werden **duale Vektoren** genannt.

Der endlichdimensionale Vektorraum V^* der Dimension N wird in der linearen Algebra als **algebraischer Dualraum** zum endlichdimensionalen Vektorraum V der Dimension N bezeichnet.

Werden in endlichdimensionalen Vektorräumen der Dimension N die Vektoren $\varphi \in V^*$ mit $\varphi = (b_1, \ldots, b_N)$ bezeichnet, dann heißt die lineare Abbildung $\varphi \in V^*$, d. h. der Vektor $(b_1, \ldots, b_N) \in V^*$, der zu $v = (a^1, \ldots, a^N) \in V$ duale Vektor, wenn $\varphi(v) \in K$ gilt. Wird für $\varphi(v)$ die lineare Abbildung $\varphi(v) = a^1 \cdot b_1 + \ldots + a^N \cdot b_N = a^i \cdot b_i \in K$ gewählt, dann ergibt sich die bisher benutzte Definition dualer Vektoren für endlichdimensionale Vektorräume der Dimension N, bei der die Beziehung $a^1 \cdot b_1 + \ldots + a^N \cdot b_N = a^i \cdot b_i \in K$ mithilfe des Skalarprodukts der Vektoren $(a^1, \ldots, a^N) \in V$ und $(b_1, \ldots, b_N) \in V^*$ definiert wurde.

Ist der Vektorraum V **unendlichdimensional**, dann kann ihm ein **topologischer Dualraum** als Menge aller stetigen linearen Funktionale zugeordnet werden.

Beispiel 4.17

Gegeben ist ein Vektorraum mit unendlichdimensionaler Basis, dessen Trägermenge $V = \mathcal{C}([a, b])$ aus der Menge der reellen Funktionen f besteht, die in einem Intervall $[a, b]$ stetig sind.

Der zum Vektorraum gehörende topologische Dualraum besteht aus Abbildungen der Form:

$$I(f) = \int_a^b f(x)\,\mathrm{d}x \text{ mit } f \in V.$$

Die Abbildung I, d. h. das bestimmte Integral, ist tatsächlich linear, da

$$\forall f, g \in V \wedge \forall \lambda \in K :$$

$$I(f+g) = \int_a^b (f(x)+g(x))\,\mathrm{d}x = \int_a^b f(x)\,\mathrm{d}x + \int_a^b g(x)\,\mathrm{d}x = I(f) + I(g)$$

$$I(\lambda \cdot f) = \int_a^b (\lambda \cdot f(x))\,\mathrm{d}x = \lambda \cdot \int_a^b f(x)\,\mathrm{d}x = \lambda \cdot I(f)$$

Zusammenfassung

In der linearen Algebra werden **Vektoren** als Elemente eines Vektorraumes definiert.

Ein **Vektorraum** ist eine abelsche Gruppe V, für deren Elemente neben der Gruppenoperation Addition auch eine Vielfachenbildung mit den Elementen eines Körpers K definiert ist, welche einige Verträglichkeitsaxiome erfüllt.

Die aus N-Tupeln reeller oder komplexer Zahlen $\mathbb{R}^N$ bzw. $\mathbb{C}^N$ gebildeten Vektorräume sind isomorph (d. h. strukturerhaltend) zu allen endlichdimensionalen Vektorräumen.

In einem Vektorraum V über dem Körper K der reellen oder komplexen Zahlen wird eine Abbildung von V in die Menge der nichtnegativen reellen Zahlen $\|\cdot\| : V \to \mathbb{R}^+, x \mapsto \|x\|$ als **Norm** bezeichnet, wenn sie gewisse Eigenschaften besitzt.

Ein **Skalarprodukt (inneres Produkt) auf einem reellen Vektorraum** V ist eine positiv definite symmetrische Bilinearform $\langle \cdot, \cdot \rangle : V \times V \to \mathbb{R}$:

$$\forall x, y \in V : \langle x, y \rangle = \left\langle \sum_{i=1}^N x_i \cdot b_i, \sum_{j=1}^N y_j \cdot b_j \right\rangle$$
$$= \sum_{i=1}^N \sum_{j=1}^N x_i \cdot y_j \cdot \langle b_i, b_j \rangle =: \sum_{i,j=1}^N x_i \cdot y_j \cdot g_{ij}.$$

Ein **Skalarprodukt (inneres Produkt) auf einem komplexen Vektorraum** V ist eine positiv definite hermitesche Sesquilinearform $\langle \cdot, \cdot \rangle : V \times V \to \mathbb{C}$:

Variante 1 (Mathematik: linear im ersten, semilinear im zweiten Argument):

$$\langle x, y\rangle = \sum_{i=1}^{N} x_i \cdot \overline{y_i} = (x_1 \dots x_N) \cdot \begin{pmatrix} \overline{y_1} \\ \vdots \\ \overline{y_N} \end{pmatrix}$$

$$= (\overline{y_1} \dots \overline{y_N}) \cdot \begin{pmatrix} x_1 \\ \vdots \\ x_N \end{pmatrix} = x^T \cdot \overline{y} = \overline{y}^T \cdot x.$$

Variante 2 (Physik: semilinear im ersten, linear im zweiten Argument):

$$\langle x, y\rangle = \sum_{i=1}^{N} \overline{x_i} \cdot y_i = (\overline{x_1} \dots \overline{x_N}) \cdot \begin{pmatrix} y_1 \\ \vdots \\ y_N \end{pmatrix}$$

$$= (y_1 \dots y_N) \cdot \begin{pmatrix} \overline{x_1} \\ \vdots \\ \overline{x_N} \end{pmatrix} = \overline{x}^T \cdot y = y^T \cdot \overline{x}.$$

Jedes Skalarprodukt in einem Vektorraum V induziert eine Norm durch:
$\forall x \in V : \; \|x\| = \sqrt{\langle x, x\rangle}$ ... Hilbertnorm.
In reellen Vektorräumen mit Skalarprodukt ist der **Winkel φ zwischen zwei Vektoren** definiert durch:

$$\varphi = \arccos \frac{\langle x, y\rangle}{\sqrt{\langle x, x\rangle} \cdot \sqrt{\langle y, y\rangle}} \qquad \forall x, y \in V, x \neq 0, y \neq 0.$$

Auf dem **unendlichdimensionalen Vektorraum** V der stetigen (reell- oder komplexwertigen) Funktionen auf dem Einheitsintervall ist ein **Skalarprodukt** definiert durch:

$$\forall f, g \in V : \; \langle f, g\rangle = \int_0^1 f(x) \cdot \overline{g(x)} \, dx.$$

Anhang 4.1 Begriff des Raumes in der Mathematik

Bei der Definition eines Raumes in der Mathematik wird von einer Menge von Elementen ausgegangen, der in unterschiedlicher Weise eine Struktur zugeordnet wird. Die Elemente werden als „Punkte“ bezeichnet, dabei kann es sich um Punkte im Sinne der Geometrie, aber z. B. auch um Nullfolgen, Lösungsmannigfaltigkeiten von linearen Gleichungssystemen, Polynome oder Funktionen mit speziellen Eigenschaften handeln.

Ein **topologischer Raum** ist eine Menge mit einer topologischen Struktur (einer „Topologie"), die dadurch definiert ist, dass jedem Element der Menge eine Menge von Teilmengen zugeordnet wird (als „Umgebung des Elements" bezeichnet) und dass für die Elemente und Umgebungen einige Axiome erfüllt sein müssen.

Ein **metrischer Raum** ist eine Menge mit einer Funktion (einer „Metrik"), die jedem Paar von Elementen der Menge eine nichtnegative reelle Zahl (als „Abstand der Elemente" bezeichnet) zuordnet und einige Axiome erfüllt.

- Jeder metrische Raum ist ein topologischer Raum.
- Ordnet die Metrik jedem Paar von Elementen der Menge eine komplexe Zahl zu, dann wird der Raum als **Minkowski-Raum** bezeichnet.

Ein **affiner Raum** ist eine Menge mit einer Struktur, die dadurch definiert ist, dass jedem Paar von Elementen der Menge ein Vektor (als „Verbindungsvektor" bezeichnet) zugeordnet wird und dass für die Elemente und Vektoren einige Axiome erfüllt sein müssen (u. a. wird eine Translation definiert als Abbildung, die einem Punkt und einem Vektor einen Punkt zuordnet). Im allgemeinen Fall wird keine Funktion zur Bestimmung eines Abstands zweier Elemente gefordert.

- Ist im affinen Raum zusätzlich eine Metrik definiert, dann handelt es sich um einen **metrischen affinen Raum**.
- Wird die Metrik eines metrischen affinen Raumes mithilfe eines euklidischen Skalarprodukts definiert (dieses bildet zwei Vektoren auf eine reelle Zahl ab), dann wird die strukturierte Menge als **euklidischer Punktraum, euklidischer Vektorraum** oder **euklidischer Raum** bezeichnet. Der euklidische Punktraum (auch „Anschauungsraum" genannt) ist ein häufig benutztes mathematisches **Modell für den physikalischen Raum**.

Ein **linearer Raum** ist ein Vektorraum, d. h. eine Menge von Elementen, für die spezielle Axiome gelten (zu deren Formulierungen werden Elemente einer weiteren strukturierten Menge benutzt, in der Regel reelle oder komplexe Zahlen als spezielle Körperelemente).

- Ist im linearen Raum eine Norm definiert, dann handelt es sich um einen **normierten linearen Raum**. Jede Norm in einem linearen Raum induziert eine Metrik.
- Ist ein normierter linearer Raum vollständig (jede Fundamental- bzw. Cauchy-Folge konvergiert gegen ein Element des Raumes), dann wird er als **Banachraum** bezeichnet.
- Ein Banachraum, dessen Norm durch ein Skalarprodukt erzeugt wird, heißt **Hilbertraum** (damit ist jeder Hilbertraum ein Banachraum, aber nicht umgekehrt).
- Ein linearer Raum, dessen Norm durch ein Skalarprodukt erzeugt wird, heißt **Innenproduktraum**. Vermittelt das Skalarprodukt eines Innenproduktraumes eine Abbildung in die reellen bzw. komplexen Zahlen, dann wird der Raum als **euklidischer bzw. unitärer Vektorraum** bezeichnet.

Wenn wir den Begriff **euklidischer Punktraum** verwenden, dann meinen wir Mengen von geometrischen Objekten wie Punkte, Geraden und Ebenen im dreidimensionalen Anschauungsraum, für welche die in der Schule gelernte Geometrie gilt, die im Wesentlichen auf das ca. 325 v. Chr. erschienene Werk *Die Elemente* des **Euklid** von Alexandria zurückgeht. Insbesondere können wir

- geometrische Objekte auf Kongruenz untersuchen,
- gemeinsame Punkte mehrerer geometrischer Objekte ermitteln,
- Grundkonstruktionen mit Zirkel und unskaliertem Lineal ausführen, u. a.
  - Fällen eines Lotes auf eine Gerade von einem Punkt außerhalb dieser Geraden,
  - Errichten der Senkrechten zu einer Geraden in einem Punkt dieser Geraden,
  - Konstruieren der Parallelen zu einer Geraden durch einen Punkt außerhalb dieser Geraden,
- Maße für die Länge einer Strecke und die Größe eines Winkels bestimmen (aus der Länge von Strecken ergeben sich Inhalte von Flächen und Volumina von Körpern).

Euklids *Elemente* waren prägend für das mathematische Denken über mehr als zwei Jahrtausende. Sein Werk enthält Definitionen (z. B. „Ein Punkt ist, was keine Teile hat.“), Postulate (z. B. „Alle rechten Winkel sind einander gleich.“), Axiome (z. B. „Was miteinander zur Deckung gebracht werden kann, ist einander gleich.“) sowie Probleme (Konstruktionsaufgaben mit Lösungen) und Theoreme (Lehrsätze mit Beweis). Von besonderer Wichtigkeit für die Entwicklung der Mathematik erwies sich Euklids Parallelenpostulat, welches in moderner Formulierung besagt, dass durch einen Punkt außerhalb einer Geraden nicht mehr als eine Parallele zu dieser Geraden existiert. Da sich aus den übrigen Postulaten und Axiomen Euklids ergibt, dass es mindestens eine derartige Parallele gibt, wird der Sachverhalt zuweilen durch folgendes **Parallelenaxiom** ausgedrückt: „In einer Ebene existiert zu jeder Geraden g und jedem Punkt P außerhalb von g genau eine Gerade, die zu g parallel ist und durch P verläuft.“

1899 veröffentlichte David **Hilbert** in seinem Werk *Grundlagen der Geometrie* die erste streng axiomatische Theorie der euklidischen Geometrie. Dabei definierte er die drei Grundbegriffe „Punkt“, „Gerade“ und „Ebene“ sowie die drei grundlegenden Beziehungen „liegen“, „zwischen“ und „kongruent“ lediglich implizit, indem er forderte, dass sie die Axiome erfüllen.

Modifizierungen der Grundlagen der euklidischen Geometrie führten bereits vor Hilberts Axiomatisierung zu nichteuklidischen Geometrien, z. B.:

- Die Veränderung des Parallelenaxioms zu „In einer Ebene existieren zu jeder Geraden g und jedem Punkt P außerhalb von g mindestens zwei Geraden durch P, die g nicht schneiden.“ führt zur **hyperbolischen Geometrie**.
- Die Veränderung des Parallelenaxioms zu „In einer Ebene existiert zu jeder Geraden g und jedem Punkt P außerhalb von g keine Gerade durch P, die g nicht schneidet.“ führt zur **elliptischen Geometrie**.
- Der Verzicht auf Maße für Winkel und Strecken (es werden lediglich Streckenverhältnisse betrachtet) führt zur **affinen Geometrie**.

In der durch **Newton** begründeten klassischen Physik (1687 erschien sein bedeutendes Werk *Philosophiae Naturalis Principia Mathematica*) spielt sich das physikalische Geschehen in der Zeit und im dreidimensionalen Anschauungsraum ab, für den der euklidische Punktraum als mathematisches Modell verwendet wird.

Anhang 4.2 Nachweis der Indexzieher-Eigenschaft der Komponenten der metrischen Tensoren

Wir gehen von den Beziehungen (4.47) und (4.53) aus, die wir den zu führenden Nachweisen voranstellen:

$$\begin{aligned}\vec{a} &= a^i \cdot \vec{g_i} = a^1 \cdot \vec{g_1} + a^2 \cdot \vec{g_2} + a^3 \cdot \vec{g_3} \\ &= a_i \cdot \vec{g^i} = a_1 \cdot \vec{g^1} + a_2 \cdot \vec{g^2} + a_3 \cdot \vec{g^3}, \\ \vec{b} &= b^j \cdot \vec{g_j} = b^1 \cdot \vec{g_1} + b^2 \cdot \vec{g_2} + b^3 \cdot \vec{g_3} \\ &= b_j \cdot \vec{g^j} = b_1 \cdot \vec{g^1} + b_2 \cdot \vec{g^2} + b_3 \cdot \vec{g^3}, \\ \vec{a} \bullet \vec{b} &= a^i \cdot b^j \cdot g_{ij} = a^i \cdot b_i = a_i \cdot b^i = a_i \cdot b_j \cdot g^{ij}.\end{aligned}$$

Nachweis der Eigenschaft „Indexzieher" für die Koordinaten der Vektoren am verallgemeinerbaren Beispiel für $N = 2$.

$$\vec{a} \bullet \vec{b} = a_i \cdot b^i = a^k \cdot b^m \cdot g_{km}$$

$$a_1 \cdot b^1 + a_2 \cdot b^2 = a^1 \cdot b^1 \cdot g_{11} + a^1 \cdot b^2 \cdot g_{12} + a^2 \cdot b^1 \cdot g_{21} + a^2 \cdot b^2 \cdot g_{22}$$

$$a_1 \cdot b^1 + a_2 \cdot b^2 = b^1 \cdot (a^1 \cdot g_{11} + a^2 \cdot g_{21}) + b^2 \cdot (a^1 \cdot g_{12} + a^2 \cdot g_{22})$$

$$b^1 \cdot (a_1 - (a^1 \cdot g_{11} + a^2 \cdot g_{21})) + b^2 \cdot (a_2 - (a^1 \cdot g_{12} + a^2 \cdot g_{22})) = 0$$

Da b^1 und b^2 unabhängig voneinander sind, müssen beide Klammerausdrücke null sein, d. h., es gilt

$$\left.\begin{aligned} a_1 &= a^1 \cdot g_{11} + a^2 \cdot g_{21} = a^p \cdot g_{p1} \\ a_2 &= a^1 \cdot g_{12} + a^2 \cdot g_{22} = a^q \cdot g_{q2} \end{aligned}\right\} \Rightarrow a_j = a^i \cdot g_{ij}$$

$$\vec{a} \bullet \vec{b} = a^j \cdot b_j = a_k \cdot b_m \cdot g^{km}$$

$$a^1 \cdot b_1 + a^2 \cdot b_2 = a_1 \cdot b_1 \cdot g^{11} + a_1 \cdot b_2 \cdot g^{12} + a_2 \cdot b_1 \cdot g^{21} + a_2 \cdot b_2 \cdot g^{22}$$

$$\begin{aligned} a^1 \cdot b_1 + a^2 \cdot b_2 = {} & b_1 \cdot (a_1 \cdot g^{11} + a_2 \cdot g^{21}) \\ & + b_2 \cdot (a_1 \cdot g^{12} + a_2 \cdot g^{22}) \quad \Big| b^1 \text{ unabhängig von } b^2 \end{aligned}$$

$$\left.\begin{aligned} a^1 &= a_1 \cdot g^{11} + a_2 \cdot g^{21} = a_p \cdot g^{p1} \\ a^2 &= a_1 \cdot g^{12} + a_2 \cdot g^{22} = a_q \cdot g^{q2} \end{aligned}\right\} \Rightarrow a^j = a_i \cdot g^{ij}$$

Nachweis der Eigenschaft „Indexzieher" für die Basisvektoren am verallgemeinerbaren Beispiel für $N = 2$ unter Nutzung der bereits nachgewiesenen Indexzieher-Eigenschaft für Koordinaten:

$$\vec{a} = a_i \cdot \overrightarrow{g^i} = a^k \cdot \overrightarrow{g_k} \qquad \Big| \text{ Substitution } a^k = a_m \cdot g^{mk}$$

$$a_i \cdot \overrightarrow{g^i} = a_m \cdot g^{mk} \cdot \overrightarrow{g_k}$$

$$a_1 \cdot \overrightarrow{g^1} + a_2 \cdot \overrightarrow{g^2} = a_1 \cdot g^{11} \cdot \overrightarrow{g_1} + a_1 \cdot g^{12} \cdot \overrightarrow{g_2} + a_2 \cdot g^{21} \cdot \overrightarrow{g_1} + a_2 \cdot g^{22} \cdot \overrightarrow{g_2}$$

$$a_1 \cdot \overrightarrow{g^1} + a_2 \cdot \overrightarrow{g^2} = a_1 \cdot (g^{11} \cdot \overrightarrow{g_1} + g^{12} \cdot \overrightarrow{g_2}) + a_2 \cdot (g^{21} \cdot \overrightarrow{g_1} + g^{22} \cdot \overrightarrow{g_2}) \qquad | \text{ Vergleich}$$

$$\left.\begin{aligned} \overrightarrow{g^1} &= g^{11} \cdot \overrightarrow{g_1} + g^{12} \cdot \overrightarrow{g_2} = g^{1p} \cdot \overrightarrow{g_p} \\ \overrightarrow{g^2} &= g^{21} \cdot \overrightarrow{g_1} + g^{22} \cdot \overrightarrow{g_2} = g^{2q} \cdot \overrightarrow{g_q} \end{aligned}\right\} \Rightarrow \overrightarrow{g^i} = g^{ij} \cdot \overrightarrow{g_j}$$

$$\vec{a} = a^k \cdot \overrightarrow{g_k} = a_i \cdot \overrightarrow{g^i} \qquad \Big| \text{ Substitution } a_i = a^p \cdot g_{pi}$$

$$a^k \cdot \overrightarrow{g_k} = a^p \cdot g_{pi} \cdot \overrightarrow{g^i}$$

$$a^1 \cdot \overrightarrow{g_1} + a^2 \cdot \overrightarrow{g_2} = a^1 \cdot g_{11} \cdot \overrightarrow{g^1} + a^1 \cdot g_{12} \cdot \overrightarrow{g^2} + a^2 \cdot g_{21} \cdot \overrightarrow{g^1} + a^2 \cdot g_{22} \cdot \overrightarrow{g^2}$$

$$a^1 \cdot \overrightarrow{g_1} + a^2 \cdot \overrightarrow{g_2} = a^1 \cdot (g_{11} \cdot \overrightarrow{g^1} + g_{12} \cdot \overrightarrow{g^2}) + a^2 \cdot (g_{21} \cdot \overrightarrow{g^1} + g_{22} \cdot \overrightarrow{g^2}) \qquad | \text{ Vergleich}$$

$$\left.\begin{aligned} \overrightarrow{g_1} &= g_{11} \cdot \overrightarrow{g^1} + g_{12} \cdot \overrightarrow{g^2} = g_{1p} \cdot \overrightarrow{g^p} \\ \overrightarrow{g_2} &= g_{21} \cdot \overrightarrow{g^1} + g_{22} \cdot \overrightarrow{g^2} = g_{2q} \cdot \overrightarrow{g^q} \end{aligned}\right\} \Rightarrow \overrightarrow{g_i} = g_{ij} \cdot \overrightarrow{g^j}$$

Achtung:
Folgende „Herleitungen" sehen zwar elegant aus, doch sie sind nicht korrekt:

$$g^{mn} = \delta^m_p \cdot g^{pn} \qquad | \text{ formales Umschreiben}$$
$$\overrightarrow{g^m} \bullet \overrightarrow{g^n} = \overrightarrow{g^m} \bullet \overrightarrow{g_p} \cdot g^{pn} \qquad | \text{ Anwenden der Definition für metrischen Tensor}$$
$$\overrightarrow{g^n} = \overrightarrow{g_p} \cdot g^{pn} \qquad | \text{ aus Vergleich}$$

analog

$$g_{ij} = \delta^k_i \cdot g_{kj}$$
$$\overrightarrow{g_i} \bullet \overrightarrow{g_j} = \overrightarrow{g^k} \bullet \overrightarrow{g_i} \cdot g_{kj} = \overrightarrow{g_i} \bullet \overrightarrow{g^k} \cdot g_{kj}$$
$$\overrightarrow{g_j} = \overrightarrow{g^k} \cdot g_{kj}$$

Der Fehler in diesen „Herleitungen" besteht darin, dass aus der Gleichheit der ersten Faktoren im Skalarprodukt auf die Gleichheit der zweiten Faktoren geschlossen wird ... dieser Schluss ist nicht zulässig, wie Abb. 4.73 veranschaulicht. Es gilt $\vec{a} \bullet \vec{x} = \vec{a} \bullet \vec{y}$, obwohl $\vec{x} \neq \vec{y}$ ist.

In den korrekten Herleitungen erfolgt der Vergleich auf Grundlage der Eigenschaften von Produkten aus skalaren Faktoren bzw. der Eindeutigkeit von Linearkombinationen von Vektoren.

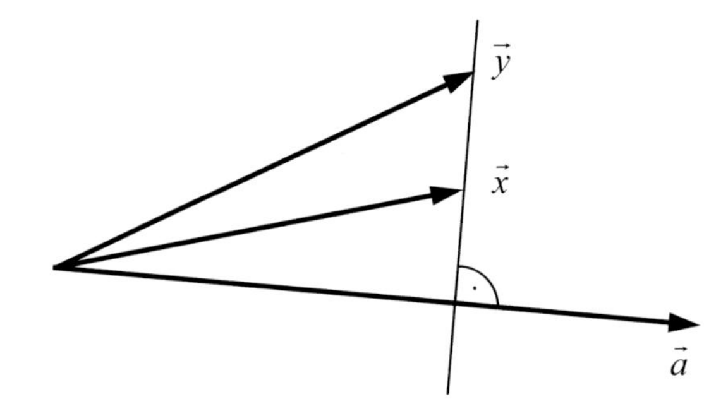

Abb. 4.73 Darstellung der Gleichheit zweier Skalarprodukte

Anhang 4.3 Berechnungen mit dem Epsilon-Symbol

Wir gehen von einigen Definitionen und Beziehungen aus, die wir in Abschn. 2.3.3 bereits angegeben haben:

Das kontravariante Epsilon-Symbol (kontravariante Levi-Civita-Symbol) ist nach Definition 2.5 durch Zahlenzuweisung definiert:

$$\varepsilon^{i_1 \dots i_N} = \begin{cases} 1, & \text{wenn } (i_1, \dots, i_N) \text{ eine gerade Permutation von } (1, \dots, N) \text{ ist,} \\ -1, & \text{wenn } (i_1, \dots, i_N) \text{ eine ungerade Permutation von } (1, \dots, N) \text{ ist,} \\ 0 & \text{sonst.} \end{cases} \tag{4.176}$$

$$\varepsilon^{1 \dots N} = 1 \tag{4.177}$$

$\varepsilon^{i_1 \dots i_N}$ ist genau dann null, wenn mindestens zwei Indizes übereinstimmen.

Für $N = 2$ gilt:

$$\varepsilon^{12} = 1; \varepsilon^{21} = -1; \text{ sonst } \varepsilon^{ij} = 0, \text{ d. h. } \varepsilon^{11} = \varepsilon^{22} = 0. \tag{4.178}$$

Für $N = 3$ gilt:

$$\varepsilon^{123} = \varepsilon^{231} = \varepsilon^{312} = 1; \ \varepsilon^{132} = \varepsilon^{213} = \varepsilon^{321} = -1; \text{ sonst } \varepsilon^{ijk} = 0. \tag{4.179}$$

Die Determinante einer N-reihigen quadratischen Matrix $A = \begin{pmatrix} A^1{}_1 & \cdots & A^1{}_N \\ \vdots & \ddots & \vdots \\ A^N{}_1 & \cdots & A^N{}_N \end{pmatrix}$ ist definiert durch

$$\det A = \varepsilon^{j_1 \dots j_N} \cdot A^1{}_{j_1} \cdot \ldots \cdot A^N{}_{j_N} \quad \text{(Leibniz-Formel)} \tag{4.180}$$

$$\varepsilon^{i_1 \dots i_N} \cdot \det A = \varepsilon^{j_1 \dots j_N} \cdot A^{i_1}{}_{j_1} \cdot \ldots \cdot A^{i_N}{}_{j_N} \tag{4.181}$$

Das **kovariante Levi-Civita-Symbol** ergibt sich aus dem kontravarianten Levi-Civita-Symbol durch Herunterziehen der Indizes mithilfe der Komponenten des metrischen Tensors:

$$\varepsilon_{i_1 \dots i_N} = \varepsilon^{j_1 \dots j_N} \cdot g_{i_1 j_1} \cdots g_{i_N j_N}. \tag{4.182}$$

Mit (4.182) haben wir die Bedeutung der Komponenten g_{ij} und g^{ij} der metrischen Tensoren als „**Indexzieher**" auf das mehrfach indizierte Objekt $\varepsilon^{j1 \dots jN}$ **verallgemeinert**. Diese Herangehensweise werden wir bei der Behandlung von Tensoren fortsetzen.

Achtung Setzen wir in (4.180) und (4.181) für die Matrix A die Gram'sche Matrix $G = (g_{ij})$ ein, dann müssen wir die Stellung der Indizes verändern, da wegen (4.61) $g^i{}_j = \delta^i{}_j$ im Allgemeinen eine andere Bedeutung als g_{ij} besitzt. Außerdem müssen wir darauf achten, ob über die Indizes summiert werden soll oder nicht.

In der folgenden Berechnung werden wir diese Besonderheiten beachten, indem wir die Definitionen (4.180) und (4.181) für die Matrix $A = \begin{pmatrix} A_{11} & \cdots & A_{1N} \\ \vdots & \ddots & \vdots \\ A_{N1} & \cdots & A_{NN} \end{pmatrix}$ verwenden.

Einsetzen der Matrix $G = (g_{ij})$ für die Matrix A in die modifizierten Beziehungen (4.180) und (4.181) ergibt

$$g = \varepsilon^{j_1 \dots j_N} \cdot g_{1 j_1} \cdot \dots \cdot g_{N j_N} = \varepsilon_{1 \dots N} \quad \text{mit} \quad g = \det(g_{ij}) = \det G, \tag{4.183}$$

$$\varepsilon^{i_1 \dots i_N} \cdot g = \varepsilon^{j_1 \dots j_N} \cdot g_{i_1 j_1} \cdot \dots \cdot g_{i_N j_N} \quad \text{mit} \quad g = \det(g_{ij}) = \det G. \tag{4.184}$$

Mit (4.182) ergibt sich weiter

$$\varepsilon_{i_1 \dots i_N} = \varepsilon^{i_1 \dots i_N} \cdot g. \tag{4.185}$$

Aus (4.182) folgt eine weitere Beziehung:

$$\begin{aligned} \varepsilon_{i_1 \dots i_N} &= \varepsilon^{j_1 \dots j_N} \cdot g_{i_1 j_1} \cdot \dots \cdot g_{i_N j_N} \quad |\cdot \varepsilon^{i_1 \dots i_N} \\ \varepsilon_{i_1 \dots i_N} \cdot \varepsilon^{i_1 \dots i_N} &= \varepsilon^{j_1 \dots j_N} \cdot g_{i_1 j_1} \cdot \dots \cdot g_{i_N j_N} \cdot \varepsilon^{i_1 \dots i_N} \end{aligned}$$

Die Multiplikation mit $\varepsilon^{i_1 \dots i_N}$ ist nur unter der Bedingung sinnvoll, dass in $(i_1 \dots i_N)$ keine Komponenten doppelt vorkommen, da wir sonst mit null multiplizieren würden. Wenn wir auf der rechten Seite für $\varepsilon^{j_1 \dots j_N} \cdot g_{i_1 j_1} \cdots g_{i_N j_N}$ nach (4.184) $\varepsilon^{i_1 \dots i_N} \cdot g$ einsetzen, dann ist zu berücksichtigen, dass rechts nach wie vor über die i_k zu summieren ist:

$$\varepsilon_{i_1 \dots i_N} \cdot \varepsilon^{i_1 \dots i_N} = g \cdot \sum_{i_1 \dots i_N} \varepsilon^{i_1 \dots i_N} \cdot \varepsilon^{i_1 \dots i_N}.$$

Da wir in $(i_1 \dots i_N)$ keine Komponenten doppelt verwenden, gilt $\varepsilon^{i_1 \dots i_N} = \pm 1$, d. h., in der Summe rechts steht $N!$ mal $(\pm 1)^2$. Das ergibt

$$\varepsilon_{i_1 \dots i_N} \cdot \varepsilon^{i_1 \dots i_N} = g \cdot N! \text{ wenn jeweils } i_p \neq i_q, \quad \text{d. h.} \quad \varepsilon^{i_1 \dots i_N} \neq 0. \tag{4.186}$$

Setzen wir in (4.181) für die Matrix A die Einheitsmatrix E ein, dann folgt mit $\det E = 1$:

$$\varepsilon^{i_1 \dots i_N} = \varepsilon^{j_1 \dots j_N} \cdot \delta^{i_1}{}_{j_1} \cdot \ldots \cdot \delta^{i_N}{}_{j_N}. \tag{4.187}$$

In (4.187) wird nur über die Variablen j summiert, das N-Tupel $(i_1, \dots, i_N)$ ist eine beliebige aber feste Permutation der Zahlen $(1, \dots, N)$.

Wir begründen, dass sich aus (4.187) folgende Beziehung ergibt:

$$\varepsilon^{i_1 \dots i_N} = \det \begin{pmatrix} \delta^{i_1}{}_1 & \cdots & \delta^{i_1}{}_N \\ \vdots & \ddots & \vdots \\ \delta^{i_N}{}_1 & \cdots & \delta^{i_N}{}_N \end{pmatrix}. \tag{4.188}$$

Der Sonderfall $(i_1, \dots, i_N) = (1, \dots, N)$ führt mit (4.187) zu $\varepsilon^{1 \dots N} = \varepsilon^{j_1 \dots j_N} \cdot \delta^1{}_{j_1} \dots \delta^N{}_{j_N}$. Mit der Leibniz-Formel ergibt sich $\varepsilon^{j_1 \dots j_N} \cdot \delta^1{}_{j_1} \dots \delta^N{}_{j_N} = \det(\delta^k{}_{j_k}) = \det(\delta^{j_k}{}_k)$ und damit (4.188).

Wegen $\varepsilon^{1 \dots N} = 1$ erhalten wir das spezielle Ergebnis

$$\varepsilon^{1 \dots N} = \det \begin{pmatrix} \delta^1{}_1 & \cdots & \delta^1{}_N \\ \vdots & \ddots & \vdots \\ \delta^N{}_1 & \cdots & \delta^N{}_N \end{pmatrix} = 1.$$

Ist $(i_1, \dots, i_N)$ von $(1, \dots, N)$ verschieden, dann lässt sich nach Definition (4.176) des kontravarianten Epsilon-Symbols aus $\varepsilon^{i_1 \dots i_N}$ durch schrittweise Permutationen die Form $\varepsilon^{1 \dots N}$ gewinnen, wenn bei jeder Permutation das Vorzeichen gewechselt wird. In der Darstellung mit der Determinante ist jede Permutation mit einem Zeilenwechsel verbunden, der ebenfalls zu einem Vorzeichenwechsel führt. Deshalb ergibt sich auch in diesem Fall das korrekte Ergebnis.

Wir verdeutlichen diese Überlegung an einem Beispiel:

Beispiel 4.18

$\varepsilon^{312} = -\varepsilon^{132} = +\varepsilon^{123} = 1 \dots$ Umformung des Epsilon-Symbols nach Definition,

$$\varepsilon^{123} = \det \begin{pmatrix} \delta^1{}_1 & \delta^1{}_2 & \delta^1{}_3 \\ \delta^2{}_1 & \delta^2{}_2 & \delta^2{}_3 \\ \delta^3{}_1 & \delta^3{}_2 & \delta^3{}_3 \end{pmatrix} = \det \begin{pmatrix} 1 & 0 & 0 \\ 0 & 1 & 0 \\ 0 & 0 & 1 \end{pmatrix} = 1 \dots \text{Anwenden des}$$

Spezialfalls,

$$\det \begin{pmatrix} \delta^1{}_1 & \delta^1{}_2 & \delta^1{}_3 \\ \delta^2{}_1 & \delta^2{}_2 & \delta^2{}_3 \\ \delta^3{}_1 & \delta^3{}_2 & \delta^3{}_3 \end{pmatrix} = -\det \begin{pmatrix} \delta^1{}_1 & \delta^1{}_2 & \delta^1{}_3 \\ \delta^3{}_1 & \delta^3{}_2 & \delta^3{}_3 \\ \delta^2{}_1 & \delta^2{}_2 & \delta^2{}_3 \end{pmatrix} = \det \begin{pmatrix} \delta^3{}_1 & \delta^3{}_2 & \delta^3{}_3 \\ \delta^1{}_1 & \delta^1{}_2 & \delta^1{}_3 \\ \delta^2{}_1 & \delta^2{}_2 & \delta^2{}_3 \end{pmatrix}$$

... Umformung der Determinante,

$$\varepsilon^{312} = \det\begin{pmatrix} \delta^3{}_1 & \delta^3{}_2 & \delta^3{}_3 \\ \delta^1{}_1 & \delta^1{}_2 & \delta^1{}_3 \\ \delta^2{}_1 & \delta^2{}_2 & \delta^2{}_3 \end{pmatrix} = \det\begin{pmatrix} 0 & 0 & 1 \\ 1 & 0 & 0 \\ 0 & 1 & 0 \end{pmatrix} = 1 \text{ ... Gültigkeit}$$

von (4.188).

In (4.188) steht in der Zeile k der Determinante in der Spalte i_k die Zahl 1, an allen anderen Stellen der Zeile k steht 0. Wir interpretieren diesen Sachverhalt so, als wären in die Zeile k die Koordinaten des Einheitsvektors $\overrightarrow{e_{i_k}}$ oder $\overrightarrow{e^{i_k}}$ eingetragen worden. Mit dieser Interpretation geht (4.188) über in

$$\varepsilon^{i_1 \dots i_N} = \det\begin{pmatrix} \overrightarrow{e_{i_1}} & - \\ \vdots & \vdots \\ \overrightarrow{e_{i_N}} & - \end{pmatrix} \quad \text{oder} \quad \varepsilon^{i_1 \dots i_N} = \det\begin{pmatrix} \overrightarrow{e^{i_1}} & - \\ \vdots & \vdots \\ \overrightarrow{e^{i_N}} & - \end{pmatrix}. \tag{4.189}$$

Mit $\varepsilon^{1 \dots N} = 1 = \det E = \det\begin{pmatrix} 1 & 0 & 0 & \cdots & 0 \\ 0 & 1 & 0 & \cdots & 0 \\ \vdots & \vdots & \vdots & \vdots & \vdots \\ 0 & 0 & \cdots & 0 & 1 \end{pmatrix} = \det\begin{pmatrix} \overrightarrow{e_1} & - \\ \overrightarrow{e_2} & - \\ \vdots & \vdots \\ \overrightarrow{e_N} & - \end{pmatrix} =$

$\det\begin{pmatrix} \overrightarrow{e^1} & - \\ \overrightarrow{e^2} & - \\ \vdots & \vdots \\ \overrightarrow{e^N} & - \end{pmatrix}$ ergibt die Beziehung (4.189) eine einfache Möglichkeit, den Wert des Epsilon-Symbols zu bestimmen:

$$\varepsilon^{312} = \det\begin{pmatrix} 0\,0\,1 \\ 1\,0\,0 \\ 0\,1\,0 \end{pmatrix} = \det\begin{pmatrix} \overrightarrow{e_3} & - \\ \overrightarrow{e_1} & - \\ \overrightarrow{e_2} & - \end{pmatrix} = -\det\begin{pmatrix} \overrightarrow{e_1} & - \\ \overrightarrow{e_3} & - \\ \overrightarrow{e_2} & - \end{pmatrix} = +\det\begin{pmatrix} \overrightarrow{e_1} & - \\ \overrightarrow{e_2} & - \\ \overrightarrow{e_3} & - \end{pmatrix} = 1,$$

$$\varepsilon^{213} = \det\begin{pmatrix} 0\,1\,0 \\ 1\,0\,0 \\ 0\,0\,1 \end{pmatrix} = \det\begin{pmatrix} \overrightarrow{e_2} & - \\ \overrightarrow{e_1} & - \\ \overrightarrow{e_3} & - \end{pmatrix} = -\det\begin{pmatrix} \overrightarrow{e_1} & - \\ \overrightarrow{e_2} & - \\ \overrightarrow{e_3} & - \end{pmatrix} = -1.$$

Die Matrizen, welche durch Vertauschen von Zeilen aus der Einheitsmatrix entstehen, können genutzt werden, um die Reihenfolge von Koordinaten zu tauschen, z. B.:

$$\begin{pmatrix} 0 & 0 & 1 \\ 1 & 0 & 0 \\ 0 & 1 & 0 \end{pmatrix} \cdot \begin{pmatrix} x^1 \\ x^2 \\ x^3 \end{pmatrix} = \begin{pmatrix} x^3 \\ x^1 \\ x^2 \end{pmatrix} \text{ bzw. } \begin{pmatrix} 0 & 1 & 0 \\ 1 & 0 & 0 \\ 0 & 0 & 1 \end{pmatrix} \cdot \begin{pmatrix} x^1 \\ x^2 \\ x^3 \end{pmatrix} = \begin{pmatrix} x^2 \\ x^1 \\ x^3 \end{pmatrix}.$$

Aus (4.189) ergibt sich eine weitere nützliche Beziehung:

$$\varepsilon^{i_1\ldots i_N}\cdot\varepsilon^{j_1\ldots j_N}=\det\begin{pmatrix}\overrightarrow{e_{i_1}} & - \\ \vdots & \vdots \\ \overrightarrow{e_{i_N}} & -\end{pmatrix}\cdot\det\begin{pmatrix}\overrightarrow{e^{j_1}} & - \\ \vdots & \vdots \\ \overrightarrow{e^{j_N}} & -\end{pmatrix}$$

$$\Big|\ \det A\cdot\det B=\det A\cdot\det B^T=\det(A\cdot B^T)$$

$$=\det\left(\begin{pmatrix}\overrightarrow{e_{i_1}} & - \\ \vdots & \vdots \\ \overrightarrow{e_{i_N}} & -\end{pmatrix}\cdot\begin{pmatrix}\overrightarrow{e^{j_1}} & \cdots & \overrightarrow{e^{j_N}} \\ | & & |\end{pmatrix}\right)$$

$$\varepsilon^{i_1\ldots i_N}\cdot\varepsilon^{j_1\ldots j_N}=\det\begin{pmatrix}\delta_{i_1}^{j_1} & \cdots & \delta_{i_1}^{j_N} \\ \vdots & \ddots & \vdots \\ \delta_{i_N}^{j_1} & \cdots & \delta_{i_N}^{j_N}\end{pmatrix} \tag{4.190}$$

Falls die Variablen i_k und j_m übereinstimmen, dann muss auf der linken Seite der Gl. (4.190) summiert werden, da wir die Einstein'sche Summenkonvention in der Form verwenden, dass nur über gleiche Indizes summiert wird, wenn ein Index hoch- und der andere tiefgestellt ist.

Eine weitere Beziehung erhalten wir aus (4.185):

$$\varepsilon_{i_1\ldots i_N}=\varepsilon^{i_1\ldots i_N}\cdot g \qquad |\cdot\varepsilon^{j_1\ldots j_N}$$

$$\varepsilon_{i_1\ldots i_N}\cdot\varepsilon^{j_1\ldots j_N}=g\cdot\varepsilon^{i_1\ldots i_N}\cdot\varepsilon^{j_1\ldots j_N}$$

Setzen wir (4.190) in die letzte Gleichung ein, dann ergibt sich

$$\varepsilon_{i_1\ldots i_N}\cdot\varepsilon^{j_1\ldots j_N}=g\cdot\det\begin{pmatrix}\delta_{i_1}^{j_1} & \cdots & \delta_{i_1}^{j_N} \\ \vdots & \ddots & \vdots \\ \delta_{i_N}^{j_1} & \cdots & \delta_{i_N}^{j_N}\end{pmatrix}. \tag{4.191}$$

Bemerkung Da $\varepsilon^{i_1\ldots i_N}$ als Skalar definiert wird, ist das kontravariante Levi-Civita-Symbol invariant bei Koordinatentransformationen.

Im Unterschied dazu ist das **kovariante Levi-Civita-Symbol von der Metrik des Raumes abhängig**, mit der Beziehung (4.185) gilt z. B.:

- im euklidischen Anschauungsraum mit $(g_{ij})=\begin{pmatrix}1&0&0\\0&1&0\\0&0&1\end{pmatrix}=$ diag(1, 1, 1) ist $g=1$ und damit $\varepsilon_{123}=\varepsilon^{123}$,

- im Minkowskisraum mit $(g_{ij}) = \begin{pmatrix} 1 & 0 & 0 & 0 \\ 0 & -1 & 0 & 0 \\ 0 & 0 & -1 & 0 \\ 0 & 0 & 0 & -1 \end{pmatrix} = \text{diag}\left(1,\ -1,\ -1,\ -1\right)$
  ist $g = -1$ und damit $\varepsilon_{0123} = -\varepsilon^{0123}$.

Für den **Sonderfall des dreidimensionalen affinen Raums** ergibt sich (4.191) auch aus den bereits in Abschn. 4.2.2 angegebenen Beziehungen. Dazu setzen wir (4.75) in (4.69) ein und berücksichtigen (4.76):

$$\vec{g^i} \times \vec{g^j} = \frac{1}{\sqrt{g}} \cdot \varepsilon^{ijk} \cdot \vec{g_k} \quad \text{mit} \quad g = \det \begin{pmatrix} g_{11} & g_{12} & g_{13} \\ g_{21} & g_{22} & g_{23} \\ g_{31} & g_{32} & g_{33} \end{pmatrix}.$$

Bilden eines Spatprodukts liefert:

$$\vec{g^i} \times \vec{g^j} = \frac{1}{\sqrt{g}} \cdot \varepsilon^{ijk} \cdot \vec{g_k} \qquad |\cdot \vec{g^n}$$

$$(\vec{g^i} \times \vec{g^j}) \cdot \vec{g^n} = \frac{1}{\sqrt{g}} \cdot \varepsilon^{ijk} \cdot \vec{g_k} \cdot \vec{g^n} = \frac{1}{\sqrt{g}} \cdot \varepsilon^{ijk} \cdot \delta_k^n$$

$$(\vec{g^i} \times \vec{g^j}) \cdot \vec{g^k} = \frac{1}{\sqrt{g}} \cdot \varepsilon^{ijk} \tag{4.192}$$

Eine Beziehung für das kovariante Levi-Civita-Symbol ergibt sich durch Herunterziehen der Indizes

$$(\vec{g^i} \times \vec{g^j}) \cdot \vec{g^k} = \frac{1}{\sqrt{g}} \cdot \varepsilon^{ijk} \qquad |\cdot g_{ip} \cdot g_{jq} \cdot g_{kr}$$

$$\left(\vec{g_p} \times \vec{g_q}\right) \cdot \vec{g_r} = \frac{1}{\sqrt{g}} \cdot \varepsilon_{pqr} \tag{4.193}$$

Aus (4.192) und (4.193) folgt

$$\varepsilon_{pqr} \cdot \varepsilon^{ijk} = g \cdot (\vec{g_p} \times \vec{g_q}) \cdot \vec{g_r} \cdot (\vec{g^i} \times \vec{g^j}) \cdot \vec{g^k}. \tag{4.194}$$

Nach (4.72) bzw. (4.73) gilt

$$(\vec{g_p} \times \vec{g_q}) \cdot \vec{g_r} = D \cdot \det \begin{pmatrix} {g_p}^1 & {g_p}^2 & {g_p}^3 \\ {g_q}^1 & {g_q}^2 & {g_q}^3 \\ {g_r}^1 & {g_r}^2 & {g_r}^3 \end{pmatrix} = D \cdot \det \begin{pmatrix} \vec{g_p} & - \\ \vec{g_q} & - \\ \vec{g_r} & - \end{pmatrix},$$

$$(\vec{g^i} \times \vec{g^j}) \cdot \vec{g^k} = \frac{1}{D} \cdot \det \begin{pmatrix} {g^i}_1 & {g^i}_2 & {g^i}_3 \\ {g^j}_1 & {g^j}_2 & {g^j}_3 \\ {g^k}_1 & {g^k}_2 & {g^k}_3 \end{pmatrix} = \frac{1}{D} \cdot \det \begin{pmatrix} \vec{g^i} & - \\ \vec{g^j} & - \\ \vec{g^k} & - \end{pmatrix}$$

$$= \frac{1}{D} \cdot \det \begin{pmatrix} \vec{g^i} & \vec{g^j} & \vec{g^k} \\ | & | & | \end{pmatrix}.$$

Durch Einsetzen in (4.194) ergibt sich

$$\varepsilon_{pqr} \cdot \varepsilon^{ijk} = g \cdot \det \begin{pmatrix} \overrightarrow{g_p} & - \\ \overrightarrow{g_q} & - \\ \overrightarrow{g_r} & - \end{pmatrix} \cdot \det \begin{pmatrix} \overrightarrow{g^i} & \overrightarrow{g^j} & \overrightarrow{g^k} \\ | & | & | \end{pmatrix}$$

$$= g \cdot \det \left(\begin{pmatrix} \overrightarrow{g_p} & - \\ \overrightarrow{g_q} & - \\ \overrightarrow{g_r} & - \end{pmatrix} \cdot \begin{pmatrix} \overrightarrow{g^i} & \overrightarrow{g^j} & \overrightarrow{g^k} \\ | & | & | \end{pmatrix} \right)$$

$$\varepsilon_{pqr} \cdot \varepsilon^{ijk} = g \cdot \det \begin{pmatrix} \overrightarrow{g_p} \bullet \overrightarrow{g^i} & \overrightarrow{g_p} \bullet \overrightarrow{g^j} & \overrightarrow{g_p} \bullet \overrightarrow{g^k} \\ \overrightarrow{g_q} \bullet \overrightarrow{g^i} & \overrightarrow{g_q} \bullet \overrightarrow{g^j} & \overrightarrow{g_q} \bullet \overrightarrow{g^k} \\ \overrightarrow{g_r} \bullet \overrightarrow{g^i} & \overrightarrow{g_r} \bullet \overrightarrow{g^j} & \overrightarrow{g_r} \bullet \overrightarrow{g^k} \end{pmatrix} \qquad | \text{ (4.46) anwenden}$$

$$\varepsilon_{pqr} \cdot \varepsilon^{ijk} = g \cdot \det \begin{pmatrix} \delta_p^i & \delta_p^j & \delta_p^k \\ \delta_q^i & \delta_q^j & \delta_q^k \\ \delta_r^i & \delta_r^j & \delta_r^k \end{pmatrix}$$

Im **euklidischen Anschauungsraum** vereinfachen sich die angegebenen Beziehungen wegen $(g_{ij}) = \begin{pmatrix} 1 & 0 & 0 \\ 0 & 1 & 0 \\ 0 & 0 & 1 \end{pmatrix} = \operatorname{diag}(1,1,1)$ mit $g = 1$. Für Berechnungen werden häufig Beziehungen genutzt, die sich für diesen Sonderfall aus (4.191) ergeben, wenn kovariante und kontravariante Indizes übereinstimmen.

Fall 1: $\varepsilon_{pqr} \cdot \varepsilon^{ijk}$ für $p = i$

$$\varepsilon_{iqr} \cdot \varepsilon^{ijk} = \det \begin{pmatrix} \delta_i^i & \delta_i^j & \delta_i^k \\ \delta_q^i & \delta_q^j & \delta_q^k \\ \delta_r^i & \delta_r^j & \delta_r^k \end{pmatrix} \qquad \left| \delta_i^i = \delta_1^1 + \delta_2^2 + \delta_3^3 = 3 \right.$$

$$= \Big[\delta_i^i \cdot \left(\delta_q^j \cdot \delta_r^k - \delta_r^j \cdot \delta_q^k \right) - \delta_i^j \cdot \left(\delta_q^i \cdot \delta_r^k - \delta_r^i \cdot \delta_q^k \right)$$

$$+ \delta_i^k \cdot \left(\delta_q^i \cdot \delta_r^j - \delta_r^i \cdot \delta_q^j \right) \Big]$$

$$= \Big(3 \cdot \delta_q^j \cdot \delta_r^k - 3 \cdot \delta_r^j \cdot \delta_q^k - \delta_i^j \cdot \delta_q^i \cdot \delta_r^k + \delta_i^j \cdot \delta_r^i \cdot \delta_q^k$$

$$+ \delta_i^k \cdot \delta_q^i \cdot \delta_r^j - \delta_i^k \cdot \delta_r^i \cdot \delta_q^j \Big)$$

Mit $\delta_i^j \cdot \delta_q^i = \delta_q^j$ usw. ergibt sich:

$$\varepsilon_{iqr} \cdot \varepsilon^{ijk} = \delta_q^j \cdot \delta_r^k - \delta_r^j \cdot \delta_q^k. \tag{4.195}$$

Fall 2: $\varepsilon_{pqr} \cdot \varepsilon^{ijk}$ für $p = i$ und $q = j$

$$\begin{aligned} \varepsilon_{ijr} \cdot \varepsilon^{ijk} &= \delta_j^j \cdot \delta_r^k - \delta_r^j \cdot \delta_j^k = 3 \cdot \delta_r^k - \delta_r^k \\ \varepsilon_{ijr} \cdot \varepsilon^{ijk} &= 2 \cdot \delta_r^k. \end{aligned} \tag{4.196}$$

Fall 3: $\varepsilon_{pqr} \cdot \varepsilon^{ijk}$ für $p = i, q = j$ und $r = k$

$$\varepsilon_{ijk} \cdot \varepsilon^{ijk} = 2 \cdot \delta_k^k = 6. \tag{4.197}$$

(4.197) stimmt wegen $g = 1$ und $N = 3$ mit (4.186) überein, da

$$\varepsilon_{i_1 i_2 i_3} \cdot \varepsilon^{i_1 i_2 i_3} = g \cdot N! = 1 \cdot 3! = 6.$$

Anhang 4.4 Minkowski-Diagramme

Ein physikalischer Vorgang soll von zwei Inertialsystemen S und S' aus beschrieben werden (Inertialsysteme sind Bezugssysteme, in denen das Trägheitsgesetz gilt). Die Inertialsysteme bewegen sich geradlinig gleichförmig mit der Geschwindigkeit v gegeneinander. In die Bewegungsrichtung wird die x- bzw. x'-Achse gelegt. Außerdem wird in beiden Inertialsystemen noch eine zweite Achse verwendet, die mit der Zeit verknüpft ist und mit w bzw. w' bezeichnet wird. Um die in der Speziellen Relativitätstheorie geforderte Gleichwertigkeit der Inertialsysteme zu realisieren, werden die Minkowski-Diagramme für S und S' folgendermaßen konstruiert:

- Der Winkel zwischen den x-Achsen und den w-Achsen besitzt die gleiche Größe ε,
- die Winkelhalbierende W_x der x-Achsen verläuft senkrecht zur Winkelhalbierenden W_w der w-Achsen (damit stehen auch die Achsen x und w' sowie x' und w senkrecht aufeinander),
- alle Achsen sind mit der gleichen Einheit gleichmäßig skaliert.

Abbildung 4.74 veranschaulicht den Sachverhalt.

Jeder Punkt im Minkowski-Diagramm stellt ein Ereignis im Minkowski-Raum dar. Die auf ein bestimmtes Inertialsystem bezogene Beschreibung eines beliebigen Ereignisses P kann durch eine Koordinatentransformation in eine Beschreibung dieses Ereignisses mithilfe eines anderen Inertialsystems transformiert werden, s. Abb. 4.75.

Die Vektoren $\vec{i}$ und $\vec{j}$ sowie $\vec{k}$ und $\vec{l}$ sind Einheitsvektoren, nach Voraussetzung entspricht ihr Betrag jeweils der Länge einer Einheit des zugehörigen Koordinatensystems. Aus der Darstellung des Ereignisses P in S und S' ergeben sich die Transformationsformeln durch Multiplikation mit den Einheitsvektoren. Das sich aus dem Ansatz

$$\vec{P} = x \cdot \vec{i} + w \cdot \vec{j} = x' \cdot \vec{k} + w' \cdot \vec{l} \qquad |\cdot \vec{i}; \cdot \vec{j}; \cdot \vec{k}; \cdot \vec{l}$$

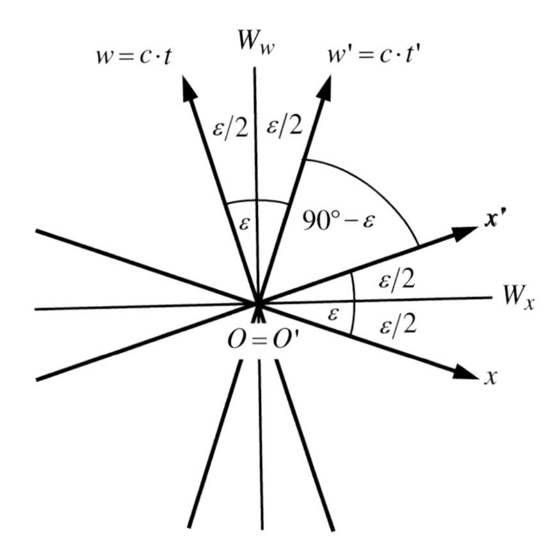

Abb. 4.74 Beziehungen zwischen den Koordinatensystemen S und S'

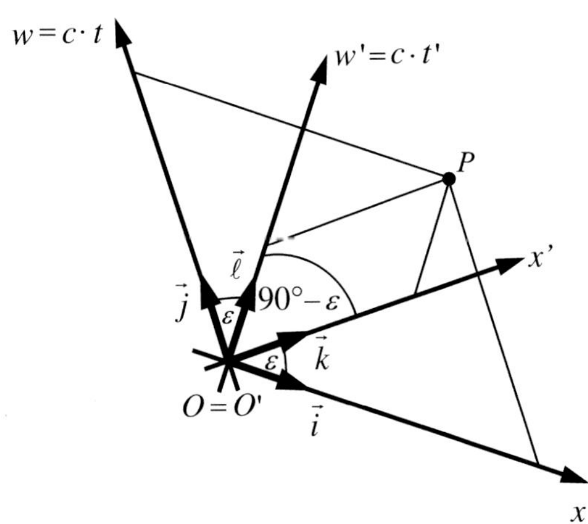

Abb. 4.75 Koordinaten des Ereignisses P

ergebende Gleichungssystem

$$\left.\begin{aligned} x + w \cdot \cos(90° + \varepsilon) &= x' \cdot \cos\varepsilon + w' \cdot \cos 90° \\ x \cdot \cos(90° + \varepsilon) + w &= x' \cdot \cos 90° + w' \cdot \cos\varepsilon \\ x \cdot \cos(\varepsilon) + w \cdot \cos 90° &= x' + w' \cdot \cos(90° - \varepsilon) \\ x \cdot \cos 90° + w \cdot \cos(\varepsilon) &= x' \cdot \cos(90° - \varepsilon) + w' \end{aligned}\right|$$

kann unter Nutzung von $\cos 90° = 0$; $\cos(90° \pm \varepsilon) = \mp \sin\varepsilon$ und $\cos\varepsilon = \sqrt{1 - \sin^2\varepsilon}$ so umgeformt werden, dass alle Winkelfunktionen durch Sinusfunktionen ausgedrückt werden. Aus dem umgeformten Gleichungssystem

$$\begin{array}{ll} x - w \cdot \sin\varepsilon & = x' \cdot \sqrt{1-\sin^2\varepsilon} \\ -x \cdot \sin\varepsilon + w & = w' \cdot \sqrt{1-\sin^2\varepsilon} \\ x \cdot \sqrt{1-\sin^2\varepsilon} & = x' + w' \cdot \sin\varepsilon \\ w \cdot \sqrt{1-\sin^2\varepsilon} & = x' \cdot \sin\varepsilon + w' \end{array}$$

ergibt sich durch Umstellen der Gleichungen:

$$x' = \frac{x - w \cdot \sin\varepsilon}{\sqrt{1-\sin^2\varepsilon}};\; w' = \frac{w - x \cdot \sin\varepsilon}{\sqrt{1-\sin^2\varepsilon}};$$

$$x = \frac{x' + w' \cdot \sin\varepsilon}{\sqrt{1-\sin^2\varepsilon}};\; w = \frac{w' + x' \cdot \sin\varepsilon}{\sqrt{1-\sin^2\varepsilon}}.$$

Wird der Winkel ε so gewählt, dass $\sin\varepsilon = \frac{v}{c} = \beta$ gilt, dann stellen die abgeleiteten Beziehungen die Lorentz-Transformation dar.

Aus dem Wurzelterm ergibt sich folgende Nebenbedingung:

$$\sin\varepsilon = \frac{v}{c} = \beta \leq 1 \Rightarrow v \leq c$$

(in der letztgenannten Schreibweise der Lorentz-Transformation mit der Wurzel im Nenner muss $v = c$ ausgeschlossen werden).

Schrittfolge zum Zeichnen desjenigen Minkowski-Diagramms, welches die Relativgeschwindigkeit v zwischen S und S' adäquat abbildet:

- Achsen w und x' so zeichnen, dass sie orthogonal zueinander sind,
- ε berechnen aus $\sin\varepsilon = \frac{v}{c}$,
- Achsen x und w' so zeichnen, dass $\sphericalangle(x, x') = \sphericalangle(w', w) = \varepsilon$ gilt.

Mit den Minkowski-Diagrammen können Ergebnisse der Speziellen Relativitätstheorie wie die Zeitdilatation und die Längenkontraktion veranschaulicht werden.

Anhang 4.5 Darstellung einer Ellipse in Polarkoordinaten

Zur Beschreibung einer Ellipse in Polarkoordinaten wird das Polarkoordinatensystem zweckmäßigerweise so angeordnet, dass der Pol in einen der Brennpunkte und die Polarachse entlang der x-Achse gelegt werden, s. Abb. 4.76.

Charakterisierung der Ellipse:

$\overline{F_1F_2} = 2 \cdot e$	Abstand der Brennpunkte,
$\overline{F_1P} + \overline{PF_2} = \overline{F_1Q} + \overline{QF_2} = 2 \cdot a$	Bedingung für Ellipse,
$a^2 = e^2 + b^2$	Satz des Pythagoras im Dreieck OF_2Q.

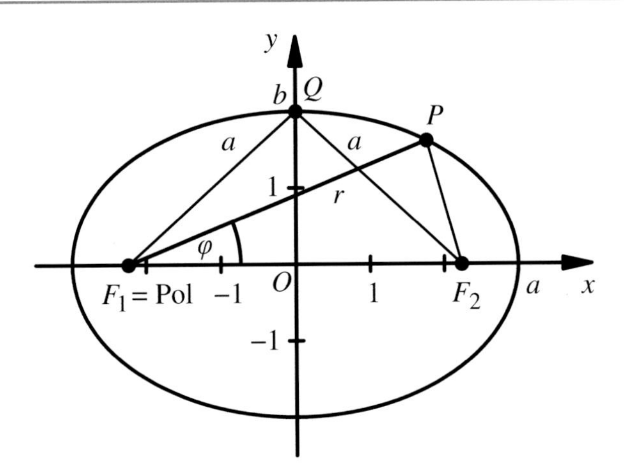

Abb. 4.76 Polargleichung der Ellipse

Anwendung Kosinussatz im Dreieck F_1F_2P:

$$\overline{F_2P}^2 = \overline{F_1P}^2 + \overline{F_1F_2}^2 - 2\cdot\overline{F_1P}\cdot\overline{F_1F_2}\cdot\cos\varphi \qquad \mid \overline{F_1P} = r; \overline{F_2P} = 2\cdot a - \overline{F_1P} = 2\cdot a - r$$

$$(2\cdot a - r)^2 = r^2 + 4\cdot e^2 - 2\cdot r\cdot 2\cdot e\cdot\cos\varphi$$

$$4\cdot a^2 - 4\cdot a\cdot r + r^2 = r^2 + 4\cdot e^2 - 4\cdot r\cdot e\cdot\cos\varphi$$

$$4\cdot\underbrace{(a^2 - e^2)}_{b^2} = 4\cdot r\cdot(a - e\cdot\cos\varphi)$$

$$r = \frac{b^2}{a - e\cdot\cos\varphi} = \frac{\frac{b^2}{a}}{1 - \frac{e}{a}\cdot\cos\varphi} \qquad \mid \frac{b^2}{a} =: p; \frac{e}{a} =: \varepsilon$$

$$r = \frac{p}{1 - \varepsilon\cdot\cos\varphi}$$

Bemerkenswert sind folgende Sachverhalte:

- Die Darstellung der Ellipse erfolgt in einem Polarkoordinatensystem, dessen Pol nicht im Ursprung des kartesischen Koordinatensystems liegt.
- Die Variation von ε in der hergeleiteten Gleichung ergibt die Kegelschnitte Ellipse ($\varepsilon < 1$), Parabel ($\varepsilon = 1$) und Hyperbel ($\varepsilon > 1$), dies zeigt eindrucksvoll die Verwandtschaft der Kegelschnitte.

Anhang 4.6 Flächen- und Volumendifferenziale für allgemeine Räume

Flächendifferenziale

Zunächst werden der differenzielle Flächeninhalt d A_k aus Liniendifferenzialen mit kartesischen Basisvektoren (Verwendung einer globalen Basis) sowie der differenzielle Flächeninhalt d A_n aus Liniendifferenzialen mit natürlichen Basisvektoren

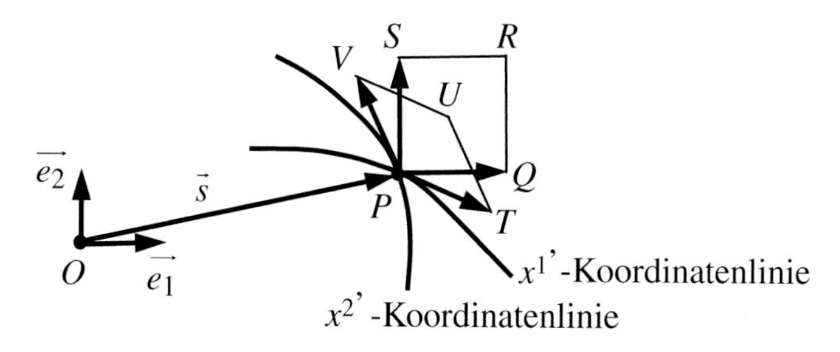

Abb. 4.77 Flächendifferenzial in kartesischen und lokalen Koordinaten

(Verwendung einer lokalen Basis) im zweidimensionalen Raum mithilfe des Betrages des **Kreuzprodukts der Liniendifferenziale** berechnet. Anschließend wird aus beiden Ergebnissen eine basisunabhängige (invariante) Beziehung für den differenziellen Flächeninhalt gesucht, aus der eine zweckmäßige Definition für das Flächendifferenzial im zweidimensionalen Raum entwickelt werden kann.

Berechnung des differenziellen Flächeninhalts d A_k aus Liniendifferenzialen mit **kartesischen Basisvektoren** (Verwendung einer globalen Basis; Bezeichnung des Ortsvektors mit $\vec{s}$):

$$\begin{aligned} \mathrm{d}A_k &= \mathrm{abs}\left(\mathrm{d}\overrightarrow{s_{x^1}} \times \mathrm{d}\overrightarrow{s_{x^2}}\right) = \mathrm{abs}\left(\vec{e_1} \cdot \mathrm{d}x^1 \times \vec{e_2} \cdot \mathrm{d}x^2\right) = \mathrm{abs}\left(\vec{e_1} \times \vec{e_2}\right) \cdot \mathrm{d}x^1 \cdot \mathrm{d}x^2 \\ &= \mathrm{abs}\left(\vec{e_3}\right) \cdot \mathrm{d}x^1 \cdot \mathrm{d}x^2 \\ \mathrm{d}A_k &= \mathrm{d}x^1 \cdot \mathrm{d}x^2 \end{aligned}$$

Berechnung des differenziellen Flächeninhalts d A_n aus Liniendifferenzialen mit **natürlichen Basisvektoren** (Verwendung einer lokalen Basis):

$$\begin{aligned} \mathrm{d}\,A_n &= \mathrm{abs}\left(\mathrm{d}\overrightarrow{s_{x^{1'}}} \times \mathrm{d}\overrightarrow{s_{x^{2'}}}\right) = \mathrm{abs}\left(\overrightarrow{g_{1'}} \cdot \mathrm{d}x^{1'} \times \overrightarrow{g_{2'}} \cdot \mathrm{d}x^{2'}\right) \\ &= \mathrm{abs}\left(\overrightarrow{g_{1'}} \times \overrightarrow{g_{2'}}\right) \cdot \mathrm{d}x^{1'} \cdot \mathrm{d}x^{2'}. \end{aligned}$$

Abbildung 4.77 zeigt die Liniendifferenziale $\mathrm{d}\overrightarrow{s_{x^1}} = \overrightarrow{PQ} = \vec{e_1} \cdot \mathrm{d}x^1$, $\mathrm{d}\overrightarrow{s_{x^2}} = \overrightarrow{PS} = \vec{e_2} \cdot \mathrm{d}x^2$, $\mathrm{d}\overrightarrow{s_{x^{1'}}} = \overrightarrow{PT} = \overrightarrow{g_{1'}} \cdot \mathrm{d}x^{1'}$ und $\mathrm{d}\overrightarrow{s_{x^{2'}}} = \overrightarrow{PV} = \overrightarrow{g_{2'}} \cdot \mathrm{d}x^{2'}$ sowie die differenziellen Flächeninhalte $\mathrm{d}A_k = \mathrm{d}A_{PQRS}$ und $\mathrm{d}A_n = \mathrm{d}A_{PTUV}$.

Zur Berechnung der natürlichen Basisvektoren wird der Ortsvektor in der Mischform dargestellt, welche die Koordinatenfunktionen in krummlinigen Koordinaten und kartesische Basisvektoren verwendet. Mit (4.140) erhalten wir:

$$\begin{aligned} \vec{s}(x^{1'}, x^{2'}) &= s^1(x^{1'}, x^{2'}) \cdot \vec{e_1} + s^2(x^{1'}, x^{2'}) \cdot \vec{e_2} \\ \overrightarrow{g_{1'}} &= \frac{\partial \vec{s}}{\partial x^{1'}} = \frac{\partial s^1}{\partial x^{1'}} \cdot \vec{e_1} + \frac{\partial s^2}{\partial x^{1'}} \cdot \vec{e_2} = (\alpha^{-1})^1{}_{1'} \cdot \vec{e_1} + (\alpha^{-1})^2{}_{1'} \cdot \vec{e_2}, \\ \overrightarrow{g_{2'}} &= \frac{\partial \vec{s}}{\partial x^{2'}} = \frac{\partial s^1}{\partial x^{2'}} \cdot \vec{e_1} + \frac{\partial s^2}{\partial x^{2'}} \cdot \vec{e_2} = (\alpha^{-1})^1{}_{2'} \cdot \vec{e_1} + (\alpha^{-1})^2{}_{2'} \cdot \vec{e_2}, \\ \mathrm{d}A_n &= \mathrm{abs}(\overrightarrow{g_{1'}} \times \overrightarrow{g_{2'}}) \cdot \mathrm{d}x^{1'} \cdot \mathrm{d}x^{2'}. \end{aligned}$$

Das Vektorprodukt bestimmen wir mit (4.80):

$$\mathrm{d}A_n = \text{abs}\left(\det\begin{pmatrix} \vec{e_1} & \vec{e_2} & \vec{e_3} \\ \left(\alpha^{-1}\right)^1{}_{1'} & \left(\alpha^{-1}\right)^2{}_{1'} & 0 \\ \left(\alpha^{-1}\right)^1{}_{2'} & \left(\alpha^{-1}\right)^2{}_{2'} & 0 \end{pmatrix}\right) \cdot \mathrm{d}x^{1'} \cdot \mathrm{d}x^{2'}$$

$$= \text{abs}\left(\vec{e_3} \cdot \det\begin{pmatrix} \left(\alpha^{-1}\right)^1{}_{1'} & \left(\alpha^{-1}\right)^2{}_{1'} \\ \left(\alpha^{-1}\right)^1{}_{2'} & \left(\alpha^{-1}\right)^2{}_{2'} \end{pmatrix}\right) \cdot \mathrm{d}x^{1'} \cdot \mathrm{d}x^{2'}$$

$$\mathrm{d}A_n = \left|\det\left(\alpha^{-1}\right)^T\right| \cdot \mathrm{d}x^{1'} \cdot \mathrm{d}x^{2'} = \left|\det\left(\alpha^{-1}\right)\right| \cdot \mathrm{d}x^{1'} \cdot \mathrm{d}x^{2'}$$

Erarbeitung einer zweckmäßigen Definition für das Flächendifferenzial:

Es ist physikalisch sinnvoll, dass das Flächendifferenzial invariant gegenüber Koordinatentransformationen sein soll:

$$\mathrm{d}A_k \stackrel{!}{=} \mathrm{d}A_n \Rightarrow \mathrm{d}x^1 \cdot \mathrm{d}x^2 = |\det(a^{-1})| \cdot \mathrm{d}x^{1'} \cdot \mathrm{d}x^{2'}.$$

Mit der in Abschn. 4.3 hergeleiteten Beziehung (4.175) $\sqrt{|g'|} = |\det(a^{-1})| \cdot \sqrt{|g|}$ kann diese Invarianz mit den zugehörigen metrischen Tensoren ausgedrückt werden (wir hatten bei der Herleitung lediglich auf die Beträge verzichtet):

$$\mathrm{d}x^1 \cdot \mathrm{d}x^2 = \left|\det(\alpha^{-1})\right| \cdot \mathrm{d}x^{1'} \cdot \mathrm{d}x^{2'} \qquad \left|\sqrt{|g'|} = \left|\det(\alpha^{-1})\right| \cdot \sqrt{|g|}\right.$$

$$\sqrt{|g|} \cdot \mathrm{d}x^1 \cdot \mathrm{d}x^2 = \sqrt{|g'|} \cdot \mathrm{d}x^{1'} \cdot \mathrm{d}x^{2'}$$

Dabei ist $\sqrt{|g|}$ die Wurzel aus der Determinante desjenigen metrischen Tensors, der aus den zu den Koordinatendifferenzialen $\mathrm{d}x^i$ gehörenden Basisvektoren gebildet wird. Eine analoge Beziehung besteht zwischen $\sqrt{|g'|}$ und den zu den Koordinatendifferenzialen $\mathrm{d}x^{i'}$ gehörenden natürlichen Basisvektoren. Weil es sich beim „ungestrichenen" Koordinatensystem um ein kartesisches Koordinatensystem handelt, stellt wegen $|g| = \det G = 1$ der Term auf der linken Seite der Gleichung ebenfalls den differenziellen Flächeninhalt dar. Verallgemeinerung liefert eine sinnvolle Definition.

Definition 4.11
Das **Flächendifferenzial** ist definiert durch

$$\mathrm{d}A = \sqrt{|g|} \cdot \mathrm{d}x^1 \cdot \mathrm{d}x^2 = \sqrt{|g'|} \cdot \mathrm{d}x^{1'} \cdot \mathrm{d}x^{2'} = \mathrm{d}A'.$$

Beispiel 4.19

Werden für das „ungestrichene" Koordinatensystem kartesische Koordinaten und für das „gestrichene" Polarkoordinaten verwendet, dann ergibt sich mit den entsprechenden metrischen Tensoren die bekannte Umrechnungsformel

$$\sqrt{|1|} \cdot \mathrm{d}x \cdot \mathrm{d}y = \sqrt{|\rho^2|} \cdot \mathrm{d}\rho \cdot \mathrm{d}\varphi$$
$$\mathrm{d}x \cdot \mathrm{d}y = \rho \cdot \mathrm{d}\rho \cdot \mathrm{d}\varphi$$

Volumendifferenziale

Zunächst werden das differenzielle Volumen $\mathrm{d}V_k$ aus Liniendifferenzialen mit kartesischen Basisvektoren (Verwendung einer globalen Basis) sowie das differenzielle Volumen $\mathrm{d}V_n$ aus Liniendifferenzialen mit natürlichen Basisvektoren (Verwendung einer lokalen Basis) im dreidimensionalen Raum mithilfe des Betrages des **Spatprodukts der Liniendifferenziale** berechnet. Anschließend wird aus beiden Ergebnissen eine basisunabhängige (invariante) Beziehung für das differenzielle Volumen gesucht, aus der eine zweckmäßige Definition für das Volumendifferenzial im dreidimensionalen Raum entwickelt werden kann.

Berechnung des differenziellen Volumens $\mathrm{d}V_k$ aus Liniendifferenzialen mit **kartesischen Basisvektoren** (Verwendung einer globalen Basis):

$$\begin{aligned}
\mathrm{d}V_k &= \mathrm{abs}((\mathrm{d}\overrightarrow{s_{x^1}} \times \mathrm{d}\overrightarrow{s_{x^2}}) \bullet \mathrm{d}\overrightarrow{s_{x^3}}) = \mathrm{abs}((\overrightarrow{e_1} \cdot \mathrm{d}x^1 \times \overrightarrow{e_2} \cdot \mathrm{d}x^2) \bullet \overrightarrow{e_3} \cdot \mathrm{d}x^3) \\
&= \mathrm{abs}((\overrightarrow{e_1} \times \overrightarrow{e_2}) \bullet \overrightarrow{e_3}) \cdot \mathrm{d}x^1 \cdot \mathrm{d}x^2 \cdot \mathrm{d}x^3 = \mathrm{abs}(\overrightarrow{e_3} \bullet \overrightarrow{e_3}) \cdot \mathrm{d}x^1 \cdot \mathrm{d}x^2 \cdot \mathrm{d}x^3 \\
\mathrm{d}V_k &= \mathrm{d}x^1 \cdot \mathrm{d}x^2 \cdot \mathrm{d}x^3
\end{aligned}$$

Berechnung des differenziellen Volumens $\mathrm{d}V_n$ aus Liniendifferenzialen mit **natürlichen Basisvektoren** (Verwendung einer lokalen Basis):

$$\begin{aligned}
\mathrm{d}V_n &= \mathrm{abs}((\mathrm{d}\overrightarrow{s_{x^{1'}}} \times \mathrm{d}\overrightarrow{s_{x^{2'}}}) \bullet \mathrm{d}\overrightarrow{s_{x^{3'}}}) = \mathrm{abs}((\overrightarrow{g_{1'}} \cdot \mathrm{d}x^{1'} \times \overrightarrow{g_{2'}} \cdot \mathrm{d}x^{2'}) \bullet \overrightarrow{g_{3'}} \cdot \mathrm{d}x^{3'}) \\
\mathrm{d}V_n &= \mathrm{abs}((\overrightarrow{g_{1'}} \times \overrightarrow{g_{2'}}) \bullet \overrightarrow{g_{3'}}) \cdot \mathrm{d}x^{1'} \cdot \mathrm{d}x^{2'} \cdot \mathrm{d}x^{3'}.
\end{aligned}$$

Zur Berechnung der natürlichen Basisvektoren gehen wir analog zum Abschnitt Flächendifferenziale vor:

$$\begin{aligned}
\vec{s}(x^{1'}, x^{2'}, x^{3'}) &= s^1(x^{1'}, x^{2'}, x^{3'}) \cdot \overrightarrow{e_1} + s^2(x^{1'}, x^{2'}, x^{3'}) \cdot \overrightarrow{e_2} \\
&\quad + s^3(x^{1'}, x^{2'}, x^{3'}) \cdot \overrightarrow{e_3}, \\
\overrightarrow{g_{1'}} &= \frac{\partial \vec{s}}{\partial x^{1'}} = \frac{\partial s^1}{\partial x^{1'}} \cdot \overrightarrow{e_1} + \frac{\partial s^2}{\partial x^{1'}} \cdot \overrightarrow{e_2} + \frac{\partial s^3}{\partial x^{1'}} \cdot \overrightarrow{e_3} \\
&= (\alpha^{-1})^1{}_{1'} \cdot \overrightarrow{e_1} + (\alpha^{-1})^2{}_{1'} \cdot \overrightarrow{e_2} + (\alpha^{-1})^3{}_{1'} \cdot \overrightarrow{e_3}, \\
\overrightarrow{g_{2'}} &= \frac{\partial \vec{s}}{\partial x^{2'}} = \frac{\partial s^1}{\partial x^{2'}} \cdot \overrightarrow{e_1} + \frac{\partial s^2}{\partial x^{2'}} \cdot \overrightarrow{e_2} + \frac{\partial s^3}{\partial x^{2'}} \cdot \overrightarrow{e_3} \\
&= (\alpha^{-1})^1{}_{2'} \cdot \overrightarrow{e_1} + (\alpha^{-1})^2{}_{2'} \cdot \overrightarrow{e_2} + (\alpha^{-1})^3{}_{2'} \cdot \overrightarrow{e_3}, \\
\overrightarrow{g_{3'}} &= \frac{\partial \vec{s}}{\partial x^{3'}} = \frac{\partial s^1}{\partial x^{3'}} \cdot \overrightarrow{e_1} + \frac{\partial s^2}{\partial x^{3'}} \cdot \overrightarrow{e_2} + \frac{\partial s^3}{\partial x^{3'}} \cdot \overrightarrow{e_3} \\
&= (\alpha^{-1})^1{}_{3'} \cdot \overrightarrow{e_1} + (\alpha^{-1})^2{}_{3'} \cdot \overrightarrow{e_2} + (\alpha^{-1})^3{}_{3'} \cdot \overrightarrow{e_3},
\end{aligned}$$

$$\mathrm{d}V_n = \mathrm{abs}((\overrightarrow{g_{1'}} \times \overrightarrow{g_{2'}}) \bullet \overrightarrow{g_{3'}}) \cdot \mathrm{d}x^{1'} \cdot \mathrm{d}x^{2'} \cdot \mathrm{d}x^{3'}$$

Das Spatprodukt bestimmen wir mit (4.81):

$$\mathrm{d}V_n = \mathrm{abs}\left(\det\begin{pmatrix} \left(\alpha^{-1}\right)^1{}_{1'} & \left(\alpha^{-1}\right)^2{}_{1'} & \left(\alpha^{-1}\right)^3{}_{1'} \\ \left(\alpha^{-1}\right)^1{}_{2'} & \left(\alpha^{-1}\right)^2{}_{2'} & \left(\alpha^{-1}\right)^3{}_{2'} \\ \left(\alpha^{-1}\right)^1{}_{3'} & \left(\alpha^{-1}\right)^2{}_{3'} & \left(\alpha^{-1}\right)^3{}_{3'} \end{pmatrix}\right) \cdot \mathrm{d}x^{1'} \cdot \mathrm{d}x^{2'} \cdot \mathrm{d}x^{3'}$$

$$\mathrm{d}V_n = \left|\det\left(\alpha^{-1}\right)^T\right| \cdot \mathrm{d}x^{1'} \cdot \mathrm{d}x^{2'} \cdot \mathrm{d}x^{3'} = \left|\det\left(\alpha^{-1}\right)\right| \cdot \mathrm{d}x^{1'} \cdot \mathrm{d}x^{2'} \cdot \mathrm{d}x^{3'}$$

Erarbeitung einer zweckmäßigen Definition für das Volumendifferenzial:

Es ist physikalisch sinnvoll, dass das Volumendifferenzial invariant gegenüber Koordinatentransformationen sein soll:

$$\mathrm{d}V_k \stackrel{!}{=} \mathrm{d}V_n \Rightarrow \mathrm{d}x^1 \cdot \mathrm{d}x^2 \cdot \mathrm{d}x^3 = \left|\det\left(a^{-1}\right)\right| \cdot \mathrm{d}x^{1'} \cdot \mathrm{d}x^{2'} \cdot \mathrm{d}x^{3'}.$$

Mit der in Abschn. 4.3 hergeleiteten Beziehung (4.175) $\sqrt{|g'|} = |\det(a^{-1})| \cdot \sqrt{|g|}$ kann diese Invarianz mit den zugehörigen metrischen Tensoren ausgedrückt werden (wir hatten bei der Herleitung lediglich auf die Beträge verzichtet):

$$\mathrm{d}x^1 \cdot \mathrm{d}x^2 \cdot \mathrm{d}x^3 = \left|\det\left(\alpha^{-1}\right)\right| \cdot \mathrm{d}x^{1'} \cdot \mathrm{d}x^{2'} \cdot \mathrm{d}x^{3'} \qquad \left|\sqrt{|g'|} = \left|\det\left(\alpha^{-1}\right)\right| \cdot \sqrt{|g|}\right.$$

$$\sqrt{|g|} \cdot \mathrm{d}x^1 \cdot \mathrm{d}x^2 \cdot \mathrm{d}x^3 = \sqrt{|g'|} \cdot \mathrm{d}x^{1'} \cdot \mathrm{d}x^{2'} \cdot \mathrm{d}x^{3'}$$

Dabei ist $\sqrt{|g|}$ die Wurzel aus der Determinante desjenigen metrischen Tensors, der aus den zu den Koordinatendifferenzialen $\mathrm{d}x^i$ gehörenden Basisvektoren gebildet wird. Eine analoge Beziehung besteht zwischen $\sqrt{|g'|}$ und den zu den Koordinatendifferenzialen $\mathrm{d}x^{i'}$ gehörenden natürlichen Basisvektoren. Weil es sich beim „ungestrichenen" Koordinatensystem um ein kartesisches Koordinatensystem handelt, stellt wegen $|g| = \det G = 1$ der Term auf der linken Seite der Gleichung ebenfalls das differenzielle Volumen dar. Verallgemeinerung liefert eine sinnvolle Definition.

Definition 4.12

Das **Volumendifferenzial** ist definiert durch

$$\mathrm{d}V = \sqrt{|g|} \cdot \mathrm{d}x^1 \cdot \mathrm{d}x^2 \cdot \mathrm{d}x^3 = \sqrt{\left|g'\right|} \cdot \mathrm{d}x^{1'} \cdot \mathrm{d}x^{2'} \cdot \mathrm{d}x^{3'} = \mathrm{d}V.$$

Beispiel 4.20

Werden für das „ungestrichene" Koordinatensystem kartesische Koordinaten und für das „gestrichene" Kugelkoordinaten verwendet, dann ergibt sich mit den entsprechenden metrischen Tensoren die bekannte Umrechnungsformel:

$$\sqrt{|1|} \cdot dx \cdot dy \cdot dz = \sqrt{\left|r^4 \cdot \sin^2\vartheta\right|} \cdot dr \cdot d\vartheta \cdot d\varphi$$
$$= r^2 \cdot |\sin\vartheta| \cdot dr \cdot d\vartheta \cdot d\varphi \qquad |\, 0 \leq \vartheta \leq \pi$$
$$dx \cdot dy \cdot dz = r^2 \cdot \sin\vartheta \cdot dr \cdot d\vartheta \cdot d\varphi$$

Verallgemeinerung zum N-dimensionalen Volumendifferenzial
Die Beziehungen für die Flächen- und Volumendifferenziale für zwei- und dreidimensionale Räume werden verallgemeinert zu einer gegenüber Koordinatentransformationen invarianten Beziehung für **Volumendifferenziale in N-dimensionalen Räumen**:

$$dV = \sqrt{|g|} \cdot dx^1 \ldots dx^N = \sqrt{\left|g'\right|} \cdot dx^{1'} \ldots dx^{N'} = dV'.$$

Anhang 4.7 Epsilon-Tensoren

Behauptung: $E^{i_1 \ldots i_N} = \frac{\varepsilon^{i_1 \ldots i_N}}{\sqrt{g}}$ und $E_{j_1 \ldots j_N} = \frac{\varepsilon_{j_1 \ldots j_N}}{\sqrt{g}}$ sind Tensoren.

Der Nachweis der ersten Beziehung erfolgt über das Transformationsverhalten für $E^{i_{1'} \ldots i_{N'}}$ unter Berücksichtigung von (4.175) und (4.181):

$$\mathrm{E}^{i_{1'} \ldots i_{N'}} = \frac{\varepsilon^{i_{1'} \ldots i_{N'}}}{\sqrt{g'}} \qquad \left|\sqrt{g'} = \frac{\sqrt{g}}{\det\alpha}\right.$$
$$= \frac{\varepsilon^{i_{1'} \ldots i_{N'}} \cdot \det\alpha}{\sqrt{g}} \qquad \left|\varepsilon^{i_{1'} \ldots i_{N'}} \cdot \det A = \varepsilon^{i_1 \ldots i_N} \cdot A^{i_{1'}}{}_{i_1} \ldots A^{i_{N'}}{}_{i_N}\right.$$
$$= \frac{\varepsilon^{i_1 \ldots i_N} \cdot \alpha^{i_{1'}}{}_{i_1} \ldots \alpha^{i_{N'}}{}_{i_N}}{\sqrt{g}}$$
$$= \frac{\varepsilon^{i_1 \ldots i_N}}{\sqrt{g}} \cdot \alpha^{i_{1'}}{}_{i_1} \ldots \alpha^{i_{N'}}{}_{i_N}$$
$$\mathrm{E}^{i_{1'} \ldots i_{N'}} = \mathrm{E}^{i_1 \ldots i_N} \cdot \alpha^{i_{1'}}{}_{i_1} \ldots \alpha^{i_{N'}}{}_{i_N} \tag{4.198}$$

Da $E^{i_1 \ldots i_N} = \frac{\varepsilon^{i_1 \ldots i_N}}{\sqrt{g}}$ ein Tensor ist, muss das Produkt mit weiteren Tensoren wieder einen Tensor ergeben:

$$E^{i_1 \ldots i_N} = \frac{\varepsilon^{i_1 \ldots i_N}}{\sqrt{g}} \qquad \left| \cdot g_{i_1 j_1} \cdot \ldots \cdot g_{i_N j_N}\right.$$
$$E^{i_1 \ldots i_N} \cdot g_{i_1 j_1} \cdot \ldots \cdot g_{i_N j_N} = \frac{\varepsilon^{i_1 \ldots i_N} \cdot g_{i_1 j_1} \cdot \ldots \cdot g_{i_N j_N}}{\sqrt{g}}$$
$$E_{j_1 \ldots j_N} = \frac{\varepsilon_{j_1 \ldots j_N}}{\sqrt{g}}$$

Damit ist auch die zweite Behauptung nachgewiesen.

Der Nachweis, dass $\mathrm{E}_{j_1\ldots j_N} = \mathrm{E}^{i_1\ldots i_N} \cdot g_{i_1 j_1} \cdot \ldots \cdot g_{i_N j_N} = \frac{\varepsilon_{j_1\ldots j_N}}{\sqrt{g}}$ ein Tensor ist, kann auch über das Transformationsverhalten von $E_{j_{1'}\ldots j_{N'}}$ erbracht werden:

$$\mathrm{E}_{j_{1'}\ldots j_{N'}} = \mathrm{E}^{i_{1'}\ldots i_{N'}} \cdot g_{i_{1'} j_{1'}} \cdot \ldots \cdot g_{i_{N'} j_{N'}}$$

Auf der rechten Seite substituieren wir mithilfe von (4.198) und (4.167):

$$\mathrm{E}^{i_{1'}\ldots i_{N'}} = \mathrm{E}^{j_1\ldots j_N} \cdot \alpha^{i_{1'}}{}_{j_1} \cdot \ldots \cdot \alpha^{i_{N'}}{}_{j_N}$$

$$g_{i'j'} = g_{ij} \cdot \left(\alpha^{-1}\right)^{i}{}_{i'} \cdot \left(\alpha^{-1}\right)^{j}{}_{j'}$$

$$\begin{aligned}
\mathrm{E}_{j_{1'}\ldots j_{N'}} &= \left(E^{j_1\ldots j_N} \cdot \alpha^{i_{1'}}{}_{j_1} \cdot \ldots \cdot \alpha^{i_{N'}}{}_{j_N}\right) \cdot \left(g_{i_1 j_1} \cdot \left(\alpha^{-1}\right)^{i_1}{}_{i_1'} \cdot \left(\alpha^{-1}\right)^{j_1}{}_{j_1'}\right) \cdot \ldots \\
&\quad \cdot \left(g_{i_N j_N} \cdot \left(\alpha^{-1}\right)^{i_N}{}_{i_N'} \cdot \left(\alpha^{-1}\right)^{j_N}{}_{j_N'}\right) \\
&= \left(E^{j_1\ldots j_N} \cdot g_{i_1 j_1 \cdot \ldots} \cdot g_{i_N j_N}\right) \cdot \left(\alpha^{i_{1'}}{}_{j_1}\left(\alpha^{-1}\right)^{j_1}{}_{j_{1'}}\right) \cdot \ldots \cdot \left(\alpha^{i_{N'}}{}_{j_N}\left(\alpha^{-1}\right)^{j_N}{}_{j_{N'}}\right) \\
&\quad \cdot \ldots \cdot \left(\left(\alpha^{-1}\right)^{i_1}{}_{i_{1'}} \cdot \ldots \cdot \left(\alpha^{-1}\right)^{i_N}{}_{i_{N'}}\right)
\end{aligned}$$

$$\mathrm{E}_{j_{1'}\ldots j_{N'}} = \mathrm{E}_{i_1\ldots i_N} \cdot \delta^{i_{1'}}_{j_{1'}} \cdot \ldots \cdot \delta^{i_{N'}}_{j_{N'}} \cdot \left(\alpha^{-1}\right)^{i_1}{}_{i_{1'}} \cdot \ldots \cdot \left(\alpha^{-1}\right)^{i_N}{}_{i_{N'}}$$

$$E_{i_{1'},\ldots,i_{N'}} = E_{i_1\ldots i_N} \cdot \left(\alpha^{-1}\right)^{i_1}{}_{i_{1'}} \cdot \ldots \cdot \left(\alpha^{-1}\right)^{i_N}{}_{i_{N'}} \tag{4.199}$$

Sachverzeichnis

J. Wagner, *Einstieg in die Hochschulmathematik*, DOI 10.1007/978-3-662-47513-3

Printed in the United States
By Bookmasters